中国科技人才发展报告

（2018）

中华人民共和国科学技术部

CHINA SCIENCE AND TECHNOLOGY TALENT DEVELOPMENT REPORT

（2018）

科学技术文献出版社
SCIENTIFIC AND TECHNICAL DOCUMENTATION PRESS
·北京·

图书在版编目（CIP）数据

中国科技人才发展报告. 2018 / 中华人民共和国科学技术部编. —北京：科学技术文献出版社，2019. 3

ISBN 978-7-5189-5315-8

Ⅰ. ①中… Ⅱ. ①中… Ⅲ. ①技术人才—发展战略—研究报告—中国—2018 Ⅳ. ① G316

中国版本图书馆 CIP 数据核字（2019）第 051375 号

中国科技人才发展报告（2018）

策划编辑：李 蕊 责任编辑：李 晴 责任校对：文 浩 责任出版：张志平

出 版 者 科学技术文献出版社
地 址 北京市复兴路15号 邮编 100038
编 务 部 （010）58882938，58882087（传真）
发 行 部 （010）58882868，58882870（传真）
邮 购 部 （010）58882873
官方网址 www.stdp.com.cn
发 行 者 科学技术文献出版社发行 全国各地新华书店经销
印 刷 者 北京时尚印佳彩色印刷有限公司
版 次 2019 年 3 月第 1 版 2019 年 3 月第 1 次印刷
开 本 889 × 1194 1/16
字 数 586千
印 张 28.75
书 号 ISBN 978-7-5189-5315-8
定 价 300.00元

编 委 会

编　写　组

组　　长　贺德方　李　普

副 组 长　程家瑜　唐玉立

成　　员　（按姓氏笔画排序）

王俊峰　王　莹　牛　萍　李　兵

吴　英　苏　妍　明正杰　胡　峻

郭丽峰　秦全胜　徐　辉　谢会萍

蔡晓军

总撰稿人

程家瑜　左晓利　张志刚

参与撰写成员（按姓氏笔画排序）

于　伽　王　莹　牛　萍　史　慧

刘昌新　李　兵　李　强　杨　锐

杨善友　严　利　余乐安　林芬芬

胡　峻　段黎萍　姜柏彤　郭丽峰

郭小青　秦全胜　景园园　程　龙

潘　伟

序 言

科技创新本质上是人的创造性活动。人才资源已经成为国家发展的战略资源，高水平的科技人才队伍是一个国家科技实力和创新能力的集中体现。习近平总书记强调，“创新之道，唯在得人”“创新驱动实质上是人才驱动”。新中国成立 70 年来，随着中国科技事业的蓬勃发展，科技人才队伍不断壮大，一代又一代科技工作者以科技报国之志、以倾力为民之情，大力发扬爱国奉献、坚持真理、开拓创新、攻坚克难的科学精神和优秀品格，为中国科技事业繁荣发展贡献智慧和力量。特别是党的十八大以来，以习近平同志为核心的党中央把创新作为引领发展的第一动力，大力实施创新驱动发展战略，提出建设世界科技强国的宏伟目标。广大科技工作者继承和弘扬科技战线的优良传统，矢志探索和实践中国特色自主创新道路，在新时代新征程中建功立业，努力走出了一条从人才强、科技强到产业强、经济强、国家强的发展新路径。

经过 70 年的发展，我国逐步形成一支规模宏大、素质优良、结构合理、富有活力的科技人才队伍，科技人力资源总量和全社会研发人员总量均居世界第一位。党的十八大以来，通过实施重大人才工程，强化我国科技人才队伍“高端引领”的实施路径，有效提高了中国科学家在世界科研版图中的地位，带动形成新中国成立以来最大规模留学人才“归国潮”。加大引才引智力度，提供更加便利化的工作和生活条件，打造国外高水平人才来华工作创业的良好环境。2018 年累计发放外国人才工作许可证 33.6 万份，在中国境内工作的外国人已超过 95 万人。深化科技体制改革，破解体制机制障碍，激发科技人员的积极性和创造性。大力推动以科研人员为主体、以科技成果转化为主线的科技型创新创业；推动院士制度改革，完善科技奖励制度，深化“三评”制度改革，切实减轻科研人才负担；加强科研诚信建设，弘扬科学精神，营造良好的学术生态，切实推动科技界转变学风作风。

党的十九大强调，要培养造就一大批具有国际水平的战略科技人才、科技领军人才、青年科技人才和高水平创新团队，为新时代中国科技人才发展指明了方向。当前，新一轮科技革命和产业变革加快演进，科技创新的基础前沿领域相继突破，颠覆性创新持续涌现，将会深刻改变全球创新版图。紧紧抓住这一重大历史机遇，加快建设世界科技强国步伐，是科技界和科技工作者肩负的重大使命和责任。广大科技工作者要自觉把个人理想追求与国家民族的前途命运紧密相连，在攻坚克难中追求卓越，在创新发展中再铸辉煌。要大力弘扬求真务实精神，坚定敢为天下先的自信和勇气，不驰于空想，不骛于虚声，甘坐“冷板凳”，肯下“笨功夫”。要弘扬淡泊名利精神，坚守追求真理的初心，静心笃志，脚踏实地，在科研道路上行稳致远。要弘扬甘为人梯精神，支持青年科研人员在重大科研任务中“挑大梁”，以“功成不必在我”的胸襟，当好科研引路人，做好“铺路石”。要弘扬诚实守信精神，恪守科研学术规范、职业道德准则，加强学术共同体的自律自省，杜绝科研不端行为。各级科技管理部门要深入学习贯彻习近平总书记关于科技创新和人才发展的重要论述，牢牢把握人才引领发展的战略要求，把激发科技人才的创新创造活力作为科技工作的重大任务，营造良好的法律政策社会文化环境，为科技人员提供高效优质的公共服务，推动各项改革措施落实落地，不断提升科技人员和各类创新主体的获得感。

历尽千难成伟业，人间万事出艰辛。新时代是科技创新大显身手的时代，是科技工作者大有作为的时代。我们必须肩负起创新驱动发展、勇立科技变革潮头的时代重任，以创新的智慧力量奏响科技强国的雄浑乐章，为实现“两个一百年”奋斗目标和中华民族伟大复兴的中国梦做出新的贡献。

科学技术部党组书记、部长

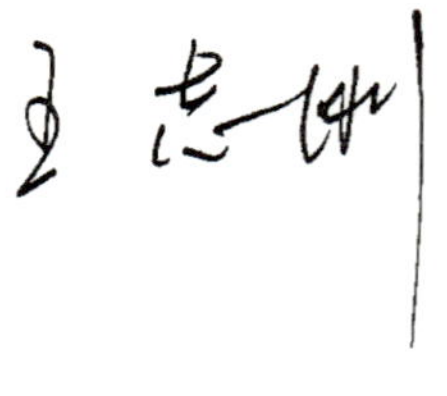

2019 年 4 月

前　言

近年来，在以习近平同志为核心的党中央坚强领导下，中国科技事业实现了历史性、整体性、格局性重大变化，重大创新成果竞相涌现，科技体制改革取得实质性突破，科技人才队伍量质齐升，创新主体能力和活力持续增强，有力推动了创新驱动发展和创新型国家建设。

高端科技人才加快集聚。统筹国际国内两种资源，聚天下英才而用之。突出“高精尖缺”导向，以重大科技人才工程为抓手，培养和引进了一大批科技领军人才和创新团队，引领带动科技人才队伍不断壮大。以重大科技任务和创新基地为载体聚才育才，促进人才在实践中成长。创新海外人才管理与服务，完善引才引智制度和基地建设，全方位提升了科技创新与人才国际化水平。

科技人才第一资源作用凸显。坚持面向世界科技前沿、面向经济主战场、面向国家重大需求，大胆创新、勇于探索，攻克了一批核心关键技术，推动产业转型升级和经济高质量发展。在基础研究领域，涌现了一批淡泊名利、不懈探索追求的杰出科学家；在战略高技术领域，历练了一批突破“卡脖子”技术的战略科学家和创新团队；在重大工程领域，造就了一批既懂得科学技术原理，又敢于创新实践运用，解决重大工程技术难题的高层次专家。

科技人才活力竞相迸发。深入推进科技体制改革，不断创新人才发展体制机制，在人才培养和引进、评价激励、流动服务等方面进行大胆探索创新，出台了一批针对性强、改革力度大的政策措施。大力实施更加开放的引进人才政策，扎实推进科技计划管理改革、科技成果转化、“三评”改革、科研诚信建设等，营造良好创新生态，充分激发了科技人才的创新创业创造活力。

当前，中国正处于加快跻身创新型国家行列的决胜阶段，我们将以习近平新时代中国特色社会主义思想为指导，凝心聚力，勇于创新，不断壮大科技人才队伍，着力优化科技人才发展体制机制，积极拓展国际开放合作新空间，为建设世界科技强国和人才强国做出新的更大贡献。

为了系统介绍中国科技人才发展全局，科学技术部每 2 年组织编写出版一次《中国科技人才发展报告》。《中国科技人才发展报告（2018）》（以下简称《报告》）是本系列报告的第 3 次编写出版，重点反映了 2017 年以来科技人才发展战略、人才体制机制改革和政策、重大科技人才工程计划实施等。《报告》在编写过程中，得到了有关部门、单位和各地方科技管理部门的大力支持和参与，为充分反映有关方面科技人才状况和工作进展提供了不可或缺、十分重要而又非常充分的材料，让《报告》更具代表性和全面性，在此一并感谢。

科学技术部党组成员、副部长

国家外国专家局局长

2019 年 4 月

目录

综合篇

地 方 篇

附　录

综 合 篇

CHINA

SCIENCE AND TECHNOLOGY
TALENT DEVELOPMENT REPORT

（2018）

第一章
科技人才发展的新形势新进展

人才是实现民族振兴、赢得国际竞争主动的战略资源。要坚持党管人才原则，聚天下英才而用之，加快建设人才强国。实行更加积极、更加开放、更加有效的人才政策，以识才的慧眼、爱才的诚意、用才的胆识、容才的雅量、聚才的良方，把党内和党外、国内和国外各方面优秀人才集聚到党和人民的伟大奋斗中来，鼓励引导人才向边远贫困地区、边疆民族地区、革命老区和基层一线流动，努力形成人人渴望成才、人人努力成才、人人皆可成才、人人尽展其才的良好局面，让各类人才的创造活力竞相迸发、聪明才智充分涌流。

——习近平《决胜全面建成小康社会　夺取新时代中国特色社会主义伟大胜利》（党的十九大报告）（2017 年 10 月 18 日）

习近平总书记深刻指出，发展是第一要务，人才是第一资源，创新是第一动力。党的十九大报告提出，要加快建设创新型国家，要培养造就一大批具有国际水平的战略科技人才、科技领军人才、青年科技人才和高水平创新团队。从科教兴国到人才强国、再到创新驱动发展战略，党中央一直高度重视科技创新和科技人才发展工作，不断强化顶层设计和系统部署。各有关部门、单位、地方积极落实中央决策部署，推动科技人才发展环境逐步优化，科技人才队伍蓬勃发展，科技人才创新能力和国际影响力明显提升，科技人才引领创新发展的作用愈加凸显。2017 年，我国全社会研究与试验发展（R&D）人员数量达到 403.4 万人年（全时当量），连续 5 年居世界第 1 位。

第一节　中国科技人才发展部署与进展

在《国家中长期人才发展规划纲要（2010—2020年）》确立的“服务发展、人才优先、以用为本、创新机制、高端引领、整体开发”24字方针指引下，我国科技人才发展不断强化顶层设计和系统布局。人才发展体制机制改革不断深入，科研人员松绑减负效果显著、创新创业热情得到有效激发；重大人才工程统筹推进，科技人才队伍蓬勃发展，科技人才创新能力和国际影响力明显提升。

一、科技人才工作的重要部署

“十三五”开局之初，中共中央、国务院印发《国家创新驱动发展战略纲要》，提出科技创新“三步走”的战略目标，将“建设高水平人才队伍、筑牢创新根基”作为重要战略任务之一。国务院印发《“十三五”国家科技创新规划》（国发〔2016〕43号），提出坚持把人才驱动作为本质要求，落实人才优先发展战略，加快培育集聚创新型人才队伍，健全科技人才分类评价激励机制，完善人才流动和服务保障机制。

2016年，中共中央印发《关于深化人才发展体制机制改革的意见》（中发〔2016〕9号），着眼于破除束缚人才发展的思想观念和体制机制障碍，强调要遵循社会主义市场经济规律和人才成长规律，解放和增强人才活力，从人才管理、培养、评价、流动、激励、引进、发展保障等方面着手，旨在构建科学规范、运行高效的人才发展治理体系，为人才成长和发展营造良好的外部环境。

2017年，科技部印发《“十三五”国家科技人才发展规划》（国科发政〔2017〕86号），加强科技人才发展工作的战略谋划和顶层设计，提出到2020年形成规模宏大、素质优良、结构合理、富有活力的科技人才队伍，部署安排了推进科技人才结构调整、创新人才培养模式、加强海外高层次人才引进、营造良好创新创业生态等重点任务，着力推动我国科技人才队伍从量的增长向质的提升转变，为进入创新型国家行列、全面建成小康社会的目标提供有力支撑。

2017—2018年，围绕人才评价、激励、流动等重点任务和关键环节，中共中央、国务院出台了《关于分类推进人才评价机制改革的指导意见》、《关于深化项目评审、人才评价、机构评估改革的意见》、《关于深化职称制度改革的意见》、《关于深化科技奖励制度改革方案的通知》（国办函〔2017〕55号）、《关于实行以增加知识价值为导向分配政策的若干意见》、《促进科技成果转移转化行动方案》（国办发〔2016〕28号）等一系列改革政策和举措。

二、科技人才发展改革重要突破

在中央人才工作协调小组领导下，有关部门、单位、地方积极落实中央关于人才发展体制机制改革的决策部署，协同推进、齐抓共管，围绕科技人才关注的主要问题，以“放权、松绑、激励、服务”

为重点，陆续推出了一系列改革力度大、含金量高的政策措施，对激发科研人员创新创造活力起到了积极的促进作用。

（一）加大人才培养支持力度，科技人才量质提升

一是深入实施重大人才工程，大力培养高层次科技人才。党中央引导示范，面向国际国内两种资源，国家共遴选支持了 1 万多名高层次人才，发现培养了一批国家急需紧缺的优秀人才。同时还带动部门、行业和地方全力跟进，以高层次创新型人才和团队、青年科技人才、高技能人才等为重点，形成了统筹推进、上下联动、各具特色的人才计划体系，有力促进了各类科技人才快速成长。

二是发挥国家科技计划聚人育人作用，促进人才在使用中成长。不断深化中央财政科技计划管理改革，在新五类科技计划中嵌入人才培养任务，发挥各类科技计划项目和基地使命作用，促进人才在项目实施中成长。支持青年科技人才自由探索，自然科学基金设立“杰青”“优青”等项目，国家重点研发计划专门设立青年专项，促进一大批青年人才快速成长，增强青年人才储备。依托国家科技重大专项、国家重点研发计划，围绕国家战略目标，集中优势力量协同攻关，培养造就了一批以两院院士为代表，具备谋划相关领域整体布局能力的战略科技人才；一批具有重大技术创新能力、领衔国家科技任务的科技领军人才和青年科技人才；一大批勇于开拓、甘于奉献的一线创新人才、创新团队和国家重大科技任务实施管理人才，为培育我国科技创新的建制化力量奠定了坚实基础。以国家科技创新基地为平台集聚科技人才，国家（重点）实验室面向世界科学前沿和国家重大需求开展引领性研究，形成了战略科学家和科技创新领军人才高地；国家工程研究中心、国家工程技术创新中心等，围绕传统产业升级改造和新兴产业崛起，在推动技术创新、成果转化应用实践中，培养造就专业的高级工程技术研发人才；支持西部科技创新基地建设，带动西部科技人才队伍整体提升。

（二）实施更加开放的人才政策，聚天下英才而用之

一是突出“高精尖缺”导向，更加精准、更大力度地引进海外高层次人才。明确国家引才重点领域和重点方向，各地各有关部门不断完善引才机制，推动引才工作从广泛发动方式向“靶向引才”转变，不断提升海外引才工作精准度和科学化水平。鼓励通过建立海外研发机构、来华短期工作服务、任务项目制聘用等多种方式，柔性引进重点人才为我所用。

二是扩大科技计划对外开放，充分利用外籍科学家聪明才智服务我国科技创新活动。科技部发布《关于推进外籍科学家深入参与国家科技计划的指导意见》（国科发资〔2017〕401 号），推动外籍科学家深入参与国家科技计划战略咨询、项目管理、研究开发、验收评价等相关工作，集聚全球创新人才为我国科技创新事业发展建言献策，全方位提升科技创新国际化水平。

三是规范、创新海外人才管理与服务。全面实施外国人来华工作许可制度，正式启动实施外国人才签证制度，建立合理顺畅的人才签证、工作许可和工作居留的衔接机制。发布《关于允许优秀高校毕业生在华就业有关事项的通知》，鼓励符合条件的中国境内优秀外国留学生和境外知名高校外籍毕业生来华工作。开展外国高层次人才服务“一卡通”试点，对引进的海外高层次人才岗位任职不简单套用“裸官”管理。持续推进外国人表彰奖励工作改革，已有 70 余个国家和地区的 1500 余名外国专家荣获中国政府友谊奖。

（三）创新科技人才评价制度，形成正确的价值导向

一是实行科技人才分类评价。针对我国人才评价机制存在的分类评价不足、评价标准单一、用人主体自主权落实不够等突出问题，2018 年中共中央办公厅、国务院办公厅印发《关于分类推进人才评价机制改革的指导意见》，提出建立体现不同职业、不同岗位、不同层次人才特点的分类评价标准和评价机制。科技人才分类评价体系以科研诚信为基础，以创新能力、质量、贡献、绩效为导向，克服唯论文、唯职称、唯学历、唯奖项等倾向，不以数量“论英雄”。对从事基础科学研究的人才，着重评价其提出和解决重大科学问题的原创能力、学术水平与影响；对从事应用研究和技术开发的人才，着重评价其技术创新与集成能力、产生的知识产权与标准、成果转化及效益等；对从事社会公益研究、科技管理服务和实验技术的人才，重在评价考核工作绩效。

二是规范和改进与人才密切相关的项目评审和机构评估。2018 年中共中央办公厅、国务院办公厅印发《关于深化项目评审、人才评价、机构评估改革的意见》，以激发科研人员的积极性创造性为核心，以构建科学、规范、高效、诚信的科技评价体系为目标，全面改进科研项目评审、机构评估和人才评价。通过优化项目评审机制和建立科研机构分类绩效评价制度，对形成科学的人才评价标准和评价机制产生间接影响，同时通过规范项目评审流程和科研机构管理，减轻科研人员的负担，营造潜心研究的创新环境。

三是深化院士制度、职称制度、奖励制度改革。改进完善院士制度，建立院士退休退出制度，院士遴选、学术兼职、科学道德管理更加规范，院士称号进一步回归学术性、荣誉性本质。深化职称制度改革，完善评价标准，从“一把尺子量到底”到“干什么、评什么”，创新评价机制，各行各业专业技术人才评价更加科学实用。深化科技奖励制度改革，强化奖励的荣誉性和对人的激励，将沿用多年的申报推荐制改为公开提名制，强化定标定额评审、透明公开和诚信监督。

（四）以知识价值为导向完善激励制度，增强科研人员获得感

一是提高科技成果转化收益。《促进科技成果转化法》《实施〈促进科技成果转化法〉的若干规定》《促进科技成果转移转化行动方案》的“三部曲”贯彻落实不断深入，2017 年国务院印发《国家技术转移体系建设方案》（国发〔2017〕44 号），各部门、地方和高校院所制定了一系列促进科技成果转化的政策和制度措施，形成了促进科技成果转化的合力。科技成果使用、处置、收益“三权”下放至科技成果完成单位，成果主要完成人取得收益的比例不断提高。围绕科技成果转化中的突出问题，全面推行股权激励和分红激励政策，对科研人员获得的股权奖励实行延迟纳税，对因职务科技成果转化获得的现金奖励，减半计入科技人员当月个人工资薪金所得计征个人所得税。高校、科研机构科技成果转化量、质齐提升，2017 年全国技术合同成交额达到 1.3 万亿元，同比增长 17.7%。

二是建立体现知识价值的收入分配机制。2016 年中共中央办公厅、国务院办公厅印发《关于实行以增加知识价值为导向分配政策的若干意见》，提出构建以基本工资、岗位津贴、绩效奖励为基本框架的“三元”收入分配制度，通过扩大科研机构、高校收入分配自主权，使科研人员收入与岗位职责、工作业绩、实际贡献紧密联系。推动中央有关事业单位全面实施绩效工资，完善高层次人才收入分配激励机制，科研人员基本工资稳步提高，绩效工资激励显著增强，让有真才实学、做出重要贡献的人才有成就感和获得感，知识创造价值、价值创造者获得合理回报的良性循环正在形成。

三是加大科研项目经费奖励激励。2018 年《国务院关于优化科研管理提升科研绩效若干措施的通知》（国发〔2018〕25 号），明确从科研项目经费中加大对科研人员奖励激励的具体举措，加大对承担国家关键领域核心技术攻关任务科研人员的薪酬激励，加大对基础前沿研究类机构的经常性经费等稳定支持力度，适当提高人员经费及补助标准，允许试点单位从稳定支持经费中提取不超过 20% 作为奖励经费。

（五）引导人才合理流动，促进科技人才优化配置

一是完善体制内外人才双向流动机制。2017 年人力资源社会保障部发布《关于支持和鼓励事业单位专业技术人员创新创业的指导意见》（人社部规〔2017〕4 号），支持和鼓励通过挂职兼职、项目合作、离岗创业、设置专门工作岗位等方式，促进科技人才在事业单位和企业之间合理流动，加快推动科技创新和科技成集转化。对流动人员的人事管理、社保管理、工资薪酬等均做出了明确保障性规定，解决科技人才流动的后顾之忧。

二是促进地区之间人才合理有序流动。2017 年教育部发布《关于坚持正确导向促进高校高层次人才合理有序流动的通知》（教人厅〔2017〕1 号），提出要坚持正确的人才流动导向，服从服务于西部大开发、东北老工业基地振兴和“一带一路”倡议等国家重大发展战略，不鼓励东部高校从中西部、东北地区高校引进人才，强调科学合理统筹人才薪酬待遇，合理确定高层次人才薪酬待遇。

（六）深入推进科技领域“放管服”改革，激发科技人员创新创业活力

一是赋予用人单位和领军人才更大“人财物”支配权和技术路线决策权。2017 年科技部、教育部等部委联合制定《扩大高校和科研院所自主权，赋予创新领军人才更大人财物支配权、技术路线决策权试点工作方案》，在 44 家中央高校和科研院所开展扩大自主权改革试点。合理下放编制管理、人事管理、项目管理、经费使用等权限，推动建立科学合理、充满活力的创新组织和科研管理体制机制，在宽松高效、合理合规合法的环境中激发科研人员的积极性和创造性。

二是优化科研项目管理，为科研人员松绑减负。按照科技创新规律，去除项目申报、成果验收、经费使用等方面的“繁文缛节”，让信息“多跑路”，让科研人员“少跑腿”。从项目申报上，建立和完善国家科技管理信息系统，加强项目查重、避免重复申报，推行“材料一次报送”制度，实现一表多用；精简科研项目申报要求，减少不必要的申报材料；从项目过程管理上，针对关键节点进行“里程碑”式管理，减少科研项目管理周期内的各类评估、检查、抽查、审计等活动；从项目结果验收上，合并财务验收和技术验收，避免重复多头检查。

三是构建支撑科技创新创业全链条的服务网络。出台大众创业、万众创新等发展的指导意见和实施办法，依托国家自主创新示范区、高新区、大学科技园、科技企业孵化器等，建立了一批以科研人员为核心、以成果转移转化为主要功能的专业化众创空间。打造“星创天地”农村创新创业平台，激发广大科技人才创新创业创造活力。

四是深入推行科技特派员制度，服务农业农村现代化。来自高校、科研院所、企业的 80 多万名科技特派员深入农村，与农民形成双创利益共同体，带动农民增收，助力精准脱贫。将双创平台服务引入农村，促进了农村创新创业的低成本、专业化、便利化和信息化。

三、科技人才队伍不断壮大

“十三五”以来，我国科技人才队伍蓬勃发展，总量规模持续扩大，素质水平不断提升，结构布局明显优化，科技人才引领发展的地位作用更加凸显。

（一）科技人才总量稳步增长，研发投入强度逐年加大

2017 年，全社会研究与试验发展（R&D）人员总数达到 403.4 万人年（全时当量），比 2016 年增加 15.6 万人年，增长 4.0%。其中，R&D 研究人员为 174.0 万人年（全时当量），比 2016 年增加 4.8 万人年，增长 2.8%。

我国研发人力投入强度保持逐年增长态势。2017 年我国万名就业人员中 R&D 人员数（全时当量）为 52.0 人年 / 万人，比 2016 年增加 2.0 人年 / 万人，增长 4.0%；万名就业人员中 R&D 研究人员数为 22.4 人年 / 万人，比 2016 年增加 0.6 人年 / 万人，增长 2.8%。

我国研发投入经费持续快速增长，2017 年达 17 606.1 亿元，成为仅次于美国的世界第二大研发经费投入国家，R&D 人员（按全时当量算）人均研发经费为 43.6 万元 / 年，比 2016 年增加 3.2 万元 / 年，增长 7.9%。

（二）科技人才素质不断提高，结构布局持续优化

科技人才队伍中高学历人员比重上升。2017 年我国 R&D 人员总数为 621.4 万人，比 2016 年增加 38.3 万人，增长 6.6%，其中，博士 41.7 万人、硕士 92.0 万人、本科 271.2 万人，本科及以上学

历的人数占 R&D 人员总量的 65.2%。2017 年全国研究生（含硕士、博士）毕业人数为 57.8 万人，比 2016 年增加 1.4 万人，增长 2.5%。

高层次人才队伍年龄结构进一步优化。我国院士队伍进一步扩大，年龄结构更趋年轻化，2017 年中国科学院增选 61 位院士，平均年龄 54 岁，60 岁（含）以下的院士占 91.8%；中国工程院增选 67 位院士，平均年龄 56 岁，60 岁（含）以下的院士占 85.1%。2016 年国家科技“三大奖”最年轻第一完成人年龄均已降至 39 岁以下，越来越多的青年人才在科技创新的第一线“冒尖”。企业家队伍以中青年为主，为创新带来更多活力。

战略性新兴产业集聚人才效应增强。从 R&D 人员的行业分布来看，R&D 人员全时当量超过 1 万人年的行业主要集中在计算机、通信和其他电子设备制造业、电气机械和器材制造业等新兴产业和高技术产业，且 R&D 人员数量呈明显增长趋势。

（三）科技人才创新能力加快提升，国际影响力显著增强

一是主要创新指标进入世界前列。2017 年，国际科技论文总量比 2012 年增长 70%，居世界第 2 位，国际科技论文被引量首次超过德国、英国，跃居世界第 2 位。发明专利申请量和授权量居世界第 1 位，有效发明专利保有量居世界第 3 位。我国科学家国际影响力显著提升，屠呦呦研究员获得诺贝尔生理学或医学奖，王贻芳研究员获得基础物理学突破奖，潘建伟团队的多自由度量子隐形传态研究位列 2015 年度国际物理学十大突破榜首。

二是人才引领创新发展作用显著增强。基础研究和前沿技术领域涌现出一批世界一流科学家和顶尖人才，带动我国在载人航天、探月工程、北斗导航、量子通信、深海探测、高速铁路等领域取得一批重大创新成果；在人工智能、新能源汽车等新兴技术和产业领域也成长了一批优秀的创业人才，引领战略性新兴产业发展潮流。2017 年，我国科技进步贡献率达到 57.5%，国家创新能力排名升至第 17 位。

第二节　中国科技人才发展的新形势

党的十九大全面开启了中国特色社会主义新时代。我们比历史上任何时期都更接近、更有信心和能力实现中华民族伟大复兴的目标，我国的科技创新也比历史上任何时候更加接近世界科技前沿、更加接近全球创新舞台中央。在我国发展新的历史起点上，科技人才发展也面临着新形势和新需求：从国际来看，人才在各国中的战略资源地位更加凸显，加强对高层次科技人才的吸引、加快提升国际人才竞争能力成为我国掌握未来发展主动权的关键；从国内来看，我国已进入全面建成小康社会和进入创新型国家行列的决胜阶段，经济转向高质量发展、人民美好生活需要增加、科技创新的目标从创新型国家向科技强国延伸、“人口红利”向“人才红利”转变，对我国科技人才的队伍规模、结构布局及创新能力等均提出了更高要求。

一、党中央对科技人才队伍建设提出明确要求

党中央从关系党和国家事业发展全局的战略高度，对人才工作做出了一系列重要指示，强调人才是创新的根基，是创新的核心要素，创新驱动实质上是人才驱动。党的十九大报告对新时代人才工作又做出了新部署，提出了新要求，充分体现了党中央对人才规律的深刻把握和人才工作的高度重视。一是强调人才的第一资源和战略资源作用，提出创新是引领发展的第一动力，是建设现代化经济体系的战略支撑，人才是实现民族振兴、赢得国际竞争主动的战略资源，人才是经济社会发展的第一资源，要坚定实施科教兴国战略、人才强国战略、创新驱动发展战略。二是提出建设各类人才队伍的要求，加快创新型国家建设和科技强国建设，要培养造就一大批具有国际水平的战略科技人才、科技领军人才、青年科技人才和高水平创新团队；深化供给侧结构性改革，要建设知识型、技能型、创新型劳动者大军；增强干部队伍适应新时代中国特色社会主义发展要求的能力，要坚持德才兼备、以德为先，注重培养干部的专业能力、专业精神。三是聚天下英才而用之，要实施更加积极、更加开放、更加有效的人才政策，以识才的慧眼、爱才的诚意、用才的胆识、容才的雅量、聚才的良方，把党内和党外、国内和国外各方面优秀人才集聚到党和人民的伟大奋斗中来。四是部署完善人才发展机制的任务，要坚持党管人才原则，努力形成人人渴望成才、人人努力成才、人人皆可成才、人人尽展其才的良好局面，让各类人才的创造活力竞相迸发、聪明才智充分涌流。五是提出要着力解决人才发展不平衡不充分的矛盾，鼓励引导人才向边远贫困地区、边疆民族地区、革命老区和基层一线流动。

二、国际科技人才交流出现新特点

世界经济中心几经转移，科技创新一直是支撑经济中心地位的重要力量，领先的科技和尖端的人才流向哪里，发展的制高点和经济竞争力就转向哪里。在科技创新驱动发展的全球大背景下，以人才为核心的创新要素加速流动，世界主要国家都把科技人才作为重要的战略资源，加大对科技人才，特别是高层次科技人才的引进。当前，国际科技人才竞争和流动呈现出 3 个新特点：一是发达国家加强对科技人才的流动管理。美国、日本等主要发达国家把引进高层次科技人才作为保持领先优势的重要手段，通过签证、移民等政策不断加大对全球范围内高层次科技人才的吸引留置，已经形成一支规模庞大、创新创业创造能力较强的高水平科技人才队伍。随着全球化进程中知识和人才在国际间流动的加速，美国等发达国家出于战略考虑，不仅加强了对高层次科技人才流出的监控和管制，还通过缩短航空、高技术制造业等专业学生签证有效期等举措加大了对外籍留学生的流入审查。二是发展中国

家科技人才回流增加。一些发展中国家把发挥人才优势作为追赶发达国家的主要动力，不断推出更加开放和有效的政策吸引海外高层次科技人才。虽然国际科技人才流动的总体趋势仍是从发展中国家流向发达国家，但是由于近几年中国等新兴经济体发展迅猛，科技创新事业投入不断加大，部分高技术跨国公司也将生产基地或者研发基地从发达国家转移至发展中国家，本国留学人员出现回流趋势。三是引进国际智力方式更加多样化。随着经济和科技的全球化进程加快，科技人才在各个国家的流动频率越来越高，为不同国家贡献智力服务的方式也越来越多样化。例如，有些科技人才通过短期入境的流动方式，参与他国科技创新工作或学习他国先进科技创新方法和成果；有些科技人才在一国居住和工作的同时，还通过课题合作、机构合作、交流访问等多种形式为其他国家提供智力服务。

我国科技发展水平，尤其是基础研究和原始创新能力、关键核心技术创新能力等，与国际先进水平相比还有较大差距，同实现“两个一百年”奋斗目标的要求还不相适应。当前，我国正处于世界新一轮科技革命和产业变革同我国转变发展方式的历史性交汇期，科技创新既面临跨越赶超的历史机遇，同时也面临进一步拉大差距的严峻挑战。

人才在国家竞争中的战略资源地位更加凸显，提升人才的国际竞争能力和吸引力是掌握未来发展主动权的关键。我国迫切需要在更多基础前沿和战略必争领域，进一步加强具有国际水平的高层次人才培养、引进和储备，不仅要敞开胸怀，积极参与全球科技人才争夺，聚天下英才而用之，还要支持和鼓励本土科技人才走出国门，加强国际科技创新沟通交流和合作共赢，让广大科技人才不仅有中国情怀，还具备世界眼光和国际视野。

三、科技创新需要全面发展各类人才

面向世界科技前沿，需要一批敢为人先、勇攀高峰的科学家。在新一轮科技革命和产业变革加速演进、世界创新版图加速重构重塑进程中，不断壮大基础性、前瞻性研究人才队伍，鼓励他们坐住“冷板凳”，勇闯“无人区”，提出更多原创理论，做出更多原创发现，引领世界科技潮流，掌握新一轮全球科技竞争的战略主动权。

面向国家重大战略需求，需要一批攻坚克难、甘于奉献的科技领军人才和创新团队。加快突破我国在部分特殊材料、主要元器件、基础工艺等关键核心领域受制于人的“卡脖子”困境，有效组织和集聚各领域科技人才，充分发挥科学家和企业家的创新主体作用，集中力量、协同攻关，为抢占战略制高点、提高我国综合竞争力、保障国家安全提供有力支撑。

面向经济主战场，需要一大批锐意创新、敢于创业的创新人才队伍。加快创新引领高质量发展、建设现代化经济体系，深入推动乡村振兴、区域协调发展，有效应对人口老龄化、环境污染、粮食安全等多方面挑战，引导和动员各行各业的科技工作者在“双创”大舞台中尽展其才，把论文写在祖国的大地上，把科技成果应用在实现现代化的伟大事业中。

实现从中国制造向中国创造转变，需要一批术业专攻、精益求精的大国工匠。全面深化供给侧结构性改革，促进我国产业迈向全球价值链中高端，建设知识型、技能型、创新型的研发人才队伍，加快提升中国制造品质，打造更多中国制造“世界名片”。

增强科技强国建设的人才力量储备，需要一大批热爱科学、勇于创新、永续不断的青年生力军。着眼长远，引导和鼓励更多青年人才投身到科技创新事业中，不断提升青年人才的科学精神、创新思维、创新能力，充分释放“人才红利”。

第三节　当前科技人才发展的重点任务

当前，既是“十三五”发展的关键时期，也是决胜全面建成小康社会和进入创新型国家行列的冲刺期。坚持“三个面向”，着眼战略导向、需求导向、问题导向和目标导向，统筹国际国内两种人才资源，持续壮大科技人才队伍，不断深化人才发展体制机制改革，充分激发科技人才的创新创造活力，走出一条从人才强、科技强到产业强、经济强、国家强的发展新路径。

一、培育集聚高端科技人才

按照国家整体人才战略布局，优化人才项目支持结构和总体布局，加大对重点领域、重点地区的支持力度，加强青年人才普惠性支持。一是在战略需求领域，通过实施科技创新 2030– 重大项目、关键核心技术攻关工程等国家重大任务，培养凝聚一批高层次科技人才和团队实施创新攻坚，发挥推动国家科技创新发展全局、长远和关键作用；二是在世界科技前沿领域，聚焦从“0”到“1”的重大原创性研究，壮大和稳住一批高水平基础研究人才队伍潜心攀登科技高峰；三是依托国家科技创新基地，瞄准国家重大战略和安全需求，造就一支国家战略科技人才队伍和梯队；四是围绕经济社会发展紧迫需求，组织动员各类科技人才为创新驱动高质量发展、社会进步和人民福祉做出贡献。

二、加大国际引才引智力度

实施更加积极、更加开放、更加有效的人才政策，把国际人才智力更好地融入我国科技创新事业全局和国家改革发展大局，让有志于来华发展的外国人才来得了、待得住、流得动、用得好。一是加大“高精尖缺”海外人才吸引力度，推动建立外国科学家参与国家科技战略研究、研发布局、项目管理、任务承担的工作机制。二是提升国家重点引智平台建设水平，探索建立吸引集聚外国顶尖科学家、团队的有效机制。三是优化外国高端人才服务，将外国高端人才服务“一卡通”试点推广到更多地区，让高端人才来华意愿更加强烈，在华工作生活更加便利。

三、推进科技人才政策落实落地

按照党中央对科技人才工作的部署安排，部门、地方、有关单位协同推进科技人才发展体制机制改革相关政策落实，补短板、强弱项、求实效，增强人才发展改革的系统性、整体性、协同性和针对性，切实提高科技人才的满意度和获得感。一是加强人才与科技、财税和社会保障等政策的有机衔接，疏通人才政策落实的堵点，形成激发人才活力的合力；做好新旧政策的平稳过渡和衔接，加强科技人才政策宣传和解读，让用人单位和科研人员能够知晓政策、理解政策、适应政策和使用政策。二是分类推进重点政策落实，对科研人员重点关注的人员评价、收入分配、经费使用、科研诚信等问题，加快制定实施细则。对其中职称评聘、选人用人自主权、人财物支配权等加大放权力度，切实发挥用人主体作用。对院所改革等重大问题，加强试点示范、分类指导和顺序推进。三是健全市场化、社会化、专业化的人才管理服务体系，促进人才社会化合理流动。

四、营造良好的创新社会环境

以科学精神为核心的创新文化是科技人才健康成长的沃土，也是科技创新事业蓬勃发展的根基。一是加快推进人才法制建设，促进科技人才工作的科学化、制度化、规范化，用法制保障人才，为科技人才积极开展创新创造活动保驾护航。二是营造尊重自由探索、宽容创新失败和倡导学术民主的氛围，让科研人员自由畅想、大胆假设、认真求证。三是弘扬社会主义核心价值观，加强党对科技人才工作的领导，鼓励科技工作者树立科技报国、造福人民的担当和情怀；加强对典型人物和先进事迹的奖励激励和宣传示范，引导全社会形成识才、爱才，尊重科学、崇尚科学的良好风气。四是完善科技人才约束机制，强化科技人才的科研伦理和职业操守约束，建立健全职责明确、高效协同的科研诚信管理体系。

第二章 中国科技人才队伍发展状况

我国科技队伍规模是世界上最大的，这是我们必须引以为豪的。但是，我们在科技队伍上也面对着严峻挑战，就是创新型科技人才结构性不足矛盾突出，世界级科技大师缺乏，领军人才、尖子人才不足，工程技术人才培养同生产和创新实践脱节。“一年之计，莫如树谷；十年之计，莫如树木；终身之计，莫如树人。”我们要把人才资源开发放在科技创新最优先位置，改革人才培养、引进、使用等机制，努力造就一批世界水平的科学家、科技领军人才、工程师和高水平创新团队，注重培养一线创新人才和青年科技人才。

——习近平《加快从要素驱动、投资规模驱动发展为主向以创新驱动发展为主的转变》（2014年6月9日）

要充分发挥人才创新创造活力，选好用好领军人物、拔尖人才，加大高技术领域专业人才培养。

——习近平主持召开中央财经委员会第二次会议时强调（2018年7月13日）

科技人才是具有一定的专业知识或专门技能，从事创造性科学技术活动，并对科学技术事业及经济社会发展做出贡献的劳动者。中国没有专门针对科技人才的统计指标和数据，本章基于统计概念和具有国际可比性的科技人力资源、研究与试验发展（R&D）人员和专业技术人员等，对科技人才的总量、结构和分布等进行分析。

第一节　科技人才总量

一、全国科技人力资源总量

科技人力资源[①]总量是指大专及以上学历（或学位）科技领域毕业生存量与虽然没有高等教育科技领域学历学位，但实际从事科技活动的劳动力存量之和。2017 年我国科技人力资源总量继续增长，达到 8705 万人，比上年增长 4.9%。其中大学本科及以上学历的科技人力资源总量为 3934 万人，比上年增长 7.1%。我国本科及以上学历科技人力资源测算口径与美国的科学家工程师大体一致。自 2009 年以来，我国科学家工程师总量一直高于美国。根据美国《科学与工程指标 2018》，2015 年美国科学家工程师总量为 2320 万人。

二、全国 R&D 人员总量

国际上，通常以 R&D 人员指标比较各国科技人才情况。R&D 人员队伍建设是提高研发能力和水平的重要保障，是科技活动的核心要素。R&D 人员是指从事基础研究、应用研究和试验发展三类活动的人员，包括直接参加 R&D 活动的人员及直接为 R&D 活动提供服务的管理行政人员和办事人员。R&D 研究人员是指 R&D 人员中从事新知识、新产品、新工艺、新方法、新系统的构想或创造的专业人员及 R&D 课题的高级管理人员。

R&D 人员计算一般采用全时工作当量指标，R&D 人员及 R&D 研究人员指标测度单位采用全时当量。全时当量是全时人员数加非全时人员数按工作量折算为全时人员数的总和。全时人员是指报告年内从事 R&D 活动的时间占全年工作时间 90% 及以上的人员，非全时人员是指报告年内从事 R&D 活动的时间占全年工作时间 10%（含 10%）～ 90%（不含 90%）的人员。

近几年，中国 R&D 人员总量（全时当量）持续增加，在 2013 年超过美国，连续 5 年稳居世界第 1 位。2017 年，全国 R&D 人员总量达到 621.4 万人，折合全时工作量人员为 403.4 万人年，比 2016 年增加了 15.6 万人年，“十三五”以来，年均增速为 3.6%（图 2–1）。

①　科技人力资源是指实际从事或有潜力从事系统性科学和技术知识的产生、促进、传播和应用活动的人力资源，既包含实际从事科技活动的劳动力，也包含有资格从事科技活动的劳动力。

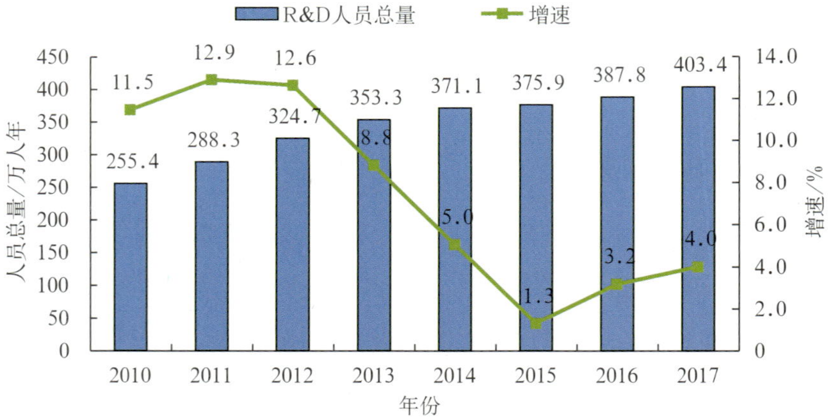

图 2-1　中国 R&D 人员总量变化趋势（2010 — 2017 年）

数据来源：国家统计局、科技部，《中国科技统计年鉴（2018）》。

近几年，中国 R&D 研究人员总量（全时当量）持续增加，目前居世界第 1 位。2017 年，全国 R&D 研究人员全时当量为 174.0 万人年，比 2016 年增加 4.8 万人年，“十三五”以来，年均增速为 3.7%（图 2–2）。

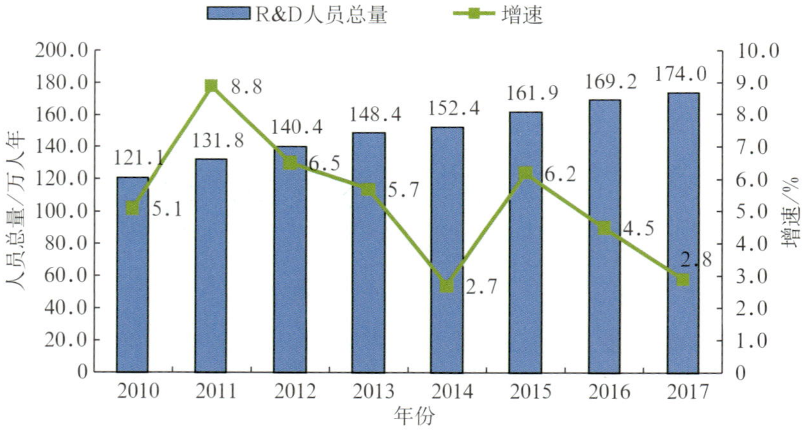

图 2-2　中国 R&D 研究人员总量变化趋势（2010 — 2017 年）

数据来源：国家统计局、科技部，《中国科技统计年鉴（2018）》。

从国际比较来看，中国 R&D 人员已具相当规模。2017 年，中国 R&D 人员总数（全时当量）为 403.4 万人年，是日本（2016 年数据）的 4.6 倍，是俄罗斯（2016 年数据）的 5.0 倍；中国 R&D 研究人员总数（全时当量）为 174.0 万人年，超过美国、日本等发达国家，远超俄罗斯、巴西等新兴经济体（表 2–1）。

表 2-1　世界主要国家 R&D 人员总量比较　　单位：万人年

国家	年份	R&D 人员	R&D 研究人员
中国	2017 年	403.4	174.0
日本	2016 年	87.2	66.6
韩国	2016 年	44.7	36.1
巴西	2010 年	26.7	13.9
俄罗斯	2016 年	80.2	42.9
德国	2016 年	65.7	40.1
法国	2015 年	42.9	27.8
英国	2016 年	42.0	29.1
意大利	2016 年	25.9	12.7
美国	2015 年	—	138.0

数据来源：国家统计局、科技部，《中国科技统计年鉴（2018）》。

三、全国 R&D 人员投入强度

国际上常用万名就业人员中 R&D 人员或 R&D 研究人员数量测度一国 R&D 人员投入强度。2016 年，中国 R&D 人员总量远超德、日、韩、俄、英等国，万名就业人员中 R&D 人员却仅为德国、韩国的 1/3 以下，日本、俄罗斯、英国的 1/2 以下（图 2-3）。

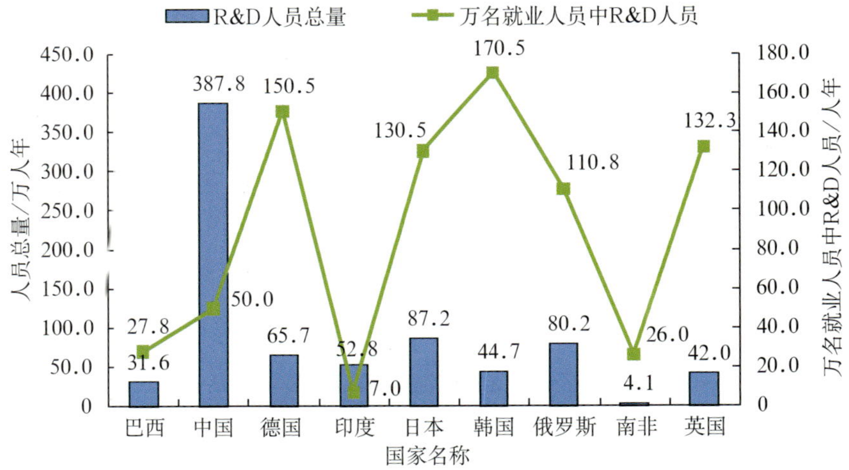

图 2-3　部分国家 R&D 人员总量与万名就业人员中 R&D 人员（2016 年）

数据来源：中国科技统计网，《1978—2008 改革开放 40 年主要科技指标》。

近几年，中国 R&D 人员投入强度不断上升。2015 年中国 R&D 人员投入强度为 48.5 人年 / 万人，2017 年为 52.0 人年 / 万人，“十三五”以来年均增速为 3.5%。2015 年中国 R&D 研究人员投入强度为 20.9 人年 / 万人，2017 年为 22.4 人年 / 万人，“十三五”以来年均增速为 3.6%（图 2–4）。

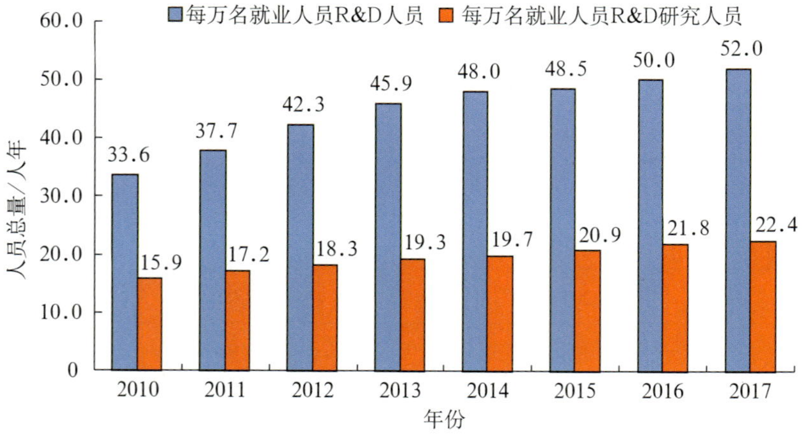

图 2–4　中国每万名就业人员 R&D 人员和 R&D 研究人员总量（2010 — 2017 年）

数据来源：OECD，Main Science and Technology Indicators，June 2018。

第二节　R&D 人员结构与分布

中国科技人才总量规模宏大，科技人才结构和分布还需要不断优化以更好地服务于创新驱动发展战略。构建适应于国际竞争、现代化经济体系建设、科技创新发展等新形势新要求的结构合理的创新型人才队伍，是中国科技人才发展工作的重要任务。

一、R&D 人员按从事研究类型分布

R&D 活动按研究性质分为基础研究、应用研究和试验发展三大类型。基础研究是一种实验室性或理论性的工作，主要是为了获取关于现象和可观察事实的基本原理的新知识，不预设任何特定的应用或使用目的。应用研究是指为了获取新知识而进行的初始性研究工作，它主要针对某一特定的实际目的或目标。试验发展是利用从科学研究、实际经验中获取的知识和生产的额外知识，以形成新的产品、工艺（流程），或改进现有产品、工艺（流程）而进行的系统性工作。三大类研究活动的 R&D 人才结构分布情况可以反映一个国家的科技发展阶段和水平。

按从事研究类型分，中国 R&D 人员从事试验发展比重最大。2017 年中国 R&D 人员全时当量为

403.4 万人年，从事基础研究的人员为 29.0 万人年，占 7.2%；从事应用研究的人员为 49.0 万人年，占 12.1%；从事试验发展的人员有 325.4 万人年，占 80.7%（图 2–5）。

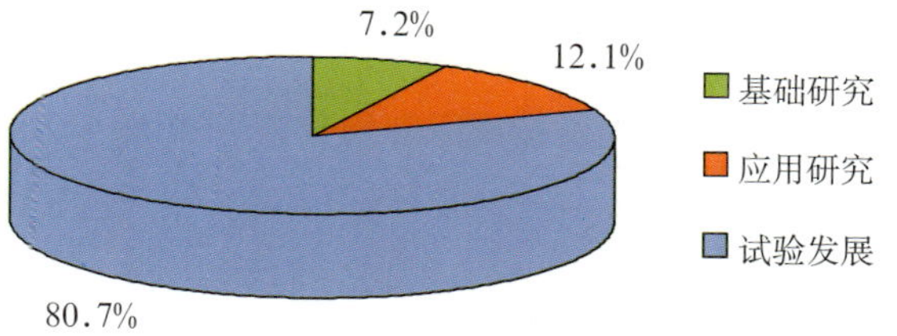

图 2–5　中国 R&D 人员全时当量按从事研究类型的分布（2017 年）

数据来源：国家统计局、科技部，《中国科技统计年鉴（2018）》。

近几年，三类研究类型的 R&D 人员数量均持续增加。2017 年基础研究人员比 2016 年增加了 1.5 万人年，“十三五”以来年均增速为 7.0%；应用研究比 2016 年增加了 5.1 万人年，“十三五”以来年均增速为 6.6%；试验发展人员比 2016 年增加了 9.0 万人年，“十三五”以来年均增速为 2.9%（图 2–6）。

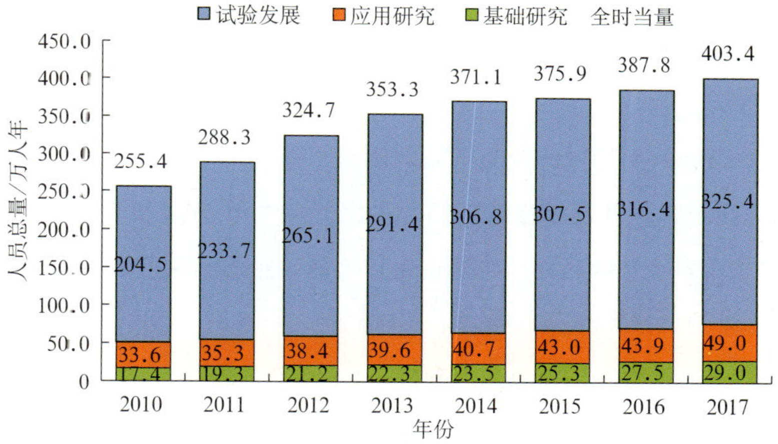

图 2–6　三类 R&D 人员总量变化（2010 — 2017 年）

数据来源：国家统计局、科技部，《中国科技统计年鉴（2018）》。

二、R&D 人员按执行部门分布

R&D 人员活动按执行部门分，主要分布在企业、研究与开发机构、高等学校三大类部门中。

在中国 R&D 人员中，企业所占比重最大。近几年，企业 R&D 人员所占比重一直维持在 70% 以上，研究与开发机构、高等学校两类执行部门的 R&D 人员所占比重均在 10% 左右，其他部门的 R&D 人员仅占3%左右(表2–2)。2017年，企业R&D人员为312.0万人年，“十三五”以来年均增速为3.5%；研究与开发机构R&D人员为40.6万人年，“十三五”以来年均增速为2.8%；高等学校R&D人员为38.2万人年，“十三五”以来年均增速为3.8%（表2–2）。

表2–2 中国R&D人员按执行部门分布（2010—2017年）

年份	合计		企业		研究与开发机构		高等学校		其他	
	万人年	占比(%)	万人年	占比(%)	万人年	占比(%)	万人年	占比(%)	万人年	占比(%)
2010年	255.4	100	187.4	73.4	29.3	11.5	29.0	11.4	9.7	3.8
2011年	288.3	100	216.9	75.2	31.6	11.0	29.9	10.4	9.9	3.4
2012年	324.7	100	248.6	76.6	34.4	10.6	31.4	9.7	10.3	3.2
2013年	353.3	100	274.1	77.6	36.4	10.3	32.5	9.2	10.4	2.9
2014年	371.1	100	289.6	78.0	37.4	10.1	33.5	9.0	10.6	2.9
2015年	375.9	100	291.1	77.4	38.4	10.2	35.5	9.4	11.0	2.9
2016年	387.8	100	301.2	77.7	39.0	10.1	36.0	9.3	11.6	3.0
2017年	403.4	100	312.0	77.3	40.6	10.1	38.2	9.5	12.6	3.1

数据来源：国家统计局、科技部，《中国科技统计年鉴（2018）》。

从国际上来看，较多数国家R&D人员主要集中在企业部门。其中，中国、奥地利、韩国、瑞典等国的企业部门R&D人员占到该国R&D人员总量的70%以上，中国占比最高，接近80%。俄罗斯政府部门从事R&D活动的人员占比远高于其他国家，占到俄罗斯全部R&D人员的35.8%。英国R&D人员主要分散在企业部门和高等教育部门，占比分别为49.9%和45.2%，高等教育部门R&D人员占比要远高于其他国家在该执行部门中的占比，但是政府部门仅占3.3%（表2–3）。

表2–3 R&D人员在执行部门分布的国际比较①

国家	年份	合计	企业部门	政府部门	高等教育部门	其他部门
		万人年	占比（%）	占比（%）	占比（%）	占比（%）
中国	2017年	403.4	77.3	10.1	9.5	3.1
奥地利	2016年	7.4	70.8	3.7	24.8	0.7
比利时	2016年	8.0	56.6	8.4	34.4	0.5
加拿大	2014年	23.7	60.9	7.6	31.3	0.3
捷克	2016年	6.6	56.6	19.9	23.1	0.3
丹麦	2016年	6.0	61.7	2.9	34.9	0.5

① 国际上政府部门R&D人员含政府属研发机构和事业单位两部分。

续表

国家	年份	合计	企业部门	政府部门	高等教育部门	其他部门
		万人年	占比（%）	占比（%）	占比（%）	占比（%）
法国	2015 年	42.9	58.7	11.5	28.1	1.7
意大利	2016 年	25.9	52.2	14.8	30.2	2.8
日本	2016 年	87.2	67.2	7.1	24.2	1.5
韩国	2016 年	44.7	73.5	8.5	16.2	1.8
瑞典	2016 年	9.1	70.9	4.7	24.2	0.3
英国	2016 年	42.0	49.9	3.3	45.2	1.5
俄罗斯	2016 年	80.2	50.1	35.8	13.8	0.3

数据来源：国家统计局、科技部，《中国科技统计年鉴（2018）》。

三、R&D 人员按行业分布

R&D 人员在行业的分布结构，直接反映了我国各行业的科技人力资源投入情况，间接反映了我国科技人才对产业发展的支撑情况和产业未来的发展潜力。

中国规模以上工业企业 R&D 人员总量保持持续增长，但增长速度逐渐放缓。2017 年，中国规模以上工业企业 R&D 人员总量（全时当量）为 273.6 万人年，比 2016 年增加了 3.4 万人年，“十三五”以来年均增长 1.8%（图 2–7）。

图 2–7　中国规模以上工业企业 R&D 人员总量（全时当量）（2010 — 2017 年）

数据来源：国家统计局、科技部，《中国科技统计年鉴（2018）》。

从R&D人员的行业分布来看，2017年，全国共有30个行业的规模以上企业R&D人员（全时当量）超过1万人年，主要集中在计算机、通信和其他电子设备制造业，电气机械和器材制造业等高新技术行业。从“十三五”以来各行业R&D人员年均增速来看，家具制造业和印刷记录媒介复制业分别以29.4%和17.8%的速度名列前茅，科研人力投入增加（图2–8）。

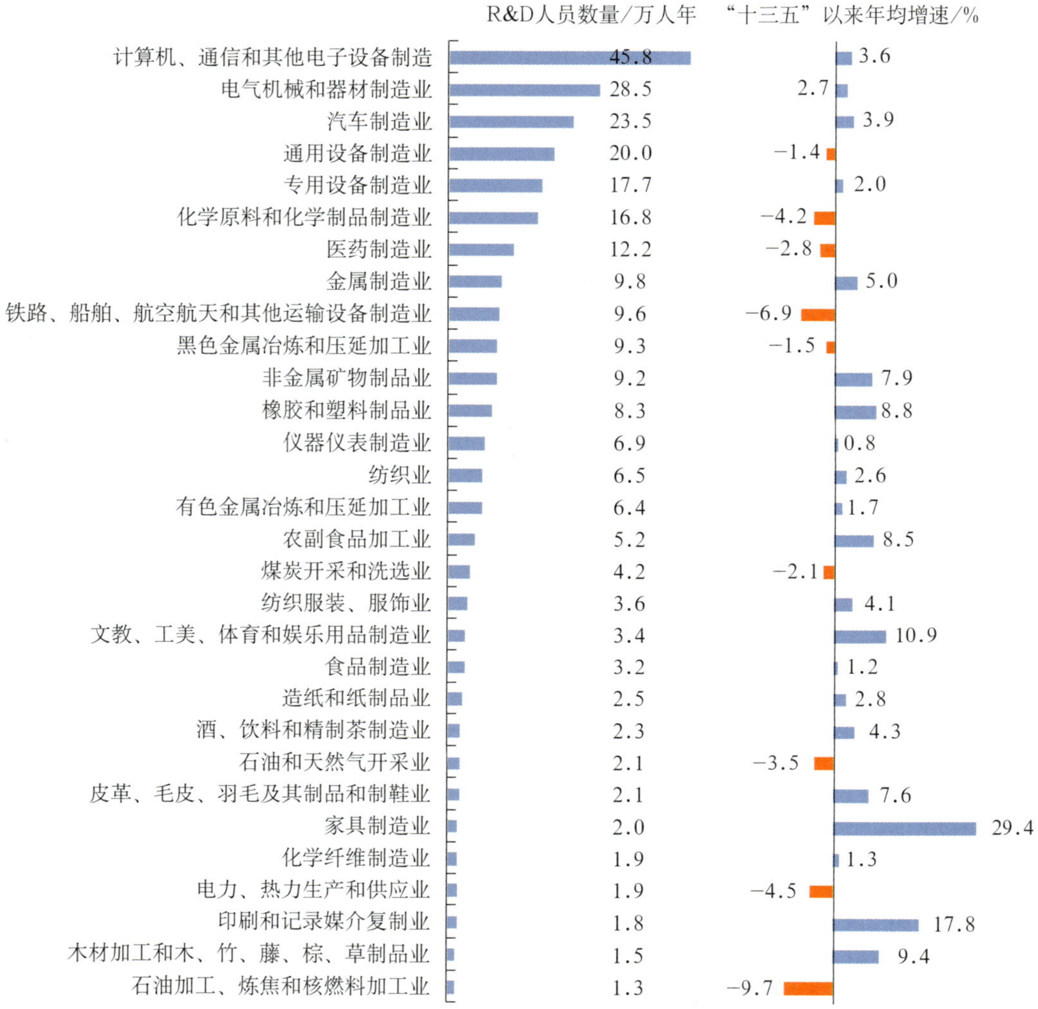

图2–8 中国规模以上工业企业R&D人员行业分布

数据来源：国家统计局、科技部，《中国科技统计年鉴（2018）》。

四、R&D人员按地区分布

从R&D人员地区分布来看，R&D人员仍主要集中在经济发达的东部地区，地区之间差异依旧持续。2017年，东部地区R&D人员总量为264.6万人年，占全国R&D人员总量的65.6%，中部、西部和东北部地区 R&D 人员总量分别为 68.3 万人年、52.3 万人年、18.2 万人年，占全国 R&D 人员总量的比重分别为 16.9%、13.0% 和 4.5%。

从 R&D 人员活动类型来看，东部、中部、西部和东北地区的试验发展人员是各地区 R&D 人员主要力量，占比分别为 83.8%、81.1%、70.5% 和 63.0%。西部和东北地区的基础研究和应用研究人员占比要高于中部和东部地区（表 2–4）。

表 2–4　2017 年 R&D 人员区域分布

地区	R&D 人员全时当量数（万人年）	各地区占总量百分比（%）	基础研究占比（%）	应用研究占比（%）	试验发展占比（%）
东部地区	264.6	65.6	5.9	10.3	83.8
中部地区	68.3	16.9	6.2	12.7	81.1
西部地区	52.3	13.0	11.0	18.5	70.5
东北地区	18.2	4.5	17.9	19.1	63.0

数据来源：国家统计局、科技部，《中国科技统计年鉴（2018）》。

从各地区 R&D 人员各年增量来看，东部地区仍然是最具吸引力的科技人才聚集地。"十三五"以来，东部地区 R&D 人员年均增量远超其他地区，中部和西部地区 R&D 人员年均增量在 2 万～3 万人年，东北地区 R&D 人员呈明显减少趋势（表 2–5）。

表 2–5　各地区 R&D 人员增量（全时当量）　　单位：万人年

	2015 年	2016 年	2017 年
全国	4.8	11.9	15.6
东部地区	6.6	7.7	10.1
中部地区	0.1	2.1	3.1
西部地区	0.2	2.1	3.4
东北地区	−2.1	0.0	−0.9

数据来源：国家统计局、科技部，《中国科技统计年鉴（2016）》《中国科技统计年鉴（2017）》《中国科技统计年鉴（2018）》。

五、R&D 人员按受教育水平分布

从受教育水平来看，中国 R&D 人员中近 2/3 都具备本科以上学历。2017 年，中国 R&D 人员中博士毕业人员、硕士毕业人员和本科毕业人员分别为 41.7 万人、92.0 万人和 271.2 万人，分别占中国 R&D 人员的 6.7%、14.8% 和 43.6%。硕士和博士毕业的 R&D 人员比例近几年保持在较为稳定的水平，本科毕业的 R&D 人员比例有较大增长。2017 年，R&D 人员中本科毕业人员占比 43.6%，比 2015 年增加 14.3 个百分点（表 2–6）。

表 2–6 R&D 人员受教育程度总体水平

	R&D 人员数（万人）	博士毕业占比（%）	硕士毕业占比（%）	本科毕业占比（%）
2017 年	621.4	6.7	14.8	43.6
2015 年	548.3	6.5	14.7	29.3
2010 年	354.2	5.7	14.0	30.8

数据来源：国家统计局、科技部，《中国科技统计年鉴（2018）》。

从执行机构来看，R&D 人员主要集中在企业、研究与开发机构和高等学校，其中，企业 R&D 人员中本科毕业人员占比最高。硕士和博士毕业的 R&D 人员主要集中在研究与开发机构、高等学校两类知识密集型机构。2017 年，研究与开发机构、高等学校中，硕士及以上学历 R&D 人员分别占比为 53.3% 和 71.3%，而企业仅有 8.3%（表 2–7）。

表 2–7 2017 年按执行机构分 R&D 人员受教育程度

	R&D 人员数（万人）	博士毕业占比（%）	硕士毕业占比（%）	本科毕业占比（%）
企业	462.7	0.9	7.4	49.6
规模以上工业企业	404.5	0.9	7.4	46.6
研究与开发机构	46.2	17.7	35.6	32.1
高等学校	91.4	30.5	40.8	25.3

数据来源：国家统计局、科技部，《中国科技统计年鉴（2018）》。

从地区分布来看，东部和中部地区企业 R&D 人员占比要高于西部和东北地区，而西部和东北地区 R&D 人员在研发与开发机构和高等学校占比则高于东部和中部地区。由于硕士以上学历的 R&D 人员主要集中在研究与开发机构、高等学校两类研究机构，R&D 人员受教育程度也表现出西部和东北地区硕士以上学历人员占比要高于东部和中部地区的特点（表 2–8，表 2–9）。

表 2–8　2017 年各地区按执行机构分 R&D 人员占比

	R&D 人员数（万人）	规模以上工业企业占比（%）	研究与开发机构占比(%)	高等学校占比（%）
东部地区	392.5	68.1	6.5	11.6
中部地区	111.3	69.1	5.5	15.0
西部地区	87.5	51.5	13.0	22.4
东北地区	30.1	50.7	10.9	31.5

数据来源：国家统计局、科技部，《中国科技统计年鉴（2018）》。

表 2–9　2017 年各地区 R&D 人员受教育程度

	R&D 人员数（万人）	博士毕业占比（%）	硕士毕业占比（%）	本科毕业占比（%）
东部地区	392.5	6.4	13.7	42.7
中部地区	111.3	5.9	13.5	44.7
西部地区	87.5	7.6	18.6	45.5
东北地区	30.1	11.7	22.7	46.5

数据来源：国家统计局、科技部，《中国科技统计年鉴（2018）》。

六、R&D 人员按性别分布

中国历来重视和发挥女性科技人才的作用，越来越多的女性科技人员投入研发活动。总体而言，我国 R&D 人员中女性比例在逐年提高。2017 年，全社会按人头统计的 R&D 人员数量达到 621.4 万人，其中女性 R&D 人员为 166.0 万人，占 26.7%，比 2010 年增加了 1.5 个百分点（表 2–10）。

表 2–10　中国 R&D 人员女性科研人员分布

项目	R&D 人员（万人）			女性（万人）			女性人数占比（%）		
	2017 年	2015 年	2010 年	2017 年	2015 年	2010 年	2017 年	2015 年	2010 年
全国	621.4	548.3	354.2	166.0	145.6	89.4	26.7	26.6	25.2
按执行部门分									
企业	462.7	401.8	243.3	103.1	89.1	50.5	22.3	22.2	20.7
研究与开发机构	46.2	43.6	34.2	15.4	14.3	11.1	33.4	32.7	32.4
高等学校	91.4	83.9	59.4	39.3	34.7	20.9	43.0	41.4	35.2
其他	21.1	19.0	17.4	8.2	7.5	7.1	39.0	39.7	40.5

续表

项目	R&D 人员（万人）			女性（万人）			女性人数占比（%）		
	2017 年	2015 年	2010 年	2017 年	2015 年	2010 年	2017 年	2015 年	2010 年
按地区分									
东部地区	392.5	344.8	214.9	103.3	89.8	53.4	26.3	26.0	24.8
中部地区	111.3	98.5	61.2	27.3	24.1	13.7	24.5	24.4	22.4
西部地区	87.5	74.9	50.7	25.6	22.0	14.2	29.3	29.4	28.1
东北地区	30.1	30.1	27.5	9.8	9.8	8.1	32.5	32.5	29.7

数据来源：国家统计局、科技部，《中国科技统计年鉴（2011）》《中国科技统计年鉴（2016）》《中国科技统计年鉴（2018）》。

从地区分布来看，东部地区女性 R&D 人员数量仍然占据绝对优势。但是从四大区域 R&D 人员性别比例看，东北和西部地区的女性 R&D 人员总数所占比例要高于东部和中部地区（表 2-10）。2017 年，东部、中部、西部和东北地区 R&D 人员中女性所占比例分别为 26.3%、24.5%、29.3% 和 32.5%，与 2015 年占比基本持平，比 2010 年分别增加了 1.5 个百分点、2.1 个百分点、1.2 个百分点和 2.8 个百分点。

在三大执行部门中，企业女性 R&D 人员所占比例最低。2017 年，企业女性 R&D 人员为 103.1 万人，仅占企业全部 R&D 人员数量的 22.3%。研究与开发机构和高等学校的女性占各自执行部门 R&D 人员的比例分别为 33.4% 和 43.0%，比 2015 年分别提高 0.7 个百分点和 1.6 个百分点，比 2010 年分别提高了 1 个百分点和 7.8 个百分点。

从世界主要国家和地区的 R&D 研究人员性别比例来看，2016 年俄罗斯女性 R&D 研究人员占比高达 40%，2015 年南非女性 R&D 研究人员占比高达 45%。与世界主要国家相比，中国、日本、韩国等亚洲地区女性 R&D 研究人员所占比例普遍低于欧洲、美洲国家。2016 年中国女性 R&D 研究人员所占比例在亚洲 4 个国家或地区中仅次于土耳其的 37.3%，达到 26.5%，日本最低，为 15.7%。2015 年欧盟国家中英国和意大利女性 R&D 研究人员所占比例超过 30%，法国和德国所占比例低于 30%（表 2-11）。

表 2-11　部分国家或地区女性 R&D 研究人员所占比例

国家	年份	女性 R&D 研究人员所占比例（%）
意大利	2015 年	36.0
英国	2015 年	38.6
法国	2015 年	27.0

续表

国家	年份	女性 R&D 研究人员所占比例（%）
德国	2015 年	28.0
南非	2015 年	45.0
俄罗斯	2016 年	40.0
韩国	2016 年	19.7
日本	2016 年	15.7
土耳其	2016 年	37.3
中国	2016 年	26.5

数据来源：《中国科技统计年鉴（2018）》；OECD，Main Science and Technology Indicators，June 2018。

第三节　各类科技人才发展

中国新兴产业发展和传统产业转型升级，基础、应用、工程等科学技术领域加速创新突破，能源、环保、健康等社会公共领域科技创新支撑需求增加，需要充分发挥各种层次、各行各业、各种领域的科技人才智慧和才能，为经济社会发展提供强有力的智力支撑和科技创新供给。

一、院士队伍

中国科学院院士是国家设立的科学技术方面的最高学术称号。2011 年以来，各学科领域的中国科学院院士数量保持稳步上升。截至 2017 年年底，中国科学院院士总人数为 800 人。其中，数学物理学部院士人数为 154 人、生命科学和医学学部院士人数为 150 人、技术科学学部院士人数为 141 人、化学部院士人数为 128 人、地学部院士人数为 132 人、信息技术科学学部院士人数为 95 人（表 2–12）。

中国工程院院士是国家设立的工程科学技术方面的最高学术称号。院士在工程科学技术方面做出了重大的、创造性的成就和贡献。2017 年，中国工程院院士总人数为 869 人。其中，信息与电子工程学部院士人数为 125 人，机械与运载工程学部院士人数为 124 人，医药与卫生学部院士人数为 120 人，能源与矿业工程学部院士人数为 118 人，化工、冶金与材料工程学部院士人数为 109 人，土木、水利与建筑工程学部院士人数为 108 人，农业学部院士人数为 77 人，环境与轻纺工程学部院士人数为 55 人，工程管理学部院士有所减少，人数为 33 人（表 2–12）。

表 2-12　中国科学院院士和中国工程院院士学科领域分布（2010 — 2017 年）[①]　单位：人

科学部	2011 年	2012 年	2013 年	2014 年	2015 年	2016 年	2017 年
中国科学院院士	**727**	**710**	**750**	**730**	**777**	**753**	**800**
数学物理	139	136	143	139	148	144	154
化学	126	123	128	125	131	124	128
生命科学和医学	128	124	132	131	143	140	150
地学	119	116	124	122	127	124	132
信息技术科学	83	82	88	85	90	88	95
技术科学	132	129	135	128	138	133	141
中国工程院院士	**766**	**763**	**802**	**786**	**836**	**822**	**869**
机械与运载工程	110	110	117	115	121	119	124
信息与电子工程	110	109	114	113	120	118	125
化工、冶金与材料工程	98	98	101	98	104	103	109
能源与矿业工程	102	102	107	105	113	112	118
土木、水利与建筑工程	101	101	105	103	108	104	108
环境与轻纺工程	43	43	47	46	51	51	55
农业	71	71	74	72	75	71	77
医药与卫生	112	110	115	112	116	116	120
工程管理	46	46	48	49	55	54	33

数据来源：中国科学院、中国工程院，《中国科技统计年鉴（2017）》。

二、国家科技专家库专家

按照《国务院关于改进加强中央财政科研项目和资金管理的若干意见》（国发〔2014〕11 号）、《国务院印发关于深化中央财政科技计划（专项、基金等）管理改革方案的通知》（国发〔2014〕64 号）关于改进专家遴选制度的相关要求，自 2015 年起，在部际联席会议的指导下，由科技部和相关部门协同启动建设国家科技专家库，面向全社会广泛征集，不唯单位、不唯权威、不唯荣誉，支持鼓励来自科技界、经济界、产业界符合条件的专家入库，填写登记个人基本情况、学习工作经历、研究领域方向、科研活动和成果等各类信息。

① 2013 年和 2016 年工程管理学部中有 26 人是跨学部院士；2011 年、2012 年、2014 年和 2015 年工程管理学部中有 27 人是跨学部院士。

目前，各方面的入库专家已近 10 万人，以一线科技专家为主，还包括管理、战略、财务、金融、法律等各方面专家，涉及国内 8500 余家高校、院所、企业等研发机构，研究方向涵盖了所有科学技术与工程领域。据统计，97% 的入库专家具有高级职称，拥有的两院院士、国家重大人才工程入选者头衔和原 973 计划、863 计划项目负责人等高层次专家占两成以上，活跃在一线的中青年专家占 60%。

按照中央财政科技计划（项目、基金等）管理要求，项目评审专家应当从国家科技项目评审专家库中选取。自 2015 年以来，累计通过国家科技专家库选取 5 万（人次）专家为各类科技管理活动提供咨询。

为不断提高国家科技专家库的服务支撑能力，针对不同任务、不同计划、不同阶段的多样化专家选取使用需求，近 3 年来，采用数据挖掘、多源异构数据融合、命名实体排歧等大数据技术，从互联网和各类专业数据库中，不断采集、融合各类科研活动信息，不断扩大专家库规模，更新专家信息，优化专家结构，并与项目管理专业机构协作，通过专家影响力评价和活跃度评价与小同行匹配研究，开展专家精准画像，实现动态管理和精准选取。

党的十九大报告对深入实施创新驱动发展战略和人才强国战略提出了新的更高要求，国家科技专家库是中国重要的战略科技力量和战略资源，在为国家科技创新管理提供咨询的同时，也为深入了解和分析中国高层次人才队伍建立了丰富翔实、动态更新的数据样本和分析模型工具，成为把握中国科技人才队伍发展的重要平台。

三、专业技术人才

专业技术人才是指在各类单位中从事专业技术工作、专业技术管理工作及在管理岗位上工作具有专业技术职务（资格）的人员，共有 27 个类别。2017 年，中国公有经济企业事业单位技术人员总量为 3148.5 万人，其中工程技术人员、农业技术人员、科学研究人员、卫生技术人员和教学人员这 5 类专业技术人员总量为 2087.0 万人，占比达到 66.3%。在 5 类主要的专业技术人员中，教学人员所占比重最大，科学研究技术人员人数所占比重最小。2017 年，在专业技术人才中，教学人员达到 1278.3 万人，占比为 61.2%；工程技术人员数量为 309.1 万人，占比为 14.8%；卫生技术人员数量为 414.7 万人，占比为 19.9%；农业技术人员数量为 67.9 万人，占比为 3.3 %；科学研究技术人员数量为 17.0 万人，仅占 0.8%（图 2–9）。

平均每万名在岗职工人数的专业技术人员数反映了劳动力素质。2010—2017 年，万名专业技术人员呈上升趋势。2017 年中国每万名专业技术人员数量为 6751 人，比 2015 年增加了 525 人，比 2010 年增加了 1655 人，“十三五”以来年平均增长率为 4.1%（图 2–10）。

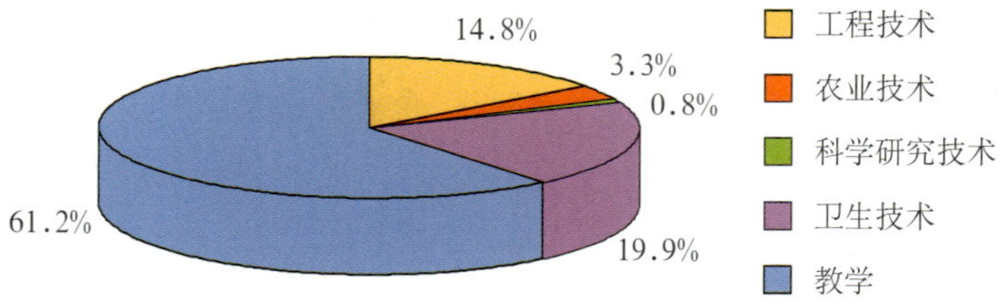

图 2-9　公有经济企事业单位 5 类专业技术人员分布（2017 年）

数据来源：国家统计局、科技部，《中国科技统计年鉴（2018）》。

图 2-10　每万人公有经济企事业单位科技领域专业技术人员数量（2010 — 2017 年）

数据来源：国家统计局、科技部，《中国科技统计年鉴（2018）》。

四、留学回国人才

比较 2017 年度与 2016 年度的统计数据可以看出，中国出国留学人员和留学回国人员均有所增加（图 2-11）。2017 年出国留学人数增加 6.39 万人，增长了 11.7%；留学回国人数增加了 4.84 万人，增长了 11.2%。从 2011 年开始，中国留学回国人员数量占出国留学人员数量的比例超过半数，更多的出国留学人员选择了回国发展。2010—2017 年留学回国人员总数达 263.97 万人，年均增长 19.9%，高于出国留学人员 11.5% 的年均增长率。

根据教育部公布的 2017 年教育事业发展公报，1978—2017 年，中国各类出国留学人员累计达 519.49 万人。其中，145.41 万人正在国外进行相关阶段的学习和研究；374.08 万人已完成学业；313.20 万人在完成学业后选择回国发展，占已完成学业群体的 83.7%，这表明中国现在的社会经济环境对留学人员越来越有吸引力和竞争力。

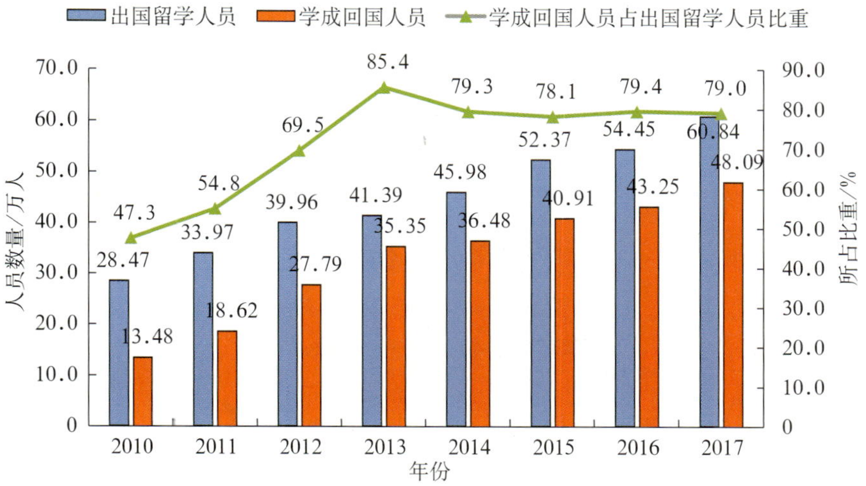

图 2–11　中国学成回国人员数量变化（2010 — 2017 年）

数据来源：教育部提供。

从留学回国渠道来看（表 2–13），2016 年和 2017 年留学回国人员中，国家公派分别为 2.3 万人和 2.6 万人，单位公派分别为 2.0 万人和 2.4 万人，自费留学分别为 39.0 万人和 43.1 万人。2010 — 2017 年，自费学成回国人员数量快速增加，2010 年为 11.0 万人，2010 — 2017 年自费留学回国人数年均增速为 21.5%。

表 2–13　中国不同渠道学成回国人员数量变化（2010 — 2017 年）　　单位：万人

	学成回国人数	国家派遣	单位派遣	自费留学
2010 年	13.5	1.3	1.3	11.0
2011 年	18.6	0.9	0.8	16.9
2012 年	27.8	1.1	0.9	25.3
2013 年	35.4	1.2	1.0	33.2
2014 年	36.5	1.6	1.3	33.6
2015 年	40.9	2.1	1.4	37.4
2016 年	43.3	2.3	2.0	39.0
2017 年	48.1	2.6	2.4	43.1

数据来源：教育部提供。

五、博士后研究队伍

（一）博士后人数

“十二五”期间，我国博士后研究人员招收规模稳步增长，2017 年与 2016 年相比略有下降（图 2–12）。2017 年，全国招收博士后研究人员 1.8 万人。1985—2017 年累计招收博士后研究人员 18.6 万人；截至 2017 年年底，在站博士后人数为 6.2 万人。

图 2–12　2010 — 2017 年各年度博士后研究人员进站人数统计

数据来源：中国博士后网。

2010 年以来，我国博士后研究人员出站人数稳步增长。2017 年，全国有 1.1 万名博士后研究人员完成研究工作顺利出站；1985—2017 年已累计出站博士后研究人员为 11.0 万人（图 2–13）。

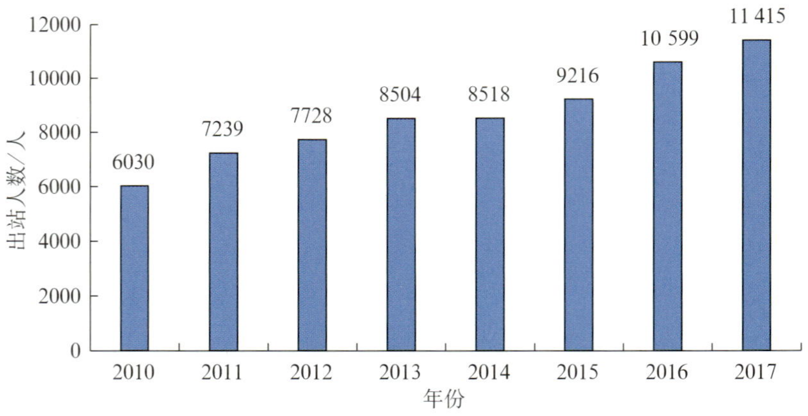

图 2–13　2010 — 2017 年各年度博士后研究人员出站人数统计

数据来源：中国博士后网。

（二）博士后科研流动站和科研工作站

由于部分学科调整、合并，部分工作站设站条件发生变化等原因，博士后科研流动站和科研工作站数量也相应调整。2017 年全国博士后科研流动站总数为 3009 家，博士后科研工作站总数为 3329 家，累计招收培养博士后近 19 万人。

博士后科研流动站覆盖了理、工、医、农等 13 个学科门类的全部 110 个一级学科，全国博士后流动站单位数为 494 家，其中高校有 350 家，占 70.85%。博士后科研工作站覆盖国民经济行业分类中所有 20 个行业领域。

第三章 科技人才培养

我国科技队伍规模是世界上最大的，主要问题是水平和结构，世界级科技大师缺乏，领军人才、尖子人才不足，工程技术人才培养与生产和创新实践脱节，人才政策需要完善，教育方面也需要进一步改革，以更好培养青少年的创新意识和能力。

——习近平在中国科学院考察工作时的讲话（2013 年 7 月 17 日）

科技人才培育和成长有其规律，要大兴识才爱才敬才用才之风，为科技人才发展提供良好环境，在创新实践中发现人才、在创新活动中培育人才、在创新事业中凝聚人才，聚天下英才而用之，让更多千里马竞相奔腾。

——习近平《为建设世界科技强国而奋斗》（2016 年 5 月 30 日）

倡导创新文化，强化知识产权创造、保护、运用。培养造就一大批具有国际水平的战略科技人才、科技领军人才、青年科技人才和高水平创新团队。

——习近平《决胜全面建成小康社会　夺取新时代中国特色社会主义伟大胜利》（党的十九大报告）（2017 年 10 月 18 日）

人才培养是科技人才队伍建设的基础，大力培养科技人才已成为世界各国赢得国际竞争优势的战略选择。党的十八大以来，各地方、部门、行业遵循科技发展和人才成长规律，充分发挥教育、实践、环境引导等在科技人才培养中的重要作用，激发各类人才的创新创造活力，培养造就大批优秀科技人才，为创新型国家建设提供强大的科技人才队伍保障。

第一节　科技人才教育培养

习近平总书记在 2018 年全国教育大会上提出，要构建德智体美劳全面培养的教育体系。教育是科技人才培养的基本方式之一，近年来，我国不断发展完善基础教育、高等教育、留学教育、职业教育等教育事业，大力培养青少年科技人才及专业技术人才，坚持把教师队伍建设作为基础工作，锻造一支高素质、专业化、创新型教师队伍。

一、改进基础教育

基础教育是创新型人才成长的关键时期。学生的创新意识、创新精神和创新人格的培养及创新思维方式的培植，关系到接受高等教育和从事创新性工作的潜质与发展基础。遵循教育规律和人才成长规律，从学生的身心特点和思想实际出发，改进方式方法，构建有助于学生创新潜质开发的基础教育系统是培养创新人才的重要举措。

2017 年印发的《国务院办公厅关于进一步加强控辍保学提高义务教育巩固水平的通知》（国办发〔2017〕72 号）提出，要切实提升教育质量，积极开展启发式、参与式教学，充分运用信息化手段，推动优质教育资源共享，提高义务教育质量和吸引力。教育部在其他相关文件中还提出建立以学生发展为本的新型教学关系，强调改进教学方式，注重因材施教，鼓励采用启发式、探究式、讨论式、参与式等多种教学方式，让教师成为学生学习的组织者、指导者和促进者。改进学习方式，引导学生运用问题导向式、小组合作式、主题探究式等多种学习方法。

2017 年年底，教育部印发《普通高中课程方案和语文等学科课程标准（2017 年版）》，对原有课程方案和课程标准进行修订，落实立德树人根本任务，发展素质教育，满足当前社会经济、科技文化发生的巨大变化对人才培养的要求。

二、深化高等教育改革

2017 年，中共教育部党组印发了《关于加快直属高校高层次人才发展的指导意见》（教党〔2017〕40 号），坚持政策、问题、需求导向，按照中央对人才发展体制机制改革的总体部署，响应创新驱动发展战略对人才的需求、立德树人根本任务对人才的需求、人才成长对人才管理服务的需求，紧扣当前制约教育人才发展的重点、难点、焦点问题，围绕人才的培养引进、评价使用、激励保障、流动共享等方面，提出了营造良好人才发展政策环境的具体办法，激发人才创新创造创业活力。

（一）聚焦国家重大战略需求优化学科专业结构

教育部每年持续调整普通高等学校本科专业目录，主动对标重大国家战略需求，不断提高科技人才培养与社会需求的契合度。支持高校设置新兴产业发展、传统产业改造升级相关专业，设置智能制造工程、智能医学工程、智能建造、经济工程、大数据管理与应用等“新工科”专业。

（二）加强国计民生急需紧缺科技人才培养

对关系国计民生、行业发展紧缺特需的专业，“从宽、从优、从快”地予以支持。支持高校设置公共服务领域改善民生急需的专业，设置人居环境科学与技术、化工安全工程、工程审计、供应链管理、保密技术等新专业。服务“互联网＋”，在17个省（市、区）增设42个信息安全专业点，在11个省（市、区）增设28个网络空间安全专业点。积极回应社会关注，加大服务健康事业和健康产业紧缺科技人才培养力度。设置儿科学、中医儿科学、健康服务与管理、中医养生学、助产学等新专业，扩大精神医学、眼视光医学等医学类国家控制专业布点，其中儿科学专业布点已覆盖23个省（市、区）。

（三）加大卓越拔尖科技创新人才培养力度

适应我国正在快速迈向高等教育普及化的趋势，加强拔尖创新人才培养，优化人才培养结构。在医学、农林、工程等教育领域实施系列“卓越人才教育培养计划”。实施“科教结合协同育人行动计划”，覆盖350余所高校、120余家科研院所，每年惠及近17万名学生。推动千余所高校与国内外知名企业共同实施“产学合作协同育人项目”。20所高校实施“基础学科拔尖学生培养试验计划”，共培养出毕业生4500余名，支持学生总数累计达8700余名。

（四）深化高校创新创业教育改革

落实国务院办公厅《关于深化高等学校创新创业教育改革的实施意见》（国办发〔2015〕36号），建立了全国万名优秀创新创业导师人才库，首批遴选4600多名导师入库。北京大学、清华大学等19所高校入选国务院双创示范基地。认定200所深化创新创业教育改革示范高校。连续举办3届“互联网＋”大学生创新创业大赛，累计有225万大学生、55万个团队参赛，已成为我国覆盖面最大、影响最广的大学生创新创业赛事。

（五）加快部分本科高校向应用型转变

教育部、发展改革委、财政部印发了《关于引导部分地方普通本科高校向应用型转变的指导意见》（教发〔2015〕7号）。经过几年努力，转型发展的政策体系不断完善，促进了高校科学定位、特色发展。打造了一批地方（行业）急需、优势突出、特色鲜明的应用型专业，增设符合转型发展要求、直接服务区域经济社会发展的应用型本科专业，2017年设置目录外新专业43个，其中93%以上为应用型本科专业。加强了一线技术技能人才培养，毕业生就业质量显著提高，科技型创业人才培养取得重大突破。

三、强化职业教育和继续教育

（一）加强高素质技术技能人才培养

一是扩大人才培养规模。全国共有职业院校 1.21 万所，年招生 928 万人，在校生 2682 万人，中职、高职教育分别占我国高中阶段教育和高等教育的 40% 左右。全国职业院校共开设近千个专业、近 10 万个专业点，基本覆盖了国民经济各领域，具备了培养大规模高素质劳动者和技术技能人才的能力。

二是完善国家教学标准体系。目前，职业教育国家级教学标准体系框架基本形成，包括 2 个专业目录，即《中等职业学校专业目录》及其设置管理办法和《高等职业学校专业目录》及其设置管理办法，建立专业动态增补机制；230 个中职专业教学标准和 410 个高职专业教学标准；9 门中职公共基础课教学大纲、9 门中职大类专业基础课教学大纲；70 个职业学校专业（类）顶岗实习标准及 9 个专业仪器设备装备规范等。

三是推动实施《制造业人才发展规划指南》。2016 年年底，经国务院同意，教育部、人力资源社会保障部、工业和信息化部联合印发《制造业人才发展规划指南》（教职成〔2016〕9 号）。2017 年装备制造大类、电子信息大类高职专业布点 1.4 万个，比 2016 年增加 856 个。有序推动专业建设，遴选出 103 个职业院校装备制造类示范专业点，研制智能控制技术等 53 个制造类高职专业教学标准。推动人才培养模式创新改革，499 家装备制造类企业参与开展现代学徒制试点。加强人才需求分析预测，发布电子信息等行业人才需求与职业院校专业设置指导报告。

四是加大高技能人才培养支持力度。健全完善以企业行业为主体、职业院校（含技工学校）为基础、学校教育与企业培养紧密结合的技术技能人才培养体系。深入实施国家高技能人才振兴计划，新建 476 个高技能人才培训基地和 594 个技能大师工作室，培养造就了一大批技艺高超、技能精湛的高技能人才。加大高技能人才表彰激励力度，表彰 90 名“中华技能大奖”获得者和 899 名“全国技术能手”。

（二）推动专业技术人才培养

围绕我国经济结构调整、高新技术产业发展和自主创新能力的提高，在装备制造、信息、生物技术、新材料、海洋、金融财会、生态环境保护、能源资源、防灾减灾、现代交通运输、农业科技、社会工作 12 个重点领域，开展大规模的知识更新继续教育，每年培训 100 万名高层次、急需紧缺和骨干专业技术人才；依托高等院校、科研院所、大型企业现有施教机构，建设一批国家级专业技术人员继续教育基地。

教育部共推荐成立了清华大学、北京大学、浙江大学、国家教育行政学院、国家开放大学、北京师范大学、华东师范大学等国家级专业技术人员继续教育基地，指导基地单位以高层次、急需紧缺和骨干专业技术人才培养为重点，开展了大规模、多层次的专业技术人才继续教育。基地单位举办了“互联网＋高等继续教育促进行业企业转型升级”“供给侧结构性改革与全面提升继续教育质量”“社区教育与老年教育工作”等专业技术人员高级研修班，取得了显著成效。

人力资源社会保障部研究建立终身职业技能培训制度，开展大规模就业技能培训、岗位技能提升培训和创业培训活动，年均政府补贴性职业培训近 2000 万人次。开展企业新型学徒制试点工作，推动企业和技工院校、培训机构建立长期稳固合作培养技能人才模式。围绕经济社会发展需求，调整技工院校专业目录，深入推进技工院校招生、职业训练院试点、生均拨款、一体化课程教学改革等试点工作。全国现有技工院校 2526 所，累计向社会输送 500 多万名毕业生，技工院校毕业生就业率一直保持在 96% 以上。

人力资源社会保障部自 2011 年起实施专业技术人才知识更新工程，聚焦装备制造、生物技术等重点领域，广泛开展高级研修、急需紧缺人才培训和岗位培训等活动。截至 2017 年年底，累计培养培训 915 万人次高层次和急需紧缺人才，建设 140 个国家级继续教育基地，带动全国参加继续教育超过 2 亿人次，有效缓解了经济社会发展重点领域人才短缺问题。2015 年 10 月，人力资源社会保障部颁布实施《专业技术人员继续教育规定》，推动继续教育规范化、制度化建设取得重要进展。

工业和信息化部为进一步加大对专业技术人员特别是科研领军人才、研究人员的培养力度，2014 年、2015 年与国家外专局联合组织实施“软件和集成电路人才培养计划”和“高端装备制造人才培养计划”，2017 年起组织实施“新材料人才培养计划”。截至 2017 年年底，已培养软件集成电路、高端装备制造和新材料领域人才共 987 人次，资助经费达 6034 万元，大大提升了重点行业科研实力。

中国科协所属学会发挥智力人才密集优势，积极参与“专业技术人才知识更新工程”，2016 年中国纺织工程学会等近 20 个学会获得国家专业技术人才知识更新工程项目支持，其中，高级研修项目 5 项、急需紧缺项目 23 项、岗位培训项目 32 项，培养培训专业技术人才 5000 余人，以重点行业领域的中高级人才培训为核心，带动整个科技人才队伍继续教育工作的开展。2016 年中国电子学会获批国家级专业技术人员继续教育基地，不断探索完善产学研用相结合的继续教育模式，努力建成一流的国家级专业技术人员继续教育基地。

四、推动人才国际化培养

人才“引进来、走出去”是拓展人才国际视野和提升国际竞争能力的重要途径。

（一）全方位培养国家急需人才

一是拔尖创新人才。教育部继续实施“未来科学家”项目，重点面向国家急需、薄弱、空白、关键领域，聚焦现代科技尖端、前沿领域，培养顶尖创新人才、领军人才和大师级人才。通过国家建设高水平大学公派研究生项目，培养储备高层次优秀人才，2012 年以来，共选派 34 298 人。

二是国际组织人才。深入实施国际组织人才培养项目，有组织、成批量地向联合国教科文组织、联合国难民署、国际电信联盟等派出实习生。目前，已有多人被联合国国际法庭、联合国教科文组织等正式录用。

三是非通用语种人才。党的十八大以来共派出外语非通用语种人才 3454 人，仅 2016 年派出 1036 人，涉及 42 个非通用语种、62 个国家。其中，32 个为“一带一路”沿线国家，填补了 9 个国内空白语种，培养了一批后备师资人才。

四是国别与区域问题研究人才。深入培育和建设 42 个教育部下属国别和区域研究培育基地，逐个对接，精准支持。党的十八大以来共派出 1207 人，共涉及 60 个国家，其中 35 个为“一带一路”沿线国家，培养了一批了解沿线国家语言文化和当地经济发展现状的高素质复合型人才。

（二）为区域、行业发展提供人才支撑

创新公派留学生选拔机制，选派方式从最初面向部分高校分配名额，逐步调整为面向社会各行业及在外自费留学人员公开选拔。党的十八大以来，通过国家优秀自费奖学金项目资助了 2501 名自费留学生。国家公派目前通过九大类 1679 个公派项目渠道选拔人才。继续实施西部地区人才培养特别项目和地方合作项目等，2 个项目分别录取各类留学人员 5346 人和 4313 人。围绕国家重点行业和特殊人才需求，教育部与外交部、中科院、农科院等部门和行业合作设立项目，为重点行业培养人才 2064 人。结合高校人才培养规划，继续开展青年骨干教师推选项目，共录取 14 577 人。与国内外知名高校和机构合作，搭建人才培养平台，党的十八大以来，新签、续签 226 份合作协议。

上述公派项目回国率超过 98%。以“西部项目”为例，绝大多数留学人员都回到了西部地区工作，并很快成长为教学领域的学科带头人和国家重点实验室等科研机构的领头人，为西部教育和经济发展培养了一批有水平、留得住、用得好的人才。

（三）鼓励留学人员回国服务、为国服务

党的十八大以来，通过“长江学者奖励计划”支持高校聘任具有海外工作或学习经历的高层次人才 1094 人。目前，我国 70% 以上的高水平大学校长、80% 以上的两院院士、90% 以上的长江学者入选者，都有海外学习或工作经历。

针对留学人员高涨的回国意愿和国内用人单位的“求贤若渴”，教育部会同有关部委和地方政府，成功举办“中国海外人才交流大会”“中国海外学子辽宁创业周”“中国留学人员南京国际交流与合作大会”等大型活动，直接面向海外留学人员打造项目、人才、资金和信息的对接平台。

以项目为载体，积极做好海外留学人才引进和成果转化。党的十八大以来，通过“春晖计划”项目资助在外高层次留学人员短期回国服务共计1200余人，资助科研合作项目近1000个；通过“春晖杯”中国留学人员创新创业大赛吸引4000余名海外留学人员参赛，围绕生物医药、新材料、新能源等国家战略重点领域，创设并孵化了一批科技项目，涌现出来一批明星企业。

五、加强教师队伍建设

教育大计，教师为本。教育部通过青年教师培养、深化高校教师考核评价制度、职称评审制度改革等一系列举措，推进高校教师人才队伍建设。

（一）加大科技领域青年教师培养力度

党的十八大以来，高校青年骨干教师国内访问学者项目支持科技领域相关专业青年骨干教师近2700人进行国内访学，紧跟科技发展前沿进行研修，开展学术交流，培养了一批高校科技领域青年学术骨干教师和学科带头人。

（二）深化高校教师考核评价制度改革

为深化高等教育领域综合改革，破除束缚高校教师发展的体制机制障碍，激发高校教师教书育人、科学研究、创新创业活力，推进高校教师考核评价制度改革，2016年8月，教育部印发《关于深化高校教师考核评价制度改革的指导意见》（教师〔2016〕7号）。从6个方面就高校教师考核评价制度改革做了重要部署：一是将师德考核摆在教师考核的首位，严把选聘考核思想政治素质关；二是突出教育教学业绩，加强教学质量评价工作；三是坚持服务国家需求和注重实际贡献的评价导向，探索建立“代表性成果”评价机制，实行科学合理的分类评价和评价周期；四是综合考评教师社会服务，完善科研成果转化业绩的考核；五是将教师专业发展纳入考核评价体系，建立考核评价结果分级反馈机制，积极推进发展性评价改革；六是建立院校评估、本科教学评估、学科评估和教师评价政策联动机制。

2017年5月，启动高校教师考核评价改革示范校遴选工作。坚持正确方向，突出问题导向，把握改革重点，遴选了40所“高校教师考核评价改革示范校”并予以公布，入选的40所高校共涉及部属高校、省属高校、高职院校、民办高校等学校类型，分布在全国25个省（市、区）。

（三）深化高校教师职称评审制度改革

2017年，国务院先后印发《国务院关于第三批取消中央指定地方实施行政许可事项的决定》（国发〔2017〕7号）和《国务院关于取消一批行政许可事项的决定》（国发〔2017〕46号），明确取消高校副教授、教授评审权的审批。2017年3月，教育部等5部门联合印发了《关于深化高等教育领域简政放权放管结合优化服务改革的若干意见》（教政法〔2017〕7号），进一步明确将高校教师职称评审权直接下放至高校，由高校自主组织职称评审、自主评价、按岗聘用。2017 年 10 月，教育部、人力资源社会保障部联合印发了《高校教师职称评审监管暂行办法》（教师〔2017〕12 号），进一步推动将高校教师职称评审权下放至高校，同时加强监管。

第二节　科技人才计划培养

人才计划与工程是培养、支持和凝聚人才的重要抓手。《国家中长期人才发展规划纲要（2010—2020 年）》（以下简称《人才规划纲要》）启动实施了 12 项重大人才工程，面向国际国内两种人才资源，中央统筹布局，经过几年的实践和发展完善，形成以国家高层次人才特殊支持计划（以下简称“万人计划”）等为核心的国家重大人才工程。

“万人计划”等国家重大人才工程坚持高端性，围绕国家需要，突出重点对象，采取特殊政策措施给予强力支持，加速打造一支领军型队伍。体现综合性，充分运用中央人才工作协调小组统筹人才工作全局的机制，协调各方力量，集成政策资源，提升号召力和影响力。注重示范性，带动重大人才工程，引领各地各部门人才计划，促进人才工作政策和机制创新。

“万人计划”于 2012 年 9 月启动实施，分三个层次、七个类别，重点遴选支持一批自然科学、工程技术和哲学社会科学领域的杰出人才、领军人才和青年拔尖人才。“万人计划”不铺新摊子，不设新项目，主要是对国家人才发展规划相关重大人才工程进行整合打包，从国家层面提供特殊支持：科技部设立科技创新领军人才、科技创业领军人才平台，中央宣传部设立哲学社会科学领军人才平台，教育部设立教学名师平台，中央宣传部、教育部、科技部、国防科工局共同设立青年拔尖人才平台。截至 2019 年 2 月，已分四批遴选出 5626 名国内高层次人才，在落实中央对人才强国战略总体部署、立足国内培养支持高层次创新创业人才、支持活跃在各个领域的优秀人才方面发挥了不可替代的作用。

一、科技人才计划实施进展

（一）科技人才计划布局和成效

《人才规划纲要》对中国科技人才发展目标、体制机制创新和重大政策完善进行了系统设计和规划。近年来特别是党的十八大以来，在中央人才工作协调小组领导下，在国家重大人才工程的示范引导下，相关部门和地方紧紧围绕国家发展战略目标，组织实施了一系列重大科技人才计划，形成以培养造就创新型科技人才为目标，以“创新人才推进计划”等重大科技人才计划为引领，突显领域、行业、区域特色的科技人才计划布局。

一是部门和行业加强领域内高层次人才培养。有关部门和单位按领域和行业，部署推出了一系列针对高层次创新人才培养的计划项目：由科技部牵头组织实施的“创新人才推进计划”是《人才规划纲要》确定的十二项重大人才工程之首，已成为培养科技创新创业领军人才的主渠道；教育部组织实施的“长江学者奖励计划”是落实科教兴国战略、加速高校中青年学科带头人队伍建设的重大举措；人力资源社会保障部牵头组织实施的“百千万人才工程”是培养中青年学术技术领军人才的一项综合人才培养工程。相关部门、协会等在环保、交通运输、农业、海洋等领域，通过实施符合行业特点的人才计划加强本领域本行业科技人才的培养。

二是地方形成各具特色的区域性人才计划。在“国字号”人才工程带动下，各地方积极落实中央部署，围绕重大战略决策、产业发展计划、重点建设项目需求，建立了体现地方特色的人才计划。如广东省“珠江人才计划”，面向全球引进一流创新创业团队，汇聚诺贝尔奖获得者、欧美发达国家院士等各类高端人才。湖北“省双创战略团队计划”，引导和支持高层次人才向企业和生产一线聚焦，已成为湖北新兴产业和新业态领域的人才高地。

科技人才计划以培养和引进高层次创新型科技人才为目标，尊重科技创新发展规律和人才成长规律，以公开公平公正的原则选拔人才，加强对青年科技人才和创新团队的培育支持，有力促进了中国科技人才队伍整体水平和创新能力的显著提升。在发现人才、用好人才、激励人才等方面积极探索，取得了显著成效。

一是发现了一批国家急需紧缺的优秀科技人才。涌现了一批勇攀高峰、具有世界影响力的科学家，造就了一批攻坚克难的科技创新创业领军人才和创新团队，形成了一批敢于创业、努力实现科技社会价值的创新型企业家队伍，培养了一批锐意进取的青年科技人才。

二是促进了科技人才成长的培育工作。科技人才计划根据领军、团队、青年等不同类别人才的特点探索培养模式，推动各单位在稳定支持科学家自由探索和潜心研究、产学研合作培养创新团队、鼓励青年人才“奇思妙想”、促进科技成果转化等方面大胆突破、先行先试、新人新策、特事特办，实现了“出人才、出成果、出机制”。

三是提高了科技人力资源使用效率。科技人才计划突出了国家在人才使用中的动员能力，通过人才计划集聚创新型科技人才，形成科技人才库和智力库，支持人才承担国家重大任务和重大科技项目，攻克科学难题，解决产业发展面临的重大技术问题，提升人才的创新能力和服务经济社会发展的能力。

（二）科技人才计划改革

党的十九大提出了科技人才队伍建设的新目标，培养造就一大批具有国际水平的战略科技人才、科技领军人才、青年科技人才和高水平创新团队，为新时代科技人才工作指明了方向和重点。面对新形势新要求，要继续发挥社会主义“集中力量办大事”的制度优势，继续发挥好科技人才计划的作用，瞄准世界科技前沿和战略性新兴产业，支持和培养具有发展潜力的科技人才。

新形势下，科技人才计划要贯彻落实党中央、国务院关于科技体制改革的要求，聚焦国家重大需求，加大改革力度，优化整合科技人才计划体系布局，强化培养和使用导向，优化对计划入选对象的管理服务，更大力度、更高质量地集聚和培养造就一大批国家紧缺人才。

一是统筹优化科技人才计划。在中央人才工作协调小组的领导下，加强顶层设计，对中央财政支持的国家级科技人才计划（工程、项目）按功能定位进行归类，通过撤、并、转等方式进行优化整合。紧紧围绕科技发展前沿方向和国家重大战略需求，优化科技人才专项结构，加快形成目标清晰、布局合理、有效衔接的科技人才计划体系。

二是突出科技人才计划的支持和培养功能。突出以德为先的选拔标准，科技人才计划重点支持人才发展，更加突出对人才的品德、能力、业绩和贡献的综合评价和长期跟踪。进一步规范科技人才称号的使用范围和时限，明确支持周期。建立完善入选者退出机制，对弄虚作假骗取入选资格的，违反职业道德、学术不端造成不良社会影响的，或者触犯国家法律法规的应当予以退出。

三是注重科技人才计划与项目、基地建设结合。科技人才计划遵循科技人才成长规律和科技创新规律，坚持在使用中培养人才，积极为各类优秀科技人才干事创业、实现价值提供机会条件。继续加大科技人才计划与科技计划（项目）实施、重点创新基地建设结合力度，在科研项目立项、项目滚动持续支持、建设创新基地等方面给予优先支持和简化程序，进一步突出对青年人才和团队的培养。

四是加强对入选人才流动情况的监督管理。针对西部地区和特殊领域保留单独的科技人才支持计划或适当倾斜的支持政策，同时加强对因政策倾斜获得人才计划支持的人员流动管理，在支持周期内原则上不得跟随人员向东部、发达地区流转，否则取消对其相应支持，并不许再使用相关人才称号。对于符合国家规定的高层次人才流动，要及时登记人才变动情况，探索建立符合市场规律和人才发展规律的培养补偿机制，引导人才良性竞争和有序流动。

五是为人才和团队创新创业提供优质服务。完善以人为本的管理服务机制，围绕科技人才的创新创业活动，以满足科技人才的需求为目标创造性地开展服务工作。积极推荐科技人才参加重大决策咨询服务活动，推荐科技领军人才到国际科技组织任职，组织开展科技人才创新创业培训交流活动等。人才所在单位要在科研项目、事业平台、人事制度、经费使用、激励保障等方面对入选专家给予特殊支持，大胆探索有利于激发人才创新创业活力的体制机制。

二、若干科技人才计划

在中央人才工作协调小组指导下，有关部门和行业积极落实党中央关于科技人才发展的重要部署，聚焦深入实施创新驱动发展战略和人才优先发展战略，在各自领域和行业内组织实施了针对高层次创新人才培养支持的科技人才计划，带动了我国高层次创新人才和团队的发展壮大。

（一）创新人才推进计划

科技部牵头组织实施的创新人才推进计划（以下简称“推进计划”），旨在通过创新体制机制、优化政策环境、强化保障措施，培养造就一批世界水平的科学家，在我国具有相对优势的科研领域设立 100 个科学家工作室；瞄准世界科技前沿和战略性新兴产业，每年重点支持和培养一批具有发展潜力的中青年科技创新领军人才；着眼于推动企业成为技术创新主体，每年重点扶持 1000 名科技创新创业人才；依托一批国家重大科研项目、国家重点工程和重大建设项目，建设若干重点领域创新团队；以高等学校、科研院所和高新技术产业开发区为依托，建设 300 个创新人才培养示范基地。推进计划为国家“万人计划”科技创新、创业领军人才的遴选提供了重要储备。

截至 2018 年年底，推进计划已遴选批复 7 批，入选中青年科技创新领军人才 2024 人，重点领域创新团队 427 个，科技创新创业人才 1348 人，创新人才培养示范基地 218 个。科技部将推进计划入选人才分四批推荐国家“万人计划”，推荐入选率在九成左右。有 6 名人才入选科学家工作室，国家对他们采取“一事一议，按需支持”方式。

总体看来，推进计划按照《人才规划纲要》设定的目标定位，在高端和急需紧缺人才培养、人才体制机制创新、人才政策环境营造等方面发挥了重要作用，成为科技人才队伍培养的主渠道。

一是遴选支持了一大批优秀科技创新创业领军人才和团队。入选的领军人才和创新团队负责人均来自科研一线，是承担国家、行业、区域科技创新任务的骨干。近 2 年入选的领军人才和创新团队负责人，70% 主持过国家重点研发计划项目、重大专项及重大工程和重大建设项目等；担任国际学术期刊编委以上职务的占 20%；230 人次获得过国家自然科学奖、科技进步奖、技术发明奖等国家级奖项，占 30%。科技创业入选人才既有引领行业发展的领军型企业创始人，也有高成长性的创新型企业的创业者，拥有核心技术和知识产权。近 2 年入选的创业人才所创企业，85% 是高新技术企业；24% 的创业人才获得过科技创新创业大赛奖项。

二是涌现出一批提升中国国际竞争力的高端和急需紧缺人才。一批入选专家以国家的战略布局和社会需求为导向，始终保持为国家排忧解难的责任感和使命感，在基础研究领域、攻破关键技术、催生新产业、引领地方经济发展等方面取得重要进展，产出了具有国际影响力的重大成果。如邵峰研究员在病原菌毒力机制和抗细菌天然免疫领域取得系列重要原创性发现，领跑国际前沿。科技创新领军人才肖飞教授，2018 年获得中共中央军委主席习近平签署通令记一等功，他牵头研制成功的 2 兆瓦级直驱式风力发电变流器系统，一举打破了该领域被国外长期垄断的局面。创新团队负责人高亮教授，获 2017 年国家科技进步奖一等奖，他带领团队在保证无缝线路的稳定、强度和线路高稳定性等方面做了大量试验和理论研究工作，为中国高铁大规模建设、安全运营和“走出去”战略提供了重要的理论及技术支撑。获 2017 年国家技术发明奖一等奖的创业人才张国良董事长，带领团队突破了干喷湿纺碳纤维的核心技术难题，实现高性能碳纤维高效生产，产品达到国际同类产品先进水平，成为中国首个、也是世界上第3个攻克干喷湿纺工艺难题的企业。

三是示范基地积极创新人才培养机制。创新人才示范基地对引才聚才、引才用才等人才发展工作进行了积极探索。服务国家重大战略需求，清华大学面向“十三五”，在能源、信息技术、先进制造、军工等领域布局了若干重点团队，为国家创新发展提供重要的科技支撑；深化人事制度改革，中科院上海药物研究所松绑人事管理制度，实行在岗创业、离岗创业及适度兼职的“三轨制”；强化人才培养体系，北京空间飞行器总体设计部坚持重点工程与核心人才同步发展，以嫦娥四号、火星探测和载人航天等国家重大工程项目为牵引，有意识、有计划地选拔优秀青年70余人担任关键岗位职务。在国际大舞台构筑科技园区人才高地，中关村软件园以国际化视野构筑园区“双创”发展空间，形成既有归国留学者又有大学生创业者，既有大企业内部创业者又有连续创业者的“新四军”。无锡国家高新技术产业开发区、青岛高新技术产业开发区等在欧美搭建海外引才工作站，在全球范围广纳贤才。

（二）“长江学者奖励计划”

“长江学者奖励计划”由教育部实施，作为国家重大人才工程和高校高层次人才队伍建设的引领性工程，计划实施20年以来，吸引集聚了一大批海内外高层次人才，在提升人才培养质量和学科发展水平，促进原始科技创新和关键领域核心技术突破、推动高校人才体制机制改革创新等方面取得了丰硕成果，为推动高等教育事业发展，推进科教兴国、人才强国和创新驱动发展战略实施提供了有力支撑。党的十八大以来，教育部贯彻落实习近平总书记关于人才工作的重要论述，发挥国家重大人才工程示范引领作用，深入实施“长江学者奖励计划”，坚持“向改革倾斜、向一流倾斜、向西部倾斜、向青年倾斜、向哲学社会科学倾斜”，鼓励和支持高校大力吸引培养一批具有国际影响的学科领军人才和具备发展潜力的青年拔尖人才，推动高校成为高层次人才集聚的战略高地。党的十八大以来共遴选支持长江学者1438人，其中，特聘教授760人、讲座教授239人、青年学者439人，覆盖全国31个省（市、区）、184所高校。截至2017年年底，共支持211所高校聘任长江学者3476人。

（三）百千万人才工程

百千万人才工程是由人力资源社会保障部发起，会同科技部、教育部、财政部、发展改革委、自然科学基金会、中国科协、中科院、中国工程院等选拔培养中青年学术技术领军人才的重大人才工程。瞄准世界科技前沿，重点选拔培养能引领和支持国家重大科技、关键领域实现跨越式发展的高层次中青年领军人才。实施20多年来，百千万人才工程累计选拔国家级人才5700多人。2017年百千万人才工程入选人才共有411人，其中，教育部直属高校55人、工业和信息化部高校10人、中科院系统40人，其余来自全国各省和其他部委及国有企业。近年来，为了加强人选间横向交流，推动产学研融合，促进相关领域技术创新和产业升级，人力资源社会保障部会同有关单位每年围绕国家重大战略和重点行业产业发展需求，举办百千万人才工程创新大讲堂，邀请相关领域院士、专家学者及产业界技术负责人参加，有效促进了产学研交流。

此外，还有中科院“百人计划”，中国科协“青年托举工程”，生态环境部“环保百名人才工程建设”，农业部“农业科研杰出人才培养计划”，交通运输部“交通运输青年科技英才”等行业性、领域性的科技人才计划，支持培养各类科技人才发展。

三、地方科技人才计划

结合区域创新驱动发展需求，以国家“万人计划”等为统领，各地通过科技人才计划的实施，在吸引、凝聚、使用、激励、服务科技人才，以及营造良好的政策环境等方面开展了大量卓有成效的工作，促进了科技人才队伍建设，提升了区域创新能力，推动了区域经济社会发展。

一是加大对各类科技人才的支持力度。各地设立人才发展专项资金支持人才成长的同时，还通过荣誉表彰、职称评审直通车、奖励等方式给予人才激励。对顶尖人才“一事一议”，如 2017 年江苏、广东、湖南等省对世界一流的顶尖人才团队，按一事一议方式最高给予 1 亿元项目资助；多种形式激励人才培养，江苏省改进“333 工程”等人才培养支持方式，推行以奖代补、跟奖跟补，实现奖励与贡献实绩挂钩；四川省对从国（境）外、省外来川创新创业的高层次人才及团队，在岗位激励、项目和平台建设等方面给予持续支持。“青海学者”计划按国家两院院士标准，兑现医疗保健、休假疗养、差旅待遇。加大基层、边远地区人才的培养，浙江省对省级个人科技特派员项目给予 10 万元 / 人年经费补助，并在职称评审、科技成果转化、信贷等方面进行政策支持；广东省支持粤东西北地区引进创新创业团队，最高给予 800 万元资助，认定为“引进紧缺拔尖人才”的，每年最高 100 万元资助。

二是探索了人才和项目、基地有机结合机制。许多省市把选好用好人才作为人才计划实施的重要内容，加强人才、项目、基地结合，促进人才在使用中成长。对遴选的学科带头人、高层次科技创新领军人才等，通过委托科研任务、建设创新基地、配备高水平研发团队等方式搭建科研平台，并赋予科技人才人财物支配权和技术路线决策权，为领军人才干事创业提供支撑。例如，北京市 2017 年启动实施首都科技领军人才培养工程，鼓励申建国家重点学科、国家重点实验室、国家技术创新中心等科技创新平台。天津、内蒙古、江西、陕西、甘肃等地区对入选的创新人才，在科研项目立项方面直接申报，加大支持力度。浙江、重庆、福建、江西、贵州等省市在重点实验室、工程技术（研究）中心、重大科技项目、重点建设学科建设中，给予入选人才倾斜支持。

三是强化了对青年人才的培养支持。全国 31 个省（市、区）均设立了青年人才计划，通过扩大支持范围、完善支持政策、创新支持方式、营造制度环境，更大程度、更广领域加大本地区后备领军人才培养力度。例如，上海市实施“青年科技英才扬帆计划”，选拔和培养一批 32 周岁以下崭露头角的优秀青年科技人员，为其开展创新性的科研活动提供起步资金。陕西省实施“青年科技新星培育专项计划”，在培育周期内，资助一次由科技新星主持的科技项目，并享受“三秦人才津贴”，申报国家各类科技计划项目和科技奖励等优先予以推荐。

四是创新了对创业人才的支持方式。针对科技创业人才缺资金、缺管理等问题，通过贴息贷款、财政支持、科技服务等方式，加强对创业人才的服务，着力培育创新型企业。江苏省签约金融机构对设区市以上人才计划入选者提供最高 1500 万元的信用贷款。重庆市对创新创业人才创办的微型企业，享受 5 万元的创业补助、15 万元以内的创业扶持贷款，以及场地租金、生产经营设备购置、商业贷款贴息等后续扶持项目的补助，采取无偿资助、业务奖励、发放创新券、创业券等方式，对创新创业团队的办公用房、用水、用能、网络等软硬件设施的运行开支及技术服务、创业辅导等活动给予补助。山东省依托企业家队伍建设“111”工程，加强企业战略管理、商业模式与市场开拓、资本市场与投融资等方面培训。

五是努力解决科技人才的后顾之忧。围绕创新创业人才在工作、生活方面的实际困难，部分地方通过提供安家费，解决随迁配偶就业、子女入学等方式，加强对高端人才的服务，解决人才后顾之忧。北京市进一步推进户籍制度改革，积极推动积分落户，健全高层次人才、紧缺急需人才落户制度，吸引海内外高层次人才在京创新创业。云南省“云岭英才计划”对引进人才，分别给予 50 万元、100 万元、200 万元一次性工作生活补贴；广东省对粤东西北地区在站博士后，给予每人每年 20 万元生活补贴。安徽省对合肥综合性国家科学中心引进的海外人才高级职称实行自主评定，对引进国际国内高层次人才在住房、配偶就业、子女入学、医疗保险等方面优化生活配套服务。

六是充分发挥了人才示范带动效应。人才计划改革先行先试的实践探索，为人才培养引进、评价激励、流动服务等方面积累了经验。在人才计划的带动下，各地出台了一系列改革力度大、含金量高、操作性强的人才政策，例如，上海人才 30 条、南京科技 9 条、天津人才新政 8 条等，在成果转化收益、股权期权激励、工资制度改革、高校院所自主权、人才兼职兼薪等方面都有重大突破，为科技人才发展营造了良好的政策环境。

第三节　在创新实践中培养人才

创新的事业需要创新的人才，人才是创新的核心要素。结合国家重大科技任务部署和国家重点工程、重大项目的实施，在创新实践中发现人才、在创新活动中培育人才、在创新事业中凝聚人才，加快各类人才在使用中成长。

一、国家科技计划培养人才

（一）国家自然科学基金人才培养

为进一步发挥国家自然科学基金在培养基础研究人才方面的作用，党的十八大以来自然科学基金委采取多项举措提升人才项目资助效益、加强科技人才队伍建设（表 3-1）。

表 3-1　2013—2017 年国家自然科学基金项目累计资助情况

序号	项目名称	资助（项）	资助经费（万元）	男性（%）	女性（%）
1	青年科学基金项目	81 578	1 800 343	59.24	40.76
2	地区科学基金项目	13 966	578 920	67.26	32.74
3	优秀青年科学基金项目	1998	171 900	80.78	19.22
4	国家杰出青年科学基金项目	990	320 325	88.38	11.62
5	创新研究群体项目	348	270 780	95.11	4.89

1. 加强对青年科技人才的培养

青年科学基金项目支持青年科学技术人员在科学基金资助范围内自主选题，开展基础研究工作，培养青年科学技术人员独立主持科研项目、进行创新研究的能力，激励青年科学技术人员的创新思维，培育基础研究后继人才。2017 年，科学基金投入 40 亿元用于青年科学基金项目资助，比 2016 年增加近 10 亿元；资助规模为 17 523 项，比 2016 年增加 1411 项；资助强度比 2016 年增加 3.5 万元 / 项，增幅 18.1%。给处于起步阶段的青年人更有力的支持，为基础研究队伍建设蓄积人才之源。

优秀青年科学基金项目支持在基础研究方面已取得较好成绩的青年学者自主选择研究方向开展创新研究，促进青年科学技术人才的快速成长，培养一批有望进入世界科技前沿的优秀学术骨干。为加快人才年轻化的趋势，进一步扩大优秀青年人才的遴选范围，自 2016 年起，优秀青年科学基金项目申请时不列入限项范围。受政策鼓舞，2016 年优秀青年科学基金项目申请量达到 4413 项，比 2015 年增长了 25%；2017 年申请量继续增加到 4867 项；2018 年达到 5421 项，更多优秀青年有了参与该项目竞争角逐的机会。

国家杰出青年科学基金项目支持在基础研究方面已取得突出成绩的青年学者自主选择研究方向开展创新研究，促进青年科学技术人才的成长，吸引海外人才，培养造就一批进入世界科技前沿的优秀学术带头人。2017 年，科学基金投入 6.79 亿元用于国家杰出青年科学基金项目资助，资助规模为 198 项，资助强度为 343.11 万元 / 项，为优秀杰出的青年人才快速成长提供了大力支持。

2. 加强对基础研究薄弱地区人才的稳定支持

地区科学基金项目支持特定地区的部分依托单位的科学技术人员在科学基金资助范围内开展创新性的科学研究，培养和扶植该地区的科学技术人员，稳定和凝聚优秀人才，为区域创新体系建设与经济、社会发展服务。为推进革命老区基础研究人才的培养和稳定，2016 年起，将陕西省延安市和榆林市纳入了地区科学基金项目资助范围。此外，为鼓励获得地区科学基金资助的项目负责人走出“温室”，参与更高水平的开放竞争，从 2016 年起，规定科研人员作为项目负责人获得地区科学基金项目资助累计不超过 3 次。同时，明确地区科学基金项目申请人应当是在地区科学基金项目资助范围内依托单位的全职工作人员或按照国家政策由中央组织部派出正在进行 3 年（含）期以上援疆、援藏的科学技术人员。

3. 加大对创新团队的支持力度

创新研究群体项目支持优秀中青年科学家为学术带头人和研究骨干，共同围绕一个重要研究方向合作开展创新研究，培养和造就在国际科学前沿占有一席之地的研究群体。党的十八大以来创新研究群体项目共资助 348 项，资助经费累计达约 27 亿元。其中，资助新设立的创新研究群体项目 181 项，经费近 18 亿元；针对已实施 3 年或 6 年的群体择优延续资助 167 项，经费约 9 亿元。

4. 支持科技人才开展国际合作

海外及港澳学者合作研究基金项目资助海外及港澳 50 岁以下华人学者与国内（内地）合作者开展高水平的合作研究，充分发挥海外及港澳科技资源优势，吸引海外及港澳优秀人才为国（内地）服务。该项目采取“2 年 + 4 年”的资助模式，获 2 年期项目资助期满后可申请 4 年期延续资助。党的十八大以来海外及港澳学者合作研究基金 2 年期项目共资助 593 项，资助经费 1.1 亿元；延续项目共资助 103 项，资助经费 1.9 亿元。

5. 自然科学基金的改革与优化

在新时期科学基金资助导向“鼓励探索，突出原创，聚焦前沿，独辟蹊径，需求牵引，突破瓶颈，共性导向，交叉融通”下，自然科学基金委对资助方式和资助体系等进行了调整。

一是优化基础科学中心项目资助管理。进一步规范基础科学中心项目的资助与管理工作，资助周期为“5 年 + 5 年”，5 年一个资助周期，最多资助 2 期；学术带头人和骨干成员合计不多于 5 人，依托单位及合作研究单位数量合计不得超过 3 个；获得资助后的项目负责人及骨干成员在结题前不得再申请或参与申请除国家杰出青年科学基金项目、优秀青年科学基金项目以外的其他类型项目；申请人和主要参与者（骨干成员或研究骨干）同年不得同时申请基础科学中心项目和创新研究群体项目；正在承担创新研究群体项目的项目负责人和具有高级专业技术职务（职称）的参与者不得申请或者参与申请基础科学中心项目；但在结题当年可以申请或者参与申请。

二是优化调整创新研究群体项目资助模式。进一步加强科学基金对创新人才和团队的贯通培养功能，缩短资助期限，在资助强度保持不变的情况下，资助期限由6年缩短为5年；增加资助规模，由之前的每年38项增加到46项；取消延续资助，在研（2013—2018年批准资助）和新批准（2019年及以后批准资助）创新研究群体项目不再实行延续资助。

三是优化人才项目资助体系。自2019年起，不再设立海外及港澳学者合作研究基金2年期资助项目；自2020年起，不再设立海外及港澳学者合作研究基金延续资助项目；国家杰出青年科学基金项目和优秀青年科学基金项目与国家其他科技人才计划加强统筹协调。

四是简化项目申请管理要求。国家杰出青年科学基金项目和创新研究群体项目申请时，不再需要提供学术委员会或专家组推荐意见；在站博士后人员作为申请人申请面上项目、青年科学基金项目和地区科学基金项目时，不再需要提供依托单位承诺函；青年科学基金项目中不再列出参与者，使评审专家关注申请人本人独立主持科研项目、进行创新研究的能力；扩大无纸化申请试点范围，除重点项目、优秀青年科学基金项目外，增加青年科学基金项目试点无纸化申请；取消依托单位报送《国家自然科学基金资助项目经费决算汇总表》《国家自然科学基金项目资金年度收支报告》；落实代表作评价制度，将申请人与参与者简历中所列代表性论著数目上限由10篇减少为5篇，论著之外的代表性研究成果和学术奖励数目由原来不设上限改为10篇以内。

（二）国家科技重大专项人才培养

国家科技重大专项围绕国家确定的战略目标系统部署，集中全国优势力量协同攻关，凝聚和培养了一大批优秀科技人才，为培育我国科技创新的建制化力量奠定了坚实基础。通过重大专项实施，成长了一批以两院院士为代表、具备谋划相关领域整体布局能力的战略科技人才，形成了一批具有重大技术创新能力、领衔国家科技任务的科技领军人才和青年科技人才队伍，培养了一大批勇于开拓、甘于奉献的一线创新人才、创新团队和国家重大科技任务实施管理人才。重大专项凝聚了20多万名科研人员投身于任务攻关，其中，高级研发人员约占60%，吸引了4000多名海外技术和管理人才参与实施，持续提升了我国科技创新能力。

专栏3-1　传染病防治重大专项

我国于2008年开始启动“艾滋病和病毒性肝炎等重大传染病防治”科技重大专项，目标是完善国家传染病防控科技支撑体系。在突发急性传染病防控方面，先后投入28亿元人民币支持170项科研项目。建立并完善了一批具备国际竞争力的技术平台，在重大传染病防治领域，强化基础研究与临床诊治的结合，传染病防控科技综合支撑能力显著提高；在突发急性传染病防控方面，建立完善了病原体检测、监测预警、动物实验、生物安全、产品研发和评价等技术平台；在新发传染病病原学、病原体结构生物学等方面取得一批国际领先成果；聚集、培养了一大批领军骨干人才和青年英才，专业人才队伍得到快速发展。专项实施以来，共获得国家级科技奖励 21 项，其中，包括重大传染病防治科技重大专项技术总师侯云德院士获 2017 年度国家最高科学技术奖 1 项，技术副总师李兰娟院士领衔的项目获国家科学技术进步奖特等奖 1 项。专项实施 10 年来，针对严重危害人民健康的重大疾病，集成优势资源，加强协同攻关，在保障和改善民生、促进产业发展、支撑服务医改、应对突发疫情等方面发挥了重要作用。

资料来源：科技部官网。

（三）国家重点研发计划人才培养

国家重点研发计划针对事关国计民生的重大社会公益性研究，以及事关产业核心竞争力、整体自主创新能力和国家安全的重大科学技术问题，突破国民经济和社会发展主要领域的技术瓶颈。截至 2017 年年底已启动 40 余个重点专项。国家重点研发计划战略性前瞻性重大科学问题领域重点专项，为中青年科学家提供了良好的发展平台。中青年科学家敢于担当、勇挑重担，在重点专项中承担了大量科研任务。例如，量子调控与量子信息重点专项承担研究任务的团队以中青年为主，45 岁以下的科研人员所占比例达到 80% 左右。干细胞及转化研究、纳米科技、量子调控与量子信息、蛋白质机器与生命过程调控 4 个重点专项设立了青年科学家项目，支持 35 岁以下青年人才承担国家科研任务。

专栏 3-2　重点研发计划团队

1. 北京大学“大气复合污染防治”团队。国家科技计划支持下科技与机制创新相结合，支持形成了以张远航院士为带头人的团队。团队率先提出了“大气复合污染”的科学概念，秉承“大气氧化性”研究的学术传统，形成了以基础研究创新带动大气污染防治的学科特色，围绕大气复合污染防治这一重大问题，发展了大气复合污染成因、大气污染的健康效应、区域大气复合污染防治技术 3 个学术方向，形成了一个融成因、效应、防治于一体的研究团队，在集成示范的基础上探索国家城市群发展中的空气质量改善策略。

2. 中国科学院生态环境研究中心移动源污染控制技术研发团队。持续稳定的科技计划支持助推了贺泓团队人才培养和平台建设的协同发展。团队 2014 年获国家科学技术进步奖二等奖，同年领衔入选创新人才推进计划重点领域创新团队；团队带头人贺泓 2016 年入选国家“万人计划”领军人才；

2017 年当选中国工程院院士，同年获何梁何利基金科学与技术创新奖。团队研发的重型柴油车排气净化技术达到国际先进水平，打破了国外公司的垄断，带动了本领域内环保产业的发展；研发的技术产品占我国自主知识产权市场的份额超过 50%，有力支撑了我国柴油车排放标准的升级与相关产业发展。

3. 中国科学院合肥物质科学研究院大气环境监测仪器设备研发团队。以团队为核心依托所在单位先后建设了国家环境光学监测仪器工程技术研究中心、国家环境保护环境光学监测技术重点实验室、大气环境污染监测先进技术与装备国家工程实验室，目前已经成长为一支约 100 人、专业结构合理、以中青年博士为骨干的创新研发团队，在近几年先后获国家科技进步二等奖 3 项。团队针对我国大气多组分污染物及其时空分布连续自动监测技术需求，在大气污染成分与颗粒物时空分布探测、大气细粒子和超细粒子的快速在线监测、污染面源排放 VOCs 探测、大气臭氧时空分布探测、大气氧化性自由基现场探测及污染物排放通量遥测等方面取得核心技术突破，完成科技成果鉴定 24 项，申请国家发明专利 200 余项，已获授权发明专利授权 100 余项。研发的技术设备已用于大气环境的长期、定点、连续观测，为我国开展大气复合污染研究提供了数据基础，为我国监测区域大气复合污染提供了技术手段。团队自主研发系列化环境质量和污染减排的业务化监测技术和设备，实现了 85% 以上国产化，支撑了国家环境质量和污染源监测网络建设，参与了国际外场综合观测实验。

资料来源：科技部社会发展司提供。

2015 年以来，国家重点研发计划共启动 102 个青年科学家项目。从实施效果看，青年科学家项目符合人才成长的客观规律，为青年优秀人才开拓视野、开展高水平研究工作和提高组织协调能力创造了条件，是加速优秀青年人才培养的有效途径之一。例如，中国科学院大连化学物理研究所邓德会承担了“二维催化材料的表界面调控及 C1 分子高效转化研究”青年科学家项目，采用新的合成策略，实现了二维铂铅纳米材料的一步法可控制备。

（四）国家科技创新基地人才培养

2017 年，科技部、发展改革委、财政部联合发布了《国家科技创新基地优化整合方案》（国科发基〔2017〕250 号），在国家科技创新基地建设中，以提高科技创新活力为核心，推动各科研基地建立开放、流动、竞争、协同的用人机制，吸引顶尖人才、培养青年人才、用好现有人才，促进人才合理流动，助推重大成果产出和国际影响力提升。国家科技创新基地包括科学与工程研究、技术创新与成果转化和基础支撑与条件保障 3 类。

1. 科学与工程研究类国家科技创新基地

科学与工程研究类国家科技创新基地主要包括国家实验室、国家重点实验室。近年来，吸引、凝聚、培养了一批优秀科技人才，造就了一批科学前沿的领军人物，建立了一支年龄和知识结构合理的高素质研究队伍。截至2016年年底，国家重点实验室和试点国家实验室共拥有中国科学院院士383人、中国工程院院士203人，分别占院士总人数的51.8%和25.0%；拥有国家杰出青年科学基金获得者1513人，占总数的43.4%；获创新研究群体科学基金资助241个，占总数的54.4%。

国家重点实验室和试点国家实验室在推动学科发展方面发挥着重要作用。依托实验室的博士学位授权点、硕士学位授权点共计2120个。2016年，实验室在读和入学博士研究生、硕士研究生共计102 555人，毕业博士研究生、硕士研究生共计27 967人。

专栏3-3　北京凝聚态物理国家研究中心（国家实验室）

依托中国科学院物理所组建的北京凝聚态物理国家研究中心，在建设过程中大力推行引人育人的用人机制，已经建立了一支高水平的人才队伍，目前中心共有科研人员427人。其中，中国科学院院士15人、国家杰出青年基金获得者37人、优秀青年基金获得者累计16人、中国科学院“百人计划”入选者68人、国家自然科学基金创新研究群体累计9个、第三世界科学院院士7人、美国物理学会会士11人。

高水平的人才队伍带来了一系列重大原创成果，如“临界温度40 K以上的铁基超导体的发现和若干物理性质研究”获得了国家自然科学一等奖；赵忠贤院士因在高温超导研究中的突出贡献获得了国家最高科技奖；通过理论计算首次预言了可在室温下存在的三维强拓扑绝缘体系列材料，并发现在该体系中通过掺杂过渡金属元素可以实现量子化反常霍尔效应；2013年首次在实验中成功实现量子反常霍尔效应，引起巨大的国际反响；首次发现外尔费米子，该项成果入选美国物理学会（APS）125周年纪念论文集中49项对物理学产生重要影响的工作，这是唯一入选的来自中国本土的工作。

资料来源：科技部基础司提供。

2. 技术创新与成果转化类国家科技创新基地

技术创新与成果转化类国家科技创新基地主要包括国家工程研究中心、国家技术创新中心和国家临床医学研究中心。

国家工程研究中心，面向国家重大战略任务和重点工程建设需求，开展关键技术攻关和试验研究、重大装备研制、重大科技成果的工程化实验验证，突破关键技术和核心装备制约。

截至2016年年底，国家工程研究中心共有10.12万人，同比增长2.5%。其中，固定人员8.52万人，客座人员1.60万人，分别占人员总数的84.2%和15.8%。2016年，国家工程研究中心拥有院士221人；国家科技计划项目首席专家416人；国家杰出青年科学基金项目获得者275人，新增115人。2016年，国家工程研究中心共培养研究生13 838人，同比增长17.38%，其中，硕士11 012人、博士2826人。

国家技术创新中心，面向影响国家长远发展稳定的行业和产业需求，开展重大共性关键技术和产品研发、成果转化及应用示范，是推动产业迈向价值链中高端的重要科技力量，对国家重点产业领域技术创新发挥战略支撑引领作用。2017年11月，科技部印发了《国家技术创新中心建设工作指引》（国科发创〔2017〕353号），明确将“培育和吸引技术创新人才，构筑高端人才集聚地”作为国家技术创新中心建设的一项重要任务。高起点、高标准建设结构合理的创新人才团队，在全球范围吸纳集聚一批能够发挥“塔尖效应”的科研人员，集聚一批具有全球战略眼光、管理创新能力突出的优秀企业家，培养一批高层次创新创业人才。

专栏3-4　国家新能源汽车技术创新中心

2018年3月1日，国家新能源汽车技术创新中心建设推进会暨共建座谈会在北京召开。国家新能源汽车技术创新中心是科技部推动建设的第二个国家技术创新中心，也是首个国家级新能源汽车技术创新中心，是北京市聚焦新能源汽车产业集中发力，抢占科技创新制高点的重大举措。首批受聘科学家有中国科学院院士、清华大学教授欧阳明高，中国工程院院士、北京理工大学教授孙逢春等国内外知名专家学者。国家新能源汽车技术创新中心通过聚集“高精尖”人才，打造我国新能源汽车产业科技研发智囊。

资料来源：根据科技部网站和人民网相关资料整理。

国家临床医学研究中心，面向重大临床需求和产业化需要，开展大样本临床循证、转化医学和战略防控策略研究，推动医学科技成果转化推广和普及普惠，为提高我国整体医疗水平提供科技支撑。自2012年启动建设以来，已在恶性肿瘤、心血管疾病、神经系统疾病等11个疾病领域建设了32家中心，各中心在加强自身能力建设的实践过程中，锻炼出一批具有国际一流水平的科研攻关创新主体，并加强对临床研究专业人才的规范化培训。一是培养临床医学科技领军人才和创新团队。通过积极开展学术交流，支持中心聘请高端人才，加强对医学科技领军人才和优秀创新团队的培养，培养了一批高素质的与世界先进水平接轨的科研领军人才和创新团队，重大疾病临床诊疗技术不断突破。“双抗”治疗技术（CHANCE 研究）改写了国际 2018 年缺血性卒中急性期治疗权威指南；玉屏风散治疗慢阻肺的多中心双盲试验证实其能有效减少急性发作，全国慢阻肺流行病学研究结果发表于 *Lancet Respiratory Medicine*，为我国慢阻肺早期诊断策略提供了重要支撑；采用“健侧颈神经移位术”治疗中枢性偏瘫患者的研究结果发表于《新英格兰医学杂志》，中枢功能重塑新理论获国际认可。依托中心，已培养乔杰、李兆申、马丁等一批院士和创新团队，并累计培训医务人员 32 万人次。二是培养规范化临床研究专业人才。探索建立集中培训、统一考核、资质评价的培养模式，着力培养高水平的临床研究专业人才。国家呼吸系统疾病临床医学研究中心（广州医科大学附属第一医院）开展的“肺功能检查规范化培训万里行”活动迄今已培训来自 29 个省级行政区 59 个城市的共计 14.7 万名学员，编写的全国肺功能检查技术规范化优质培训教材《肺功能检查与临床应用规范化培训》为我国肺功能检查技术的规范化培训提供了重要标准，建立的全国肺功能规范化培训协同研究网络为肺功能专业技术人员的培训和考核提供了重要的技术平台；国家心血管疾病临床医学研究中心（中国医学科学院阜外医院）以高血压管理为突破口，实现全国统一管理指南、统一人员培训及认证、统一基层质量考评、统一绩效考核、统一民众健康宣教，目前已培训了逾 15 万名学员。

二、注重优秀企业人才培养

企业是技术创新的主体，人才是提升企业创新能力的关键所在。近年来，国家科技计划项目、国家重大科技人才工程等均对企业科技人才给予了更多关注，加大了支持力度。同时，企业自身也越来越重视创新型人才的培养，企业科技人才队伍不断发展壮大。2017 年，我国企业 R&D 人员（全时当量）达到 312.0 万人年，比 2016 年增加 10.8 万人年，增长了 3.6%。

（一）国家关于加强企业科技人才培养的主要政策

自《国家中长期科技人才发展规划（2010—2020 年）》发布以来，围绕企业科技人才培养、鼓励科技人才向企业流动等出台了一些针对性的政策和举措。

一是加大国家科技计划项目对企业人才的培养支持。创新政府科技计划对资源的配置方式，充分考虑企业对创新人才的迫切需求，支持企业开展技术创新，为科技人才构建创新平台，支持重点产业技术领域的骨干企业设立国家重点实验室、国家工程技术研究中心，大力培养企业高层次研发人才。以国家重大科技任务和重大工程的实施为牵引，以各种研发平台为载体，系统培养大批产业关键领域紧缺工程技术人才、复合型的工程技术领军人才和优秀创新团队。

二是加大国家重大科技人才工程对企业人才的遴选支持。在实施国家“万人计划”“创新人才推进计划”等人才计划中，着眼于推动企业成为技术创新主体，重点扶持一大批拥有核心技术或自主知识产权的优秀科技人才创办科技型企业，培养造就一批创新型企业家，通过示范引导，吸引更多的社会投资、更多的科技人才转化科技成果，推动企业开展技术创新活动。

三是加强针对企业工程技术人才的培养培训研修。实施卓越工程师教育培养计划，培养大批企业技术研发、工艺创新、工程实现等方面的优秀工程技术人才。加强企业特别是非公有制企业工程技术人才的继续教育，鼓励和支持企业开展工程技术人员的在职培训和高级研修。鼓励大型国有企业等建立工程创新培训基地，利用实验室等设施培训企业工程技术人员，提升企业工程技术人员素质。支持创新型骨干企业建立科技人才培训基地，面向行业科技人才进行技术培训，并将有关培训纳入政府培训项目计划给予支持。

四是完善激励政策和公共服务政策。通过政策引导和科技型中小企业创新基金资助，鼓励相关机构为创业人才提供技术开发、创业辅导、信息服务和融资支持等定向服务，协助初创期的企业解决各种困难。完善国有企业考核体系和分配激励机制，将技术创新能力指标纳入企业负责人经营业绩的考核体系，推动企业大力支持研发人员创新。构建研发人员职业发展通道，建立科技人才在企业和高校、科研院所之间流动的机制，让企业从事研发的高层次人才与高校的教授和科研院所的研究员享有同等的社会地位，让企业的研发人才到高校、科研院所兼职或任职，促进人才合理有序流动。

（二）中央企业科技人才队伍建设取得明显成效

截至2017年年底，中央企业人才总量1133.5万人。其中，科技人才134.2万人，占人才总量的11.8%；两院院士225人，占全国两院院士总数的1/7左右。从统计数据来看，中央企业科技人才队伍具有以下特点：一是学历层次不断提高，大学本科及以上学历占科技人才总量的80.2%，较2015年提高了5.3个百分点。二是年轻化程度高，45岁以下人才占比为80%，35岁以下人才占比为53%。三是科研开发人员比例不断提高，共有科研开发人员36.1万人，占科技人才总量的26.9%，较2015年提高了个4.4个百分点。四是高层次人才比例稳步提升，中央企业国家级和集团公司级科技人才5.3万人，占科技人才总量的3.9%，较2015年提高了0.3个百分点。总体来看，中央企业科技人才队伍结构不断优化、质量不断提高，为中央企业创新发展、转型升级提供了有力支撑。

按照“聚天下英才而用之”的要求，国资委指导推动中央企业突出“高精尖缺”导向，瞄准世界科技前沿，围绕企业发展战略和技术创新的实际需要，加大对急需紧缺人才的引进力度，着力引进高端装备制造、新能源、新材料和新一代信息技术等重点领域的高层次人才。同时，向企业提供政策支持，明确对引进的高层次人才可以实行协议薪酬，并将引进的高层次专家工资予以单列，不占所在企业的工资总额。同时，为统筹开发利用好国际国内两种人才资源，加大国内高层次科技人才培养力度，国资委以国家重大人才工程为抓手，鼓励中央企业通过重大工程实践、深化产学研合作等方式加强高层次人才自主培养，让优秀人才在攻克重大技术难题中得到历练成长。

为了进一步激发广大技术和管理人员的积极性和创造性，促进国有科技型企业健康可持续发展，国资委会同财政部、科技部联合印发了《国有科技型企业股权和分红激励暂行办法》（财资〔2016〕4号），并先后出台了《关于做好中央科技型企业股权和分红激励工作的通知》（国资发分配〔2016〕274号）和《中央科技型企业实施分红激励工作指引》（国资厅发〔2017〕47号），搭建了中央科技型企业实施中长期激励的政策体系，积极指导企业科学制定和规范实施科技型企业中长期激励方案。截至2017年，中央企业所属29户科技型子企业的34个激励方案已通过企业集团审批并进入实施阶段，有效激发了企业自主创新活力，科技人才获得感有效增强。2017年，共有16户中央企业控股上市公司实施了股权激励，灵活高效的市场化经营机制加快形成。2016年还印发了《关于国有控股混合所有制企业开展员工持股试点的意见》（国资发改革〔2016〕133号），对试点企业条件、企业员工入股、企业员工股权管理、试点工作实施等进行了规定，着力建立健全激励约束长效机制，明确在关键岗位工作并对公司经营业绩和持续发展有直接或较大影响的科研人员、经营管理人员和业务骨干可以自愿入股，与企业共享改革发展成果，共担市场竞争风险。目前，已经确定在10家中央企业子企业开展员工持股试点。

（三）搭建企业人才发现大赛平台

中国科技创新创业大赛（以下简称“大赛”）以“科技创新、成就大业”为主题，自2012年创办以来，已成功举办七届。大赛受科技部、财政部等部门和单位的指导，具体由科技部火炬高技术产业开发中心、科技部科技型中小企业技术创新基金管理中心等单位承办。报名参赛的企业按先进制造、互联网及移动互联网、电子信息、新能源及节能环保、新材料和生物医药等行业分别在不同赛区进行比赛。2016—2018年报名参赛的企业数量分别约为2.23万、2.80万、3.11万家，年均增长18.1%。

经过7年的发展，大赛已不仅仅是一个评审过程或一场活动，而是成为一个服务创新创业的平台，一个弘扬创新创业文化的平台。大赛始终以深入贯彻落实创新驱动发展战略和深化科技体制改革为宗旨，注重加强政府与市场的结合、科技与经济的结合、比赛与服务的结合，成为中央和地方层面推进大众创新创业的一个强有力抓手和良好机制。在各种支持创新创业力量的通力合作下，大赛逐渐发展成为中国最大的众创空间和最强的众扶平台。

除了全国行业总决赛，大赛还设置了部分专业赛事。2018年第七届大赛共设置了6项专业赛事，分别是由中国科协牵头举办中国创新创业大赛中国创新方法大赛、由科技部火炬中心牵头举办中国创新创业大赛军民融合专业赛、由科技部火炬中心牵头举办中国创新创业大赛大中小企业融通专业赛、由广东省科技厅牵头举办中国创新创业大赛港澳台大赛、由中国电动汽车百人会牵头举办中国创新创业大赛国际新能源及智能汽车大赛、由第三代半导体产业技术创新战略联盟牵头举办中国创新创业大赛国际第三代半导体创新创业大赛。

专栏 3–5　“以赛代评”正成为许多地方科技管理部门开展科技计划管理改革的创新实践

上海赛区实现大赛与支持科技型中小企业和团队的科技计划的全面对接。2017 年就有 1808 个企业共获得市、区两级政府资金支持超过 3.7 亿元，另有 157 个创新团队共获得 1030 万元政府资金支持。广州市也在科技计划中设立 1.4 亿元专项资金支持参赛的优秀企业。据地方报送的数据，今年地方科技计划等各类财政资金对参赛企业的支持已经超过 10 亿元。

除资金支持外，许多地方还出台了减免房租、免费培训、贷款补贴等针对参赛优秀企业的其他优惠政策。例如，北京市、重庆市的积分落户政策对在中国创新创业大赛获奖企业和团队的核心人员给予积分奖励。

资料来源：科技部火炬中心提供。

三、产学研合作培养人才

深化产教融合、产学研结合、校企合作是服务现代化经济体系建设和支撑创新驱动发展战略的根本要求。有关部门积极推进产学研合作办学、合作育人、合作就业、合作发展，促进人才培养供给侧和产业需求侧结构要素的全方位融合，加快培养各类产学研综合性人才。

教育部一直高度重视校企合作机制建设，通过完善制度、建立基地、校企人员交流等举措，推进教师到企业实践和聘请企业人员到校兼职任教，促进产学研深度融合。

一是推进产教融合、校企合作。教育部发布的《关于实施卓越工程师教育培养计划的若干意见》（教高〔2011〕1 号）中提出，创立高校和企业联合培养机制，高校和企业联合培养人才机制的内涵是共同制定培养目标、共同建设课程体系和教学内容、共同实施培养过程、共同评价培养质量。教育部会同工业和信息化部，支持部属高校与央企国企、军工集团、科研院校开展合作，共同承担科研项目，开展科教结合协同育人，加强与重点服务的产业对接，实行“订单式”培养。与行业企业建立协同共享、协同育人的实践基地，实现高校教师和行业企业人才双向交流，实现产学育人优势互补，共同培养高素质工程人才。在全国组建 56 个行业职业教育指导委员会，汇聚各方面专家 3000 多人，搭建起行业指导职业教育的组织平台。统筹发挥政府推动和市场引导作用，动员社会力量参与，民办职业教育得到持续发展，逐步形成具有自身特色的办学体制机制和培养模式。组建 1400 多个职教集团，3 万多家企业参与职业教育，广泛开展订单培养、校中厂、厂中校、现代学徒制等，基本形成产教协同发展和校企共同育人的格局。

二是实现教师企业实践制度化。2016 年 5 月，教育部等 7 部门联合印发的《职业学校教师企业实践规定》（教师〔2016〕3 号）中明确规定，企业因接收教师实践所实际发生的有关合理支出，按现行税收法律规定在计算应纳税所得额时扣除，鼓励支持具有行业代表性的规模以上企业在接收教师企业实践方面发挥示范作用。2016 年 12 月，教育部、人力资源社会保障部、工业和信息化部联合印发《制造业人才发展规划指南》（教职成〔2016〕9 号），提出要完善高等学校、职业学校教师学生在企业实习实践期间的保障政策，支持高等学校和科研院所的科研人员按照政策规定，离岗创业或到企业开展技术服务。

三是加强工程人才培养。2018 年 9 月，教育部、工业和信息化部、中国工程院联合印发《关于加快建设发展新工科实施卓越工程师教育培养计划 2.0 的意见》（教高〔2018〕3 号），主动应对新一轮科技革命和产业变革，服务制造强国等国家战略，以加入国际工程教育《华盛顿协议》组织为契机，以新工科建设为重要抓手，持续深化工程教育改革，加快培养卓越工程科技人才，打造世界工程创新中心和人才高地，提升国家硬实力和国际竞争力。

四、青年人才培养

青年人才是国家的希望、民族的未来，青年科技人才是支撑未来建设创新型国家、世界科技强国的中坚力量。青年科技人才培养是人才培养工作的重中之重，决定了高水平科技人才不断涌现、高水平创新成果持续产生。

博士后人才培养。完善博士后培养制度，着力将博士后制度打造成为高层次创新人才储备库。稳步扩大博士后规模，新设立博士后科研流动站、工作站 1500 多家，招收培养博士后研究人员 6 万余名。实施“博士后创新人才支持计划”，大力支持博士后创新创业，加大博士后科研和日常资助力度，博士后日常资助经费由 5 万元 / 人年提高到 8 万元 / 人年，“十二五”期间国家层面博士后投入超过 37 亿元，较上一个 5 年增加 20 亿元。

2015 年，中国科学院与中国博士后科学基金会设立支持“率先行动”联合资助优秀博士后项目，以“站前资助”模式，吸引优秀博士到中国科学院从事博士后研究工作，为国家实施“博士后创新人才计划”积累宝贵经验。

青年创新促进会。中国科学院 2011 年启动青年创新促进会（以下简称“青促会”）项目，聚焦 35 岁以下、副高及以下的优秀青年科技骨干，通过搭建平台、资助经费、关爱激励等综合培养方式，团结、凝聚青年科技工作者，鼓励他们开展自主研究，通过学科分会、地区分会推动学科交叉融合，提升科研活动组织能力，并带动其他青年人共同成长。

青年人才托举工程。中国科协在全国范围内实施青年人才托举工程（以下简称“青托”），主要对 32 岁以下具有较强创新能力和发展潜力的科技人员采取稳定支持方式，每位入选者可获得连续 3 年、每年 15 万元的经费支持，并鼓励推荐单位和所在单位予以相应配套支持。科协充分发挥系统内组织资源和专家资源优势，依托科协系统学术交流、科技创新、国际合作、职业发展和跟踪服务等平台，为被托举人成长成才创造条件，在科研起步阶段"雪中送炭"，引导青年人才充分利用好"科研黄金期"，打造国家高层次科技创新人才后备队伍。"青托"自 2015 年启动以来，已累计选拔资助 716 人。

在"青托"的培养下，被托举人积极投身到科技创新和经济建设主战场，在基础研究、脱贫攻坚、军民融合、成果转化等领域取得了喜人的成绩，有 33 人入选国家级人才计划，获国家发明专利授权 400 余项，参与国家重要科技项目及工程近 400 项，获省部级及以上科技奖励 100 余项。

五、"三区一线"人才培养

我国科技人才发展还存在地区不平衡的突出问题，党的十九大报告提出"鼓励引导人才向边远贫困地区、边疆民族地区、革命老区和基层一线流动"（以下简称"三区一线"），充分发挥科技人才的智力引领和支撑作用，带动"三区一线"人才队伍培养和科技发展。

（一）科技特派员带动乡村振兴

科技特派员是 1999 年福建省南平市党委和政府为探索解决新时期"三农"问题，在科技干部交流制度上的一项创新与实践，并引起了全国的关注。经过 20 年的发展，各地方在实践中创造了各具特色的科技特派员创业与服务模式，有力地促进了新技术、新产品的推广与应用，加速了科技成果转化，大幅提高了农业生产效益。科技特派员农村科技创业行动的开展加强了农村科技人才培养，通过科技特派员现场讲解、示范指导、面授交流、集中培训的方式，培养了一大批农村科技人才，促进了涉农企业家及乡土人才的成长，极大地激发了广大农民学科技、信科技、用科技的热情，推动了农民依靠科技致富的积极性。

专栏 3-6　科技特派员带动农业农村科技和产业发展

1. 福建省南平科技特派员工作。科技特派员制度发端于福建、发源于南平，是习近平总书记在福建工作时亲切关心指导、总结提升的工作机制创新，迄今已有 19 个年头。自科技特派员制度实施以来，南平市共 10 批 9365 人次科技特派员奔赴农村一线，实现了 1634 个行政村全覆盖；在农村举办各类培训 12.8 万场、参训农民 675 万人次；全市科技对农业增长贡献率从 1999 年的 33% 提高到 2017 年的 63%，1999 年起全市农林牧渔业总产值年均增长 10.3%，农民人均纯收入年均增长达 9.9%。例如，科力种业公司选派 20 多名技术骨干作为科技特派员，直接服务基地和农户，先后建立标准化种子基地1.5万亩，带动3000多农户增收1500万元。

2. 浙江省中药研究所教授级高工俞旭平。浙江省中药研究所俞旭平，20多年来在中药材研究领域取得了多项研究成果，获浙江省科学技术奖二、三等奖各1项，主持制定地方农业标准规范2个，获得发明专利4件，参加选育的中药材新品种有5个通过省农业厅认定。他15年来扎根于欠发达县淳安县枫树岭镇下姜村，帮助村民示范引进种植栀子树、杭白菊等特色中药材，2017年全镇中药材总收入5985万元，农民人均年收入达15 120元，昔日贫困村变成了今天有名的“中药之乡”。

3. “四川科技扶贫在线”。四川省科技厅积极运用信息化手段推进科技扶贫，建立“四川科技扶贫在线”平台。围绕四川省88个贫困县技术、生产、产业、市场需求提供专业服务，按照“六有”（有机构、有职能、有人员、有场地、有条件、有经费）标准，为平台建立了实体化的运管中心103个，每个运管中心有3～5名专人负责信息分诊。截至2018年5月，已集聚信息员38 000名、专家17 700名，为贫困户解答生产实际问题106 950个，成为贫困群众依靠科技脱贫的好帮手。

资料来源：科技部农村司提供。

目前，科技特派员已覆盖全国所有县（市、区）达84.56万人，形成利益共同体5.14万个，创业企业1.6万家，引进推广新技术4.15万项，推广新品种4.94万个，直接服务农户1250万户，受益农民6000万人，带动农民增收1010万户，为破解“三农”难题、助力精准脱贫、推进乡村振兴发挥了重要作用。

（二）星创天地推动农村大众创业和万众创新

星创天地是农村大众创业、万众创新的重要载体，目前通过备案的共1206家，集聚创业导师5232名，累计培训创业人才227万人，孵化企业10 335个，培育农村新型经营主体10 475个，建立线上网络平台890个，在广大农村营造了良好的创新创业氛围，促进了农村创新创业的低成本、专业化、便利化的信息化。

专栏3-7 星创天地推动农业农村科技和产业发展

1. 北京市农业梦星创天地。拥有20多位创业导师的团队，引进创业人才中博士88名和硕士641名，平台聚集了超过1.3万个中等规模以上的专业化养猪场，50万专业养猪人，覆盖生猪超过2000万头，依托“农信金融”为养猪户累计发放无抵押无担保贷款50亿元，帮助农户管理闲置资金190亿元，累计为养殖户实现理财收益 7000 万元，初步实现以大数据驱动生猪产业链转型升级，为国家生猪产业宏观调控提供决策数据支持。

2. 武汉市生物智造星创天地。拥有 3000 平方米办公用房、32 套创业公寓、3100 亩种养基地，合作建设星创示范基地 5100 亩，科技示范产业扶贫村 5 个。引导和支持入驻企业争取各类政策性扶持资金逾百万元。累计引进生物农业科技型企业 28 家，注册资本总额突破 3 亿元，吸纳各类创新创业人员约 265 人。平台内拥有年产值超过 500 万元的多家国家高新技术企业，部分企业已成长为生物农业领域的龙头。

3. 河南省乐活星创天地。通过“数字化农业种植管理技术推广、众包研发降低研发成本、搭建连锁型农民众创平台”三大模式的有效结合，将传统农场升级为农民创业的平台，有效解决了农业发展中“科技、生产、渠道”三大难题。累计申请发明专利 50 余项，培育 6 个星创农场，带动 1500 余名农民创业就业，星创基地规模达 5 万余亩，人均增收 24 180 元。累计培训职业农民 5 万余人次，创业创新人员 3000 人，孵化创客（团队 / 企业）69 个，113 户贫困农民通过平台实现脱贫，实现经济效益 1.25 亿元。

资料来源：科技部农村司提供。

（三）“三区”人才计划

为加快建设边远贫困地区、民族地区和革命老区（以下简称“三区”）科技人才和农村科技创新人才队伍，2014 年科技部、中央组织部、财政部、人力资源社会保障部、国务院扶贫办共同启动“边远贫困地区、边疆民族地区和革命老区人才支持计划科技人员专项计划”。中央财政累计安排经费 11.8 亿元，面向中西部 1118 个“三区”贫困县选派科技人才 66 930 名，培养本土科技人员 10 666 名，为贫困地区精准输送科技服务和创业带动紧缺人才。

专栏 3-8　科技人才带动农业农村科技和产业发展

1. 河北省张家口市农科院总农艺师赵治海。赵治海潜心钻研“张杂谷”30 多年，这项成果以高产优质抗旱节水闻名，其系列品种一般比常规谷子增产 30%，最高亩产突破 810 千克，创造世界谷子高产纪录。目前在 14 个省（市、区）推广 3000 万亩，增粮 30 亿千克，节水 30 亿立方米，带领贫困山区百万农户增收 90 亿元。赵治海将张家口东望山选为科技扶贫突破口，先后组织开展技术培训 7 次，培训农民

400人次，建立3600亩“张杂谷”高产、高效示范田，引进水肥一体化半膜覆盖技术200亩，旱坡地半膜覆盖种植技术2400亩，示范区“张杂谷”喜获丰收，平均亩产350千克，最高亩产达560千克。

2.“陕北枣王”武子生研发红枣“强力降高塑形技术”。武子生的科技成果，遍布在陕西省佳县30多亩红枣丰产技术示范点乃至全县逾80万亩的枣园里。他与当地红枣产业办、红枣工作站等机构共同开发了30亩“强力降高塑形”丰产技术示范点，将枣树的优果率提升1倍。通过技术推广和虫害防治，在神木县、佳县、临县和吴堡县等黄河一线枣产区推广到8个乡镇50个行政村3万亩枣园，每亩能增收2000元左右，带动了一线枣产区共5858户18 750名贫困群众脱贫。

资料来源：科技部农村司提供。

专栏3-9　卫生健康领域完善基层医护服务政策

1.扩大实施全科医生特岗计划。2017年，原国家卫生计生委等五部委联合印发了《关于进一步做好艰苦边远地区全科医生特设岗位计划实施工作的通知》，扩大全科医生特设岗位计划实施范围到12个地区。

2.在贫困地区开展医疗卫生人才培养综合改革试点，提升贫困地区医疗卫生服务能力。

3.大力推进医师区域注册和多点执业。鼓励通过城乡联动、县管乡用、乡村一体化、柔性引进等多种方式，促进人才合理流动和高效配置。

4.开展医疗联合体建设。探索建设上下联动的分工协作机制，超过17万名城市医务人员到基层就业，群众在家门口就能享受到大医院的优质服务。

5.提高基层医务人员待遇。落实艰苦边远地区津贴正常增长机制和乡镇工作补贴，提高村医收入，稳定和优化乡村医生队伍。

资料来源：国家卫生健康委提供。

“西部之光”人才培养引进计划（以下简称“西部之光”）设立于1996年，是针对西部地区的区域性人才计划，由中央组织部与中国科学院共同组织实施，旨在加快西部地区青年科技人才的培养引进，促进西部地区科技进步、经济建设和社会发展，已成为我国区域人才工作的一个品牌和旗舰。2017年，为更好地服务国家“一带一路”倡议，增设“一带一路”团队项目，推动西部研究所与“一带一路”沿线国家开展科技交流与合作，重点支持西部科研骨干与沿线国家优秀科学家组建科研团队，进行联合攻关。

党的十八大以来，通过“西部之光”计划，为西部培养优秀人才2000余人，累计投入经费2亿多元。“西部之光”在吸引青年才俊、培养领军人才、提升西部地区科技创新能力、服务西部区域经济社会发展等方面特色鲜明、成果丰硕、效益显著。“西部引进人才”项目为西部地区引进学术技术带头人20名，“西部青年学者”项目支持254名西部优秀青年人才及团队开展科研工作，支持449名优秀博士毕业生到西部地区研究所工作，通过“一带一路”团队项目支持西部科研骨干与沿线国家优秀科学家组建了4个科研团队进行联合攻关，共计培养研究生约500名。

（四）农业科技人才培养

近年来，农业农村部联合相关部门通过人才培养专项计划、重点实验室、产业技术联盟等多种方式加大对农业科技人才的培养与支持。

1. 农业科研杰出人才培养计划

农业科研杰出人才培养计划是农业农村部贯彻落实国家人才发展规划纲要的重大人才工程项目。从2011—2020年，分2批遴选300名农业科研杰出人才，给予连续5年专项经费稳定支持。据统计，截至2017年年底，在300名农业科研杰出人才中，有8人当选为两院院士、66人入选“万人计划”、112人入选国家“百千万人才工程”、31人入选“长江学者”、50人获得国家杰出青年基金、36人获得中国青年科技奖；共获得国家科技奖励94项、省部级科技奖励746项。

2. 围绕现代农业产业核心技术打造农业科技人才队伍

以农产品为单元，以产业链为主线，围绕水稻、玉米、小麦等50个现代农业产业，稳定支持培养50名首席科学家、1370名岗位科学家和1136名综合试验站站长，围绕产业发展相关科技问题开展科学研究、技术攻关和试验示范，打造出了一支支撑服务产业发展的国家核心农业科技人才队伍。从2017年开始，财政部将体系专项经费由每年的13.2亿元增加到16.0亿元。全国23个省（市、区）按照农业农村部的部署，建立了213个地方现代农业产业技术体系，形成了5万多人的区域核心农业科技人才队伍。

3. 依托重点实验室平台培养农业科技人才和团队

依托农业农村部重点实验室学科群体系、国家农业科学实验站等平台建设，培养农业科研和数据监测分析骨干队伍，凝聚了一批专心科研的创新精英和重点团队。目前，农业农村部“十三五”重点实验室体系包括42个综合性重点实验室、297个专业性（区域性）重点实验室、269个农业科学观测实验站。为了加强企业科技创新能力，2017年又增补了38个企业重点实验室。

4. 依托国家农业科技创新联盟形成农业科技人才联合创新机制

吸纳36个省级农牧业科学院、600余个地市级农业科学院、70余所农业高校、数百家涉农企业参加，构建了多学科集成、上下游一体、大兵团作战的创新机制，启动了一批全国性协同创新项目，推动农业全产业链不同环节的科技人才开展协同创新。中国农业科学院“青年英才计划”“科研英才培育工程”“农科英才特殊支持计划”，中国水产科学研究院“百名科技英才培育计划”，中国热带农业科学院“热带农业十百千人才工程计划”等，成为科技人才培养的重要平台。

第四节 促进人才自主成长

科技人才快速、健康地成长需要良好的环境和平台。近年来，中国不断强化创新生态建设，努力在全社会营造识才爱才敬才用才之风，优化人才成长和发展环境，充分调动科技人才创新创业创造的积极性，鼓励引导科技人才为国家经济社会发展和科技创新事业迈上新台阶做出更大贡献。

一、加强科技人才交流

在开放的环境中加强科技创新交流与合作，是科技创新事业发展的加速剂，也是开拓科技人才视野、促进科技人才快速成长的良好途径。

（一）政府间科技人才交流

实施中美科技人员交流计划、中国青年科学家访美计划，举办中美青年科学论坛，持续推动中美科技人员交流互访和合作研究。2017 年，在中美科技人员交流计划下，共有 28 名美国优秀青年学者来华，与中方研究团队共同开展了为期 8 周的合作研究；通过第五批中国青年科学家访美计划，10 名中国优秀青年科学家赴美国政府部门、科研机构、大学等地走访座谈，深入了解美国科技管理体制和科研体系，对中国科技人才拓展国际视野、探索国际合作空间发挥了积极作用。

执行中澳青年科学家交流计划、中新科学家交流计划、中加（安大略省）青年科学家交流计划，2017 年共支持 57 名科学家开展了为期 2 ～ 6 周的短期海外学术交流。与澳大利亚、新西兰、加拿大三国开展科研人员交流合作数年来，以人员交流带动高水平科研，培育了机构间强强联手的长期性、稳定性合作关系。

实施中拉青年科学家交流计划，科技部于 2017 年支持 14 名拉美科学家来华，在中方科研院所、企业和高校开展为期半年至一年的联合研究工作。中拉长期人员交流拓展了中国科研团队的国际视野，实现了科研优势互补。

（二）搭建科技人才交流平台

组织学术会议或论坛。聚焦科技发展前沿，搭建高水平学术交流平台，鼓励支持科技工作者更广泛地参与国际交流与合作，促进科技繁荣发展。2016 年中国科协与陕西省人民政府共同主办以“创新驱动，科技引领”为主题的第十八届中国科协年会，119名两院院士，104名港澳台代表，17个国家的89名外国专家代表参加了年会各项活动。2016年世界生命科学大会上，10名诺贝尔奖获得者、4名世界粮食奖和沃尔夫农业奖获得者等多名生命科学领域国际大师应邀出席，全方位展示了世界生命科学前沿进展及中国生命科学所取得的辉煌成果，产生了广泛良好的国际影响。2016世界机器人大会上，300余名全球一流专家学者、企业家和多个重要国际组织齐聚北京共话智能未来，美国、德国等140余家知名机器人企业、科研院参展，吸引了22.8万余人次现场参观。中国地理学会承办的第33届国际地理大会、中国自动化学会主办的2016世界人工智能大会等有效促进国内外科技界的交流合作，推动相关产业的繁荣发展。

搭建人才交流平台。国家外专局全力打造中国国际人才交流大会、中美工程技术研讨会等重要平台，支持地方引才引智载体建设，各领域、各层级国际人才交流活动蓬勃开展。国际高端人才交流基金建设实现转型发展，规章制度、项目规划逐步完善，以社会捐助为主要来源的专项基金规模稳步扩大。

成立学会联合体。中国科协先后成立生命科学学会联合体、军民融合学会联合体、清洁能源学会联合体、信息科技学会联合体、智能制造学会联合体，充分发挥学会的平台和枢纽功能，搭建高水平学术交流平台，拓展人才成长空间，加快形成跨学科跨领域人才协同创新发展平台。

推动成立地方创客协会，为双创人才搭建交流合作平台。湖南、保定、秦皇岛、连云港、岳阳等地区已成立创客协会，为创业者提供了交流纽带，促进了相互投资、项目互补，推动创客空间、孵化器等创新创业载体的快速发展。

（三）推动科技人才到国际组织任职

加强与国际科技组织和各国科技团体的交流联系，培养在国际科技组织任职的科学家，拓展我国科技人才国际视野，提升科技研发和市场运营国际经验。

建立国际科技组织人才培养和推送机制。2016年4月，中国科协和民政部联合印发了《关于加强国际科技组织人才培养与推送工作的意见》（科协发外字〔2016〕31号），就建立健全国际科技组织任职工作体制机制、建设可持续发展的人才培养和推送工作体系及做好国际组织人才培养和推送配套支撑工作等方面做出了专门的规定。截至2016年年底，中国科协及全国学会共推荐530多名中国科学家在国际民间科技组织中担任各类职务，重要任职183人，包括主席、副主席等任职78人，执委或相当决策职能职务的105人。

培养支持优秀人才到国际组织任职。交通运输部国际合作司副司长张晓杰当选国际海事组织（IMO）理事会主席，国家民航局柳芳当选国际民航组织秘书长，国家邮政局林洪亮连任亚太邮联秘书长。交通运输部成功推送2人到IMO分别担任P4和P5级岗位，3人担任JPO岗位。民航局与国际民航组织签署“借调专家谅解信函”，截至目前，已选派35名来自行业各单位的青年技术和管理骨干到国际民航组织借调工作，其中1人已被正式聘任为国际民航组织雇员并担任专家级管理职位。2016年，经中国科协推荐，中国科学家吕永龙成功当选为太平洋科学协会主席。中国科协代表中国已加入6个核心国际科技组织，每个组织均有中国科学家通过中国科协推荐或提名担任副主席以上职务。

中国科协实施“一带一路”国际科技组织合作平台建设项目，旨在积极配合国家“一带一路”倡议、服务国家总体外交大局，推动与“一带一路”沿线国家间的科技交流与合作，建成一批区域科技组织、国际科技组织联合研究中心、区域科技问题研究中心，打造一支国际组织任职后备队伍。

二、创新区域人才发展机制

依托国家人才管理改革试验区、地方人才特区、国家高新区等特定区域，实行特殊的政策、特殊机制、特事特办，创新体制机制，高标准招人聚才与立体化培育人才并举，形成人才集聚和培养高地。

（一）人才管理改革试验区

人才管理改革试验区是人才体制机制改革和政策创新的良好平台，是集中汇聚各方优秀人才的练兵场，也是创新驱动、促进发展的试验田。2011年，中央组织部等15家中央和国家有关部委与北京市委市政府联合印发了《关于中关村国家自主创新示范区建设人才特区的若干意见》，北京中关村成为国家批准的首个国家级“人才特区”，也是首个“全国人才管理改革试验区”。2012年，中央人才工作协调小组批复将“广州南沙—深圳前海—珠海横琴粤港澳人才合作示范区”列为“全国人才管理改革试验区”。这2个国家级人才管理改革试验区，发挥人才管理改革试验区先试先行的引领带动作用，探索形成具有国际竞争力的人才制度优势。

北京中关村人才特区。党的十八大以来，中关村发挥北京建设全国科技创新中心主要载体作用，发挥人才管理改革试验区先行先试作用，聚焦科技创新和人才，构建了“人才引领、创新驱动”工作新局面。中关村积极营造并持续优化由“领军企业、高校院所、高端人才、天使投资和创业金融、创业服务、创新创业文化”六大要素和“市场、法制、政策”三大环境组成的创新创业生态系统，精心打造全链条的人才创新创业生态体系，服务各类创新创业人才。在公安部推动下，中关村外籍人才出入境部分政策扩大至天津、河北、辽宁、浙江等10个省（市、区）的自贸区和全面创新改革试验区。在全国率先建立外籍人才申请在华永久居留积分评估体系。

粤港澳人才合作示范区。深入开展跨国跨境人才交流合作，在港澳及海外人才来往便利、个税补贴、执业资格认可、创新创业等方面先行先试，取得明显成效。其中，广州南沙实施高端人才卡服务制度，为高端领军人才和重点发展领域急需人才提供服务；深圳前海先后引进香港10多类专业人士执业从业，对认定的境外高端和紧缺人才个人所得税超过15%部分给予财政补贴；珠海横琴出台特殊人才奖励办法，实施港澳居民个税差额补贴办法等。

（二）高新区集聚创新创业人才

高新技术产业开发区，一般简称为“高新区”。高新区自设立至今发展30年来，已成为全国创新资源最密集、创新活动最活跃、创新强度最大、创新成果最丰硕的区域，是高层次人才集聚的创新高地。

创新人才引进与培养政策。实施更加开放、更加高效的引才政策，建立以创新能力为导向的人才培养模式，注重培养一线创新人才和青年科技人才。武汉东湖高新区发挥光谷地区智力资源密集优势，大力实施“百万大学生留汉创业就业”“百万校友资智回汉”“高校科研成果转化对接”“海外科创人才来汉发展”四大资智聚汉工程，聚力发展“菁英经济”“校友经济”“院士经济”“海归经济”。在硅谷、波士顿、伦敦、多伦多、圣地亚哥、北京、深圳等世界创新创业高地，举办招才引智万里行、“3551”国际创新创业大赛、“楚才回家”等活动，成功推动一批海内外高端人才落地和一批科技成果转移转化。全年共引入包括诺贝尔奖得主在内的顶尖人才3人、“3551”人才239人，高层次人才（团队）1200余个，吸纳大学生创业就业5万余人。成都高新区创新探索柔性引才模式，设立2亿元人才离岸创新创业基金，累计建立18个海外离岸基地工作站点。目前，全区拥有各类人才总量48.2万，其中，柔性引进诺贝尔奖获得者5人、两院院士19人。石家庄高新区修订完善了人才引进培养政策，按照人才落地—人才创新—成果转化三个阶段，从创新人才引进机制、鼓励人才创新创业、支持载体引才育才三大方面，研究制定了10条优惠政策。深圳高新区广聚人才智力资源，提高新引进人才一次性租房和生活补贴标准，本科每人1.5万元、硕士2.5万元、博士3.0万元。

加强人才引进培养载体建设。以园区为载体构建大众创业万众创新支撑平台，加速创新创业人才聚集，着力构建创新创业生态系统。西安高新区获批“人力资源社会保障部国家人力资源产业园称号”，先后与6省47个地市的125家院校签订人才合作协议，全年举办各类招聘会120余场，累计服务企业6000余家。合肥高新区从2012年开始，陆续建设中科大先进技术研究院、中科院创新院、中科院工研院等协同创新平台，经过几年的快速发展，“两大院”科技创新和成果转化已呈井喷之势，共孵化创办企业200余家、注册资本约10亿元；创建各类研发中心、联合实验室等平台60多个；先后引进国家海外高层次人才、“长江学者”等各类高端人才50余名，培育工程硕士2500余名。在服务好中科大先进技术研究院、中科院技术创新院、中科院工研院等原始创新成果的集聚和转化的同时，引进国科控股、中科院广州生物院、工业和信息化部电子五所；加快推进中科院微电子所、中科院重庆绿色智能技术研究院等一批创新平台落地，基本形成了具备全国影响力的产业技术创新平台集群。长沙高新区全年新设立省级院士专家工作站4家，市级院士工作站4家（全市9家），博士后协作研发中心2家，获批国家“海智计划”工作基地。

加大人才支持力度。深圳高新区深入实施“孔雀计划”，单个团队项目平均资助强度2000万元，最高1亿元，深圳高新区已引进“孔雀计划”创新团队6个。积极吸引留学归国人员，市财政每年安排1000万元、科技三项经费每年安排2000万元，作为支持出国留学人员来深创业资金。广州高新区在全省率先成立人才工作集团，实施人才租赁住房计划。院士可以给予1000万元安家费或者赠送人才别墅。对国家海外高层次人才专家，可以给予最高500万元的安家费，每年给予最高500万元的收入奖励，每年20万元的人才津贴，用于学习培训、学术交流、商业医疗保险、交通等，还为人才提供万能捷通卡，提供家属落户、机场贵宾服务、子女入学、医疗保障等便利服务。

探索人才服务新模式。对引进高层次人才给予补贴、津贴等，并在职称评审、人事编制管理、住房、子女入学等方面提供便利。上海张江深化海外人才永久居留服务试点。落实出入境政策“新十条”，设立了23个外籍人才工作服务试点；受理推荐外籍高层次人才和外籍华人申请永久居留56人，其中，外籍高层次人才33人（含2名诺贝尔奖获得者）、外籍华人23人。广州高新区首创“上管老、下管小”人才服务模式。着力在解决人才的居住问题上下功夫，在高新区内房地产开发项目中配建比例5%以上的人才公寓，供人才优惠租住。苏州工业园“人才安居工程”制定实施，海归人才子女学校启动招生，“海外高层次人才居住证”业务授权开展，在安家、就业、出入境和子女入学等方面为人才开辟了“绿色通道”。

三、优化人才成长的社会环境

来自科技创新领域的正确评价与宣传，会对科技人才从事创新创造活动产生激励作用，并促进科技人才健康成长。

（一）设立科技奖励制度

国家科学技术奖励是我国长期坚持的一项重要制度，是党和国家激励自主创新、激发人才活力、营造良好创新环境的一项重要举措。国家科学技术奖是一面旗帜，展示的是一批标志性重大科技成果，营造的是崇尚科学、尊重人才、褒扬先进的氛围。据国家科学技术奖励工作办公室统计，2000—2018年，共授予31位科学家国家最高科学技术奖，授予51 950人（次）国家自然科学奖、国家技术发明奖、国家科学技术进步奖（以下简称“三大奖”），这些杰出的科技人才，集结成全社会建设创新型国家的强大合力。

在国家尊重科学、尊重人才的积极引导和倡议下，有关部门和社会团体也开展了面向优秀人才的奖励表彰工作。人力资源社会保障部、中国科协、科技部、国资委共同设立“全国创新争先奖”，主要表彰在科学研究、技术开发、重大装备和工程攻关、转化创业、科普及社会服务方面做出卓越贡献、在国内外具有影响力的优秀科技工作者和优秀科研团队。农业农村部开展“中华农业英才奖”“全国农牧渔业丰收奖”“神农中华农业科技奖”等评选表彰，鼓励科技工作者为推动农业科技进步、发展现代农业、促进我国农业和农村经济发展做出重大贡献。中国科协广泛开展科技人才表彰奖励，指导87个全国学会设立了90余项面向一线、基层和青年人才的科技奖项，培育出一批与国际接轨的学会自主奖励品牌。由科学家、企业家群体共同发起的未来科学大奖设立于2016年，设置“生命科学”和“物质科学”“计算机与数学奖”三大奖项，主要关注原创性的基础科学研究，奖励为中国科学发展做出杰出科技成果的科学家（不限国籍）。

（二）设立全国科技工作者日

2016年，国务院批准同意自2017年起，将每年的5月30日设立为“全国科技工作者日”，充分体现了国家对科技工作者的尊重、对其所做贡献的肯定和对科技工作的重视，科技工作者日各项活动由中国科协、科技部商有关部门组织实施。科技工作者拥有了属于自己的节日，大大提升了科技工作者的职业自豪感，对调动激发科技工作者创新创造活力和潜力起到了积极的促进作用，也有利于在全社会进一步营造尊重劳动、尊重知识、尊重人才、尊重创造的良好氛围。

（三）强化社会舆论监督

科技活动既是一种科技界自身的专业性活动，也是一股可以带动经济社会发展的力量。因此，在从事科技研发过程中不但受到来自科技共同体的约束，也同样受到来自社会的关注和监督。这种关注和监督集中体现在科学的伦理是否符合国家和社会诉求，同时还集中体现在科研的诚信和学术民主是否符合科学精神。从《肿瘤生物学》撤稿、基因编辑婴儿等事件的发酵和处理来看，社会和公众的舆论对科技工作者的创新研发活动产生了较好的监督与约束作用。在促进科技人才自主成长过程中，我国要更加重视社会和公众的舆论监督，当出现舆情不对的苗头时，要及时开展相关调查工作，并进行及时处理，对科研活动进行引导和约束，科学研究需要鼓励探索、包容失败，同样需要坚守科研底线、有所敬畏。

第四章
海外人才开放合作

中华民族历来具有尚贤爱才的优良传统。现在，我们比历史上任何时期都更需要广开进贤之路、广纳天下英才。要实行更加开放的人才政策，不唯地域引进人才，不求所有开发人才，不拘一格用好人才，在大力培养国内创新人才的同时，更加积极主动地引进国外人才特别是高层次人才，热忱欢迎外国专家和优秀人才以各种方式参与中国现代化建设。要积极营造尊重、关心、支持外国人才创新创业的良好氛围，对他们充分信任、放手使用，让各类人才各得其所，让各路高贤大展其长。

——习近平在同外国专家座谈时的讲话（2014 年 5 月 22 日）

外国专家主管部门要继续完善外国人才引进体制机制，切实保护知识产权，保障外国人才合法权益，对做出突出贡献的外国人才给予表彰奖励，让有志于来华发展的外国人才来得了、待得住、用得好、流得动。要遵循国际人才流动规律，更好发挥企业、高校、科研机构等用人单位的主体作用，使外国人才的专长和中国发展的需要紧密契合，为外国专家施展才能、实现事业梦想提供更加广阔的舞台。

——习近平在同外国专家座谈时的讲话（2014 年 5 月 22 日）

人才是赢得国际竞争的战略资源，是资本流动、技术转移、市场开拓的重要载体，各个国家都纷纷加强对人才的引进。习近平总书记强调“要坚持以全球视野谋划和推动科技创新，全方位加强国际科技创新合作，积极主动融入全球科技创新网络”，增强国际竞争能力，提升对外开放水平，不仅要求国内的人才走向国际，更重要的是敞开胸怀，将发展机遇和事业平台分享给全世界的人才，吸引国际优秀人才参与我国经济社会建设和科技创新事业发展，带动各行业各领域全面嵌入全球产业链、价值链、创新链，在更高水平上融入全球分工体系。

第一节　全球人才流动态势

推动经济高质量发展，需要一大批高层次科技人才提供智力支撑。各国通过技术移民、放宽有关外国技术人员在本国办理工作签证的限制，制定各类企业家移民计划、高级专业人才移民计划、投资移民计划和商业杰出人才移民计划等，引进本国急需的高层次人才。近 2 年全球人才流动趋势出现新变化、新特点。

一、发达国家强化对高层次人才流动的管理

部分发达国家持续加大对世界顶尖人才的引进力度。美国专门为在艺术、科学、教育、商业和运动等领域拥有杰出才能的外籍人士提供第一类优先职业移民签证（First Preference Employment Based Immigration，EB–1），并对 EB–1 签证办理给予极大便利。2018 年，美国共发放 4 万张 EB–1 签证，其中包括 EB–1A “杰出人士” 移民、EB–1B “杰出教授或研究员” 移民、EB–1C “跨国公司经理” 移民 3 个类别。以 EB–1A 为例，其签证基本不受排期影响，额度供需上基本处于充裕状态，审批速度也很快，15 天左右申请可获批，1 年之内可获得移民签证。德国于 2018 年 10 月通过了 “专业人才移民法要点文件”，该文件提出降低欧盟以外的专业人才移民德国的门槛，来自非欧盟成员国的留学生毕业后和短期培训人员结束学业后，如果语言过关，并符合特定职业水准，将有机会获得 6 个月的时间找工作。日本近年来降低了对具有专业知识的高级人才永久居留申请的门槛，由需要滞留 5 年缩短为 3 年，如又被认定具有高水平经营能力，滞留 1 年也能获批。2015 年以来日本实行高级专业人才积分制，根据学历、工作经历、年收入等的不同档次赋予申请人不同的积分，超过 70 分就能获得居留资格，超过 80 分以上的高级人才申请永久居留权所需的 5 年以上居住要求缩短到最少居住 1 年。

在吸引全球高水平人才的同时，部分国家对他国敏感领域高层次人才加强了引进审查。2017 年 12 月美国公布的《国家安全战略报告》中指责部分国家窃取其知识产权，美国将严格审查来自外国的科学技术工程和医学领域留学生。2018 年 6 月 11 日起美国将对机器人、航空和高科技制造业等重点领域的留学生的签证缩短为 1 年；美国商务部列出的在需要高级别审核的机构中担任研究人员

或管理人员，其签证申请需要得到美国多家机构的特别许可，而且每次申请都需要几个月的时间。

部分发达国家十分注重鼓励引导外籍高层次人才为本国做贡献，积极防止外籍高层次人才向他国流失。德国的研究机构中海外高端人才的比例极高，以马普学会为例，它更加重视发现和引进国际顶级人才，其中 33.9% 的所长来自其他国家。美国硅谷 56.0%的科技人员是外来移民，52.0%初创企业的主要创始人是移民。新加坡的国立研究机构和大学的外籍科研人员超过了 60.0%。近 2 年部分发达国家对高层次人才不光求所用，还要求所有，通过限制事业发展平台等方式防止本国已经拥有的高层次人才向他国流动。

二、新兴经济体人才回流增加

2008 年全球金融危机后，西方发达经济体的经济增长缓慢，新增工作岗位有限。从 2013—2017 年，美国 GDP 仅增加了 16.0%。同期，新兴经济体增长速度较快，印度 GDP 增长了 31.4%，中国增长了 38.9%。较快的经济增长及相应的鼓励海外人才回流的政策和创新创业，导致了中国、印度等新兴经济体的人才回流增加。

印度政府为吸引本国的海外人才回国，大力兴建科技园，鼓励更多的高科技人才归国创业。对于科技型的人才，不仅提供具有世界一流水平的研究环境，还出台一系列吸引其回国发展的优惠政策、激励机制和优厚的薪酬。例如，印度的 IT 行业，原来单纯是以软件外包业务为主，现在需要发展为综合业务，于是经验丰富的海外人才便成了市场的“宠儿”。印度于 2012 年开始推出“海外印度人卡计划”，其本质是一种移民签证，旨在允许居住在国外、拥有外国国籍的印度裔人士长期来印度居住，还推出了“学习印度计划”，为海外印度裔子女提供进入印度高校进修的机会，同时印度政府还为入选者提供基本生活费和差旅费。印度的很多企业拼尽全力留住“海归”人才，他们给技术人员提供的报酬相当丰厚，一些知名大公司的技术人员年薪增长率一度达到 30%。

中国的海外人才也呈现加速回流态势。据教育部统计，1978—2017 年年底我国出国留学相关数据来看，其间各类出国留学人员中，有共计 313.20 万名留学生在完成学业后选择回国发展，占已完成学业留学生人数的 83.7%。

三、各国利用外国智力方式更加多元化

设立面向海外人才科研项目是近些年来一种新型的人才流动模式，广泛吸引海外人才和智力资源到本国参加科研项目，受到科技人才的欢迎。例如，欧盟的“玛丽居里行动计划”和“伊拉斯莫计划”，为处于职业生涯各个阶段的科研人员提供不同类型的资助和奖励。日本政府委托日本学术振兴会实施“外国研究人员招聘计划”，旨在吸引外国，特别是发达国家的优秀青年研究人员到日本的大学和科研机构从事研究工作。德国设立的“洪堡教席奖”是德国高端人才战略的重要举措之一，旨在吸引全

世界最顶尖的科学家到德国进行长期研究工作，为理论研究或实验研究提供 350 万或 500 万欧元的资助，截至目前共资助了 74 位国际顶尖人才，2017 年中国清华大学柴继杰教授获得此奖赴科隆大学开展研究。

积极招收留学生。西方发达国家的高等教育体系的国际化和学生在海外留学人数的增长已经成为常态。据美国国土安全部统计，截至 2017 年 5 月，美国国际学生人数达到 118.5 万人，其中 77.0% 来自亚洲，中国留学生人数达到 36.2 万人。 据澳大利亚教育与培训部统计，2017 年年末，澳大利亚国际学生人数达到 62.4 万人，其中，中国占到 30.0%。据英国国际学生事务理事会（UKCIS）统计，2016—2017 年英国在读研究生中有 42.0% 来自于非欧盟国家，共计 28.9 万人，其中，中国留学生占到非欧盟国家人数的 1/3。据日本政府独立行政法人日本学生支援机构（JASSO）公布，日本大学及日语学校等在籍外国人留学生数总数从 2008 年的 12 万人增加到 2017 年 5 月 1 日的 26.7 万人。

通过跨国公司使用海外智力和人才。美国、日本、英国等国家跨国公司的各类分支机构在全球广泛分布，特别是在新兴国家建立制造中心和研发中心，雇用当地科技和管理人才，也带动了当地经济和科技发展。中国的华为公司在国外建立了十几个研发中心，吸引了当地顶尖的科学家和工程师参与技术和产品的研发。

设立海外猎头联络点，按需引进人才。如新加坡、日本政府大力支持和扶植猎头公司做大做强。在政府支持下，1981 年成立的日本仕达富咨询顾问公司，1985 年在日本东京成立的沃德博猎头公司（WDB 株式会社），这 2 家大型猎头公司，占据了日本国内 70% 以上的市场份额，从而使得本土猎头公司在日本的国际人才市场中确立了优势地位。

第二节　中国创新事业发展吸引海外人才

近几年，我国经济平稳增长，成为世界第二大经济体，经济结构持续优化，高技术产业和新兴产业蓬勃发展。不断加大全社会科技投入，2017 年，全国共投入研究与试验发展（R&D）经费 17 606.1 亿元，比上年增加 1929.4 亿元，增长 12.3%，科技创新加速赶超，重大创新成果竞相涌现，已成为具有全球影响力的科技大国。全社会形成了尊重科学、尊重人才的良好风气，创新创业生态环境不断完善，聚集了越来越多的海外人才加入到中华民族伟大复兴的事业中来。

一、科技创新事业蓬勃发展需要一大批各类人才

党的十八大以来，我国大力实施创新驱动发展战略，科技创新各项事业取得了显著进展。我国基础研究国际影响力大幅提升，在量子调控、铁基超导、合成生物学领域步入世界领先行列，深地探测、

干细胞、基因编辑领域取得重要原创性突破，还将在脑科学、再生医学等领域加速突破。战略高技术彰显国家实力，天宫、神舟、天舟、嫦娥、长征系列成果举世瞩目，深海装备形成功能化、谱系化布局。科技创新不断为经济结构调整和产业优化升级注入强大活力，新一代移动通讯技术、大飞机等重大科技专项取得重大成果，彰显中国力量。人工智能、大数据、云计算等引领支撑数字经济、平台经济、共享经济快速发展。科技创新在改进民生福祉中的精准支撑作用更加显著，在生态环保、扶贫攻坚战中发挥着重要作用。要想科技强、产业强，首先必须人才强。我国已建成自主完备的工业体系和上中下游产业链，拥有 39 个工业大类、191 个中类、525 个小类，是全世界唯一拥有联合国产业分类中全部工业门类的国家。各行各业要想在国际上处于领先地位，必须要进行科技创新，需要一大批各类人才。

北京、浙江、广东、湖北、四川、陕西、天津、上海等经济或科技创新活跃的地区，对海外高层次人才的需求更加强烈，在海外人才引进方面工作成绩也更显著。经济或创新基础较弱的其他西部和东北等省区也积极采用调入引进、创新创业引进、柔性引进等多种方式敞开大门汇聚八方英才，为本地区的经济与创新发展服务。

二、科技创新条件和基础不断优化

近年来，我国对各类重点实验室、工程中心和双创平台、国际科技合作基地的投入不断增加，启动国家实验室建设，支持北京怀柔、上海张江、安徽合肥建设综合性国家科学中心。截至 2017 年年底，累计建设国家重点实验室 503 个、国家工程研究中心 131 个、国家工程实验室 217 个、国家级企业技术中心 1276 家，为吸引各类人才提供了良好的事业发展平台。

国家高新区是吸引海外留学生回国创新创业的主要基地。截至 2017 年年底，全国 156 家国家高新区和苏州工业园区（“156+1”）中有 26 家高新区成为国家“海外高层次人才创新基地”，共有留学生创办企业 4.0 万家，较 2016 年同比增长了 11.2%。

截至 2017 年年底，156+1 家高新区企业从业人员中有留学归国人员 13.4 万人、外籍常驻人员 7.3 万人、引进外籍专家 1.8 万人，分别同比增长了 6.3%、7.8% 和 1.5%（图 4–1）。

具体到园区层面，2017 年企业从业人员中海外留学归国人员和外籍常驻员工所占比重超过 2.0% 的共有 8 家，分别为上海紫竹、苏州工业园区、合肥、无锡、大连、西安、上海张江、常州，其中，上海紫竹、苏州工业园区占比最高，分别为 12.3%、6.8%，国际化程度高于国内其他高新区；其次是合肥、无锡，占比均超过了 3.0%（图 4–2）。

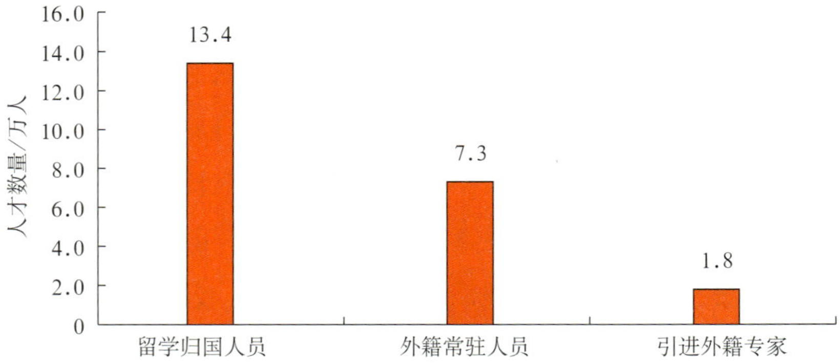

图 4–1　2017 年国家高新区国际人才数量情况

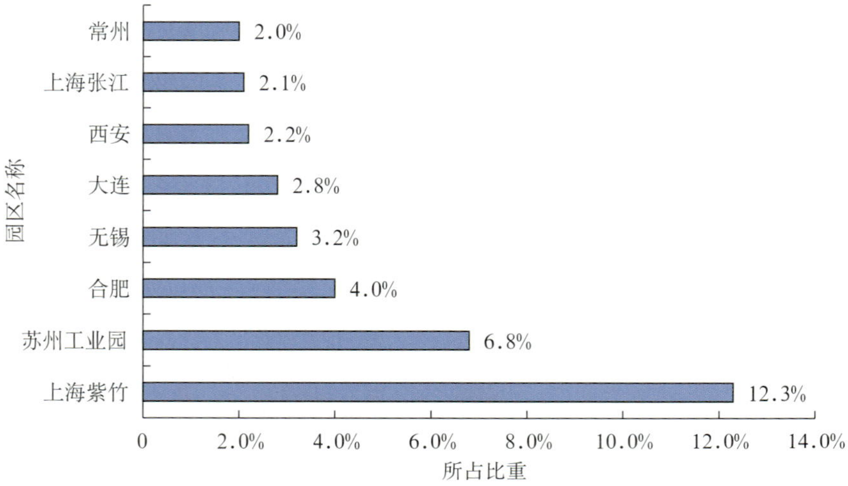

图 4–2　2017 年企业留学归国人员和外籍常驻人员所占比重超 1.5% 的国家高新区

国际科技合作与创新交流平台形式丰富。科技部先后共认定了 29 个国际创新园、169 家国际联合研究中心、39 家国际技术转移中心和 405 家示范型国际科技合作基地，形成了不同层次不同形式的国际科技合作与创新平台，发展“项目—人才—基地”相结合的国际科技合作模式。国家外专局积极开拓海外专家渠道，外专局建立合作关系的外国专家组织达 60 家，比 2012 年的 26 家有了大幅增加。中国科协签约合作海外科技团体总数已达 93 个（遍布世界 15 个主要发达国家和地区）。设立海智计划工作基地 60 家，设立示范项目 11 个。自 2014 年以来，先后设立深圳、上海、武汉、苏州、成都 5 个海外人才离岸创新创业基地，不断探索、实践各具特色、成效突出的海内外创新创业平台。2016 年 6 月探索建立中国科协首个海外双创基地——中国科协 –FCPAE 欧洲（比利时）海智创新创业基地。

专栏 4-1　充分发挥海外专家智力和资源优势，为地方经济建设和科技创新服务

2016 年 7—9 月，中国科协、成都市人民政府联合主办首届“中国（成都）海外人才创新创业项目大赛”，充分依托中国科协、中国海归创业联盟，广泛深入发动海外科技团体及海智专家资源优势，在短时间内联系、征集到 166 个海外项目，并确保大赛项目高、精、尖及原创性。促成获奖项目机器人 RV 减速机、HDMM 大数据挖掘与管理平台、轨道检查设备—精密 GPS 惯导轨道检测系统、易耕云作 4 个海外高层次创新创业高科技项目落地成都，“无人机驾驶汽车雷达”项目签约安徽奇瑞汽车。

资料来源：中国科协。

各省开展的海外人才基地建设和各类活动也各具特色。例如，安徽省已建立 3 个国家级和 11 个省级海外高层次人才创新创业基地，在美国硅谷等海外人才密集地区建立引才工作站，实行人才常态化引进。江苏省定期举办海内外科技与人才合作交流活动，畅通与全球人才对接联系渠道。天津市引进聚集了一批科研机构、创新平台、研发转化基地，为海外高层次人才的引进提供了发展平台和创新创业环境。

三、引才聚才环境逐步完善

我国不断深化科技体制机制改革和人才发展体制机制改革，大力推动大众创业、万众创新，为引才聚才营造了良好的环境基础和制度保障，形成近者悦、远者来的人才发展生态。优化整合国家科技计划体系，完善科研项目管理机制，去除项目管理当中对科研人员约束较多的繁文缛节，为科研人员松绑减负。优化科研经费使用方式，转变科研经费 “重物轻人”观念，实行以增加知识价值为导向的分配政策，加大科研任务、创新成果等绩效和奖励激励。完善科技成果转化、知识产权归属和利益分配等法治体系，让科技人才在创新创造中有收益、有荣誉、有地位，创新主体和科研人员获得感大大增强。加快形成一批有效满足大众的创新创业需求、具有较强专业化服务能力的众创空间，聚集一批天使投资人和创业投资机构，孵化一批创新型中小微企业，构建政府引导、市场服务、要素齐全、合作开放、专业高效的创业服务体系和文化生态，使全社会创新创造活力进一步释放。2017 年，众创空间已服务创业团队和初创企业近 40 万家，带动社会资本投入超过 930 亿元，带动就业超过 200 万人。

随着我国引才聚才环境日益完善，高层次外国人才 “到中国来” 的意愿越来越强烈，越来越多的外国留学生纷纷来华学习和工作。据教育部统计，来华留学事业发展态势总体良好，向高层次高质量发展，留学生规模持续扩大，生源结构不断优化，硕博士研究生人数在逐步增加，如表 4–1、图 4–3 所示。

表 4–1　2014—2017 年在华留学生的整体情况

年份	总数	国别数（个）	学历教育人数（人）	硕博士研究生（人）	中国政府奖学金人数（人）	自费生人数（人）	就读高校与研究所（所）
2014 年	377 054	203	164 394	47 990	36 943	340 111	775
2015 年	397 635	202	184 799	53 572	40 600	357 035	811
2016 年	442 773	205	209 966	63 867	49 022	393 751	829
2017 年	489 172	204	241 543	75 759	58 572	430 600	935

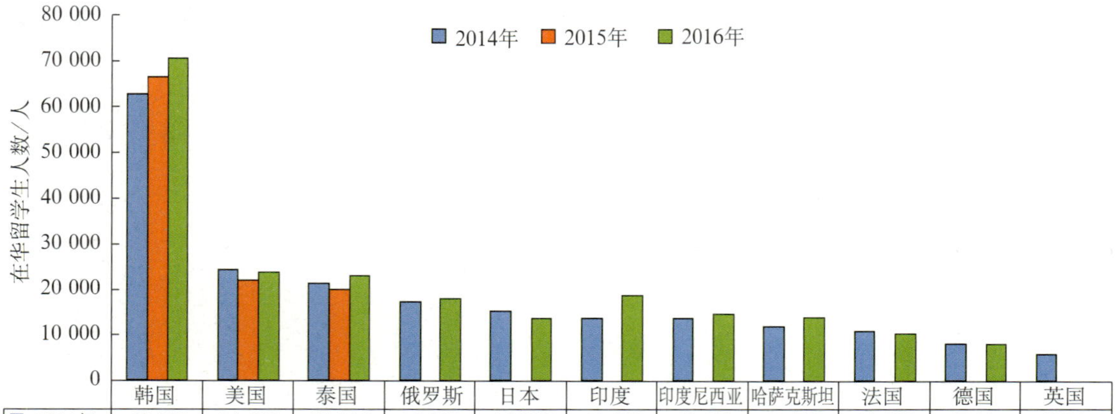

	韩国	美国	泰国	俄罗斯	日本	印度	印度尼西亚	哈萨克斯坦	法国	德国	英国
2014年	62 923	24 203	21 296	17 202	15 057	13 578	13 689	11 764	10 729	8193	5920
2015年	66 672	21 975	19 976								
2016年	70 540	23 838	23 044	17 971	13 595	18 717	14 714	13 996	10 414	8145	

图 4–3　2014—2016 年在华留学生的主要来源国家

数据来源：教育部网站。

四、科技创新国际化更加开放

我国不断扩大科技创新对外开放，主动融入全球科技创新网络。积极推进科技创新共同体建设，“一带一路”国际合作高峰论坛、G20 杭州峰会、金砖国家厦门峰会留下鲜明的科技创新印记；与美国、欧盟、俄罗斯等 10 多个主要经济体建立创新对话机制；“一带一路”科技创新合作扎实推进；与东盟、非洲、上合组织、拉美等构建科技伙伴关系。科技合作深度广度不断积累，建立科技合作关系的国家达 150 余个，签署政府间合作协议 110 余个，参加国际组织和多边机制超过 200 个，中国成为全球多元化创新版图中日益重要的一极。扩大国家科技计划对外开放，出台《科技部关于推进外籍科学家深入参与国家科技计划的指导意见》，鼓励外籍科学家领衔和参与国家科技计划项目、为国家科技计划战略研究建言献策、参与国家科技计划项目管理工作。出台《积极牵头组织国际大科学计划和大科学工程方案》，鼓励科技人才参与全球重大科技创新活动。

中国对海外人才的吸引力逐步提高。据瑞士洛桑国际管理学院（IMD）的《2018 年世界竞争力报告》统计，中国以 89.02 分排名第 13 位，2 年累计上升了 12 位。在《2017—2018 年全球竞争力报告》吸引海外人才的能力排行中，中国居第 23 位，比 2014—2015 年的第 27 名前进了 4 名（表 4–2）。

表 4–2　各国对人才吸引力的排名

排名	国家 / 地区	分数
1	瑞士	6.2
2	阿联酋	6.1
3	英国	6.0
4	新加坡	5.9
5	美国	5.8
6	卢森堡	5.6
7	卡塔尔	5.5
8	新西兰	5.2
9	香港	5.2
10	加拿大	5.2
11	荷兰	5.1
12	爱尔兰	5.0
13	德国	5.0
14	卢旺达	5.0
15	马来西亚	4.9
16	巴拿马	4.8
17	澳大利亚	4.7
18	阿塞拜疆	4.7
19	印度	4.7
20	挪威	4.6
21	马耳他	4.6
22	巴林	4.6
23	中国	4.5

数据来源：世界经济论坛于 2017 年 9 月发布的《2017—2018 年全球竞争力报告》。

第三节　海外人才开放合作的政策措施

适应创新驱动发展的国际化形势与需求，我国出台了一系列有利于海外人才开放合作的政策措施与保障服务，包括涉及工作签证、永久居留证和移民制度的国家战略，吸引海外高层次留学人员创业发展的政策，为海外高层次人才本人及其家属提供生活保障的优惠政策等。这些创新创业政策吸引了大量海外高层次人才来华工作。

一、建立良好的管理与服务机制

国家深化机构改革，通过调整部委结构，建立科技人才工作专门机构，加强对人才工作的指导和顶层设计。国家外专局与原科技部重新组建新的科技部，设立外国专家服务司和引进国外智力管理司，负责拟订外国专家管理办法，推动建立外国顶尖科学家、团队吸引集聚机制和重点外国专家联系服务机制，拟订引进国外智力规划和政策等相关工作。

国家和地方政府围绕海外高层次人才在税收、保险、住房、子女入学、配偶安置、担任领导职务、承担重大科技项目及享受国家特聘专家保障等方面，出台了一系列配套政策，从海外引才到留才用才，通过多部门协作和高效服务，使得相关政策顺利落地，管理与服务渐成体系。

国家外专局积极开展外国高层次人才服务“一卡通”试点工作，依托社会公共服务体系，设立专门服务窗口，为外国人才及其配偶、未成年子女落实待遇等提供一站式高效便捷服务。

二、制定便捷的签证移民政策

在吸引海外人才来华工作方面，外国人在中国永久居留证已经实施多年。2012 年 9 月 25 日，中央组织部、人力资源社会保障部、公安部等 25 个部门联合下发《外国人在中国永久居留享有相关待遇的办法》，规定持有外国人在中国永久居留证（中国“绿卡”）的外籍人员除政治权利和法律法规规定不可享有的特定权利和义务外，原则上和中国公民享有相同权利，承担相同义务。2015 年 6 月 9 日，公安部扩大申请在华永久居留外国人工作单位范围。2016 年 2 月，中央办公厅、国务院办公厅印发《关于加强外国人永久居留服务管理的意见》，提出实行更加灵活务实的外国人永久居留服务制度。公安出入境管理部门认真贯彻落实该意见精神，建立人才申请永久居留市场化渠道，完善就业居留向永久居留转换机制，设立永久居留“直通车”，开辟高学历外籍华人申请永久居留新途径，主动为国家人才引进提供便利。

2017 年 3 月，国家外专局会同人力资源和社会保障部、外交部、公安部联合印发《关于全面实施外国人来华工作许可制度的通知》，4 月 1 日起在全国全面启动实施统一的外国人来华工作许可制度。对中国经济社会发展急需的科学家、科技领军人才、国际企业家、专门特殊人才等“高精尖缺”

外国高端人才，申请办理工作许可证实行“绿色通道”和“承诺＋告知”服务，审批时间缩短一半。2017 年 11 月，国家外专局会同外交部和公安部出台《外国人才签证制度实施办法》（外专发〔2017〕218 号），进一步扩大人才签证发放范围；进一步放宽人才签证有效期限和停留期限；进一步提高人才签证申办效率；免除申请费用。将人才签证适用对象扩大为经济社会发展需要的高层次人才和急需紧缺人才，建立人才签证与工作许可、工作居留和永久居留有机衔接机制，为高层次人才开辟“绿色通道”，标志着我们向构建具有国际竞争力的人才制度优势迈出坚实步伐。

建立移民专业管理机构，优化移民管理服务。为强化对移民和出入境管理的统筹协调，更好形成移民和出入境管理工作合力，国家机构改革将公安部的出入境管理、边防检查职责整合，建立健全签证管理协调机制，组建国家移民管理局，加挂中华人民共和国出入境管理局牌子，由公安部管理。畅通引才引智渠道，向全世界释放吸引高端外籍人才和投资者来华工作、生活的积极信号，更好地服务于国家经济发展战略和对外开放新格局。

专栏 4-2　实施外国人才签证制度

为实施更加积极、更加开放、更加有效的人才引进政策，自 2018 年 3 月起，在全国范围内实施《外国人才签证制度实施办法》。

办法授权省级外国人工作管理部门，可为符合条件的外国高端人才办理《外国高端人才确认函》，申请人可凭《外国高端人才确认函》向驻外使领馆申请有效期 5 ～ 10 年、多次入境、每次停留 180 天的人才签证，其配偶及未成年子女也将获得有效期相同、多次入境的相应种类签证。

北京等 9 个省（市、区）作为第一批试点，已于 2018 年 1 月 1 日开始实施外国人才签证制度。《外国人才签证制度实施办法》进一步提高了人才签证的申办效率，采取全程在线、立审立办的方式，大幅压缩审核、审发期限，5 个工作日完成外国人才资质确认，高端人才及其配偶子女在驻外使领馆申请签证，最短可于申请次日获得签发；同时还免除了申请费用，外国人才及其家属可免交签证费和急件费。

资料来源：《外国人才签证制度本月实施》，北京日报，2018 年 3 月 6 日。

三、有序推进国家科技计划向海外人才开放

政府间科技合作项目是支持国际交流合作的主要方式之一，促进了国际间科研人员的交流与合作，

吸引了一大批海外人才队伍参与其中。我国政府于 2001 年设立了国家国际科技合作与交流专项（以下简称“国合专项”），吸引了大量的海外研发人员参加。以 2015 年为例，国合专项共计有 7919 位研究开发人员，其中，国内参加人员为 6412 人、国外参加人员为 1507 人。科技部于 2013 年启动了以支持青年科技人才国际交流的项目“发展中国家杰出青年科学家来华工作计划”（“国际杰青计划”）。截至 2018 年 6 月，“国际杰青计划”已接收来自埃及、巴基斯坦、泰国、蒙古等 20 多个国家的 400 余名外籍杰出青年科学家分赴我国 20 多个省（市、区）开展科研工作，领域涵盖农业、能源、医药、信息、材料等各个专业。此外，科技部还实施了与美国、澳大利亚、新西兰、加拿大及拉美等国家和地区之间的科技人员、科学家交流计划。“十三五”以来，国家自然科学基金委的“海外及港澳学者合作研究基金项目”累计资助 277 项（含延续资助项目），直接费用总计 1.18 亿元，共计 1012 位人员获得资助。

《科技部关于推进外籍科学家深入参与国家科技计划的指导意见》（国科发资〔2017〕401 号）提出，邀请外籍科学家参与国家科技计划战略研究和任务布局等顶层设计，推动外籍科学家参与国家科技计划项目管理工作，鼓励外籍科学家领衔和参与国家科技计划项目研究。除涉及国家安全等特殊情况外，鼓励外籍科学家依托在我国大陆境内注册的内、外资独立法人机构，领衔和参与申报国家科技计划项目，通过公平竞争承担研发任务。鼓励相关单位结合国家重大研发任务的实施，面向全球引进具有重大原始创新能力的科学家和能够推动重大技术革新的科技领军人才，支持其全职来华工作。

为了鼓励香港专家进入国家科技专家库，参与两地科技合作，推动香港专家融入国家创新发展，2018 年 4 月 17 日，国家科技专家库吸纳香港专家工作座谈会在深圳召开。2018 年 9 月 21 日，科技部与香港特别行政区政府签署《内地与香港关于加强创新科技合作的安排》及《科学技术部与香港特别行政区政府创新及科技局关于开展联合资助研发项目的协议》，作为内地与香港共同推动各项创新科技合作的行动指南和纲领。国家自然科学基金委从 2003 年起就积极招聘吸纳海外专家入库并建立管理办法——《国家自然科学基金委员会招聘海外评审专家情况介绍》，未来会进一步提高人才项目评审中海外同行专家的占比，加强国际评价。中国科学院制定了《中国科学院海外评审专家项目实施办法》（科发人教字〔2012〕137 号），近 5 年来积极开展“海外评审专家”推荐入库工作。

四、放宽外籍留学生在华就业门槛

2016 年 2 月，《关于加强外国人永久居留服务管理的意见》放宽了优秀国际学生在华就业的限制。2017 年 1 月，由人力资源社会保障部、外交部、教育部联合发布的《关于允许优秀外籍高校毕业生在华就业有关事项的通知》允许符合条件的取得硕士以上学位优秀国际学生毕业后无须工作经历即可在华就业，为优秀国际学生毕业后在华工作进一步放宽了条件。上海出台的人才新政“30 条”

和浦东人才发展“35 条”，规定外籍本科生可以直接在上海自贸区就业，突破了原有的必须在国外有 2 年工作经历的条件，为鼓励外国留学生毕业后直接在上海市创新创业创造了良好的人才生态环境。

五、建立多样化的海外人才奖励体系

中国政府友谊奖是我国政府授予在华工作外国专家的最高荣誉奖项，旨在表彰外国专家为我国经济社会发展做出的突出贡献。从 1991 年设立至今，中国政府友谊奖在宣示我国引进人才政策、壮大知华友华国际友人、提升我国公共外交整体效果等方面发挥了重要作用，在国内外产生了积极的社会反响，为我国与境外智库、学者建立广泛联系，为我国经济建设和社会发展建言献策提供了独特优势资源。截至 2018 年 10 月，已有 72 个国家和地区的 1599 名外国专家荣获中国政府友谊奖。

国家级科技奖励中设有中华人民共和国国际科学技术合作奖。该奖设立于 1994 年，是国务院设立的国家级科技奖励，1995 年正式授奖。《国家科学技术奖励条例》规定，中华人民共和国国际科学技术合作奖授予对中国科学技术事业做出重要贡献的外国人或者外国组织。

中国科学院也设有国际科技合作奖。中国科学院国际科技合作奖设立于 2007 年，旨在奖励在与中国科学院开展长期合作，并在突破关键技术和产出重大成果、建设大科学装置及培养中科院科研人才方面做出过杰出贡献的优秀外籍人才，同时鼓励和集聚更多的全球科技人才加入中国科学院共同开展科技创新。

各省级人民政府设有地方特色的“友谊奖”，以表彰对本省经济社会发展做出突出贡献的外国专家和国际友人。例如，山东“齐鲁友谊奖”、河南“黄河友谊奖”、河北“燕赵友谊奖”、湖南“潇湘友谊奖”、四川“天府友谊奖”、湖北“编钟友谊奖”、甘肃“敦煌奖”、浙江“西湖友谊奖”等。

专栏 4-3　李克强会见 2018 年度中国政府友谊奖获奖外国专家

国务院总理李克强 9 月 30 日下午在人民大会堂亲切会见荣获 2018 年度中国政府友谊奖的外国专家和他们的亲属。

李克强对获奖的外国专家表示祝贺，高度评价他们为推动中国经济社会发展、促进中外各领域交流所做的重要贡献，并通过他们向所有在华工作的外国专家及其亲属表示亲切问候。

李克强表示，今年是中国改革开放 40 周年。中国坚持改革开放的决心不会动摇，力度会越来越大。我们将进一步放宽市场准入，实施公平公正监管，保障不同所有制主体公平竞争，努力为中外企业和各类人才营造公开透明稳定可预期的市场和法治环境。

李克强指出，外国人才和智力是中国创新体系的重要组成部分。欢迎更多外国专家为中国的创新发展发挥更大作用，希望中外人才携手共同推动世界科技创新和文明进步，促进经济全球化健康发展。中国政府将一视同仁地为大家创造更多机会，更加严格保护知识产权。

李克强强调，中国将继续实施更加积极、开放、有效的人才引进政策，优化人才服务保障体系，通过建立外国人来华工作、居留等有机衔接机制，尽快实现外国人来华工作管理服务全流程“一网通”办理，外国人在中国生活“一卡”畅行等措施，为来华工作的外国人才提供更多便利。

获奖外国专家感谢中国政府授奖和李克强会见，表示将继续为促进中国的发展和人类文明的进步贡献力量。

资料来源：新华网，2018 年 9 月 30 日。

第五章
科技人才改革与政策

推进人才发展体制机制改革，激发人才创新创业创造活力，加强国际组织人才培养推送工作，实施边远贫困地区、边疆民族地区、革命老区人才支持计划，推动人才向基层、艰苦地区流动。

——习近平《在党的十八届五中全会第一次全体会议上关于中央政治局工作的报告》（2015年10月26日）

要加大改革落实工作力度，把《关于深化人才发展体制机制改革的意见》落到实处，加快构建具有全球竞争力的人才制度体系，聚天下英才而用之。要着力破除体制机制障碍，向用人主体放权，为人才松绑，让人才创新创造活力充分迸发，使各方面人才各得其所、尽展其长。

——习近平就深化人才发展体制机制改革作出的指示（2016年5月）

要完善创新人才培养模式，强化科学精神和创造性思维培养，加强科教融合、校企联合等模式，培养造就一大批熟悉市场运作、具备科技背景的创新创业人才，培养造就一大批青年科技人才。要营造良好学术环境，弘扬学术道德和科研伦理，在全社会营造鼓励创新、宽容失败的氛围。

——习近平《为建设世界科技强国而奋斗》（2016年5月30日）

党的十八大以来，中央着眼于破除人才发展的思想观念和体制机制障碍，解放和增强人才活力，出台了一系列推动人才发展体制机制改革的政策措施，在改革措施的统领下推动形成了覆盖人才管理、培养、评价、流动、激励、引进、发展保障等方面的人才政策体系，全面指导人才工作。

在《关于深化人才发展体制机制改革的意见》（中发〔2016〕9号）的总体部署下，各部门认真贯彻落实中央精神，加快推进人才体制机制改革重点任务和关键环节改革，出台了一系列针对性强、改革力度大的政策措施，一手抓改革，一手抓落实，推动改革措施取得积极成效。近两年来，相关改革措施立足人才成长规律，充分体现分类、精准施策的原则，深化人才分类评价机制，从人才管理和项目管理上赋予科研机构和科研人员更大的自主权，为科研人员松绑，增强科研人员获得感，营造开放包容、科学诚信的外部环境，不断激发人才内生活力，为人才队伍建设注入强大动能。

新时代，我国科技创新事业进入新的发展阶段，将以深入推进人才发展体制机制改革为重点，强调需求导向、问题导向、目标导向，紧紧围绕国家重大战略需求和关键核心技术进行人才布局，在科研人员收入分配、分类评价、自主权、科技人才流动等方面加快推进政策落实"最后一公里"，突破改革的重点难点问题，在重要领域和关键环节上取得突破性进展，最大限度激发人才创新创业活力，建设具有中国特色的社会主义人才强国。

第一节　改革科技人才评价制度

改革开放40年来，我国科技创新从计划式管理到面向市场优化配置再到全面建设国家创新体系，科技评价一直是科技创新活动的"指挥棒"和"风向标"，党中央、国务院一直高度重视科技评价制度建设，并始终将其作为科技体制改革攻坚的关键环节，从职称和岗位评聘、科技人才计划（专项）选拔、院士增选、科技奖励评选及与科研人员紧密相关的项目评审、机构评估、科技成果认定等方面，不断进行创新、发展与完善。2016年，中共中央发布的《关于深化人才发展体制机制改革的意见》（中发〔2016〕9号）是我国改革发展进入关键阶段人才工作的行动纲领，将创新人才评价机制作为改革中的重要一环。习近平总书记指出，要改革科技评价制度，正确评价科技创新成果的科学价值、技术价值、经济价值、社会价值、文化价值，把人的创造性活动从不合理的经费管理、人才评价等体制中解放出来；要创新人才评价机制，建立健全以创新能力、质量、贡献为导向的科技人才评价体系，形成并实施有利于科技人才潜心研究和创新的评价制度，为新时期科技人才评价改革发展指明了方向。

一、突出品德、能力、业绩和贡献评价导向

针对我国科技评价中存在的重学历轻能力、重资历轻业绩、重论文轻贡献、重数量轻质量等问题，对一线创新创业人才正向激励作用不足，甚至引发科研诚信、弄虚作假、学术腐败等突出问题，党的

十八大以来，科技人才评价标准不断纠正“唯论文、唯学历、唯职称、唯项目、唯奖项”等倾向，不断聚焦如何将品德、能力、业绩和贡献导向等落到实处，着力营造风清气正、潜心研究的良好创新生态环境。

2016年，中共中央印发《关于深化人才发展体制机制改革的意见》（中发〔2016〕9号），2018年，中共中央办公厅、国务院办公厅印发《关于分类推进人才评价机制改革的指导意见》和《关于深化项目评审、人才评价、机构评估改革的意见》（简称“三评”改革），针对人才评价标准提出了4个方面的具体改革重点：一是突出品德评价。坚持德才兼备，加强对科学精神、职业道德和从业操守等评价考核，对科研不端行为零容忍，完善调查核实、公开公示、惩戒处理等制度。二是注重能力、业绩和贡献评价。克服唯学历、唯资历、唯论文等倾向，把学科领域活跃度和影响力、重要学术组织或期刊任职、研发成果原创性、成果转化效益、科技服务满意度等作为重要评价指标；不以数量“论英雄”，推行代表作评价，注重标志性成果的质量、贡献、影响；在对社会公益性研究、应用技术开发等类型科研人才的评价中，SCI（科学引文索引）和核心期刊论文发表数量、论文引用榜单和影响因子排名等仅作为评价参考。三是注重个人评价与团队评价相结合。适应科技协同创新和跨学科、跨领域发展等特点，进一步完善科技创新团队评价办法，实行以合作解决重大科技问题为重点的整体性评价；对创新团队负责人以把握研究发展方向、学术造诣水平、组织协调和团队建设等为评价重点；尊重认可团队所有参与者的实际贡献，杜绝无实质贡献的虚假挂名。四是完善海外及特殊科技人才评价标准。对引进的海外人才，要加强对其海外教育和科研经历的调查验证，不把教育、工作背景简单等同于科研水平；对特殊人才，要探索采取特殊评价标准和评价方式；对承担国防重大工程任务的人才，可采用针对性评价措施，对国防科技涉密领域人才评价开辟特殊通道。

为了进一步在科技人才及相关评价活动中切实形成品德、能力、业绩和贡献的评价导向，2018年，科技部、教育部等部门联合印发《关于开展清理“唯论文、唯职称、唯学历、唯奖项”专项行动的通知》，对人才项目、科技奖励、院士增选、职称评审、人员绩效考核等活动中的“四唯”做法进行了集中清理。

专栏5-1　科技部：深化“三评”改革将有力支撑科技强国建设

旨在进一步完善科技评价制度、简称“三评”改革的《关于深化项目评审、人才评价、机构评估改革的意见》于2018年7月正式发布，引起全社会特别是科技界的强烈反响和高度关注。

科技部7月5日举行新闻通气会表示，这次深化“三评”改革，以激发科研人员的积极性、创造性为核心，以构建科学、规范、高效、诚信的科技评价体系为目标，推进分类评价制度建设，发挥好评价“指挥棒”作用，营造潜心研究、追求卓越、风清气正的科研生态环境，将促进科技事业健康可持续发展，为建设世界科技强国提供有力支撑。

科技部原政策法规与监督司司长贺德方认为，深化“三评”改革要坚持四条基本原则：一是坚持尊重规律，按照科技人才发展和科研规律，加强顶层设计和统筹协调，科学设立评价目标、指标和方法；二是坚持问题导向，聚焦主要问题、突出问题，增强针对性，突出实招硬招，提高改革的含金量和实效性；三是坚持分类评价，针对不同学科门类、不同评价对象、不同环节科研活动的特点，建立分类评价指标体系和评价程序规范；四是坚持客观公正，提高科技评价活动的公开性和开放性，保证评价工作的独立性和公正性，确保评价结果的科学性和客观性。

好的政策关键还在于落实。贺德方说，科技部将会同有关部门积极抓好深化“三评”改革意见的贯彻落实工作，主要包括：努力让执行部门精通政策、科研人员掌握政策、社会公众知晓政策；抓紧制定配套政策措施，形成落实的“组合拳”和完整政策体系；加强跟踪调研，督查推动落实。同时，科技部还将及时组织开展专项督查和评估，畅通沟通反馈渠道，广泛听取一线科研人员等各方面对改革落实情况的评价意见，改进完善落实工作，确保深化“三评”改革落地生根、取得实效。

资料来源：中国新闻网。

二、实行科技人才分类评价

针对科技人才分类评价不足、评价“一刀切”的突出问题，2018 年 2 月中共中央办公厅、国务院办公厅印发《关于分类推进人才评价机制改革的指导意见》，提出以职业属性和岗位要求为基础，建立体现不同职业、不同岗位、不同层次人才特点的分类评价标准和评价机制，引导鼓励科研人员潜心研究、教师上讲台、医生到临床、工程师到实验室和厂房工地、农技人员到田间地头，让各类专业技术人才在不同岗位上建功立业、做出贡献。

近两年的科技人才分类评价改革重点针对科技、教育、医疗卫生、技术技能等领域提出了具体指导意见。在科技领域，建立健全以科研诚信为基础，以创新能力、质量、贡献、绩效为导向的科技人才评价体系。对主要从事基础研究的人才，着重评价其提出和解决重大科学问题的原创能力，成果的科学价值、学术水平和影响等；对主要从事应用研究和技术开发的人才，着重评价其技术创新与集成能力、取得的自主知识产权和重大技术突破、成果转化、对产业发展的实际贡献等；对从事社会公益研究、科技管理服务和实验技术的人才，重在评价考核工作绩效，引导其提高服务水平和技术支持能力。在教育领域，坚持立德树人，把教书育人作为教育人才评价的核心内容。坚持思想政治素质和业务能力双重考察、全面考核和突出重点相结合，注重对师德师风、教育教学、科学研究、社会服务、专业发展的综合评价；坚持分类指导和分层次评价相结合，根据不同类型高校、不同岗位教师的职责特点，分类、分层次、分学科设置评价内容和评价方式；突出教育教学业绩评价，将人才培养中心任务落到实处。适应现代职业教育发展需要，完善职业院校（含技工院校）"双师型"教师评价标准；适应中小学素质教育和课程改革新要求，建立充分体现中小学教师岗位特点的评价标准。在医疗卫生领域，合理确定不同医疗卫生机构、不同专业岗位人才评价重点。对主要从事临床工作的人才，重点考察其临床医疗医技水平、实践操作能力和工作业绩，引入临床病历、诊治方案等作为评价依据；对主要从事科研工作的人才，重点考察其创新能力业绩，突出创新成果的转化应用能力；对主要从事疾病预防控制等的公共卫生人才，重点考察其流行病学调查、传染病疫情和突发公共卫生事件处置、疾病及危害因素监测与评价等能力。建立符合全科医生岗位特点的评价机制，考核其掌握全科医学基本理论知识、常见病多发病诊疗、预防保健和提供基本公共卫生服务的能力，将签约居民数量、接诊量、服务质量、群众满意度作为重要评价因素。

三、改进科技人才评价方式

科学规范的评价方式，才能实现对人才的精准评价。针对当前人才评价主体单一、评价专业性不强、评价手段趋同、非公领域人才评价渠道不畅、评价评估活动过多过繁等突出问题，近两年主要聚焦在 5 个方面对科技人才评价方式进行改革：一是创新多元评价方式。建立以同行评价为基础的业内评价机制，发挥市场、社会等多元主体在基础研究、应用研究、哲学社会科学人才评价中的作用。丰富评价手段，结合不同人才特点，科学灵活采用不同评价办法。二是科学设置人才评价周期。注重过程评价和结果评价、短期评价和长期评价相结合，探索实施聘期评价制度，适当延长基础研究人才、青年人才评价考核周期。三是畅通人才评价渠道。打破户籍、地域、所有制、身份、人事关系等限制，畅通非公有制经济组织、社会组织、新兴职业等领域人才申报评价渠道。四是促进人才评价与项目评审、机构评估有机衔接。完善人才评价、项目评审和机构评估的评价结果共享机制，避免多头、频繁、重复评价人才。通过优化项目评审机制和建立科研机构分类绩效评价制度，对形成科学的人才评价标准和评价机制产生间接影响，同时通过规范项目评审全流程和科研机构管理，减轻科研人员的负担，进一步优化科研生态环境。五是健全社会化市场化人才评价服务体系。为了防止人才评价行政化、"官本位"倾向，要充分发挥政府、市场、专业组织等多元评价主体作用，注重培育发展人才评价社会组织和专业机构，有序承接政府人才评价职能。

四、规范和引导科技人才评价使用

我国科技人才相关的评价多、"帽子"多，部分用人单位将人才评价结果与薪酬待遇、资源分配等物质利益直接挂钩，高校排名、学科评估、项目评审、人才专项遴选等考核评价中也存在数人才"帽子”的简单化做法，部分地区和单位以“帽”取人，按“帽”标价，存在人才流失和无序竞争问题。科技人才评价结果使用导向与培养支持激励人才的初衷产生一定偏差，造成科研人员的攀比、浮躁等不良情绪，对正常的科技创新活动也造成一定影响。中共中央在“三评”改革、分类推进人才评价改革意见、优化科研管理提升科研绩效若干措施等重大改革文件中，都强调了要回归人才荣誉称号学术性、荣誉性本质，推动形成合理的人才评价结果使用导向。一是统筹科技人才计划。在科技人才计划实施过程中，建立人才项目申报查重及处理机制，避免多个类似人才项目同时支持同一人才；各部门、地方应针对不同支持对象，科学设置科技人才计划，优化人才计划结构。二是切断人才荣誉称号与相关利益的直接联系。在科技人才计划评选、科技计划项目评审、科技奖励评选、职称评定、岗位聘用、薪酬待遇确定等过程中，避免将人才荣誉称号及各种人才“帽子”作为前置条件或评定指标，以研究成果质量与研究潜力为核心，将评选标准由聚焦人才身份向聚焦人才能力转变；鼓励人才合理流动，遏制地区之间、单位之间“以帽取人”“按帽标价”引发的恶性“挖人”现象；中西部、东北老工业基地及欠发达地区的科研人员因政策倾斜因素获得的国家级人才称号、人才项目等支持，在支持周期内原则上不得跟随人员向东部、发达地区流转。

五、深化职称制度改革

职称制度是专业技术人才评价和管理的基本制度，对于党和政府团结凝聚专业技术人才，激励专业技术人才职业发展，加强专业技术人才队伍建设具有重要意义。专业技术职务聘任制实行以来，逐渐暴露出一些问题，如制度体系不够健全、评价标准不够科学、评价机制不够完善、用人主体自主权落实不够到位等突出问题，2017 年中共中央办公厅、国务院办公厅印发《关于深化职称制度改革的意见》，提出了一系列针对性的深化改革措施。

（一）健全职称制度体系

在横向上，进一步完善职称框架体系，保持现有职称系列总体稳定。对个别系列进行相应调整，取消不适应经济社会发展的职称系列，整合职业属性相近的职称系列，增设新兴职业领域的职称系列，系列之下可根据专业领域设置调整专业类别，保持职称框架体系的动态稳定性和开放性。在纵向上，补齐层级设置，对现有未设置正高级职称的职称系列均设置到正高级，以拓展专业技术人才职业发展空间。统筹研究规划职称制度和职业资格制度框架，避免交叉设置，减少重复评价，在职称与职业资格密切相关的职业领域建立职称与职业资格对应关系。

（二）完善职称评价标准

把品德放在专业技术人才评价的首位，重点考察专业技术人才的职业道德。以职业属性和岗位需求为基础，分类修订职称评价标准，突出对创新能力的评价。克服“唯论文”倾向，对应用型人才、艰苦边远地区和基层一线工作的专业技术人才等职称评审中，论文不作为限制性条件，探索以专利成果、项目报告、工作总结、工程方案、设计文件、教案、病历等成果形式替代论文要求，或推行代表作制度，淡化论文数量要求。打破“一刀切”限制，对职称外语和计算机应用能力考试不作统一要求，确实需要评价外语和计算机水平的，由用人单位或评审机构自主确定评审条件。

（三）加强职称评价与人才培养使用相结合

坚持以用为本，根据职业属性、单位性质和岗位特点，合理确定评价与聘用的衔接关系。对于全面实行岗位管理、专业技术人才学术技术水平与岗位职责密切相关的事业单位，应采取评聘合一办法，控制在岗位结构比例内；对于不实行岗位管理及通用性强、广泛分布在各社会组织的职称系列和新兴职业，可采用评聘分开方式。

（四）下放职称评审权限

为了解决专业技术人才职称评审中存在的“想用的人评不上，评上的人用不上”问题，此次职称制度改革突出强调了要充分发挥用人主体在职称评审中的主导作用。科学界定、合理下放职称评审权限，人力资源社会保障部门对职称的整体数量、结构进行宏观调控，逐步将高级职称评审权下放到符合条件的市地或社会组织，推动高校、医院、科研院所、大型企业和其他人才智力密集的企事业单位按照管理权限自主开展职称评审。对于开展自主评审的单位，政府不再审批评审结果，改为事后备案管理。

专栏 5-2　完善农业科技人才评价机制

近年来，农业农村部不断提高部系统及全国农业系列职称评审的科学化水平。一是有序下放职称评审权限，保障用人主体自主权。将副高级职称评审权限下放给中国农科院院属研究所，将中初级职称评审和认定权限全部下放至部属各单位，充分保障用人主体在职称评审中的主导作用。二是开展分级分类评审，完善全国农业技术推广研究员评审制度。考虑到不同层次推广人员从事工作不同，分省部、地市、县乡三个级别评审。弱化基层申报人员学历条件，获得基层农业科技人员的普遍认可。下一步，考虑将农业农村技术人员正高级职称评审权限下放到各省，分层级制定相应的评审标准，进一步贯彻落实中央关于落实用人主体自主权的要求。三是实行量化评价，不断提高评审工作科学化水平。在部系统构建了以“学术水平”“业务能力”“业绩贡献”“成果奖励”“论文论著”“单位评价”“答辩情况”等 7 个要素为核心的职称评审量化评价标准体系。提高“业务能力”“业绩贡献”指标权重，改变过去重论文奖项的倾向；把“单位评价”作为一项评审要素，解决科技人员评价与使用脱节问题。此外，为急需紧缺人才开通职称评审绿色通道，畅通编外聘用人员职称评审渠道，把在企业工作期间业绩作为职称评审依据，明确科研人员在企业兼职期间可评聘职称，促进农业科技人才流动。

资料来源：农业农村部人事司提供。

六、深化院士制度改革

院士已经成为我国科学研究的重要力量，在我国科学界和社会上享有崇高的威望。针对院士制度中诟病较多的终身制、官本位、头衔利益化等问题，2013 年党的十八届三中全会提出了改革院士制度的要求，强调要突出学术导向，减少不必要的干预，改进和完善院士遴选机制、学科布局、年龄结构、兼职和待遇，实行院士退休和退出制度。按照党中央对院士制度改革的部署，中科院和工程院近几年不断修订新章程，深入推进院士增选和管理体制改革，稳步推进院士退休退出工作，院士遴选、学术兼职、科学道德管理更加规范，院士称号进一步回归学术性、荣誉性本质。

（一）改进提名方式，完善增选工作机制

取消国务院各部门、各省、自治区、直辖市和有关大型企业等“归口遴选部门”的提名途径，贯彻学术导向，减少行政干预，仅保留院士提名和中国科协提名两条渠道。建立了特别提名机制，对涉及国防、国家安全等重点领域和新兴学科、交叉学科的候选人进行提名。完善增选工作流程，实行全院全体院士大会终选投票，进一步扩大院士增选的民主和共识度，有利于提高当选院士的认可度，也有利于加强对交叉学科候选人的把关。

（二）优化学科布局，提高中青年院士比例

各渠道提名候选人加强对长期工作在工程技术第一线并做出重大成就和贡献的工程科技专家和优秀中青年工程科技专家的提名。被提名人的年龄上限由 70 周岁降低为 65 周岁，遴选更多优秀的中青年科学家加入到院士队伍，改善院士队伍年龄结构。修订外籍院士增选工作程序，增选了一批具有较高国际声望和影响力的外籍院士。

（三）规范院士兼职管理

加强院士兼职管理，要求院士不能充分尽责的职务不要兼任。按公务员管理的院士兼职，应当根据《公务员法》规定履行批准程序，不得领取兼职报酬；担任国有企业负责人的院士兼职，按照国家对国有企业负责人薪酬管理有关规定，不得兼职取薪；军队院士兼职，按军队有关规定执行。规定院士只能以“教授”“研究员”“高级工程师”“所长”“主任”等职称或职务名义兼职，不接受所谓“双聘院士”等类似称谓。

（四）健全院士退出机制，推进院士退休工作

修订院士章程，建立院士主动放弃院士称号、劝退和撤销院士称号等三类退出机制，修订《院士违背科学道德行为处理办法》，规范对违反党纪政纪院士的处理。根据党中央和国务院要求，稳步推进院士退休工作，鼓励退休院士以适当形式继续在战略咨询、人才培养和科技创新等工作中发挥积极作用。

七、深化科技奖励制度改革

党的十八大以来，根据党中央、国务院对科技体制改革的部署和要求，以“提高质量、减少数量、优化结构、规范程序”为重点深入推进科技奖励制度改革。2017 年国务院办公厅印发了《关于深化科技奖励制度改革方案的通知》（国办函〔2017〕55 号），强化奖励的荣誉性和对人的激励，国家科学技术奖的学术性、公信力、荣誉性得到进一步彰显。

（一）完善推荐制度，强化奖励导向

实行提名制，改革由行政部门下达推荐指标、科技人员申请报奖、推荐单位筛选推荐的方式，实行由专家学者、组织机构、相关部门提名的制度；放开外籍人员申报奖项，三大奖奖励对象由“公民”改为“个人”，推动实现外籍人士平等参与国家科学技术奖励评选活动；突出对创新团队和青年科技人才的激励，2012 年在科学技术进步奖中试点设立创新团队奖励，每年奖励不超过 3 个团队，2013 年自然科学奖首次为 40 岁以下的青年科学家设立专门推荐渠道，不受推荐指标限制；加强科技成果的时间沉淀和实践检验，在所有项目必须应用 3 年以上方可推荐的基础上，列入国家计划的项目从 2012 年起还要求整体验收 2 年后方可推荐，杜绝中间成果评奖，同一成果不得重复报奖；加大获奖人再次报奖的时间间隔，所有获奖的完成人被推荐参评必须间隔 2 年以上。

（二）定标定额评审，完善以科技创新质量、贡献为导向的分类评价体系

实行分类评价、定标评审，自然科学奖围绕原创性、公认度和科学价值，技术发明奖围绕首创性、先进性和技术价值，科技进步奖围绕创新性、应用效益和经济社会价值，三大奖的一、二等奖项目实行按等级标准提名、独立评审表决机制，一等奖评审落选项目不再降格参评二等奖；实行质量评价、定额评审，减少奖励数量，三大奖总数由不超过 400 项减少到不超过 300 项，优化奖励结构，改进各领域奖励指标与受理数量按既定比例挂钩的做法，注重质量评价，自然科学奖提交论文专著数量由不超过 20 篇减少为不超过 8 篇；实行同行评议、视频答辩，从 2012 年开始试行并推广小同行专家审读评议，最高奖增设学术咨询环节，对所有通过初评的技术发明奖和科技进步奖项目均进行行业咨询，从 2013 年开始国家科技奖通用项目初评和评审全部实行网络视频答辩。

（三）健全科技奖诚信制度，加大违纪惩处

全程监督科技奖励活动，完善异议处理制度，明确提名者、被提名者、评审专家、组织者等各奖励活动主体的纪律要求，建立科技奖励诚信档案，严惩学术不端行为。

第二节　科技人才创新创业激励政策

科技人才创新创业激励政策旨在激发科技人才创新创业的内驱力，释放科技人才活力。目的是通过保障和增加科技人才收入及营造创新创业良好环境，激发科技人才创新创业积极性主动性。涉及的内容包括工资制度、科技计划经费管理、科技成果转化机制、创新创业保障和公共服务等。

党的十八大以来，深入推进工资制度改革，从实行三元结构工资制到系统设计以知识价值为导向的收入分配制度，明确分配导向，完善科技人才成果转化和创新创业激励制度，让科研人员“名利双收”。近两年，国务院及各部门出台相应政策文件，以增加知识价值为导向的分配政策和推动创新创业高质量发展为主线，通过提高事业单位基本工资保障水平，加大绩效工资分配激励力度，落实科技成果转化奖励等激励措施，扩大科研机构、高校收入分配自主权，支持科技人才与企业合作、兼职和离岗创业、提升创新创业质量等措施更彻底地扩大自主“权”、放“钱”和激发创业动力，使科研人员收入与岗位职责、工作业绩、实际贡献紧密联系。

一、优化基于岗位设置的工资制度

中国科技人才的工资制度经过了 4 次大的改革，从单一结构工资制、结构工资制、专业技术职务工资制到三元结构工资制，在以知识价值为导向的收入分配政策的指导下，三元结构工资制度朝着绩效工资的方向深入推进，强调将科研人员收入与业绩和贡献挂钩。中央层面进一步出台关于提高薪酬待遇、保障工资稳定来源、加大科研项目激励的相关政策。相关部门积极推动落实，从岗位设置、薪酬管理、绩效工资制度设计等方面着力改革完善体现人才价值、鼓励创新的工资收入分配政策。

（一）结合岗位设置完善工资制度

事业单位实施绩效工资工作向纵深推进，绩效工资分配向关键岗位、业务骨干和做出突出成绩的人才倾斜。人力资源社会保障部推动研究制定完善事业单位高层次人才收入分配激励政策，积极调动高层次人才创新创业积极性。

高校方面，《中共教育部党组关于加快直属高校高层次人才发展的指导意见》（教党〔2017〕40 号），鼓励高校实行高层次人才协议工资制、项目工资制等绩效工资分配方式，并统筹考虑引进高层次人才与现有高层次人才工资待遇。有关高校积极推进，北京航空航天大学建立了准聘长聘机制，构建了教研、研究和教学系列的岗位，并建立相应的薪酬体系；北京理工大学全面实施“预聘—长聘—专聘”制度，以竞争、流动为核心，设置了具有竞争力的薪酬制度。

科研院所方面，中科院先后印发了《中国科学院岗位管理实施办法》《中国科学院人事局关于实施高层次人才协议薪酬的意见》等指导性文件，下放岗位管理权限，进一步扩大研究所薪酬分配自主权。各单位可自主确定不同类型人才的工资构成及比例，自主确定不同类型人才的薪酬分配方式。对于急需紧缺、承担国家重大科研任务的高层次人才，可实行协议薪酬制。

（二）针对基础研究开展稳定经费保障

中共中央办公厅、国务院办公厅 2016 年印发的《关于实行以增加知识价值为导向分配政策的若干意见》提出分类施策的原则，对从事基础性研究、农业和社会公益研究等研发周期较长的人员，收入分配实行分类调节，通过优化工资结构，稳步提高基本工资收入，加大对重大科技创新成果的绩效奖励力度，使科研人员能够潜心研究。

中央层面部署开展科研机构分类支持试点，加大对基础研究稳定支持，《国务院关于优化科研管理提升科研绩效若干措施的通知》（国发〔2018〕25 号）提出实施差别化的经费保障机制，对基础前沿研究类机构，加大经常性经费等稳定支持力度，适当提高人员经费补助标准，保障合理的薪酬待遇，使科研人员潜心长期从事基础研究。

（三）增强科研项目资金的激励引导作用

科研人员有更大技术路线决策权。科研项目申报期间，以科研人员提出的技术路线为主进行论证。科研项目实施期间，科研人员可以在研究方向不变、不降低申报指标的前提下自主调整研究方案和技术路线，报项目管理专业机构备案。科研项目负责人可以根据项目需要，按规定自主组建科研团队，并结合项目实施进展情况进行相应调整。

加大对承担国家关键领域核心技术攻关任务科研人员的薪酬激励。对全时全职承担任务的团队负责人（领衔科学家 / 首席科学家、技术总师、型号总师、总指挥、总负责人等）及引进的高端人才，实行一项一策、清单式管理和年薪制。单位从国家关键领域核心技术攻关任务项目间接费用中提取的绩效支出，应向承担任务的中青年科研骨干倾斜。

发挥科研项目经费的激励引导作用，开展试点加大激励力度。允许试点单位从基本科研业务费、中科院战略性先导科技专项经费等稳定支持科研经费中提取不超过 20% 作为奖励经费。对试验设备依赖程度低和实验材料耗费少的智力密集型项目，提高间接经费比例，500 万元以下的部分为不超过 30%，500 万～1000 万元的部分为不超过 25%，1000 万元以上的部分为不超过 20%。对纯理论基础研究项目，可进一步根据实际情况适当调整间接经费比例。间接经费的使用应向创新绩效突出的团队和个人倾斜。

二、完善科技成果转化激励政策

当前科技成果转化激励政策改革的重点是在“三部曲”基础上，完善体系建设，加强顶层设计和系统构建；围绕成果处置权、成果所有权等改革难点问题，纵深推进有关改革试验；加大科技人才成果转化激励力度，改革相关税制，增强科研人员获得感；促进科技成果转化队伍建设，提供人才支持。

（一）科技成果转移转化体系建设取得重大突破

针对科技成果向现实生产力转化不畅，根本在于技术转移和成果转化的体系不健全的问题，国务院印发《国家技术转移体系建设方案》（国发〔2017〕44号），作为深化科技体制改革，提升国家创新体系整体效能的重要抓手。方案首次描绘了我国技术转移体系建设的蓝图，是统筹指导国家技术转移体系建设全局的行动指南，是对推进科技成果转移转化“三部曲”向纵深发展的体系化部署。方案从3个方面对国家技术转移体系进行系统布局：一是优化国家技术转移体系基础架构，构建技术转移体系的“四梁八柱”；二是拓宽技术转移通道，放大技术转移体系的辐射和扩散功能；三是完善政策环境和支撑保障，保障体系高效运行。

方案针对技术性的国有资产的处置、科技人员成果转化的奖励等问题，提出了改革突破的方向。健全国有技术类无形资产管理制度，统筹研究科技成果转化奖励收入有关税收政策等。针对技术转移过程中高校、科研院所等单位领导履行成果定价决策职责、科技管理人员履行项目立项与管理职责等，健全激励机制和容错纠错机制。

高校、农业、卫生计生、国土资源等重点行业及中国科学院系统，以及各地方在成果转化“三部曲”后跟进了一批具体落实措施，推动科技成果转化制度体系建设。2016年，向社会公开发布推广521个科技成果包，设立了3个国家科技成果转移转化示范区，支持全国设立各类技术交易市场超过1000家。中央财政设立科技成果转化引导基金、新兴产业创业投资引导基金、中小企业发展基金，加大对科技成果转化和科技创业支持，其中设立2批9支科技成果转化引导基金，总规模达173亿元。

（二）科技成果转移转化试点内容和范围不断扩大

开展科研人员职务科技成果所有权或长期使用权试点。《国务院关于优化科研管理提升科研绩效若干措施的通知》（国发〔2018〕25号）提出，分类开展赋予科研人员职务科技成果所有权或长期使用权试点。对于接受企业、其他社会组织委托项目形成的职务科技成果，由合同约定；合同未约定的，职务科技成果由项目承担单位自主处置，允许赋予科研人员所有权或长期使用权。对利用财政资金形成的职务科技成果，在不影响国家安全、国家利益、社会公共利益的前提下，探索赋予科研人员所有权或长期使用权。

扩大成果处置权收益权改革试点范围。《关于支持中央单位深入参与所在区域全面创新改革试验的通知》（发改办高技〔2018〕29号）在已有试点范围内，进一步扩大至中央部门所属高等学校和科研院所，要求深化和落实科技成果使用权、处置权和收益权改革。中央单位的科技成果在境内使用、转让、许可或作价投资，除涉及国家秘密和国家安全外，可不在主管部门和财政部审批或备案，转化收入不上缴国库，纳入单位统一预算。

专栏 5–3　农业种业科研成果权益改革试点取得突出成效

原农业部在连续两年开展种业人才发展和科研成果权益改革试点的基础上，于 2016 年 7 月联合科技部等四部委在全国推开，通过依法赋权、分类管理、阳光运作、统筹兼顾，实施股权激励、提高收益分配比例、兑现成果转化现金收益等方式，让科研人员创新热情更高、信心更足、成果更多，被誉为种业领域的“小岗村”实践。

科研人员创新积极性明显提高。2014—2018 年，122 家试点单位确权的种业成果达 5000 多件，比试点前增加了 50% 以上。其中，植物新品种确权 800 多件，是试点前的 1.2 倍。

成果转化效果突出。国家种业成果公开交易平台建立后，完成各类交易 200 多项，交易额约 3.3 亿元。截至 2018 年 5 月，试点单位成果交易已近 1400 件、交易额达 10 亿元，分别是试点前的 1.6 倍和 1.8 倍。例如，中国农业大学、南京农业大学等试点单位积极将重大突破性成果作价入股到企业，有力地推动了科技成果转化。

科企人才和技术合作明显增强。试点单位到企业兼职的科研人员达 700 多人，辞职到种子企业的有 30 多人，一大批科研人员成为企业的科研领军人才。同时，国外高层次人才引进步伐也在加快，提升了我国分子育种水平。

企业竞争力显著提高。种子企业已成为市场主体，净资产 1 亿元以上的种子企业比 2013 年前增长了 1 倍。目前，我国种子企业科研人员比重大幅增加，骨干企业年研发投入达到了销售额的 7.2%。同时，农作物品种自主能力大幅提高，自主选育品种占比面积达 95% 以上，占绝对主导地位。

资料来源：农业农村部提供素材、《经济日报》。

扩大国有科技型企业股权和分红激励实施范围。2018 年 10 月，财政部、科技部、国资委发布《关于扩大国有科技型企业股权和分红激励暂行办法实施范围等有关事项的通知》（财资〔2018〕54 号），将国有科技型中小企业、国有控股上市公司所出资的各级未上市科技子企业、转制院所企业投资的科技企业纳入激励实施范围。对于国家认定的高新技术企业不再设定研发费用和研发人员指标条件。

（三）科技成果转化激励力度不断加大

加大高校、科研院所和国有企业科研人员科技成果转化股权激励力度。《国务院关于优化科研管理提升科研绩效若干措施的通知》（国发〔2018〕25 号）规定，科研人员获得的职务科技成果转化现金奖励计入当年本单位绩效工资总量，但不受总量限制，不纳入总量基数。

调整成果转化奖励中个人所得税。财政部、税务总局、科技部联合发布《关于科技人员取得职务科技成果转化现金奖励有关个人所得税政策的通知》（财税〔2018〕58号），依法批准设立的非营利性研究开发机构和高校从职务科技成果转化收入中给予科技人员的现金奖励，可减按50%计入科技人员当月“工资、薪金所得”，依法缴纳个人所得税，保障科研人员成果转化收益。

推动中央单位制定并实施科技成果转化收益分配具体实施办法。《关于支持中央单位深入参与所在区域全面创新改革试验的通知》（发改办高技〔2018〕29号）要求，中央所属高校院所及中央企业所属单位，要按照国家有关法律法规的要求，通过与职务发明人（团队）事先协商的方式，确定转化收益分配的方式、数额和比例，适度提高骨干团队和主要发明人的收益比例。

专栏5-4　国资委推动国有企业探索加大人员激励措施

搭建了中央科技型企业实施中长期激励的政策体系。进一步激发广大技术和管理人员的积极性和创造性，促进国有科技型企业健康可持续发展，国资委会同财政部、科技部联合印发了《国有科技型企业股权和分红激励暂行办法》（财资〔2016〕4号），并先后出台了《关于做好中央科技型企业股权和分红激励工作的通知》（国资发分配〔2016〕274号）和《中央科技型企业实施分红激励工作指引》（国资厅发〔2017〕47号），搭建了中央科技型企业实施中长期激励的政策体系，积极指导企业科学制定和规范实施科技型企业中长期激励方案。截至2017年，中央企业所属29户科技型子企业的34个激励方案已通过企业集团审批并进入实施阶段，有效激发了企业自主创新活力，科技人才获得感有效增强。同时，还稳妥推进中央企业规范实施上市公司股权激励，指导企业加大上市公司股权激励工作力度。2017年，共有16户中央企业控股上市公司实施了股权激励，灵活高效的市场化经营机制加快形成。

进行员工持股试点工作。制定印发了《关于国有控股混合所有制企业开展员工持股试点的意见》（国资发改革〔2016〕133号）。对试点企业条件、企业员工入股、企业员工股权管理、试点工作实施等进行了规定，着力建立健全激励约束长效机制，明确在关键岗位工作并对公司经营业绩和持续发展有直接或较大影响的科研人员、经营管理人员和业务骨干可以自愿入股，与企业共享改革发展成果，共担市场竞争风险。目前，已经确定在10家中央企业子企业开展员工持股试点。

资料来源：国资委提供。

（四）科技成果转移转化队伍建设进一步加强

技术转移人才队伍建设是推动科技成果转化工作中的重要一环。《国务院关于印发国家技术转移体系建设方案的通知》（国发〔2017〕44号）、《国务院关于推动创新创业高质量发展　打造“双创”升级版的意见》（国发〔2018〕32号）等明确提出要发展壮大专业化的技术转移人才队伍，更好发挥技术转移对提升科技创新能力、促进经济社会发展的重要作用。

完善多层次的技术转移人才发展机制。从设置专职创新型岗位、打通职称晋升通道、实行绩效工资分配、加大市场收益等方面吸引和鼓励在职及退休科研人员从事技术转移工作。鼓励有条件的地方按技术合同实际成交额的一定比例对技术转移服务机构、技术合同登记机构和技术经纪人（技术经理人）给予奖补。

加强技术转移人才培养。吸引海外人才和团队，设立技术转移相关学科或专业，创新联合培养机制，并将其高层次人才纳入国家和地方高层次人才特殊支持计划。科技部积极落实国务院要求，相继印发了《国家科技成果转移转化示范区建设指引》（国科发创〔2017〕304 号）、《关于技术市场发展的若干意见》（国科发创〔2018〕48 号），提出要依托国家技术转移区域中心建设技术转移人才培养基地，以市场化方式设立技术转移学院，联合国内外机构推动成立人才行业组织。组织开展技术转移示范机构主任培训，以及投融资、知识产权、技术商业化、国际技术转移等各类主题的业务培训，目前已培养技术转移专业人员 2 万多人次。

三、深化鼓励创新创业政策

在“大众创业、万众创新”政策的推动下，科技人才创新创业实现了“从局部到整体”“从现象到机制”的跨越。针对创新创业生态不够完善、创新创业部分政策落实不到位的问题，中央层面在《国务院关于强化实施创新驱动发展战略进一步推进大众创业万众创新深入发展的意见》（国发〔2017〕37 号）的基础上，发布了《国务院关于推动创新创业高质量发展　打造“双创”升级版的意见》（国发〔2018〕32 号），对“双创”政策进行细化和升级。着重明确科技人才创新创业细则，打通政策落实的“最后一公里”；升级各类创新创业平台服务水平，鼓励模式创新；推动政府“放管服”改革，优化营商环境。

（一）专业技术人员创新创业政策进一步细化

《国务院关于推动创新创业高质量发展　打造“双创”升级版的意见》（国发〔2018〕32 号）对科教类事业单位实施差异化分类指导，出台鼓励和支持科研人员离岗创业实施细则。健全科研人员评价机制，将科研人员参与创业项目的情况作为职称评审、岗位竞聘、绩效考核、收入分配、续签合同等的重要依据。建立完善科研人员校企、院企共建双聘机制。鼓励科研人员面向企业开展技术开发、技术咨询、技术服务、技术培训等，促进科技创新与创业深度融合。

人力资源社会保障部落实以知识价值为导向的收入分配政策的有关内容，出台《关于支持和鼓励事业单位专业技术人员创新创业的指导意见》（人社部规〔2017〕4 号），进一步明确了相关待遇和保障措施。主要包括：

突出人才评价激励导向。专业技术人员在企业挂职或参与合作期间，仍享有参加职称评审、项目申报、岗位竞聘、培训、考核、奖励等方面的权利，对于业绩突出者在岗位竞聘时给予倾斜。专业技术人员在兼职和在岗创业的成绩应该作为职称评审、岗位竞聘、考核等的重要依据。离岗创业取得的业绩、成果可以作为职称评审的重要依据，业绩突出者，年度考核可评定为优秀，并不占用单位比例。

完善岗位、社保等人事管理内容。指导意见要求事业单位要做好专业技术人员岗位管理工作，参与方都要签订相应合同。事业单位对离岗创业人员离岗期间空出来的岗位可根据工作需要，用于聘用急需人才，离岗创业人员返回后，可暂时突破岗位总量聘用并逐步消化。专业技术人员离岗创业在3年保留身份期间，可提前返岗；但逾期无正当理由不返岗，可终止人事关系。对于专业技术人员提出的解聘要求，单位要积极配合。离岗创业人员继续在原单位参加社会保险、工资、医疗等待遇和办理退休手续，在所在企业缴纳工伤保险。

（二）各类创新创业平台建设进一步升级

各类创新基地和平台日益成为促进创新创业的重要载体，孵化器、众创空间、产业创新中心、新型科研机构等各类创新创业平台聚焦关键共性技术、企业创新难题、产学研合作、人才培养使用等重点，不断整合创新资源、释放人才活力。

提升孵化机构和众创空间服务水平。《国务院关于推动创新创业高质量发展　打造“双创”升级版的意见》（国发〔2018〕32号）提出，建立众创空间质量管理、优胜劣汰的健康发展机制，引导众创空间向专业化、精细化方向升级，鼓励具备一定科研基础的市场主体建立专业化众创空间。推动中央企业、科研院所、高校和相关公共服务机构建设具有独立法人资格的孵化机构。研究支持符合条件的孵化机构享受高新技术企业相关人才激励政策，落实孵化机构税收优惠政策。

鼓励创新众创、众包、众扶、众筹新模式。《国务院关于强化实施创新驱动发展战略进一步推进大众创业万众创新深入发展的意见》（国发〔2017〕37号）引导众创空间向专业化、精细化方向升级，支持建设优势细分领域的平台型众创空间。建设众创、众包、众扶、众筹支撑平台，鼓励科研人员与创业者开展合作和互动，通过众创空间集群思、汇众智、解难题。通过众包共议方式，面向企业和社会创新的难点，举办各种形式的创新挑战赛，凝练和解决科学问题。

着力加强各类创新创业平台建设。《国务院关于强化实施创新驱动发展战略进一步推进大众创业万众创新深入发展的意见》（国发〔2017〕37号）提出，在战略性领域布局依托企业、联合高校和科研院所建设若干产业创新中心或协同创新平台，整合利用现有创新资源形成充满活力的创新网络。科技部印发《国家技术创新中心建设工作指引》（国科发创〔2017〕353号），提出在若干重点领域建设一批国家技术创新中心，攻克转化产业前沿和共性关键技术，在全球范围内吸纳集聚顶尖科研人员和优秀企业家。

各类创新创业的平台支撑能力不断提升。2018 年我国 120 家双创示范基地加速建设，众创空间数量已经达到 5500 多家，科技企业孵化器超过了 4000 家，中央企业搭建的创新创业平台达到 970 多个，创业投资机构超过 3500 多家，资金管理的规模接近 2 万亿元，中国已经成为世界第二大创业投资市场。

（三）创新创业环境进一步优化

为企业家健康成长营造环境。中共中央、国务院印发了《关于营造企业家健康成长环境弘扬优秀企业家精神更好发挥企业家作用的意见》（中发〔2017〕25 号），从法治环境、市场环境、社会氛围等方面，提出了“三个营造”措施，使企业家安心经营、放心投资。要保护各种所有制的经济产权、企业知识产权、企业自主经营权；落实公平竞争审查制度，营造促进企业家公平竞争诚信经营的市场环境；构建“亲”“清”新型政商关系，加强服务意识，尊重和激励企业家干事创业。

进一步升级“双创”环境。国务院《关于推动创新创业高质量发展 打造“双创”升级版的意见》（国发〔2018〕32 号）提出要进一步提升企业开办的便利度，推动公共资源的开放，建立完善对新业态、新模式的高效监管机制，加快建立全国一体化的政府服务平台，完善适应新业态、新就业形态的用工和社会保险制度等。要加快落实重点群体创业、小微企业等税收优惠政策，鼓励企业加大研发投入，进一步加大政府对创新创业产品和服务的采购力度，加快推进首台（套）重大技术装备示范应用。

支持民营企业成长。科技部、全国工商联贯彻落实中央要求，联合发布《关于推动民营企业创新发展的指导意见》，从培养、使用、合作等方面坚持人才项目多要素协同一体化推进民营企业发展。依托各地科技领军人才创新驱动中心，为民营企业转型升级提供技术咨询等智力支持。将培养企业家队伍与实施国家重大科技战略同步谋划、同步推进。建设全国科技创新创业人才联盟，促进民营企业创新创业人才跨界交流、合作、互助。

第三节 科技人才流动与服务保障政策

科技人才流动与服务保障政策旨在破除人才流动障碍，打破户籍、地域、身份、学历、人事关系等制约，实现人才资源合理流动、有效配置。改革开放以来，在国家宏观政策发挥人才流动调控作用的同时，逐步将市场配置资源的作用纳入科技人才流动政策中，已经实现从统包统配的计划分配向市场化配置人才资源的根本性转变。

党的十八大以来，国家出台多项科技人才流动与服务保障政策，健全人才顺畅流动机制，破除人才流动障碍，促进人才资源合理流动、有效配置。尤其是近两年，进一步畅通高校、科研院所与企业之间人才流动渠道，促进人才在不同地区间有序自由流动，鼓励引导人才向“三区一线”流动。各地积极出台相关政策，例如，上海建立学校、企业、社会融合的人才流动“旋转门”机制，天津“组合拳”助推京津冀人才加速流动，贵州引导对基层一线人才的待遇、职称、成长等方面实行政策倾斜，甘肃张掖鼓励优秀人才到基层建科研工作站等，推动了地方人才的使用与交流。

一、畅通科技人才流动渠道

尊重市场经济规律，加快完善建设统一规范、竞争有序的人力资源市场体系，充分发挥市场在人才资源配置中的决定性作用。畅通高校、科研院所与企业之间人才流动渠道，鼓励校企合作、人才共享。

（一）推动形成统一规范的人力资源市场体系，建立人力资源流动配置机制

市场是人才实现流动的主渠道，要加快建立统一开放、竞争有序的人力资源市场体系，健全人力资源市场法规体系，统一人力资源市场管理制度，进一步消除人才流动法规制度障碍。2018 年 6 月，国务院公布《人力资源市场暂行条例》（国令第 700 号），着力解决市场体系统一性、市场要素流动性、市场运行规范性、市场主体公平性和市场监管 5 个方面的问题，明确提出国家要建立政府宏观调控、市场公平竞争、单位自主用人、个人自主择业、人力资源服务机构诚信服务的人力资源流动配置机制。推进人力资源市场领域的“放管服”改革。最大限度减少人力资源服务的行政许可，行政许可事项三合一。规范人力资源市场活动，促进市场主体诚信守法，实施信用分类监管。

（二）畅通“引企入教”渠道，鼓励高校、科研院所与企业人才共享

企业、高校和科研院所是科技人才的主要聚集地，“企教结合”既能将技术融入理论教学，又有助于科技成果转化落地，实现经济效益。科技人才在企业、高校和科研院所之间的交流、合作和流动日益频繁，打破人才身份、单位、部门和所有制限制，营造开放的用人环境，更利于科技人才发挥所长。

《国务院办公厅关于深化产教融合的若干意见》（国办发〔2017〕95 号）中明确指出，支持引导企业深度参与职业学校、高等学校教育教学改革，多种方式参与学校专业规划、教材开发、教学设计、课程设置，促进企业需求融入人才培养。鼓励企业以独资、合资、合作等方式依法参与举办职业教育、高等教育。坚持准入条件透明化、审批范围最小化，细化标准、简化流程、优化服务，改进办学准入条件和审批环节。

《中共教育部党组关于加快直属高校高层次人才发展的指导意见》（教党〔2017〕40 号）鼓励高校在与科研机构、企业签署人才流动共享协议的基础上，通过协同创新、建立联合实验室、联合开展重大科研攻关等方式，实现人才资源优势互补。教学科研人员在学校同意的前提下，按规范的制度和程序到科研机构、企业兼职。高校可根据实际需要设立一定比例的流动岗位，吸纳企业、科研机构、行业部门和其他组织优秀人才到学校兼职。

二、引导区域间科技人才合理流动

合理引导人才服务国家重大发展战略、振兴地方经济、缩小城乡区域发展和收入分配差距，促进人才在不同地区间有序自由流动，鼓励引导人才向边远贫困地区、边疆民族地区、革命老区和基层一线流动，开展人才对口交流支援，深化区域人才交流开发合作。

（一）服务国家重大发展战略，鼓励高层次人才向中西部和东北地区流动

《教育部办公厅关于坚持正确导向促进高校高层次人才合理有序流动的通知》（教人厅〔2017〕1号）指出，高校高层次人才流动要服从服务于立德树人根本任务和高等教育改革发展稳定大局，服从服务于西部大开发、东北老工业基地振兴和“一带一路”等国家重大发展战略。人才竞争要有国际眼光，突出“高精尖缺”导向，注重引进海外高层次人才。“长江学者奖励计划”继续加大对引进海外高层次人才和西部、东北地区高校高层次人才发展倾斜力度。不鼓励东部高校从中西部、东北地区高校引进人才。高校之间不得片面依赖高薪酬高待遇竞价抢挖人才，不得简单以“学术头衔”“人才头衔”确定薪酬待遇、配置学术资源。

《中共教育部党组关于加快直属高校高层次人才发展的指导意见》中也提出，鼓励高层次人才向中西部和东北地区高校流动，不鼓励东部地区高校从中西部、东北地区高校引进人才，支持东部地区高校向中西部、东北地区高校输出人才，帮助中西部和东北地区“输血”“造血”。坚持正确的人才流动导向，在薪酬、职务、职称晋升等方面采取倾斜政策，引导高层次人才向中西部和东北地区高校流动。

（二）引导鼓励人才向“三区一线”流动，实现乡村振兴、打赢脱贫攻坚战

聚焦实施乡村振兴战略和打赢脱贫攻坚战的基层人才需求，大力实施边远贫困地区、边疆民族地区和革命老区人才支持计划、贫困地区本土人才培养计划。建立城乡、区域、校地之间人才培养合作与交流机制，鼓励城市专业人才参与乡村振兴。探索建立乡村振兴专业化人才终身培训机制，进一步做好艰苦边远地区基层公务员考试录用和县乡事业单位公开招聘工作。加大基层人才待遇保障力度，定期调整艰苦边远地区津贴标准，提高列入艰苦边远地区津贴实施范围的贫困地区机关事业单位工作人员工资收入水平。落实乡镇机关事业单位工作人员乡镇工作补贴。对艰苦边远地区和基层一线工作的农村专业人才，落实相关职称评审优惠政策，加大年功激励的权重，专业技术人员连续在基层一线工作一定年限后，可直接评聘高一级职称。实施高校毕业生基层成长计划，加快建立“下得去、留得住、干得好、流得动”的长效机制。组织实施大学生村干部、农村教师特岗计划、“三扶一支”计划、志愿服务西部计划和农技特岗计划等基层服务项目，引导更多高校毕业生服务基层。引导科技人员服务老区，推进科技特派员服务“三区”。面向社会公开招募一批优秀退休校长、教研员、特级教师、高级教师等到农村义务教育学校讲学。

（三）开展人才对口交流支援，深化区域人才交流开发合作

开展东西部干部人才交流活动，持续选派优秀干部特别是后备干部援藏援疆援青，到扶贫攻坚的重点县、老少边穷的艰苦地区去工作，进一步优化援藏援疆援青干部结构，采取双向挂职、两地培训、“团队式”支援等方式，着力加大教育、医疗卫生、科技、工程、文化、社会工作、管理等领域的干部人才支持力度。

建立协调衔接的区域人才流动政策体系，消除地区户籍管理、就业创业、社保转移接续、工资福利等涉及人才流动的政策性壁垒。建立完善与区域协调发展战略相配套的区域交流合作机制，加快京津冀、长江经济带、泛珠江三角洲、环渤海、粤港澳等区域人才开发一体化进程。根据国家主体功能区布局，引导各类人才合理流动，防止不正当竞争和无序竞争。创新区域人才交流开发合作载体，鼓励各种合作组织发展，开展政府、人才公共服务机构、人力资源服务企业等不同层次的区域人才交流开发合作，促进区域人才交流开发合作与项目、资金、技术有效结合。构建区域人才交流开发合作信息网络平台，实现人才招聘信息、就业信息、薪酬信息、政策信息、培训信息等各类信息资源的互联互通。

三、加快科技人才流动服务保障体系建设

坚持党管人才原则，建立健全党组成员服务专家制度，精准施策服务专家。推进人才流动公共服务便民化，加快发展人力资源服务业。进一步打破户籍、地域、身份、学历、人事关系等制约，促进人才资源合理流动、有效配置。

（一）建立健全党委联系服务专家工作机制，做实做活做细联系服务工作

坚持党管人才原则，加强对专家的政治引领和政治吸纳，做到政治上充分信任、思想上主动引导、工作上创造条件、生活上关心照顾，推进党委联系服务专家工作制度化、科学化、常态化，最大限度地把各方面人才凝聚到党和国家事业中来，聚天下英才而用之。

2017 年 5 月，中共中央办公厅印发了《关于进一步加强党委联系服务专家工作的意见》，指出专家是党和国家的宝贵财富，是党执政兴国的重要依靠力量。推进党委联系服务专家工作制度化、科学化、常态化，从党和国家事业发展全局出发，根据本地区本行业实际，分层分类确定联系服务专家对象。要开展专家国情研修，支持专家干事创业，对重点专家重点联系，精准施策、特殊支持。把专家咨询作为科学决策、民主决策、依法决策的重要方式之一。支持专家积极参与中国特色新型智库建设。定期组织专家体检、休假、疗养，为他们提供良好医疗保健服务。对做出突出贡献的专家和团队授予荣誉称号，予以表彰奖励。

（二）推进人才流动公共服务便民化，加快发展人力资源服务业

深入推进政府所属人才服务机构管理体制改革，加强人才流动公共服务的顶层设计和统筹规划，

健全流动人员人事档案、社会保险经办、企业用工备案、劳动人事争议调解仲裁、就业创业等公共服务平台。加大流动人员人事档案公共服务经费保障力度，所需经费纳入同级财政预算，为流动人员提供免费基本公共服务。加大对流动人员人事档案库房、服务场所和信息系统等基础设施的投入，保障相关工作正常开展。完善人才流动公共服务国家标准，强化公共服务产品的标准化管理。加强人才流动公共服务信息化建设，提升“互联网 + 政务服务”水平，推动线下服务向线上服务转移。简化优化人才流动公共流程，全面推行人才流动公共服务“马上办、网上办、就近办、一次办”。持续开展“减证便民”行动，减少盖章、审核、备案、确认、告知等各种烦琐环节和手续。优化服务窗口设置，完善“前台综合受理、后台分类办理、综合窗口出件”工作模式。切实加强人才流动公共服务行风建设，不断提升服务水平和效率。

根据新时代人力资源服务业发展的新特点，完善促进行业发展政策体系，实施人力资源服务业发展行动计划，加强人力资源服务产业园建设，促进人力资源服务业集聚发展，推动在人力资本服务等领域培育新增长点、形成新动能。充分发挥人力资源服务业在促进就业创业、优化人才配置中的作用，为个人求职和用人单位招聘及人才流动提供优质高效服务。

（三）完善国家基本公共服务制度，健全人才顺畅流动政策保障

加快推进户籍制度改革，充分发挥户籍政策在人才引进集聚中的作用，在特大城市探索完善居住证积分、居住证转办户籍、直接落户的人才引进政策体系，进一步放宽大中城市落户条件，全面放开建制镇和小城市落户限制，简化优化落户审批流程，为人才引进提供便利化服务。加快推进人事制度改革，破除身份、资历等妨碍人才顺畅流动的体制机制弊端，清除国有部门人员录用、招用、聘用、选拔和调动中有关身份的各种限制，打破干部与工人的界限，促进人才流动管理方式从身份管理转为岗位管理。加快推进机关和事业单位社会保障制度改革，落实机关事业单位与企业之间社会保险关系转移接续办法，为人才在不同地区、不同所有制单位、不同行业之间流动提供可靠保障。加快健全国家基本公共服务制度，坚持普惠性、保基本、均等化、可持续，增强教育、就业创业、社会保险、医疗卫生、社会服务、住房保障、文化体育等公共服务整体供给能力，为人才在城乡、区域之间流动提供良好环境。

第四节　科技人才国际化政策

科技人才国际化是一个国家积极参与全球科技合作与交流、共同应对国际科技问题与挑战，并有效利用全球科技资源、加速提升自身创新能力的过程。党的十八大以来，中国实施更加积极开放的人才政策，推动科研人员走向国际化，推进国际合作研究，扩大人才开放，充分开发国内国际人才资源，主动参与国际人才竞争，不唯地域引进人才，不求所有开发人才，不拘一格用好人才。近两年来，科技人才国际化政策进一步完善，人才引进政策更加开放、对外交流与合作更加便捷、引才服务保障工作更加完善。

一、更加积极开放的人才引进政策

近年来，我国积极破解留学生回国创业难等问题，探索为外国人才来华工作、出入境、居留、永久居留等提供便利，让国际人才“来得了、待得住、用得好、流得动”。

（一）简化外国人来华申请材料，对急需紧缺人才实行“绿色通道”，全面实施外国人来华工作许可制度

为了建立统一、权威、高效的外国人才管理体制，使高端外国人才来华工作、创新创业享受更多便利，实现外国人在中国工作统一管理，国家外专局、人力资源社会保障部、外交部、公安部联合印发《关于全面实施外国人来华工作许可制度的通知》（外专发〔2017〕40 号），2017 年 4 月 1 日起在全国全面启动实施统一的外国人来华工作许可制度。实行外国人来华工作分类管理，简化申请材料，规范办理程序，加强“互联网 + 政务服务”建设。对中国经济社会发展急需的科学家、科技领军人才、国际企业家、专门特殊人才等“高精尖缺”外国高端人才，申请办理工作许可证实行“绿色通道”和“承诺 + 告知”服务，审批时间缩短一半。加强事中事后监管，完善“两随机一公开”工作机制，建立以信息归集共享为基础、信息公示为手段、信用监管为核心的监管制度。

目前，外国人来华工作许可制度总体运行良好，外国人来华工作管理服务系统运行平稳，效果显著。2018 年累计发放外国工作许可证 33.6 万份，在中国境内工作的外国人已超过 95 万人。

专栏 5–5　关于全面实施外国人来华工作许可制度的通知

2015 年 12 月 31 日，国务院审改办决定将“外国人入境就业许可”和“外国专家来华工作许可”整合为“外国人来华工作许可”，人力资源社会保障部负责会同国家外专局制定外国人来华工作政策，由国家外专局负责具体组织实施。2016 年 10 月至 2017 年 3 月，北京、天津、河北、上海、安徽、山东、广东、四川、云南、宁夏等地开展了外国人来华工作许可制度试点工作并取得积极进展。2017 年 4 月 1 日起在全国实施外国人来华工作许可制度。

1. 全面实施外国人来华工作许可制度。实行来华工作外国人统一管理，简化申请材料，优化审批流程，规范申请标准，完善高效合理、科学反映市场需求的外国人来华工作分类标准，为外国高端人才来华工作、创新创业开辟“绿色通道”，提高服务保障水平。

2. 完善外国人来华工作法规制度。加强顶层设计，加快制定《外国人在中国工作管理条例》和人才签证实施细则，建立外国人来华工作指导目录、外国人才市场测试、外国人和用人单位信用管理等制度，完善分类标准和许可服务指南。落实《国务院办公厅关于做好行政法规部门规章和文件清理工作有关事项的通知》（国办函〔2016〕12号）要求，及时清理涉及行政审批制度改革的部门规章和规范性文件，废止不适应外国人来华工作许可制度实施的政策性文件。各地各部门不得出台与这项改革相违背的政策措施。

3. 创新互联网+政务服务运用。构建统一、规范、多级联动的“互联网+政务服务”技术和服务体系，形成“前台综合受理、后台分类审批、统一窗口出件”模式。外专、人社、外交、公安等部门要加强信息共享、后台认证和业务协同，整合共享公共服务资源，实现政务服务的标准化、精准化、便捷化、平台化、协同化。

4. 加强事中事后监管。完善“双随机、一公开”工作机制，加强外国人来华工作领域的政务诚信、商务诚信和个人诚信体系建设，建立用人单位、在华工作外国人、受委托专门机构信用记录形成、归集、公示、使用机制，运用大数据加强对市场主体服务监管，健全守信激励和失信惩戒机制。

资料来源：《关于全面实施外国人来华工作许可制度的通知》（外专发〔2017〕40号）。

（二）破解留学人员回国服务工作难题，解决留学人员回国创业创新“六难”问题

2017年，留学回国政策法规体系建设取得新进展。为破解留学人员回国创业创新“六难”问题：永居难、落户难、子女入学难、开户融资难、优惠政策享受难、知识产权应用和商标注册难，人力资源社会保障部会同相关部门多次提出措施建议上报国务院，以部际联席会议名义印发了《关于印发贯彻落实国务院领导同志解决留学回国人员创业创新“六难”重要批示重点任务分工方案的通知》。截至2017年年底，我国省部共建留学人员创业园49家，全国留学人员创业园347家，入园企业超过2.7万家，7.9万名留学人员在园创业。留学回国人员创业创新环境不断优化，留学人员回国服务体系更加完善。其中，公安部将在京、沪、粤、闽4个省市实施效果较好的7项入境、停居留和永久居留政策措施复制推广到12个省市，为外籍高级人才提供便利。

（三）修改《外国人在中国就业管理规定》，简化办事流程，实行“Z字签证”

2017年1月22日人力资源社会保障部第116次部务会审议通过，并商公安部、外交部、商务部同意，公布《人力资源社会保障部关于修改〈外国人在中国就业管理规定〉的决定》。本次《外国人在中国就业管理规定》的修订主要是从程序方面对个别条款进行了调整和删减，将“就业签证”的表述统一成“Z 字签证”，并且简化了相关流程，在申请签证时无须提供“被授权单位的通知函电”。

专栏 5-6 《外国人在中国就业管理规定》修改前后对比

条款	修改前	修改后
第八条	在中国就业的外国人应持职业签证入境（有互免签证协议的，按协议办理），入境后取得《外国人就业证》（以下简称就业证）和外国人居留证件，方可在中国境内就业。	在中国就业的外国人应持 Z 字签证入境（有互免签证协议的，按协议办理），入境后取得《外国人就业证》（以下简称就业证）和外国人居留证件，方可在中国境内就业。
第十条	凡符合下列条件之一的外国人可免办许可证书，入境后凭职业签证及有关证明直接办理就业证：	凡符合下列条件之一的外国人可免办许可证书，入境后凭 Z 字签证及有关证明直接办理就业证：
第十四条	获准聘用外国人的用人单位，须由被授权单位向拟聘用的外国人发出通知签证函及许可证书，不得直接向拟聘用的外国人发出许可证书。	删除
第十五条	获准来中国就业的外国人，应凭劳动部签发的许可证书、被授权单位的通知函电及本国有效护照或能代替护照的证件，到中国驻外使、领馆、处申请职业签证。 凡符合本规定第九条第一项规定的人员，应凭被授权单位的通知函电申请职业签证；凡符合第九条第二项规定的人员，应凭中国海洋石油总公司签发的通知函电申请职业签证；	获准来中国工作的外国人，应凭许可证书及本国有效护照或能代替护照的证件，到中国驻外使、领馆、处申请 Z 字签证。 凡符合第九条第二项规定的人员，应凭中国海洋石油总公司签发的通知函电申请 Z 字签证；凡符合第九条第三项规定的人员，应凭文化部的批件申请 Z 字签证。 凡符合本规定第十条第一款规定的人员，应凭合作交流项目书申请 Z 字签证；凡符合

续表

条款	修改前	修改后
第十五条	凡符合第九条第三项规定的人员，应凭有关省、自治区、直辖市人民政府外事办公室的通知函电和文化部的批件（径发有关驻外使、领馆、处）申请职业签证。 凡符合本规定第十条第一款规定的人员，应凭被授权单位的通知函电和合作交流项目书申请职业签证；凡符合第十条第二项规定的人员，应凭被授权单位的通知函电和工商行政管理部门的登记证明申请职业签证。	第十条第二项规定的人员，应凭工商行政管理部门的登记证明申请 Z 字签证。

资料来源：根据网络资料整理。

二、科技人才对外交流与合作更加便捷

党的十八大以来，国家出台一系列政策推动科技人才对外交流与合作，鼓励和支持教学科研人员更广泛地参加国际学术交流与合作，建立更加合理顺畅的人才签证、工作许可和工作居留的衔接机制，增加外籍院士数量，结合当前战略前沿领域发展趋势，组织编制牵头组织大科学计划规划。

（一）扩大人才签证运月对象，放宽人才签证有效期限，启动实施外国人才签证制度

2017 年 11 月，国家外专局会同外交部和公安部出台《外国人才签证制度实施办法》（外专发〔2017〕218 号），将人才签证适用对象扩大为经济社会发展需要的高层次人才和急需紧缺人才，建立人才签证与工作许可、工作居留和永久居留有机衔接机制，为高层次人才开辟“绿色通道”。将人才签证有效期限放宽至 5 年或 10 年多次往返，其申请人的配偶及未成年子女可同时签发有效期相同、多次入境的相应种类签证，最大限度简化优化流程，大幅压缩审核、签发时限，且对高端人才免收签证费和急件费。

2018 年 1 月 1 日，外国人才签证制度正式启动实施，国家外专局在全国范围内广泛开展宣传工作，我驻外使领馆也通过举办人才签证颁发仪式加大在国外宣传力度。截至 2018 年 5 月 29 日，共核发外国高端人才确认函 880 份。

专栏 5-7　外国人才签证制度“五最”特点

外国人才签证制度具有“五最”特点：最清晰标准，符合《外国人才来华工作分类标准（试行）》中外国高端人才（A 类）标准的外国人才，可申请外国人才签证；最短审发期，外国高端人才资质确认为 5 个工作日，本人及家属（配偶、未成年子女）签证申请于第 2 天签发，办理工作许可为 3 个工作日；最长有效期，5 年或 10 年，多次往返签证；最长停留期，每次期限最多 180 天，在目前签证类型中，单次停留时间最长；最优惠待遇，本人及家属（配偶、未成年子女）免交签证费和急件费，并可签发相同期限、多次入境、相应种类签证。外国人才签证制度是创新更加开放的人才引进政策和更加便捷的管理服务政策的重要方式，是吸引更多“高精尖缺”人才加入到我国现代化建设的重要手段。

资料来源：国家外专局提供。

（二）延续外籍院士遴选办法，进一步加强外籍院士增选工作

按照党中央关于适当增加外籍院士数量的指示要求，中国科学院、中国工程院在 2017 年院士增选工作中注意发现和推荐具有较高国际影响力并为我国工程科技事业发展做出积极贡献的外籍科学家。2017 年中国科学院增选将外籍院士正式候选人名额从 2015 年的 14 名提高到 20 名。经过全体院士投票选举，2017 年共产生中国科学院外籍院士 16 人。其中，安德烈 · 海姆和詹姆斯 · 弗雷泽 · 司徒塔特为诺贝尔奖获得者。新当选外籍院士来自 8 个国家（1 人为双重国籍），其中美国 9 人、英国 2 人，俄罗斯、瑞典、波兰、日本、荷兰、乌兹别克斯坦各 1 人，波兰、荷兰、乌兹别克斯坦 3 国首次有科学家当选中国科学院外籍院士。

2017 年中国工程院外籍院士增选，共提名了 46 位外籍院士候选人，最终有 18 位当选为工程院外籍院士。候选人数量和当选外籍院士数量均是历次外籍院士增选中最多的。当选的外籍院士均为所在国的院士，他们具有较高国际声望和影响力，例如，英国皇家工程院院长安道琳，美国工程院院士、微软公司前董事长比尔 · 盖茨，美国工程院院士、美国艺术与科学院院士、麻省理工学院校长雷欧 · 拉斐尔 · 莱夫，俄罗斯科学院常务副院长松采夫 · 康斯坦丁 · 亚历山德罗维奇等。当选外籍院士与工程院工作的结合度也比较高，有工程院院刊 *Engineering* 和 *Frontier* 的外籍主编，还有已来华工作数年，并发挥重要作用的外籍专家。

（三）加强和改进教学科研人员因公临时出国管理工作，分类施策实行区别管理

2016 年，中央组织部、中央外办、外交部、教育部、科技部、财政部发布《关于加强和改进教学科研人员因公临时出国管理工作的指导意见》，明确提出在因公临时出国管理中，教学科研人员出

国开展学术交流合作要与其他性质的出访有所区别。单位与个人的出国批次数、团组人数、在外停留天数根据实际需要安排。同时提出高校和科研院所在因公临时出国管理方面的两项自主权：一是将学术交流合作的具体界定职责赋予高校和科研院所，即在因公出国管理中，哪些属于学术交流合作，主要由高校和科研院所界定；二是教学科研人员，出国开展学术交流合作的年度计划由高校和科研院所负责管理，由原先需要按外事审批权限报批，调整为报备。

（四）搭建交流合作平台，推动创客空间、孵化器快速发展

2015 年 3 月，国务院办公厅发布《关于发展众创空间推进大众创新创业的指导意见》（国办发〔2015〕9 号），我国企业孵化器事业进入“双创时代”。近几年，我国孵化器不断进行新的尝试和探索，推动建设国际孵化器，使“走出去”工作健康地走上一个台阶。例如，近年清华科技园、瀚海集团、车库咖啡、西安、成都和上海漕河泾高新区等在美国硅谷建立孵化器；北京瀚海、上海杨浦和成都天府新谷 3 家在美国波士顿共建中美企业创新中心；武汉东湖创业中心在比利时建的中比科技孵化器；深圳国际科技商务平台在以色列合建的以中高新技术企业研发中心；济南不断推动海外孵化器建设，与浪潮集团、山东博科在美国分别签署浪潮美国硅谷高科技孵化器建设框架合作协议和山东博科（美国硅谷）孵化器委托建设协议；中国科协在比利时新鲁汶科技园建的中比科技园；清华启迪在美、韩、俄、日建了孵化器；上海杨浦创业中心与美国麻省理工学院合建波士顿企业园，还在伦敦建了工作平台。

（五）支持中国科学家在国家科技组织任职，积极牵头组织国际大科学计划和大科学工程方案

2016 年 4 月，中国科协和民政部共同印发了《关于加强国际科技组织人才培养与推送工作的意见》（科协发外字〔2016〕31 号），就建立健全国际科技组织任职工作体制机制、建设可持续发展的人才培养和推送工作体系及做好国际组织人才培养和推送的配套支撑工作等方面做出了专门规定。2016 年，中国科协国际组织事务专项支持科学家出访 600 多人次，其中资助青年科学家出访参与国际组织事务及相关活动 100 多人次。截至 2016 年 12 月，中国科协及全国学会共推荐 530 多位我国科学家在国际民间科技组织中担任各类职务。

国际大科学计划和大科学工程是开拓知识前沿、探索未知世界和解决重大全球性问题的重要手段，是一个国家综合实力和科技创新竞争力的重要体现。《国务院关于印发积极牵头组织国际大科学计划和大科学工程方案的通知》（国发〔2018〕5 号）提出 4 个方面的重点任务：一是制定战略规划，确定优先领域；二是做好项目的遴选论证、培育倡议和启动实施；三是建立符合项目特点的管理机制；四是积极参与他国发起的大科学计划。依托具有国际影响力的国家实验室、科研机构、高等院校、科技社团，通过科研机构间合作或政府间合作等模式，组建成立专门科研机构、股份公司或政府间国际组织进行大科学计划项目的规划、建设和运营。成立由科技界、工程界、产业界等高层次专家组成的大科学计划专家咨询委员会，对大科学计划的优先领域、战略规划、项目论证等进行咨询评审，为国家决策提供参考。

三、引进人才服务保障体系不断健全

服务保障体系是让引进人才能够“落地生根”、发挥作用的重要保证。畅通购房、子女入学、医疗保健等服务通道，做深做细服务保障，提供热情周到的服务，让人才有归属感、认同感和幸福感。使引进人员没有后顾之忧，才能让人才扑下身子安心工作、用心创业。

（一）完善留学人员服务体系，开展外国高层次人才服务“一卡通”试点

国家高度重视留学人员服务体系建设，不断优化外国高端人才在华工作生活环境。2017 年年底，国家外专局、教育部等四部门印发《关于开展外国高端人才服务“一卡通”试点工作的通知》（外专发〔2017〕223 号），决定在天津市、上海市、宁夏回族自治区、杭州市、济南市、深圳市及广东、福建自由贸易试验区开展试点工作，试点以人才安居保障、子女就学、医疗保健服务等为重点，努力覆盖金融、通信、交通、保险等社会服务领域。人才安居保障主要包括商品房购房资格、人才公寓建设和租售、公积金贷款买房等方面内容；子女教育主要包括招生入学政策、简化入学审批手续等方面内容；医疗保健主要包括享受预约和导医等公立医院就医绿色通道服务、扶持外资医院提供国际化医疗服务等方面内容。

（二）解决外国人永久居留证可识验和便利化问题，推动外国人永久居留证件便利化改革

中共中央办公厅、国务院办公厅于 2016 年印发《关于加强外国人永久居留服务管理的意见》，对外国人在中国永久居留证的权利、义务及管理服务方面做出了明确规定。加快制定外国人在中国工作的管理条例，对符合条件的外国人才给予工作许可便利，对符合条件的外国人才及其随行家属给予签证和居留等便利。对满足一定条件的国外高层次科技创新人才取消来华工作许可的年龄限制。探索建立技术移民制度，对持有外国人永久居留证的外籍高层次人才在创办科技型企业等创新活动方面，给予中国籍公民同等待遇。

2017 年 2 月 6 日，中央全面深化改革领导小组第三十二次审议通过了《外国人永久居留证件便利化改革方案》，指出实施外国人永久居留证件便利化改革，要围绕服务国家人才发展战略，回应社会关切，在优化证件设计、改造信息系统等方面推进改革。将现行证件名称“外国人永久居留证”更名为“外国人永久居留身份证”，进一步突出身份证明功能；调整样式向身份证靠拢，便于社会接纳和认知；参照第二代居民身份证技术标准，在外国人永久居留身份证中嵌入芯片，实现通过第二代居民身份证阅读机进行机读识别。外国人永久居留证件便利化改革使外国人永久居留证件认知度大幅提升，新增的机读核验功能也进一步便利了持证人在华工作和生活。

第五节　人才法治建设

人才法治建设是推进人才管理工作科学化、规范化的重要内容，也是健全人才法律法规体系、实施人才强国战略的重要保障。改革开放 40 年来，以宪法为统帅，以宪法相关法、民法商法等多个法律部门的法律为主干，由法律、行政法规、地方性法规等多个层次的法律规范构成的中国特色社会主义法律体系已经形成。在这个体系中，已经制定的有关科技人才开发与发展方面的法律法规主要有：《科学技术进步法》《科学技术普及法》《专利法》等。特别是党的十八大以来，我国新修订实施了《教育法》《促进科技成果转化法》等，新制定实施了《出境入境管理法》《事业单位人事管理条例》等，通过了《专利法修正案（草案）》《外国人永久居留管理条例（草案）》《国家科学技术奖励条例（修订送审稿）》向社会公开征求意见，部分地区也出台了一些与科技创新和科技人才相关的法律法规。这些法律法规的实施，为我国科技人才事业发展提供了强有力的制度保障。

一、科技创新相关法律法规

《科学技术进步法》《促进科技成果转化法》《科学技术普及法》《专利法》《国家科学技术奖励条例》等与科技人才有关的科技创新法律法规的相继出台，为科技人才发挥创造性提供了有利条件，为科技人才工作提供了制度保障。

（一）修订实施《科学技术进步法》

为了促进科学技术进步，发挥科学技术第一生产力的作用，促进科学技术成果向现实生产力转化，推动科学技术为经济建设和社会发展服务，根据宪法，制定《科学技术进步法》。1993 年 7 月 2 日第八届全国人民代表大会常务委员会第二次会议修订通过，自 1993 年 10 月 1 日起施行。2007 年 12 月 29 日第十届全国人民代表大会常务委员会第三十一次会议修订通过，自 2008 年 7 月 1 日起施行。

1993 年颁布并生效的《科学技术进步法》规定，国家采取各种措施，提高科学技术工作者的社会地位。2008 年 7 月 1 日起施行的修订后的《科学技术进步法》第五章专门对激励科技人员进行了规定，为新时期科技人才发展提供了重要的法律保障。修订后的《科学技术进步法》，坚持以人为本，从培养、奖励、权益保障、职业道德等多个方面，对调动和保护科技人员创新的积极性做了规定：一是科技人员享有开展学术争鸣、竞聘岗位和获得专业技术职务或者职称、获得工资和福利、接受继续教育、依法创办和加入科技社会团体的权利；二是对回国科技人员从事科研工作，不受户籍限制，不受编制限制，不受工资总额限制；三是要求科技人员恪守职业道德，不得在科学技术活动中弄虚作假，并通过建立科技人员学术诚信档案予以规范和监督。

（二）修订实施《促进科技成果转化法》

为了促进科技成果转化为现实生产力，规范科技成果转化活动，加速科学技术进步，推动经济建设和社会发展，2015 年 8 月 29 日第十二届全国人民代表大会常务委员会第十六次会议对 1996 年颁布的《促进科技成果转化法》进行了修改，并于 2015 年 10 月 1 日正式实施。新修订的《促进科技成果转化法》新增和调整了科技成果转化约 30 余项管理制度，主要包括：健全科技成果处置收益分配制度，完善科技成果转化的评价体系，加大对科研人员的激励力度，强化企业在科技成果转化中的主体作用，加强科技成果信息发布和转化服务，支持建设公共研究开发平台，推动科技成果转化资金多元化发展，简政放权、适应政府职能转变，推动军民科技成果相互转移、转化等方面。

为认真落实新修订的《促进科技成果转化法》，国务院于 2016 年 2 月出台了《实施〈中华人民共和国促进科技成果转化法〉若干规定》，国务院办公厅于 2016 年 4 月出台了《促进科技成果转移转化行动方案》，这 3 份文件的先后出台，是整体考虑和系统性部署，形成了从修订法律条款、制定配套细则到部署具体任务的科技成果转移转化工作“三部曲”，对于实施创新驱动发展战略，强化供给侧结构性改革，推动大众创业、万众创新具有重要意义。

（三）制定实施《科学技术普及法》

为了实施科教兴国战略和可持续发展战略，加强科学技术普及工作，提高公民的科学文化素质，2002 年 6 月 29 日第九届全国人民代表大会常务委员会第二十八次会议通过了《科学技术普及法》。《科学技术普及法》明确科学技术普及的内容为“普及科学技术知识、倡导科学方法、传播科学思想、弘扬科学精神”；规定“科普是公益事业，是社会主义物质文明和精神文明建设的重要内容”，“科普是全社会的共同任务”；规定“国家保护科普组织和科普工作者的合法权益，鼓励科普组织和科普工作者自主开展科普活动，依法兴办科普事业”，“科学研究和技术开发机构、高等院校、自然科学和社会科学类社会团体，应当组织和支持科学技术工作者和教师开展科普活动，鼓励其结合本职工作进行科普宣传；有条件的，应当向公众开放实验室、陈列室和其他场地、设施，举办讲座和提供咨询。科学技术工作者和教师应当发挥自身优势和专长，积极参与和支持科普活动”。

（四）研究修订《专利法》

近年来，我国在专利保护方面成效显著。随着科技发展和市场竞争加剧，专利保护领域的新问题、新矛盾不断出现，专利侵权现象较为普遍。针对我国专利法实施中的突出问题，2018 年 12 月 5 日，国务院总理李克强主持召开国务院常务会议，通过《专利法修正案（草案）》，草案着眼加大对侵犯知识产权的打击力度，借鉴国际做法，大幅提高故意侵犯、假冒专利的赔偿和罚款额，显著增加侵权成本，震慑违法行为；明确了侵权人配合提供相关资料的举证责任，提出网络服务提供者未及时阻止侵权行为须承担连带责任。草案还明确了发明人或设计人合理分享职务发明创造收益的激励机制，并完善了专利授权制度。会议决定将草案提请全国人大常委会审议。

（五）研究修订《国家科学技术奖励条例》

现行《国家科学技术奖励条例》自 1999 年颁布后，至今已实施 19 年，取得了切实显著的成效。党的十九大召开后，科技奖励工作进入了一个全新的发展时期。在新的形势要求下，如何更好地推动和激励创新，改善人才发展环境，鼓励更多优秀人才脱颖而出、领军人物不断涌现，成为科技奖励工作面临的新任务。2017 年，经国家科技体制改革和创新体系建设领导小组会议、中央全面深化改革领导小组会议审议通过，出台了《关于深化科技奖励制度改革的方案》（国办函〔2017〕55 号），为科技奖励改革指明了方向，要求由科技部、国务院法制办负责修订《国家科学技术奖励条例》，由科技部负责修改完善《国家科学技术奖励条例》实施细则，从法规制度层面贯彻落实科技奖励制度改革精神。

现行《国家科学技术奖励条例》于 1999 年发布后，2003 年 12 月由国务院令第 396 号进行了第一次修改，增加了关于特等奖的规定；2013 年 7 月又由国务院令第 638 号进行了第二次修改，删除了社会力量设奖登记许可的相关条款，修改后的《国家科学技术奖励条例》共 5 章 25 条。

根据《关于深化科技奖励制度改革的方法》对工作实施的任务部署，科技部对《国家科学技术奖励条例》的修订工作进行了认真研究，在大量前期工作的基础上，经多次征求各方面意见和反复修改完善，形成了《国家科学技术奖励条例（修订送审稿）》，并于 2018 年 6 月 26 日向社会公开征求意见。修订送审稿在维持《国家科学技术奖励条例》原有章节结构的基础上，对条文内容进行了修改和调整，修订后的条文共计 5 章 31 条，其中保留 4 条，修改 21 条，新增 6 条。

二、教育相关法律法规

为了发展教育事业，提高全民族的素质，促进社会主义物质文明和精神文明建设，根据宪法，制定《教育法》。1995 年 3 月 18 日，第八届全国人民代表大会第三次会议通过。2009 年 8 月 27 日，根据第十一届全国人民代表大会常务委员会第十次会议《关于修改部分法律的决定》第一次修正。2015 年 12 月 27 日，根据第十二届全国人民代表大会常务委员会第十八次会议《关于修改〈中华人民共和国教育法〉的决定》第二次修正。《教育法》对教育基本制度、学校及其他教育机构、教师和其他教育工作者、受教育者、教育与社会、教育投入与条件保障、教育对外交流与合作及法律责任等方面做了全面规定。

根据不同的受教育对象，我国还制定并实施了《义务教育法》《高等教育法》《职业教育法》《民办教育促进法》等法律法规，为不同类型人才、不同成长阶段人才的培养和发展提供了保障。

三、人才管理相关法律法规

《事业单位人事管理条例》《人力资源市场暂行条例》《出境入境管理法》《外国人入境出境管

理条例》等人才管理类法律法规的相继出台，为科技人才工作提供了行为规范和制度保障。

（一）制定实施《事业单位人事管理条例》

为了规范我国事业单位人事管理，保障工作人员合法权益，深化事业单位改革，国务院发布了《事业单位人事管理条例》（国务院令第 652 号），于 2014 年 7 月 1 日起正式实施。《事业单位人事管理条例》是事业单位人事制度的顶层设计，涉及事业单位人事管理主要的、基本的环节，全面构建了事业单位人事管理的制度体系，是事业单位人事管理的总章程，有助于推进事业单位人事制度改革和全面发展。《事业单位人事管理条例》的出台，标志着我国事业单位人事制度正式入法，不仅提高了事业单位人事立法的层次和效力，而且使事业单位人事管理实现了有法可依、有章可循。

《事业单位人事管理条例》对事业单位聘用制、公开招聘制度、岗位设置管理制度、纪律处分制度等先期改革成果进行了法律确认，实现了“合法化”。同时，明确了事业单位人事制度的改革方向，对岗位设置、公开招聘和竞聘上岗、聘用合同、考核和培训、奖励和处分、工资福利和社会保险、人事争议处理、法律责任进行了规定，为竞争上岗、奖惩机制、考核、培训、人事监督等相关配套规章的出台提供了依据，有助于推动事业单位人事管理法制化目标的全面实现。

（二）制定实施《人力资源市场暂行条例》

为了规范人力资源市场活动，促进人力资源合理流动和优化配置，促进就业创业，国务院于 2018 年 7 月公布了《人力资源市场暂行条例》（国务院令第 700 号），自 2018 年 10 月 1 日起施行。《人力资源市场暂行条例》是系统规范在我国境内通过人力资源市场求职、招聘和开展人力资源服务活动的第一部行政法规，对建设统一开放、竞争有序的人力资源市场，更好地服务于就业创业和高质量发展，实施就业优先战略和人才强国战略，具有重要意义。《人力资源市场暂行条例》对人力资源市场培育、人力资源服务机构、人力资源市场活动规范、人力资源市场监督管理及法律责任等做了全面规定。

（三）制定实施《出境入境管理法》

为了规范出境入境管理，维护中华人民共和国的主权、安全和社会秩序，促进对外交往和对外开放，制定《出境入境管理法》。《出境入境管理法》专门增加了人才签证，为人才引进创造了重要条件。在改进服务方面，一是为实施人才签证制度提供了法律依据。《出境入境管理法》规定，对因工作、学习、探亲、旅游、商务活动、人才引进等非外交、公务事由入境的外国人，签发相应类别的普通签证，为我国实施人才签证提供了依据。二是为符合条件的外国人才、投资者等提供停留居留便利。《出境入境管理法》规定，符合国家规定的人才、投资者或者出于人道等原因确需由停留变更为居留的外国人，可以申请居留证件；规定了普通签证、停留居留证件换发、补发的情形，为给符合条件的外国人提供停留居留便利提供了法律授权。三是进一步完善了中国“绿卡”制度。《出境入境管理法》规定，对中国经济社会发展做出突出贡献或者符合其他在中国境内永久居留条件的外国人，经本人申请和公安部批准，取得永久居留资格，为逐步放宽“绿卡”申请条件留下空间，有助于促进引智引资工作。

（四）制定实施《外国人入境出境管理条例》

为了规范签证的签发和外国人在中国境内停留居留的服务和管理，根据《出境入境管理法》，国务院于 2013 年 7 月 12 日发布了《外国人入境出境管理条例》（国务院令第 637 号），自 2013 年 9 月 1 日起施行。《外国人入境出境管理条例》在普通签证类别中增加了 R 字（人才）签证，发给国家需要的外国高层次人才和急需紧缺专门人才。今后，凡是符合中国政府有关主管部门确定的外国高层次人才和急需紧缺专门人才的引进条件和要求的外国人，可以申请 R 字（人才）签证，并按照规定享受相应的入境出境便利。

（五）研究制定《外国人永久居留管理条例（草案）》

为贯彻落实中共中央办公厅、国务院办公厅印发的《关于加强外国人永久居留服务管理的意见》精神，加快制定《外国人永久居留管理条例》，从立法层面改革完善永久居留制度，在前期调研论证的基础上，公安部起草了《外国人永久居留管理条例（草案）》，并于 2016 年 6 月 7 日向社会公开征求意见。《外国人永久居留管理条例（草案）》通过完善永久居留管理体制机制、设定灵活务实的永久居留申请条件、规范和优化永久居留受理审批程序、明确永久居留资格待遇、加强后续管理，构建了权利与义务统一、服务与管理并重、进入与退出结合的外国人永久居留管理法律制度体系。

四、地方人才立法

近年来，我国一些地方进行了人才立法相关探索，相继出台了促进人力资源开发和人才发展的地方性法规，这些立法实践为国家层面制定人才开发促进法积累了有益经验。

（一）研究制定《云南省人才资源开发促进条例》

为了实施人才强省战略，规范和促进人才资源开发，2006 年 11 月 30 日云南省第十届人民代表大会常务委员会第二十六次会议审议通过了《云南省人才资源开发促进条例》，自 2007 年 1 月 1 日起施行。《云南省人才资源开发促进条例》是全国第一部关于人才资源开发的地方性法规，对人才资源开发的预测与规划、培养与引进、评价与使用、监督与奖惩等做出了明确规定，将人才资源开发以立法的形式确定下来。

（二）研究制定《宁夏回族自治区人才资源开发条例》

为了加强人才资源开发，2009 年 5 月 27 日宁夏回族自治区第十届人民代表大会常务委员会第十次会议通过了《宁夏回族自治区人才资源开发条例》，自 2009 年 7 月 1 日起施行。《宁夏回族自治区人才资源开发条例》对人才的培养和引进、评价、使用和流动、激励和保障、监督措施等做出了明确规定，将人才资源开发以立法的形式确定下来。

（三）研究制定《珠海经济特区人才开发促进条例》

为实施人才强市战略，促进人才开发工作，充分发挥人才的基础性和战略性作用，2013年7月26日珠海市第八届人民代表大会常务委员会第十二次会议通过了《珠海经济特区人才开发促进条例》，自2013年10月1日起施行。《珠海经济特区人才开发促进条例》成为《国家中长期人才发展规划纲要（2010—2020年）》实施以来唯一的地方性人才法规。《珠海经济特区人才开发促进条例》对珠海市的人才规划、培养、引进、评价、流动、保障、激励和区域合作等人才开发活动做出了明确规定，将人才资源开发以立法的形式确定下来。

（四）研究制定《深圳经济特区人才工作条例》

为了促进深圳经济特区人才发展，激发人才创新创造创业活力，为国际科技、产业创新中心和现代化国际化创新型城市建设提供智力支持，2017年8月17日市第六届人民代表大会常务委员会第十九次会议通过了《深圳经济特区人才工作条例》，自2017年11月1日起施行。

《深圳经济特区人才工作条例》立足深圳实际，坚持问题导向，充分发挥“敢闯敢试”的特区精神，勇于改革创新，在人才培养、人才引进与流动、人才评价、人才激励、人才服务与保障等各方面都有很多突破和亮点。一是确立最具刚性的约束要求。《深圳经济特区人才工作条例》全文出现“应当”这个词有20多处，这个词的含义从法律层面理解就是“一般情况下必须遵守”。二是构建最开放活跃的市场机制。《深圳经济特区人才工作条例》围绕人才作为最重要、最活跃、最具效力的市场要素，着力消除制约人才发展的各种障碍，最大限度激发人才活力。这里重点体现3个关键词：“放权”，即充分向用人主体放权；“松绑”，即放宽或取消对人才的各种限制；“破壁”，即破除各种壁垒，畅通各类资源流动渠道。三是实行最严格的知识产权保护。明确建立健全侵权预防、预警和应对机制，营造激励人才创新创业的公平竞争环境；完善惩罚性赔偿制度，建立人才信用征信系统，实行人才失信惩戒机制；明确对重大知识产权保护活动，可由政府提供支持和帮助；鼓励知识产权证券化，创新知识产权投融资产品，完善知识产权信用担保制度。四是释放最大范围的人才激励因子。《深圳经济特区人才工作条例》坚持物质奖励与荣誉激励并重，实行更具竞争力的“高精尖缺”人才激励政策，加大对做出突出贡献人才的奖励力度。五是营造最具吸引力的人才软环境。《深圳经济特区人才工作条例》坚持服务人才就是服务发展的理念，根据人才发展的特点和需要，促进人才服务提质提效。

第六节　优化人才发展环境

引才、聚才、用才、留才、爱才、敬才，根基在文化，关键在环境。家有梧桐树，招得凤凰来。《国家中长期人才发展规划纲要（2C10—2020年）》和中共中央《关于深化人才发展体制机制改革的意见》明确提出，积极为各类人才干事创业和实现价值提供机会和发展环境，最大限度激发人才创新创造创业活力。在大力优化人才发展环境方面取得了以下成效：一是大力倡导科学精神；二是完善科研诚信体系；三是营造良好的创新文化环境。

一、大力倡导科学精神

科学精神，是指科学实现其社会文化职能的重要形式。[①]一般认为追求认识的真理性，坚持认识的客观性和辩证性，是科学精神的首要特征。科学精神包括求实精神、创新精神、批判精神、宽容精神等几个方面，其中最主要的是求实与创新。

习近平总书记非常强调科学精神，要求广大科技工作者“恪守科学精神，脚踏实地、埋头苦干，坚韧不拔、不畏挫折，淡泊名利、不浮不躁，始终保持探索真知的坚定意志和创新创业的高昂激情”。他在2018年两院院士大会讲话上要求两院院士在弘扬科学精神上身体力行。在建设世界科技强国的征程中，我国涌现了一大批具有科学精神、爱国奉献的科技人才，我们需要继续在全社会弘扬这种科学精神。

（一）树立先进典型人物，让科学精神在爱国奋斗中升华

近年来，习近平总书记对部分优秀科技人才的先进事迹做出了一系列重要指示，中央宣传部等部门大力宣传引导，在全社会树立了以李保国、黄大年、钟扬、南仁东为代表的一大批先进典型人物，发挥了示范引领作用，激励广大科技人才弘扬科学精神，用建功立业诠释新时代科学精神。

科技人才埋头苦干、为民服务的榜样——李保国。2016年6月中央组织部、中央宣传部、教育部三部门要求各级党组织认真学习贯彻习近平总书记重要批示，广泛开展向李保国同志学习活动。号召广大党员、干部和教育、科技工作者向李保国同志学习，自觉为人民服务、为人民造福，努力做出无愧于时代的业绩。李保国同志是新时期共产党人的楷模，知识分子的优秀代表，太行山上的新愚公，是广大党员、干部和教育、科技工作者学习的榜样。为认真学习贯彻习近平总书记重要批示精神，充分发挥先进典型的示范带动作用，激励广大党员、干部坚定理想信念、自觉为民服务、积极建功立业，科技工作者要学习李保国同志对党忠诚、心系群众的政治品质，坚守共产党人的精神高地，牢记为人民服务的根本宗旨，带着对群众的深厚感情做工作，真心实意为群众干实事谋福祉；学习他扎实苦干、锲而不舍的务实作风，从一点一滴做起，干在实处、走在前列，创造出经得起实践、人民、历史检验的实绩；学习他刻苦钻研、奋发有为的拼搏精神，不畏艰难困苦、勇于担当负责，始终保持蓬勃朝气、昂扬锐气，为党和人民的事业生命不息、奋斗不止；学习他淡泊名利、无私奉献的高尚情操，干净干事、公而忘私，用模范行动和人格力量彰显共产党人的先进本色。

---

① 邓伟志．社会学辞典[M]．上海：上海辞书出版社，2009.

科技人才甘于奉献、科技报国的典范——黄大年。2017 年 6 月中央组织部、中央宣传部、教育部三部门号召广大党员、干部和教育、科技工作者认真学习贯彻习近平总书记重要指示，广泛开展向黄大年同志学习活动。习近平总书记指出，黄大年同志秉持科技报国理想，把为祖国富强、民族振兴、人民幸福贡献力量作为毕生追求，为我国教育科研事业做出了突出贡献，他的先进事迹感人肺腑。他强调，要以黄大年同志为榜样，学习他心有大我、至诚报国的爱国情怀，学习他教书育人、敢为人先的敬业精神，学习他淡泊名利、甘于奉献的高尚情操，把爱国之情、报国之志融入祖国改革发展的伟大事业之中、融入人民创造历史的伟大奋斗之中，从自己做起，从本职岗位做起，为实现“两个一百年”奋斗目标、实现中华民族伟大复兴的中国梦贡献智慧和力量。习近平总书记的重要指示，高度评价了黄大年同志的高尚品格、奉献精神和卓越贡献，充分体现了党中央对广大教育科技工作者的重视与关爱、重托与期待，在全社会引起了广泛共鸣，必将凝聚起爱我中华、共筑梦想的磅礴力量，更是激励全国党员、干部和教育、科技工作者不断奋进的强大思想武器。

科技人才忠于祖国、不懈探索的楷模——钟扬。2018 年 3 月中央宣传部向全社会宣传发布钟扬同志的先进事迹，追授他“时代楷模”称号。钟扬生前是复旦大学生命科学学院教授、博士生导师，长期从事植物学、生物信息学研究和教学工作，取得一系列重要创新成果。他胸怀科技报国理想，长期致力于生物多样性研究和保护，率领团队在青藏高原为国家种质库收集了数千万颗植物种子；他艰苦援藏 16 年，足迹遍布西藏最偏远、最艰苦的地区，为西部少数民族地区的人才培养、学科建设和科学研究做出了重要贡献；他以德修身、以德立学、以德施教，用心尽力帮助学生成长成才；他热心社会公益事业，连续 17 年参与科普志愿服务，是深受欢迎的“科普明星”。钟扬同志曾荣获“全国先进工作者”“全国优秀教师”等荣誉称号，以及国家技术发明奖二等奖等多项奖励。他是忠于祖国、奉献人民、不懈探索追求的杰出科学家，是立德树人、教书育人的优秀教师，也是自觉践行社会主义核心价值观的先锋模范。广大科技工作者要以钟扬同志为榜样，坚持国家至上、民族至上、人民至上，勇担复兴大任、争做时代新人，努力用奋斗开创幸福美好未来，在为国为民建功立业中书写人生华章。

科技人才敢为人先、坚毅执着的楷模——南仁东。2017 年 11 月“时代楷模”发布以“我们的价值观、我们的中国梦”为主题，现场发布了南仁东的先进事迹，宣读了《中共中央宣传部关于追授南仁东“时代楷模”荣誉称号的决定》，播放了反映他先进事迹的短片，中央宣传部负责同志为南仁东的亲属颁发了“时代楷模”奖章和荣誉证书。南仁东是我国著名天文学家，是国家重大科技基础设施建设项目——“中国天眼”500 米口径球面射电望远镜工程（FAST）的发起者和奠基人。他主导提出利用我国贵州省喀斯特洼地作为望远镜台址，从论证立项到选址建设历时 22 年，主持攻克了一系列技术难题，为 FAST 重大科学工程的顺利落成发挥了关键作用、做出了重要贡献。他不计个人名利得失，长期默默无闻地奉献在科研工作一线，与全体工程团队一起通过不懈努力，迈过重重难关，实现了中国拥有世界一流水平望远镜的梦想。2017 年 9 月，南仁东因病逝世。广大科技工作者认为，南仁东是勇担民族复兴大任的“天眼”巨匠，他为科学事业奋斗到生命的最后一刻，用无私奉献的精神谱写了精彩的科学人生，鲜明体现了胸怀祖国、服务人民的爱国情怀，敢为人先、坚毅执着的科学精神，淡泊名利、忘我奉献的高尚情操，真诚质朴、精益求精的杰出品格。

广大科技人才在弘扬科学精神的同时，既要继承以钱学森、邓稼先、郭永怀等“两弹一星”元勋和西安交通大学“西迁人”为代表的老一辈知识分子的家国情怀和奉献精神，同时也要学习以李保国、黄大年、钟扬、南仁东等为代表的新时代优秀科技人才“心有大我、至诚报国”的爱国情怀。面对新的征程、新的使命，我们更需要在科技人才中弘扬这种传统、激发这种情怀，让科学精神在新时代建功立业中熠熠生辉。

专栏 5-8　科技部号召科技界向黄大年同志学习

光明日报北京6月12日电（记者杨舒）“黄大年同志的精神我觉得可以概括为三个词：诚信、爱国和奉献。”2017年6月12日，在由科技部召开的学习贯彻习近平总书记重要指示精神学习黄大年同志先进事迹座谈会上，吉林大学地球探测与科学技术学院教授刘财回忆并总结说。来自科技部、教育部、中国科协、中国科学院、中国工程院、国家自然科学基金委和国防科工局及黄大年同志生前所在单位、地方科技管理部门等方面的数十位代表出席会议，共同学习座谈黄大年同志的先进事迹和崇高精神。

“大年给我印象最深的，是他的爱国情怀。”同济大学环境科学与工程学院院长戴晓虎回忆说，黄大年常与他提起，“科学没有国界，但科学家有自己的祖国。”自归国7年来，黄大年总是提醒自己和同行们，要时时总结自己做出了哪些成绩，为国家发挥了怎样的作用。

“黄大年在事业追求上的奉献与牺牲，我非常能理解。”清华大学工程物理系教授鲁巍表示，他和黄大年有类似经历，都曾多年在国外从事科研工作，也都是通过国家海外高层次人才计划回国的。“在国外越久，我们的爱国之心越强烈。我们都深切体会到，一个科技工作者能在自己的岗位上为国家人民做出贡献，就是不枉此生。他是我们的好榜样。”

与会学者表示，黄大年同志的先进事迹是对老一辈科学家爱国报国情怀、科学拼搏精神的传承和发扬，是当代科技人员的时代楷模和突出代表。学习黄大年同志先进事迹，一要学习他心有大我、至诚报国的爱国情怀；二要学习他教书育人、敢为人先的敬业精神；三要学习他淡泊名利、甘于奉献的高尚情操。

时任科技部党组书记、副部长王志刚强调，科技界、科技系统要把向黄大年学习活动进一步组织好实施好，将学习黄大年先进事迹作为“两学一做”学习教育常态化制度化的鲜活素材，引导广大党员干部对标先进、见贤思齐，热爱科技事业、热爱岗位职责，敢于担当、敢于奉献、砥砺前行，共同推动我国科技创新工作，为建设创新型国家、实现“两个一百年”奋斗目标和中华民族伟大复兴中国梦贡献智慧和力量，以优异成绩迎接党的十九大胜利召开。

资料来源：《光明日报》（2017 年 6 月 13 日 4 版）。

（二）加强社会媒体宣传，诠释新时代科学精神

依靠科技创新支撑经济高质量发展和现代化经济体系建设，让科技发展成果更多更广泛地惠及全体人民，就必须充分激发科技人才创新创造的活力，必须通过各种大众媒体方式，弘扬科学家精神，发扬爱国奋斗精神，为他们在新时代勇攀科学高峰、科技报国提供不竭的精神动力。

推动全社会特别是广大知识分子、科技工作者树立牢固的家国情怀。2018 年 7 月中央组织部、中央宣传部印发通知，决定在广大知识分子中深入开展“弘扬爱国奋斗精神、建功立业新时代”活动。这是贯彻落实习近平总书记重要指示精神、加强团结引领服务知识分子的重要举措，对于把各方面优秀知识分子集聚到党和人民的伟大奋斗中来，形成不懈奋斗、团结奋斗的生动局面，具有深远意义。通知强调，各地区各部门各单位要全面加强宣传解读，在广大知识分子中迅速兴起学习弘扬爱国奋斗精神的热潮。要组织深入学习研讨，切实增强对新时代爱国奋斗精神、党和国家奋斗目标的思想认同、情感认同、价值认同。要抓好专题研修培训，将爱国奋斗精神作为知识分子国情研修、业务培训的重要内容，列入研修培训大纲和课程模块。要发挥典型引导作用，积极开展践行爱国奋斗精神先进群体和个人选树工作，用身边事教育身边人。要开展岗位践行活动，把开展活动与激发知识分子创新创造活力、服务经济社会发展结合起来，最大限度地激发广大知识分子的奋斗激情，引导广大知识分子扎根人民、奉献国家。

通过媒体宣传刻画典型人物的价值观，教育引领社会弘扬科技报国精神。近两年来《中国科技人才》杂志在塑造科技人才价值观方面做了大量工作。结合习近平总书记对黄大年同志先进事迹做出的重要指示精神，综述了国家特聘专家黄大年教授的先进事迹，展示了他至诚报国的爱国情怀、敢为人先的敬业精神。结合国家“十二五”科技创新成就展，编辑出版了《“十二五”科技人才成就展专辑》（82 篇人物稿），展示了部分优秀科技人才的成长经历、突出事迹。结合国家科技奖励大会，专访了 2015 年度国家自然科学奖一等奖获得者潘建伟院士，2016 年度国家最高科学技术奖获得者赵忠贤院士、国家自然科学奖一等奖获得者王贻芳院士，2017 年度国家最高科学技术奖获得者王泽山院士和侯云德院士、国家科技进步奖一等奖获得者高亮教授和张国良董事长、国家技术发明奖一等奖获得者高翔教授、国家自然科学奖二等奖获得者蒋成保教授，展示他们的成长经历、榜样的力量和突出

事迹。全国广大科技工作者应以科学家们为楷模，深入学习他们忠于祖国和人民的爱国情怀、严谨求实的科学态度、敢为人先的创新精神、无私奉献的高尚品格，积极投身现代化建设，在迈向创新型国家和科技强国的伟大征程中做出贡献。

塑造科技界的民族英雄，积极引导广大科技工作者践行爱国奉献精神。中国科协实施科学家主题宣传活动“共和国的脊梁——科学大师名校宣传工程”（以下简称“科学大师名校宣传工程”），联合教育部等单位共同参与实施，组织 13 所高校，分别以钱学森等 14 位著名科学家为原型，以话剧、音乐剧和歌剧等艺术形式，通过“校友演校友、学弟演学长”方式排演原创专题剧目，大力宣传对国家科技事业做出巨大贡献、在科技界具有崇高威望的科学大师，塑造科技界的民族英雄。6 年来，先后演出 335 场，48 万余人现场观演，在全国范围组织大规模汇演活动，特别是 2015 年 9 月底在人民大会堂成功举办“共和国的脊梁——科学大师名校宣传工程”专题汇演，并作为建国 66 周年国庆晚会在中央电视台播出受到社会各界欢迎和好评。

深入实施“采集工程”[①]，传承老一辈知识分子的科学精神、家国情怀和奉献精神。“采集工程”是目前国内规模最大、内容最丰富、类型最广泛的中国现当代科学家珍贵历史资料收藏工程。截至 2018 年 6 月，先后启动 512 位老科学家的学术成长资料采集，累计获得实物原件材料 10.8 万件、数字化资料 26.5 万件、视频资料 6200 小时、音频资料 7300 小时。以采集资料为基础组织的“走在建设世界科技强国征程上的中国科学家”主题展，自 2013 年 12 月在国家博物馆首展以来，已在全国 28 个省（区、市）33 个城市举办共计 53 站巡回展出，现场参观人数近 130 万次，社会反响热烈，让广大科技人才系统全面地了解了这些科学家的学术贡献、学习他们的科学精神及感人事迹。

二、完善科研诚信体系

科研诚信是科技创新的基石。早在 2007 年，科技部联合教育部、中国科学院、中国工程院、国家自然科学基金委员会、中国科协等部门，建立了科研诚信建设联席会议制度。目前，联席会议的成员单位已达到 20 家。中国科研诚信体系的建立已经历了 10 余年的发展，在科研诚信建设联席会议制度的统筹协调下，我国齐抓共管的科研诚信建设工作格局初步形成，约束与激励并重的科研诚信制度框架基本建立。

党的十八大以来，特别是最近两年来，我们的科研诚信工作又取得了新进展，在科研诚信建设的工作机制、制度规范、教育引导、监督惩戒等方面取得了显著成效。

（一）科研诚信建设的工作机制，层次健全

科研诚信管理的工作机制分类、分层次予以完善。科技部、中国社科院分别负责自然科学领域和

① “采集工程”为国家科教领导小组正式启动的老科学家学术成长资料采集工程。

哲学社会科学领域科研诚信工作的统筹协调和宏观指导。地方各级政府和相关行业主管部门积极采取措施加强本地区本系统的科研诚信建设，充实工作力量，强化工作保障。科技计划管理部门加强科技计划的科研诚信管理，建立健全以诚信为基础的科技计划监管机制，将科研诚信要求融入科技计划管理全过程。教育、卫生健康、新闻出版等部门明确要求教育、医疗、学术期刊出版等单位完善内控制度，加强科研诚信建设。中国科学院、中国工程院、中国科协强化了对院士的科研诚信要求和监督管理，加强了院士推荐（提名）的诚信审核。

（二）科研诚信管理的制度规范，系统完善

科研诚信管理的制度规范陆续出台，2017 年 7 月中国科协、教育部等部门联合出台了《科技工作者道德行为自律规范》（科协发组字〔2017〕41 号），2018 年 1 月 17 日教育部印发了《教育部关于全面落实研究生导师立德树人职责的意见》，2017 年中国工程院修订了《中国工程院院士增选违纪违规行为处理办法》，2018 年 5 月中共中央办公厅、国务院办公厅印发了《关于进一步加强科研诚信建设的若干意见》，2018 年 7 月中共中央办公厅、国务院办公厅印发了《关于深化项目评审、人才评价、机构评估改革的意见》，其中《关于进一步加强科研诚信建设的若干意见》对进一步加强科研诚信工作做出了系统部署。

一是分层次落实责任主体。科技部、中国社科院会同相关单位加强科研诚信制度建设，完善教育宣传、诚信案件调查处理、信息采集、分类评价等管理制度。从事科学研究的企业、事业单位、社会组织等应建立健全本单位教育预防、科研活动记录、科研档案保存等各项制度，明晰责任主体，完善内部监督约束机制。二是完善违背科研诚信要求行为的调查处理规则。科技部、中国社科院会同教育部、国家卫生健康委、中国科学院、中国科协等部门和单位依法依规研究制定统一的调查处理规则，对举报受理、调查程序、职责分工、处理尺度、申诉、实名举报人及被举报人保护等作出明确规定。从事科学研究的企业、事业单位、社会组织等应制定本单位的调查处理办法，明确调查程序、处理规则、处理措施等具体要求。三是建立健全学术期刊管理和预警制度。科技部要建立学术期刊预警机制，支持相关机构发布国内和国际学术期刊预警名单，并实行动态跟踪、及时调整。

（三）科研诚信管理的教育引导，突出道德

2017 年 7 月中国科协、教育部等部门联合出台了《科技工作者道德行为自律规范》。该规范要求通过自律规范教育引导科技工作者自觉遵守科学道德规范，坚持把学术自律作为道德自律的核心内容，坚守“四个反对”的学术道德底线，自觉接受社会各界特别是同行监督。2018 年 1 月 17 日教育部印发了《教育部关于全面落实研究生导师立德树人职责的意见》，宗旨为贯彻全国高校思想政治工作会议精神，努力造就一支有理想信念、道德情操、扎实学识、仁爱之心的研究生导师队伍，全面落实研究生导师立德树人职责。研究生导师要全面贯彻党的教育方针，师德师风高尚，为实现“两个一百年”奋斗目标、实现中华民族伟大复兴的中国梦，培养德才兼备、全面发展的高层次专门人才。落实导师是研究生培养第一责任人的要求，坚持社会主义办学方向，坚持教书和育人相统一，坚持言传和身教相统一，坚持潜心问道和关注社会相统一，坚持学术自由和学术规范相统一，以德立身、以德立学、以德施教，指导研究生恪守学术道德规范。

自 2011 年起，中国科协联合教育部等部委连续 6 年在人民大会堂举办全国科学道德和学风建设报告会，2017 年报告会面向全国 700 余所高校近 65 万学生和青年教师，邀请院士专家结合实例生动宣讲党的十九大精神。

（四）科研诚信管理的监督惩戒，全程覆盖

2015 年以来，出现数起国外学术出版集团集中撤销来自中国论文的事件。2017 年 4 月 20 日，曾隶属施普林格出版集团的《肿瘤生物学》杂志一次撤销 107 篇中国作者的论文，对我国学术界的声誉造成不良影响，使我国医疗科研界的国际声誉受到冲击。针对此次撤稿事件，科技部会同教育部、卫生健康委、自然科学基金委、中国科协等部门以“零容忍”态度果断亮剑，打出系列组合拳 ，开展了严肃调查处理。调查显示，被撤稿的 107 篇论文共涉及作者 521 人，其中 11 人无过错，497 人不同程度存在过错，尚待查实的 13 人按程序纳入科研诚信“观察名单”。对各责任人将视情节做出相应处理，营造良好学术生态的综合行动也在进一步展开。经核查，107 篇论文中，有 2 篇论文系《肿瘤生物学》重复发表；1 篇系《肿瘤生物学》期刊自身错误撤稿，作者没有过错，《肿瘤生物学》已公开澄清；104 篇存在提供虚假同行评议专家或虚假同行评议意见的问题，其中有 12 篇系向第三方机构购买。相关责任主体分别被给予撤销职称、撤销学位、取消学籍，取消一定年限晋升职务职称、申报科技计划（专项、基金等）资格，返回获得的奖励、奖金、荣誉称号等，173 名主要责任人和次要责任人被记入严重失信行为数据库。

2017 年中国工程院修订了《中国工程院院士增选违纪违规行为处理办法》，其中进一步细化了对候选人及其身边人员、所在单位、学术团体、院士等的纪律要求和违反纪律的处罚措施。成立院士增选纪律监督工作办公室，进一步加强对院士增选纪律的监督和对违纪违规行为的查处。对候选人学风道德及政治经济等问题格外重视，严肃对待。2017 年院士增选，第一轮评审环节，暂停了 1 位涉及论文被撤稿事件候选人的资格，并对相关候选人的违纪情况在学部范围进行了通报。评审选举过程中，要求院士们更加注重了解候选人的学风道德、政治经济表现和个人品行等情况。对于存在学风不端、道德缺陷等“硬伤”的候选人要格外慎重，对于存在违纪违规行为，或者政治经济问题尚未做出结论的候选人要果断“搁置”。院士们普遍反馈，这些措施突出了对学风道德、政治经济表现和个人品行等方面的要求，对于科研诚信建设具有非常积极的意义。

2018 年 5 月中共中央办公厅、国务院办公厅印发了《关于进一步加强科研诚信建设的若干意见》。

全面贯彻党的十九大和十九届二中、三中全会精神，以习近平新时代中国特色社会主义思想为指导，落实党中央、国务院关于社会信用体系建设的总体要求，以优化科技创新环境为目标，以推进科研诚信建设制度化为重点，以健全完善科研诚信工作机制为保障，坚持预防与惩治并举，坚持自律与监督并重，坚持无禁区、全覆盖、零容忍，严肃查处违背科研诚信要求的行为，着力打造共建共享共治的科研诚信建设新格局，营造诚实守信、追求真理、崇尚创新、鼓励探索、勇攀高峰的良好氛围，为建设世界科技强国奠定坚实的社会文化基础。

2018 年 7 月中共中央办公厅、国务院办公厅印发了《关于深化项目评审、人才评价、机构评估改革的意见》，其中就涉及深入推进“三评”改革，以构建科学、规范、高效、诚信的科技评价体系为目标，加强监督评估和科研诚信体系建设。将监督和评估嵌入“三评”活动事前、事中、事后全过程，确保科学、规范、高效。事前，实行诚信承诺制度；事中，实行重点监督和随机抽查相结合；事后，强化绩效评估和动态调整。加强科研诚信建设。对科研不端行为零容忍，完善调查核实、公开公示、惩戒处理等制度。建设完善严重失信行为记录信息系统，对纳入系统的严重失信行为责任主体实行“一票否决”，一定期限、一定范围内禁止其获得政府奖励和申报政府科技项目等。推进科研信用与其他社会领域诚信信息共享，实施联合惩戒。

2018 年 11 月发展改革委、人民银行、科技部等多个部门联合对外发布《关于对科研领域相关失信责任主体实施联合惩戒的合作备忘录》，明确联合惩戒对象为在科研领域存在严重失信行为，列入科研诚信严重失信行为记录名单的相关责任主体。联合惩戒措施包括限制或取消一定期限申报或承担国家科技计划（专项、基金等）的资格；暂停或取消国家科学技术奖提名人资格；一定期限内或终身取消中国科学院、中国工程院院士提名（推荐）资格、院士被提名（推荐）资格；依法限制招录（聘）为公务员或事业单位工作人员等。

三、营造良好创新生态

中央、政府部门、企业、高校乃至全社会越来越认识到创新文化的重要性。2006 年创新文化首次被纳入国家级层面的文件，写入了《国家中长期科学和技术发展规划纲要（2006—2020 年）》，成为发展我国科技事业，建设创新型国家的一项重要内容；2010 年在《国家中长期人才发展规划纲要（2010—2020 年）》中明确提出要发展创新文化；2017 年，党的十九大报告中提出要倡导创新文化。营造创新文化，培育创新精神，为创新营造宽松的人文环境，使各类人才的创新活力充分迸发，必须做好以下两点。

坚持创新导向。从国家战略的顶层设计上坚持创新导向。创新是国家命运所系、发展形势所迫、世界大势所趋。进入 21 世纪以来，全球科技创新进入空前密集活跃的时期，新一轮科技革命和产业变革正在重构全球创新版图、重塑全球经济结构。新时代的科技创新要坚持“三个面向”的战略方向，面向世界科技前沿，勇闯科技创新“无人区”，在更多领域实现“领跑”。面向经济主战场，加快形成以科技创新为主要引领和支撑的经济体系和发展模式，为“五位一体”总体布局和“四个全面”战略布局提供全面支撑。面向国家重大需求，打造保障国家安全和战略利益的“定海神针”，努力走出一条从人才强、科技强到产业强、经济强、国家强的创新发展新路径。

营造创新生态环境。坚持将创新工作方法，创新体制机制，创新发展模式相结合，在全社会形成创新驱动的强大氛围。《国家创新驱动发展战略纲要》指出，要营造崇尚创新的文化环境。一要培养创新意识。创新意识是决定一个国家、民族创新能力最直接的精神力量。要让青少年和年轻科技人才树立科技报国的远大理想来推动创新，让全社会通过参观创新成果展来鼓励创新。二要弘扬创新精神。营造鼓励探索、宽容失败和尊重人才、尊重创造的氛围，大力弘扬求真务实、追求卓越、勇于创新的科学精神。三要激发创新活力。以深化改革激发创新活力，推动科技体制改革重大举措，加强创新驱动系统能力整合，打通科技和经济社会发展通道，不断释放创新潜能，加速聚集创新要素，提升国家创新体系整体效能。四要培育创新企业。要推动企业成为技术创新决策、研发投入、科研组织和成果转化的主体，培育一批核心技术能力突出、集成创新能力强的创新型领军企业。五要打造创新系统。着力完善国家创新体系，国家技术创新中心、国家重点实验室等创新基地形成系统布局，在科技计划管理、成果转化、评价奖励等方面大胆改革，企业创新主体地位和主导作用显著增强，科技创新人才加速集聚成长。

充分认识创新是第一动力，坚定创新信心，坚持抓创新就是抓发展、谋创新就是谋未来，加快推动形成有利于创新发展的市场环境、产业环境、人才培养引进使用机制，并通过持续推进简政放权、放管结合，优化服务，营造良好的创新生态环境。

第六章 科技人才服务

要用好用活人才，建立更为灵活的人才管理机制，完善评价这个指挥棒，打通人才流动、使用、发挥作用中的体制机制障碍，统筹加强高层次创新人才、青年科技人才、实用技术人才等方面人才队伍建设，最大限度支持和帮助科技人员创新创业。

——习近平《在十八届中央政治局第九次集体学习时的讲话》（2013年9月30日）

各级党委和政府要从心底里尊重知识、尊重人才，为人才发挥聪明才智创造良好条件，营造宽松环境，提供广阔平台。

——习近平《在网络安全和信息化工作座谈会上的讲话》（2016年4月19日）

要树立强烈的人才意识，做好团结、引领、服务工作，真诚关心人才、爱护人才、成就人才，激励广大人才为实现“两个一百年”奋斗目标、实现中华民族伟大复兴的中国梦贡献聪明才智。

——习近平《就深化人才发展体制机制改革作出的指示》（2016年5月）

要加强科技领域干部队伍建设，培养一大批能够把党和国家科技政策贯彻落实好的组织型人才，成为领导科技工作的行家里手和科研人员的知心人。

——习近平主持召开中央财经委员会第二次会议时强调（2018年7月13日）

近年来，政府科技管理部门加快从研发管理向创新服务转变，遵循科技创新规律和人才成长规律，提升针对各类创新主体和广大科技人才的专业化服务水平。各地方和各有关单位积极落实职能转变要求，围绕强化政府服务、推动资源共享、搭建创新平台、提升创新能力、加大宣传引导等方面，积极开展形式多样的科技人才服务工作，切实补齐创新服务“短板”。同时，鼓励和引导更多社会力量为科技人才开展创新创业活动提供更加专业化的服务，支持科技工作者在创新驱动发展的各项事业中做出贡献、得到培养，更好地服务国家重大需求和经济社会发展需要。

第一节　加强政府对人才的服务

按照党中央、国务院部署，科技管理部门不断强化职能转变，寓管理于服务，不断深化科技领域“放管服”改革，加大“放”的力度，强化“管”的能力，提升“服”的水平，积极推进政府“简政放权”，为科研人员“松绑减负”，全面做好“服务保障”工作。

一、推动简政放权

简政放权的关键在“简”，核心在“放”，把该放的更好放到位，在与科研人员密切相关的选人用人、职称评审、技术路线决定、经费使用、科技成果处置等方面，切实避免对微观创新活动的不当干预，充分调动用人单位和科研人员的积极性，激发创新活力。

（一）保障和落实用人主体自主权，下放选人用人和职称评审自主权

《关于分类推进人才评价机制改革的指导意见》明确提出要保障和落实用人单位自主权，支持用人单位结合自身功能定位和发展方向评价人才，推动具备条件的高校、科研院所、医院、文化机构、大型企业、国家实验室、新型研发机构及其他人才智力密集单位自主开展聘用（任）工作。《关于深化职称制度改革的意见》针对“想用的人评不上，评上的人用不上”的突出问题，强调要充分发挥用人主体在职称评审中的主导作用，逐步将高级职称评审权下放到符合条件的市地或社会组织，对于开展自主评审的单位，政府不再审批评审结果，改为事后备案管理。

（二）赋予科研人员更大技术路线决策权

2017 年科技部、教育部等 7 部委联合制定《扩大高校和科研院所自主权，赋予创新领军人才更大人财物支配权、技术路线决策权试点工作方案》，在 44 家中央高校和科研院所开展扩大自主权改革试点，推动建立科学合理、充满活力的创新组织和科研管理体制机制。《国务院关于优化科研管理提升科研绩效若干措施的通知》（国发〔2018〕25 号）强调要赋予科研人员更大技术路线决策权，科研项目申报期间，以科研人员提出的技术路线为主进行论证，科研项目实施期间，科研人员可以在研究方向不变、不降低申报指标的前提下自主调整研究方案和技术路线，报项目管理专业机构备案。另外，还允许项目负责人根据需要自主组建科研团队。

（三）赋予科研单位科研项目经费管理使用自主权

直接费用中除设备费外，其他费用调剂权下放项目承担单位。开展简化科研项目经费预算编制试点，简化科研项目预算编制要求，精简说明和报表。扩大科研经费使用自主权试点，由单位探索完善科研项目资金的激励引导机制。开展科研机构分类支持试点，对从事基础研究、公益性研究、应用技术研究开发等不同类型的科研机构实行差别化的经费保障机制，完善稳定支持和竞争性经费支持相协调的保障机制。

（四）下放科技成果使用、处置、收益“三权”和所有权

按照科技成果转化“三部曲”的部署和指导，将科技成果的“三权”下放至科技成果完成单位，允许科技成果主要完成人取得收益的比例从 20% 提高到不低于 50%。《国务院关于优化科研管理提升科研绩效若干措施的通知》（国发〔2018〕25 号）提出，对于受企业、其他社会组织委托项目和利用财政资金形成的职务科技成果，在一定条件下均可探索赋予科研人员职务科技成果所有权或长期使用权。

二、为科研人员松绑减负

针对当前科技创新和人才管理中低效约束较多的突出问题，政府科技管理部门不断深化科技计划和项目管理改革，着力解决科研人员长期反映的项目申报、成果验收、人事管理等方面的“繁文缛节”问题，切实为科研人员松绑减负、清障搭台。

（一）优化整合国家科技计划

深化中央财政科技计划管理改革，将分散在 40 多个部门近百项科技计划整合为新的 5 类计划，发挥各类科技计划项目和基地使命作用，促进人才在项目实施中成长。完善国家科技管理信息系统，将中央财政科技计划（专项、基金等）项目全部纳入系统，按权限向项目承担单位、项目管理专业机构、行业主管部门等相关主体开放，促进数据共享，加强项目查重，减少材料重复报送。

（二）简化科研项目申报

精简项目申报要求，减少不必要的申报材料，整合科技管理各项工作和计划管理的材料报送相关环节，推行“材料一次报送”，实现一表多用。针对科技人才反映的项目评审负担过重问题，科技部率先在全国推出重大科技项目“互联网 + 异地视频答辩”服务，实行网上申报、网上受理、网上审核、网上答辩、网上审批，真正做到让信息 “多跑路”，让人才“少跑腿”，满足了科研项目申请人在本地就可以完成项目答辩的需求，为科研人员节约了科研时间，减少了科技经费的浪费，赢得了广大科研人员的普遍赞誉。

专栏 6-1　科技部网络视频评审答辩服务

网络视频评审答辩服务是科技部深入推进国家科技计划管理改革的创新性工作，是落实科技管理改革、支撑科技项目管理和业务服务的重要科技基础设施。网络视频评审答辩采用单向视频、双向音频的评审专家、项目答辩人分处异地的答辩评审模式，一方面提升了科技计划管理的公平性、公正性及透明性；另一方面提高了评审效率，大大节省了科技人员的时间和费用。在答辩过程中，所有答辩评审材料全程录音录像，也为科技计划评审过程的严肃、公正提供了技术保障。网络视频评审工作始建于2011年，973计划项目视频评审首次采用网络视频评审答辩方式。2012年年底，初步完成视频评审场地建设工作，建成固定视频评审室29个，同时，建设全国37个省市区（含计划单列市）近80个地方答辩室，2011年起至2017年年底，科技部已累计使用网络视频进行项目评审近2.5万项次。

资料来源：科技部信息中心提供。

（三）优化项目过程管理和验收

推动科研管理从重数量、重过程向重质量、重结果转变，对关键节点实行“里程碑”式管理，减少科研项目实施周期内的各类评估、检查、抽查、审计等活动，对自由探索类基础研究和实施周期3年以下项目一般不作过程检查。合并财务验收和技术验收，由项目管理专业机构依据任务书在项目实施期末进行一次综合性绩效评价。

（四）改进科研人员管理方式

转变过去按照行政管理要求来约束科研人员的做法，推动建立有别于党政干部的科技人员管理制度。按照区别对待、分类管理原则，对教学科研人员出国学术交流不作批次限量管理，出国经费不纳入“三公”经费统计，允许高校和科研院所领导人员在科技社团、基金会、成果转化企业等适度兼职，对引进的海外高层次人才岗位任职不再简单套用“裸官”管理。

三、做好服务保障工作

解决科研人员的后顾之忧，他们才能心无旁骛地进行潜心研究。深化科技领域“放管服”改革中，加快推进政府科技管理部门由管理者向服务者角色的转变，提升针对科技创新活动和科技人才的服务能力，才能保障科研人员集中精力干好主责主业，切实增强科研人员的获得感。各级政府科技管理部门不断改进服务举措，优化服务流程，从加大经费支持力度、提高工资收入水平、加强配套团队建设、破除人才流动身份和岗位限制、提升生活便捷度等方面，为广大科技工作者提供更加高效、更加人性化的科研服务。针对高层次科技人才，部分地方还推行了领导班子成员“一对一”联系服务，帮助他们解决在项目研究、技术攻关、成果转化、人才培养及个人生活等方面遇到的问题和困难。

第二节　面向科技人才推动资源共享

科技人才开展科技创新创业创造活动需要各种资源，既要依靠仪器、设备、物种、数据等科技基础条件资源的支撑和保障，也要获取研究报告、科研成果等相关信息资源。由于科技基础条件资源多是隶属于不同部门或不同地方，资源使用也主要限于各自部门或单位内部，各类科技计划项目产生的项目数据、研究成果、实物资源等也多是散落在单位和个人手里，不仅造成了很多科技资源的闲置和低效使用，部分科技创新活动也存在重复或无序竞争问题。近年来，我国用于科技研发的财政和社会资金投入持续增加，各种科技资源也越来越丰富。为了提高科技资源使用效率，中央和各级政府大力推动科学仪器设施共享、科技数据、科研成果共享等科技资源开放共享政策，搭建科技条件资源和科研成果共享平台，让科技人才更加便捷、更加高效地进行科学研究和技术开发，为科技创新事业快速发展提供了有力支撑。

一、国家科技资源共享服务平台

为了让广大科技人才获取更多、更优质、更便捷的科技基础条件资源，近年来，科技部、财政部积极推动国家科技资源共享服务平台建设，面向科技创新、经济社会发展和创新社会治理、建设平安中国等需求，加强优质科技资源有效集成，提升科技资源使用效率，为科学研究、技术进步和社会发展提供网络化、社会化的科技资源共享服务。目前，共有 28 个平台纳入国家科技资源共享服务平台（表 6–1），包括大型科学仪器设备和研究实验基地、自然科技资源保存和利用体系、科学数据和文献资源共享服务网络、科技成果转化公共服务平台、网络科技环境等物质与信息保障系统。2018 年，科技部、财政部印发《国家科技资源共享服务平台管理办法》，规定利用财政资金形成的科技资源，除保密要求和特殊规定外，必须面向社会开放共享，同时鼓励社会投入形成的科技资源通过国家平台面向社会开放共享。

表 6–1　国家科技资源共享服务平台名单

序号	平台名称	牵头单位	主管部门
1	国家生态系统观测研究共享服务平台	中国科学院地理科学与资源研究所	中国科学院
2	国家材料环境腐蚀野外科学观测研究共享服务平台	北京科技大学	教育部
3	国家特殊环境、特殊功能观测研究台站共享服务平台	中国科学院寒区旱区研究所	中国科学院
4	国家大型科学仪器中心共享服务平台	中国科学院化学研究所	中国科学院
5	国家应急分析测试共享服务平台	钢铁研究总院	国资委

续表

序号	平台名称	牵头单位	主管部门
6	国家人口与健康科学数据共享服务平台	中国医学科学院	卫生健康委
7	国家地球系统科学数据共享服务平台	中国科学院地理科学与资源研究所	中国科学院
8	国家林业科学数据共享服务平台	中国林业科学研究院	国家林业局
9	国家农业科学数据共享服务平台	中国农业科学院农业信息研究所	农业农村部
10	国家地震科学数据共享服务平台	中国地震台网中心	中国地震局
11	国家气象科学数据共享服务平台	国家气象信息中心	中国气象局
12	国家基础科学数据共享服务平台	中国科学院计算机网络信息中心	中国科学院
13	国家海洋科学数据共享服务平台	国家海洋信息中心	海洋局
14	国家科技图书文献共享服务平台	中国科技信息研究所	科技部
15	国家标准文献共享服务平台	中国标准化研究院	质检总局
16	中国数字科技馆	中国科学技术馆	中国科学技术协会
17	国家农作物种质资源共享服务平台	中国农业科学院作物科学研究所	农业农村部
18	国家家养动物种质资源共享服务平台	中国农业科学院北京畜牧兽医研究所	农业农村部
19	国家水产种质资源共享服务平台	中国水产科学研究院	农业农村部
20	国家重要野生植物种质资源共享服务平台	中国科学院昆明植物研究所	中国科学院
21	国家林木种质资源共享服务平台	中国林业科学研究院	国家林业局
22	国家寄生虫种质资源共享服务平台	中国疾病预防控制中心寄生虫病预防控制所	卫生健康委
23	国家微生物资源共享服务平台	中国农业科学院农业资源与农业区划研究所	农业农村部
24	国家实验细胞资源共享服务平台	中国医学科学院基础医学研究所	卫生健康委
25	国家标本资源共享服务平台	中国科学院植物研究所	中国科学院
26	国家人类遗传资源共享服务平台	国家卫生健康委科学技术研究所	卫生健康委
27	国家标准物质资源共享服务平台	中国计量科学研究院	质检总局
28	国家计量基标准资源共享服务平台	中国计量科学研究院	质检总局

数据来源：科技部网站。

科技部、财政部共同建设科技资源开放共享网，作为科技资源共享服务平台的信息发布平台和网络管理平台，按照统一标准接受和公布科技资源目录及相关服务信息，同时承担平台组建、运行管理和评价考核等工作的在线管理工作。开放共享网按照国家科技基础条件平台资源、大型科学仪器设备资源、科技平台标准、国家科技计划项目形成的科技资源与成果信息、创新型企业创新资源、研究报告 6 类进行分类导航，为科研人员、科研单位、企业和管理人员等各类创新主体提供翔实的科技资源共享信息与服务。科技部、财政部每两年组织一次国家科技资源共享服务平台分类评价考核，重点考核科技资源整合能力、服务成效、组织运行管理及专项经费使用情况等内容，有力督促共享平台依托和建设单位不断完善科技资源集成优化和开放共享服务。

国家科技资源共享服务平台建设促进了重点领域和区域科技基础条件资源的整合，带动了资源共享的试点、示范工程，初步建成了满足科技创新和发展需要的科技基础条件支撑体系与信息平台，形成了以共享机制为核心的管理制度，同时发展了与平台建设和发展相适应的专业化人才队伍和研究服务机构。

二、国家科技报告制度

科技报告是描述科研活动的过程、进展和结果，并按照规定格式编写的科技文献，包括科研活动的过程管理报告和描述科研细节的专题研究报告。科技报告资源既是科研人员申请各类科技计划项目和开展科学研究的重要信息保障，也是科技管理人员开展项目管理工作的重要支撑。2014 年，国务院办公厅转发科技部《关于加快建立国家科技报告制度的指导意见》，我国正式启动国家科技报告制度建设，提出以服务科技创新为根本目标，以促进科技报告规范产生、持续积累、集中收藏和开放共享为主要任务，充分利用现有机构和渠道，逐步建立健全国家科技报告组织管理机制和开放共享体系，形成统一的国家科技报告制度。国家科技报告制度建设，一方面是为了加强各类科技计划协调衔接，避免科技项目重复部署；另一方面是让广大科研人员共享科研成果，提高国家科技投入效益，同时也让社会公众了解科技进展，促进科技成果转化应用。

专栏 6–2　国家科技报告制度建设进程

2013 年 10 月，科技部印发《国家科技计划科技报告管理办法》，是国家科技计划科技报告试点工作的指导文件。

2014 年 8 月，国务院办公厅转发科技部《关于加快建立国家科技报告制度的指导意见》，作为国家推进各部门（地方）全面实施科技报告制度建设的指导文件。

2014 年 12 月，国务院发布《关于深化中央财政科技计划（专项、基金等）管理改革的方案》，要求科技计划（专项、基金等）项目全部纳入统一的国家科技报告系统，未按规定提交并纳入的，不得申请中央财政资助的科技计划（专项、基金等）项目。

2016 年 12 月，科技部发布《中央财政科技计划（专项、基金等）科技报告管理暂行办法》，对中央财政科技计划科技报告的组织管理、责任分工、工作要求和共享使用等做出了明确规定。

2017 年 6 月，科技部办公厅发布《关于加快地方科技报告制度建设的通知》，要求各地方进一步建立健全科技报告工作机制，将科技报告纳入地方科技计划、专项、基金等科技管理范畴。

2018 年 7 月，中共中央办公厅、国务院办公厅印发《关于深化项目评审、人才评价、机构评估改革的意见》，规定非涉密的国家科技计划项目成果验收前，应在遵守知识产权保护法律法规的前提下，纳入国家科技报告系统，向社会公开，接受监督。

资料来源：国家科技报告服务系统。

为促进科技知识的积累、传播、共享和转化应用，增强社会公众对于国家科研成果的了解程度，2014 年国家科技报告服务系统作为国家科技报告制度的重要载体正式开通。国家科技报告服务系统按部门、学科、地域、类型对公开科技报告进行导航，社会公众、专业人员和管理人员 3 类用户均可从中获得不同的科技信息共享服务。专业人员和管理人员需注册登录查询科技报告全文，社会公众不需注册就可以检索科技报告摘要和基本信息，了解国家科技投入所产出的科技报告的基本情况，还可以对科研诚信问题进行监督举报。截至 2018 年 11 月，国家科技报告服务系统收录报告数量达到 13.6 万份，网站点击量达到 9079 万次。

目前，辽宁、山东、陕西、浙江等近 29 个省（市、区）建立了地方政府科技报告共享服务系统，社会公众、专业人员和管理人员均可以进入地方政府科技报告服务系统，了解国家和省属科技计划项目开展和成果报告等具体情况。国家科技报告服务系统已与 25 个省（市、区）科技报告服务系统实现了用户统一认证，访问互联互通。

三、国家科技成果信息服务系统

促进科技成果交流和转移转化是提高科技创新对经济社会发展贡献率的重要途径。科技部组织开发建设了国家科技成果信息服务系统，为社会公众、政府部门及高等院校、科研院所、企业、成果转化中介机构、投融资机构等提供有关各级财政资助科技计划（专项、基金等）项目科技成果、国家和地方科技奖励成果、部门 / 地方 / 行业协会推荐科技成果及其他利用财政资金形成的科技成果的信息查询服务，推动科技成果信息的开放共享，促进科技成果转移转化。

国家科技成果信息服务系统主要服务功能包括按应用行业、成果形式、成果状态、成果完成时间等进行成果信息分类导航、多字段成果信息检索、成果信息统计分析及推荐成果等。系统面向社会公众、个人、机构和科技管理人员 4 类用户提供服务：一是向社会公众提供科技成果基本信息检索浏览服务，社会公众不需要注册即可查询和浏览科技成果基本信息；二是向个人注册用户提供科技成果详细信息检索浏览服务，个人用户需要实名注册，登录后可检索和浏览包括联系方式等在内的科技成果详细信息；三是向高等院校、科研院所、企业、成果转化中介服务机构、投融资机构等提供科技成果信息检索浏览服务和分类统计服务，机构用户需要实名注册，登录后可检索和浏览科技成果详细信息，对本机构科技成果信息的分布和利用情况进行统计分析，为开展成果转移转化工作提供信息支撑；四是向政府部门科技管理人员提供成果信息的综合统计分析服务，管理人员需要通过科技管理部门批准注册，可检索、查询、浏览科技成果详细信息及按地域、部门、行业等对科技成果信息进行综合统计分析。

第三节　为科技人才创新创业搭建平台

为科技人才搭建创新平台，有利于科技人员施展才华，了解生产一线需求。近年来，国家积极搭建服务基层对接平台、科技人才发展平台和科技人才建言献策平台等各类平台，加强科技人才与需求单位的交流合作，促进科技成果转化为经济社会发展服务。

一、服务基层对接平台

为引导科技人才为地方经济社会发展服务，中央与地方各级政府组织了各类型服务基层的供需对接活动，搭建信息互通资源共享的合作交流平台。科技部人才中心依托科技领军人才创新驱动中心，组织国家科技领军人才与地方政府、企业等对接，建立“人才、成果、产业”对接联动机制，组织领军人才地方行，聚焦地方特定领域的优质科技资源形成集群式对接产业，打破科技成果转化的碎片化，提高了协同发展和集成优化的效率。领军人才地方行模式主要有两种：一是组织领军人才深入地方调研，对地方经济、社会、科技等发展情况进行精确“诊断”，为地方出谋划策，为科技创新更好地服务和引领经济社会发展提出“对症”的思路和举措；二是聚焦地方提出的具体需求，从国家高层次专家中遴选相应的科技创新人才或创业人才，带着科技研发成果或具体项目到地方，与当地企业洽谈和对接技术研发或产业发展合作，形成“接地气”的精准技术解决方案。截至 2018 年 12 月，依托领军人才创新驱动中心，领军人才地方行已经走过鄂尔多斯、漳州、云南、东营等地，相继举办了产学研对接及领军人才地方行活动 30 余场。

专栏 6-3　科技领军人才地方行——漳州

“千万人才来相聚，共话漳州新发展。”2018 年 4 月 11 日上午，由科技部人才中心、人力资源社会保障部留学人员和专家服务中心，福建省委组织部、省人社厅、省科技厅、省海洋渔业厅、省侨联，漳州市委、漳州市人民政府联合主办的科技领军人才地方行暨项目资本对接活动在福建漳州举行。活动共邀请国家“万人计划”领军专家 71 名、国内外著名投资机构 37 家参加，吸引了漳州市 143 家企事业单位对接参与，活动内容包括主题论坛、专场路演、对接洽谈会、项目签约、座谈会、实地考察等，旨在为科技创新人才、高新企业、投资机构搭建一个沟通交流合作的平台。

活动围绕漳州市海洋经济、电子信息、生物医药、化学化工、新能源等领域的人才项目资本需求，与当地企事业单位进行对接洽谈，以高端的视角、创新的思路和先进的专业技术特长，助推漳州市供给侧结构性改革、产业转型升级。

漳州市聘请了与会的 104 名国家海外高层次人才专家为“漳州市产业发展顾问”，成为“漳州智库”。在共话漳州创业创新座谈会上，专家们分别围绕海洋经济、电子信息、生物医药、化学化工、新能源等领域，积极建言献策，谋划漳州发展。活动期间，专家们还带着具体项目深入高新技术区、古雷石化基地、东山县等实地考察，与企业面对面交流、实打实对接，达成了一批合作协议。

资料来源：科技部人才中心提供。

二、科技人才发展平台

科技人才发展需要符合自身成长成才发展的平台。各部门积极搭建各类科技人才发展平台，在科技领军人才创新驱动中心、“互联网 +”创新创业人才服务平台及搭建海外智力为国服务平台等方面进行了积极探索。

（一）科技领军人才创新驱动中心

科技领军人才创新驱动中心是科技部人才中心以国家科技领军人才团队为依托，针对地方高层次人才短缺及刚性引才困难等问题搭建的汇智集才的服务咨询新型平台，围绕产业链、强化创新链、构建人才链，促进区域科技创新和产业发展，带动科研平台、高新技术企业、人才团队、科技成果落地。自 2014 年启动运行以来，驱动中心探索了人才柔性引进新模式及组织高层次科技人才服务地方需求、统筹协同区域科技资源的新机制，密切了科学研究与产业实践的联系，提升了产学研合作的效率，促进了地方人才、资金、平台和资源的有机结合，推动了区域创新体系建设。截至 2018 年，已在全国范围内的 26 个城市开展试点，建立了人才驱动中心运行管理制度和服务保障机制，动员和组织国家高层次科技领军人才精准对接和服务地方重大需求，在攻克区域重大科技前沿难题、解决企业技术瓶颈、助力企业转型升级、建设高水平人才队伍等方面取得了积极成效。

（二）“互联网＋”创新创业人才服务平台

按照《促进科技成果转移转化行动方案》中对构建“互联网 +”创新创业人才服务平台的基本要求，科技部人才中心对中国科技创新人才网进行了功能升级及改版拓展。新增人才研究、双创导师、人才联盟等栏目，并对品牌活动进行了梳理整合。平台聚集了科技成果转移转化从业人员、科技人才、创新人才、资本人才、企业家等“创新链—产业链—资金链”各个环节的人才要素，对进一步畅通各层次、各行业、各专业人才的交流渠道、统筹各类资源、宣传科技成果与相关政策起到了促进作用。目前，平台开发已基本完成，处于收尾和上线测试阶段。

三、科技人才建言献策平台

科技人才的智力资源是科技进步、社会决策、经济繁荣与可持续发展的核心资源与关键要素，中央和各级政府要建立多元化机制，最大限度地发挥科技专家的战略咨询作用，搭建科技人才建言献策平台，利用科技人才的智力资源为政府和企业提供重要决策服务。近年来，中央和地方各级政府结合科技人才的实际情况，通过建立科技专家咨询委员会、畅通科技人才建言渠道、广泛调研收集科技人才意见建议等多种形式，组织科技人才为国家与地方经济社会建设建言献策，最大限度发挥科技人才的智力资源优势。

（一）建立科技专家咨询委员会机制，发挥科技专家的战略咨询作用

一直以来，中央和地方各级政府依托科技专家咨询委员会，发挥科技专家的智力作用，为各类重要决策提供咨询服务。在中央部委层面，发展改革委、工业和信息化部、教育部等部委为提高本部门与本行业内的科技创新水平，纷纷设立了相关的科技专家咨询委员会。例如，教育部设立教育部科学技术委员会；发展改革委设立全国生态保护与建设专家咨询委员会；工业和信息化部成立工业和信息化部通信科学技术委员会、电子科技委员会、智能制造专家咨询委员会及新一代人工智能战略咨询委员会。2018 年 5 月，重新组建的科技部党组发布一号文件提出，将突出抓好“深化科技体制改革”等方面的工作，落实国家重大科技决策咨询制度，组建我国最高级别的科技决策咨询机构——国家科技咨询委员会。在地方政府层面，早在 1983 年，黑龙江省政府设立黑龙江省科技经济顾问委员会；1996 年深圳市人民政府成立深圳市科技专家委员会；2012 年，浙江省科学技术厅成立浙江省科技发展咨询委员会，真正聚集起来一批科技专家建言献策，为决策咨询服务；2018 年 6 月，湖南省政府成立科技创新战略咨询专家委员会，对湖南省科技创新发展战略与科技规划提供咨询意见。

（二）畅通科技人才建言献策渠道，提升科技人才服务质量

各地各部门积极搭建各类平台，鼓励科技人才建言献策。一是搭建科技人才建言献策平台。教育部为发挥科技专家作用，在《中国高等教育》杂志设立“长江学者笔谈”专栏，并结集出版《长江学者文集》。中国科协积极为科技工作者建言献策搭建智库平台，为院士退休制度改革建言献策。通过与多个部委、20 余位院士和有关高校、科研院所负责人员，多个省级科协联系咨询，形成关于院士退休制度改革情况报告。二是畅通科技工作者建言献策和对外交流合作渠道。中国科协主办的《科技界情况》和《科技工作者建议》就可直报国务院办公厅。同时，创立“中国科协年会院士专家与地方党政领导座谈会”“中国科技政策论坛”“全国学会高端学术沙龙”等一大批特色亮点决策咨询活动品牌，扩大影响力，不断拓展智库对外交流合作渠道，积极主动与国际著名科技创新智库开展合作研究，联合发布具有国际影响力的智库成果。

（三）通过调研广泛收集科技人才意见建议，完善科技人才服务机制

中央和地方各级科技管理部门通过开展广泛的调查研究积极收集科技工作者意见建议，全国各级各地科协在推动科技工作者建言献策方面做出了很多有意义的工作。中国科协组织开展第四次全国科技工作者状况调查，全面了解、及时反映新时代科技工作者队伍在职业发展、科研活动、交流进修、生活待遇、社会参与、思想观念等方面的新情况、新变化、新问题。2015—2016 年，开展“我国海运业船舶技术人员状况调查”与“科技工作者科研伦理意识调查”等系列调研，形成一批决策咨询成果。

专栏 6-4　搭建科技人才建言献策平台，发挥科技专家战略咨询作用

2017 年 5 月，工业和信息化部办公厅成立智能制造专家咨询委员会。2017 年 11 月，科技部召开新一代人工智能发展规划暨重大科技项目启动会，宣布成立新一代人工智能战略咨询委员会，由潘云鹤院士任组长，成员包括陈纯院士等 27 名专家。为国家人工智能发展的重大战略问题提供专业咨询建议，为新一代人工智能发展规划和重大科技项目实施、人工智能学科建设和人才培养建言献策。2018 年 6 月，湖南省政府成立科技创新战略咨询专家委员会。战略咨询专家委员会受省政府及科技行政部门的委托，对湖南科技创新发展战略、科技规划提出咨询意见；对科技计划（专项、基金等）布局、重点专项设置和任务分解提出咨询意见；围绕科技创新和经济社会高质量发展重大需求、科技创新管理、体制机制改革等重大问题，开展专题调研，提出咨询意见。2018 年 5 月，重新组建的科技部党组发布一号文件提出，将突出抓好“深化科技体制改革”等方面工作，落实国家重大科技决策咨询制度，组建国家科技咨询委员会，建设我国最高级别的科技决策咨询机构和建言献策平台。

资料来源：科技部提供。

四、技术转移平台

科技部评定的国家技术转移示范机构——科易网创新服务模式，打通技术转移绿色通道，构建科技成果转化可持续发展服务体系，以平台推动科技成果转化为主轴，采用线上线下相结合的方式，为政府、院校、企业、专家、科技中介提供技术转移、技术创新全流程等服务，解决了技术的对接、定价、交易、区域性市场服务的关键节点问题，打通了技术转移的绿色通道，促进了科技资源的充分利用。目前，科易网聚集了大量有效的科技资源，已在全国构建了60多个平台，运营了30多个区域技术市场，平台上现有科技成果26万条、企业120万家，还有专业机构2万多家、院校机构1000多家，大量的科技资源成为他们服务全国各地的重要支撑和保障。

专栏6-5　科易网——提供技术转移服务的平台

科易网是科技部评定的国家技术转移示范机构、国家现代服务业示范企业，是国家奖励办批准建设的国内第一个国家科技成果转化服务示范基地，是一个提供技术转移、技术创新全流程等服务的平台。平台以推动科技成果转化为主轴，以“创新服务模式，打通技术转移绿色通道，构建科技成果转化可持续发展服务体系”为发展愿景，致力于为政府、院校、企业、专家、科技中介提供卓越的科技成果转化全流程服务，目前已是国内最大的技术交易市场与创新服务平台。

2010年，科易网承载了国家奖励办的国家科技成果转化服务示范基地；2013年，科易网推出了“科易宝”，是国内第一个网上技术交易系统，使科易网从信息平台变成了交易平台；2016年，科易网在全国的布局基本成型，遍布30多个省市，在国内的科技服务领域产生了巨大的影响力。

科易网发展过程中有以下几个特点：首先，科易网打通了技术转移的全流程服务，解决了技术的对接、定价、交易、区域性市场服务的关键节点问题，打通了技术转移的绿色通道。其次，科易网聚集了大量有效的科技资源，现在平台上有科技成果26万条、企业120万家，还有专业机构2万多家、院校机构1000多家，大量的科技资源成为他们服务全国各地的重要支撑和保障。最后，科易网从立足于厦门走向全国，目前在全国构建了60多个平台，运营了30多个区域技术市场，初步构成了全国性的网上技术交易市场。

资料来源：科易网。

五、人才流动服务市场

根据深化“放管服”改革的有关精神，人力资源社会保障部办公厅印发了《关于开展2017年国务院所属部门人才中介服务机构年度报告公示工作的通知》，根据通知，人力资源社会保障部全国人才流动中心等56家人才中介服务机构，为国务院所属部门人才中介服务机构名录，相较于2016年增加了2个中介机构。社会人才中介机构不仅为科技人才供求的提供平台，而且为科技人才建立人才市场，保证了科技人才的合理流动。

同时，全国各地的人才大市场为科技人才提供人事公共服务和专业的市场化服务，在科技人才社会化服务中做出了巨大贡献。例如，重庆市人才大市场为引进人才、辨才、育才、荐才的各个层面提供服务。目前该人才大市场已发展成为重庆第一、西南领先、全国一流、与国际接轨的专业性人力资源服务机构。深圳市人才大市场是中国人才交流协会常务理事单位、全国大中城市人才中心联盟成员单位、深圳市人力资源服务协会会长单位，在深圳市人力资源服务行业处于龙头地位。作为特区的人才聚集港和招才引智的标志性“窗口”，深圳人才大市场通过搭建高效的人力资源服务平台，不断优化人才配置市场环境，持续为特区发展提供着人力资源服务保障和智力支持。经过多年发展，深圳人才大市场的品牌影响力、号召力、辐射力根深叶茂，公众认知度、美誉度、忠诚度与日俱增，各项业务排名稳居深圳人力资源服务业领航者地位，是华南地区乃至全国规模最大的综合性人力资源服务机构之一。

专栏6-6　重庆市人才大市场

重庆市人才大市场是经重庆市人民政府批准成立的，重庆市人力资源与社会保障局所属的专业性人力资源服务机构，是中国人才交流协会副会长单位。人才大市场注册资本金800万元，拥有员工200余人，拥有5家全资子公司和3家合资公司。

重庆市人才大市场自1992年成立以来，始终坚持“为人才创造机会，为企业创造价值，为社会创造财富”的宗旨，不断开拓进取，为各类用人单位和社会人才提供人才（劳务）派遣、人力资源外包、人事代理、人才测评、人才培训、人才招聘、人才猎头、人事规划、管理咨询、航空人力资源服务、家庭服务业服务等市场化业务，同时也积极承担政府委托购买服务。通过20多年不懈努力，年服务人群超20万人，年营收规模超30亿元，是重庆市范围内业务门类齐全、服务范围广泛、规模最大、西南领先、在中西部地区有较大影响力、具有国际视野的专业性人力资源服务机构。

资料来源：重庆人才大市场网。

第四节 提升科技人才创新能力

为提高科技人才战略思维能力、协同创新能力、团队建设和管理能力及政策实施能力，中央加强顶层设计，加强各类人才培训。各部门各地方立足行业与区域发展实际开展多层次、多类型、多渠道、多形式的培训工作，大力提升科技人才的综合能力素质。

一、国家科技人才专项培训

国家重视科技人才培训，不断强化顶层设计和系统部署。各有关部门、单位、地方积极落实中央决策部署，推动完善科技人才培训，提升科技人才创新能力。中央组织部发布《高层次专家国情研修规划（2012—2020 年）》，人力资源社会保障部等部门发布《专业技术人员知识更新工程实施方案》《国家高技能人才振兴计划实施方案》等文件，明确了针对高层次领军人才、专业技术人才、高技能人才、农村实用人才等人才培训的相关政策及具体举措，开展了一系列多种类型、多种形式的研修与培训工作。

（一）高层次专家国情研修规划

2012 年 3 月，中央组织部印发的《高层次专家国情研修规划（2012—2020 年）》提出，从 2012 年到 2020 年，用 8 年时间，组织 1 万名左右各领域高层次专家参加国情研修，每年 1200 名左右。国情研修班是团结引导联系服务专家的重要工作，帮助高层次人才增进对国情的了解，提高思想政治素质。教育部每年组织“长江学者奖励计划”项目入选者参加国情研修班，开展党史国情教育。科技部每年组织“创新人才推进计划”入选者参加科技领军人才创新战略研修班。农业农村部每年会同中央组织部举办 1 期农业领域高级专家国情研修班。中国科协近年来连续承办青年科技领军人才国情研修班。

（二）专业技术人员知识更新工程

专业技术人才知识更新工程是《国家中长期人才发展规划纲要（2010—2020 年）》中确定的十二大人才工程之一，工程计划到 2020 年围绕我国经济结构调整、高新技术产业发展和自主创新能力的提高，在装备制造、信息、生物技术、新材料、海洋、金融财会、生态环境保护、能源资源、防灾减灾、现代交通运输、农业科技、社会工作等 12 个重点领域，围绕 4 个重点项目开展大规模的知识更新继续教育。截至 2017 年年底，该工程累计培训了 915 万人次高层次和急需紧缺人才，建设了 140 个国家级继续教育基地，有效缓解了经济社会发展重点领域人才短缺问题。

一是高级研修项目。按照高水平、小规模、重特色的要求，为高层次人才创造一流的进修和交流环境。每年举办 200 期左右国家级高级研修班，培养 1 万名左右高层次人才，建设一支素质优良、创新能力强、具有较强竞争力的专业技术人才队伍。

专栏 6-7　生物技术领域高级研修项目

现代生物技术的一系列重要进展和重大突破正在加速向应用领域渗透，在革命性解决人类发展面临的环境、资源和健康等重大问题方面展现出巨大前景，生物技术产业正加速成为继信息产业之后的又一个新的主导产业，成为世界各国争相部署的战略领域和积极抢占的制高点。为了促进生物技术领域人才队伍建设和知识更新，科技部社会发展科技司组织开展了针对生物技术领域专业技术人员和管理人员的高级研修，为国内生物技术领域青年科学家和优秀管理人才提供交流、学习、展示及合作的平台。通过研修学习，帮助学员全面领会国家科技体制改革精神、生物技术领域“十三五”科技创新发展规划等最新政策要点，了解生物技术领域前沿热点，使学员能够更好地开展生物技术领域科研管理工作和专业技术工作。截至 2018 年，共举办 6 期研修班，每期来自各省、自治区、直辖市、计划单列市科技厅（委、局）、新疆生产建设兵团科技局的科技管理人员，以及科研院所、高等院校、研究型医疗机构、创新型企业从事生物技术研究与开发的高级专业技术人员约 200 人参加了研修班学习。

资料来源：科技部社会发展司提供。

二是急需紧缺人才培养培训项目。在 12 个重点领域和现代物流、电子商务、法律、咨询、会计、工业设计、知识产权、食品安全、旅游等 9 个现代服务业领域，每年培训 80 万人，以更新知识、掌握先进技术、提升专业技术水平为主要内容，实施短期培训项目，培养培训急需紧缺人才。

三是岗位培训项目。针对有关重点领域具有中高级职称的骨干专业技术人才职业发展和工作需要，以专项培训、综合培训、集中授课、在线学习、专题研修等多种方式，计划全国每年培训 19 万人，分类组织开展人才理念更新、知识更新拓展、科学精神和职业道德养成、实践能力提升、团队合作、技术适应、创新创业等能力提升训练，重在完善知识结构，增强综合素质，提升岗位适应、职业发展能力。

四是国家级专业技术人员继续教育基地建设项目。确定 200 家左右的国家级专业技术人员继续教育基地。依托高等院校、科研院所、大型企业现有施教机构，根据工程培养培训任务要求，分期分批推动基地建设。推进培训项目、专家师资、教材资源、数据库开发、施教机构和研究课题等建设。加强在线学习平台建设，促进专业技术人才培养培训国际交流。

（三）高技能人才振兴计划

根据《国家中长期人才发展规划纲要（2010—2020 年）》要求，国家高技能人才振兴计划于 2011 年开始实施。实施国家高技能人才振兴计划是适应加快转变经济发展方式、推动产业结构优化升级、提高企业竞争力、加强高技能人才队伍建设的重要举措。国家高技能人才振兴计划以技师、高级技师培训为重点，以提升职业素质和职业技能为核心，旨在培养和造就一批具有精湛技艺、高超技能和较强创新能力的高技能领军人才，引领、带动高技能人才队伍建设和发展。到2020年年底，该计划重点实施3个工作项目。

一是技师培训项目。为适应加快转变经济发展方式、促进产业结构优化升级、发展现代产业体系的需要，充分发挥行业、企业和职业院校作用，加快培养一批具有精湛技艺和掌握新知识、新工艺的技师和高级技师。从2011年到2020年，全国新培养350万名技师、100万名高级技师，使技师和高级技师总量达到1000万人。其中，国家重点支持50万名（每年5万名）经济社会发展急需、紧缺行业（领域）高级技师培训。截至2017年，实施的技师培训项目，中央财政累计投入资金20.5亿元，高技能人才培养能力得到较大提升。

二是高技能人才培训基地建设项目。结合区域经济发展、产业振兴发展规划和新兴战略性产业发展的需要，主要围绕十大振兴产业、新兴战略性产业和经济社会发展急需紧缺行业（领域），依托具备高技能人才培训能力的职业培训机构和城市公共职业技能实训基地，建设高技能人才培训基地，重点开展高技能人才研修提升培训、高技能人才评价、职业技能竞赛、高技能人才课程研发、高技能人才成果交流等活动。从2011年到2020年，建设1200个高技能人才培训基地，基本形成覆盖重点产业和中心城市的高技能人才培养网络。截至2017年年底，国家重点支持了476个高技能人才培训基地建设，有效缓解了高技能人才培训场地与培训内容问题。

三是技能大师工作室建设项目。发挥高技能领军人才在带徒传技、技能攻关、技艺传承、技能推广等方面的重要作用，鼓励各级政府、行业、企业选拔生产、服务一线的优秀高技能人才，依托其所在单位建设一批技能大师工作室，开展培训、研修、攻关、交流等活动。其中，到2020年年底，国家重点支持1000个左右技能大师工作室建设，基本形成覆盖重点行业、特色行业的技能传承与推广网络。截至2017年年底，国家重点支持了594个技能大师工作室建设，有力地扶持了技能大师和优秀高技能人才的培养。

二、行业科技人才专项培训

国家各部委、各行业根据部门与行业特点和业务实际需要，突出重点对象和重点内容，不断把科技人才教育培训的普遍性要求与不同类别、不同层次、不同岗位的特殊需求结合起来，统筹开展科技创新人才、科技创业人才、科技管理人才等的相关培训工作。

（一）科技创新人才培训

近年来，中央和地方各部委各部门立足行业区域发展特点和业务需要面向科技创新人才开展广泛的、多种形式的能力素质提升工作。科技部按照《创新人才推进计划实施方案》总体要求，确保推进计划实施效果，对推进计划入选者开展科技改革政策宣讲和科技管理能力提升的定期培训。截至

2018 年，共开展 6 期培训班，培训人数近 500 人。国家外专局为全面贯彻落实中央关于因公出国（境）培训的新精神新要求，主动将出国（境）培训工作融入全面深化改革和对外开放大局中谋划，突出战略引领，坚持问题导向，培训质量效益显著提升。原国家卫生计生委等部门印发《“十三五”全国卫生计生专业技术人员培训规划》，出台了住院医师规范化培训制度文件，计划在“十三五”期间，建立起住院医师规范化培训制度和全科医生制度，推行 3 年住院医师规范化培训、全科医生规范化培训和 2 年助理全科医生培训，着手实施专科医师规范化培训制度试点。中国科协支持全国各地农技协开展农技协领办人培训工作，提高基层农技协领办人带领作用。中国科协 2016 年 11 月 8—11 日在青岛举办国际组织任职及后备人员培训班，共有中国科协所属 44 个学会及新疆、西藏科协推荐的在国际组织任职后备人员、学会负责外事的工作人员等近 100 人出席，取得良好的培训效果。

（二）科技创业人才培训

围绕科技创业人才的需求，开展创业辅导品牌活动。一是中国科技创业人才投融资集训营培训。按区域范围联合地方科技管理部门共同主办落实，帮助科技创新创业人才及其企业深入了解科技金融与创业扶持的政策措施，提升科技人才创新创业与投融资能力。截至 2018 年，集训营已在北京、天津、上海、深圳、南京、厦门、云南、宁波、沈阳等地举办 25 个专场，活动范围覆盖京津冀、长三角、珠三角、沿海、西部和东北地区，平均每场活动吸引来自电子信息、生物医药、汽车、新材料、节能环保、特色农业等领域的科技企业创办人近 300 人，一线创投机构 100 余家，累计服务 6000 余名科技企业创办人与 2000 余人次投资人现场对接。二是科技创新 CEO 特训营。该培训注重实训辅导与演练，以个性化的金融、政策、技术对接服务，助力科技人才及其企业孵化拓展。截至 2018 年，科技创新 CEO 特训营已举办 4 期，共有 200 多名学员完成培训学习。三是创新创业导师库建设。创新创业导师从地方成功企业家、行业管理专家、知名金融 / 投资机构、律师事务所、高等院校等专业机构人员、科技技术专家等领域选拔聘任，为国家及地方各类高层次创新创业人才、海外创业者、高校和有意转化科研成果的科研人员及学生等高素质人才提供导向性、专业性、实操性的全程创业辅导和服务。截至 2018 年，在全国遴选的 1039 位科技创新创业导师已经入库。四是科技企业家创业管理培训班。组织入选“创新人才推进计划”的科技创新创业人才开展培训，旨在弘扬企业家精神，提升科技创新创业人才管理和发展企业的能力，促进创业人才开拓思路和交流合作。截至 2018 年，共开展 5 期培训班，培训人数约 320 人。

（三）科技管理人才培训

教育培训是全面加强各级科技管理干部队伍建设，为我国科技创新取得更大成就提供坚强的组织保证和智力支持的重要抓手。各部门对科技管理人才从抓战略、抓规划、抓政策、抓服务入手，结合工作内容和工作对象，开展学习创新驱动发展战略、科技体制改革、科技成果转移转化、深化人才体制机制改革等政策解读和实施方略的培训。科技部面向全国科技系统定期举办创新人才推进计划管理人员培训班，进一步提升科技系统从事人才工作的科技管理人员专业水平和专业能力，做好创新人才推进计划的组织实施工作，总结和交流工作经验，加强各部门、各地方的工作协同。教育部定期面向中央部门所属高校科技管理部门主要负责人员，举办高校科技工作专题培训班。中国科协定期举办全国学会理事长秘书长培训班，邀请民政部、中国科协领导及有关专家现场授课，提高全国学会领导层政策理论水平和科学决策能力，推动学会能力提升。同时举办全国学会青年干部培训班，提高全国学会青年干部政治素质、业务能力和学习创新能力，促进全国学会青年干部队伍建设和发展，提升全国学会办事机构办事能力与工作水平。

三、科技人才培训基础工作建设

加强科技人才培训的基础性工作，不断更新科技人才培训课程内容，创新培训形式，采用结构化研讨、行动式学习等现代培训方法，提升培训效果。加强师资队伍建设，多渠道遴选师资，不断补充优秀师资。

（一）完善培训内容

根据不同类别科技人才的不同需求，设计培训内容和培训课程。对科技创新人才重点开展世情国情科情研修、国家宏观战略部署、科研团队培养与建设等方面的培训，使其紧紧围绕国家重大战略任务确定自身科研规划，提升报效国家服务社会的能力；对科技创业人才重点开展企业经营管理、产业技术变革和商业模式创新、企业家精神塑造等方面的培训，提升其科技创新政策应用、领导力与创业团队建设等方面的能力。逐步完善培训内容，增强培训的实效性和针对性。

（二）创新教育培训方式

不断创新培训形式，引进结构化研讨、案例式教学、体验式培训、行动式学习等现代培训方法，提升培训效果。同时，改革并完善培训方式，注重培训的计划性，充分利用外部资源，加强统筹管理，开展大讲堂系列、网络培训、实体培训班等具有科技特色的专题类、讲座类、网络类等教育培训活动，提升培训质量，打造特色项目。

（三）加强师资队伍建设

加强师资队伍建设，不断向高校、科研院所、企业、社会等培训机构吸纳优秀师资资源，培养一批业务精通、素质优良、授课效果突出的师资队伍。进行动态更新，开展培训质量评估，建立培训师资准入和退出机制。推进优秀师资共享，建好用好师资库。

（四）培训基地建设

中央党校、国家行政学院和浦东、井冈山、延安三大干部学院等对科技人才的教育培训全面开放，各部门、各地方在充分发挥干部管理学院、培训中心等培训基地作用的同时，联合高校、科研院所、地方培训机构等培训资源，打造科技管理培训基地网络体系，推动优质培训资源共享。

第七章
地方科技人才发展

近年来，在中央人才工作协调小组领导下，有关部门、单位和地方深入贯彻落实《国家中长期科技人才发展规划（2010—2020 年）》《关于深化人才发展体制机制改革的意见》（中发〔2016〕9 号），坚持党管人才原则，加快科技人才队伍建设。各地方围绕地方经济社会发展需求，大力实施创新驱动发展战略和人才强省（市、区）战略，以重大人才工程为抓手培养引进人才，不断创新人才发展体制机制，加强区域协同创新，促进跨区域科技人才流动，引导科技人才为地方创新驱动发展做出重要贡献。

第一节　地方科技人才政策

为落实中央人才工作决策部署，加强党对人才工作的领导，各省（市、区）扎实推进改革，成立了人才工作领导小组，多部门协同对人才发展体制机制创新改革做出了跟进部署，研究制定了强化激励、促进成果转化、改进评价奖励、营造宽松环境、加强支持服务、健全人才顺畅流动机制等多方面调动科技人才积极性的政策措施，努力打造人才制度优势。

一、推进人才管理体制机制改革

截至 2017 年年底，全国 31 个省（市、区）均已出台贯彻落实中共中央《关于深化人才发展体制机制改革的意见》（中发〔2016〕9 号）的相关政策措施和具体实施方案，大力深化人才发展体制机制改革，按照中央“坚持党管人才、服务发展大局、突出市场导向、体现分类施策、扩大人才开放”的基本原则，遵循社会主义市场经济规律和人才成长规律，破除束缚人才发展的思想观念和体制机制障碍，解放和增强人才活力。构建科学规范、开放包容、运行高效的人才发展治理体系，让各类人才的创造活力竞相迸发、聪明才智充分涌流。

各区域人才管理体制机制改革的政策内容各有侧重，特色鲜明。东部地区在政策制定上创新探索较多，突出市场性导向；中部地区根据本地区制造业区域集聚特点，着力发展产业人才；西部地区突出区位地域特点，培养具有民族特色和区域特色的科技人才队伍；东北地区人才政策主要着眼于创新人才留住使用机制、提升集聚人才能力和完善人才发展机制等方面。天津市印发《关于深化体制机制改革释放科技人员创新活力的意见》（津党办发〔2017〕44号）的通知，集成了科技、财政、人力社保、国资、外事、编制等多个领域体制机制改革创新，围绕健全科技成果转化机制，完善科技人才评价机制，加快转制科研院所改革步伐，有效提升科技人员获得感，改革科研经费使用管理方式，营造识才爱才引才用才良好环境等提出了22项突破性政策措施。河南省印发《关于深化人才发展体制机制改革加快人才强省建设的实施意见》，在人才管理体制、人才集聚机制、人才开发机制、人才激励机制等方面大胆改革创新，围绕"创新链""产业链"布局"人才链"，加大创新型科技人才培养支持力度。内蒙古自治区印发《关于深化人才发展体制机制改革的实施意见》（内党发〔2017〕16号），明确提出要立足区域特色，突出边疆少数民族地区特点，以实施"草原英才"工程为统领，以集聚"高精尖缺"人才为突破口，以更积极、更开放、更有效的人才政策推进人才队伍建设。辽宁省以破解制约辽宁人才发展的核心关键问题为导向印发了《关于深化人才发展体制机制改革的实施意见》（辽委发〔2017〕3号），从管理体制、工作机制和组织领导等方面提出推进人才管理体制改革、改进人才培养支持机制、改进引才用才机制、创新人才评价机制、强化人才创新创业激励机制、加强对人才工作的领导等23项改革措施。

二、完善人才引进培养政策

各区域充分认识到人才的重要性，积极践行人才优先发展战略，加大高层次人才引进力度。2018年，福建省引进高层次人才"升级"，增加了高层次人才资助人数，并在以往ABC类的基础上，增加了"特级人才"类别。福建省人才工作部门发布的"研究起草《新福建省人才建设行动纲要（2018—2022）》的思路框架"指出，未来5年，福建省每年将评价认定省、市、县三级特级人才1000名以上、高层次人才（即高层次人才ABC类）1万名以上，另外，还将支持100个产业领军团队，形成更具竞争优势的人才政策。根据这项新政，福建省将大幅提高高层次人才的资金补助待遇。预计未来5年，列入这项计划的每个团队每年将获得1000万～5000万元支持，连续支持5年；对院士、战略科学家等特级人才，采取"一事一议"政策支持，额度不低于1000万元；对高层次人才ABC类补助标准，由现有的50万～200万元提高到100万～300万元，引进的AB类人才团队（省引才"百人计划"团队）按500万元补助。海南省出台了《海南省博士服务团管理服务工作实施办法》《海南省高层次人才医疗保障实施办法》《海南省博士后资助资金管理暂行办法》《海南省国家级人才项目人选配套资助办法》等政策，进一步聚集高层次人才为本省经济社会发展服务，发挥高端人才在海南省创新创业中的示范引领作用。贵州省出台《贵州省“百千万人才引进计划”实施办法》《贵州省高层次创新型人才遴选培养实施办法（试行）》《贵州省“黔归人才计划”实施方案》《贵州省人才基地建设管理办法》《贵州省边远贫困地区、边疆民族地区和革命老区人才支持计划科技人员专项计划实施方案》等人才引进培养政策，集聚人才服务地方经济社会发展。

三、改进科技人才评价制度

2016 年 12 月底，中共中央办公厅、国务院办公厅印发《关于深化职称制度改革的意见》，全面部署职称制度改革工作，各地迅速行动，积极谋划，加快制定本地区实施意见。截至 2018 年，河北、云南、辽宁、湖南、内蒙古等 23 个省（市、区）已制定出台实施意见，贵州、西藏、青海、新疆等 9 个省（市、区）改革实施意见已报省（市、区）委省（市、区）政府审议，各省（市、区）基本完成了改革实施意见制定工作。2018 年 2 月，中共中央办公厅、国务院办公厅印发《关于分类推进人才评价机制改革的指导意见》，要求各地区各部门结合实际认真贯彻落实。各省（市、区）积极行动，推动科技人才分类评价，河北、辽宁、山东、湖北、重庆等多个省（市、区）出台了相关实施意见。辽宁省发布《关于分类推进人才评价机制改革的实施意见》，分类推动具备条件的高校、科研院所、医院、文化机构、大型企业、国家实验室、新型研发机构及其他人才智力密集单位、重点产业园区自主开展评价聘用（任）工作。推进科技人才等 9 类重点领域、重点产业（行业）人才评价改革，建立健全以科研诚信为基础，以创新能力、质量、贡献、绩效为导向的科技人才评价体系。改革创新青年人才评价机制，破除论资排辈、重显绩不重潜力等陈旧观念，重点遴选支持一批有较大发展潜力、有真才实学、堪当重任的优秀青年人才。河北省发布关于科技人才、哲学社会科学和文化艺术人才、教育人才、医疗卫生人才、技术技能人才及企业、基层一线和青年人才等领域的人才评价机制改革实施意见，提出要以职业属性和岗位要求为基础，健全科学的人才分类评价体系。将科技人才分为基础研究人才，应用研究与技术开发人才，社会公益研究、科技管理服务和实验技术人才 3 类。根据科技人才不同领域、岗位特点，分类健全涵盖品德、能力、业绩等要素的人才评价标准，注重创新质量、统筹能力绩效、结合团队贡献，实行差异化评价。

四、促进科技人才有序流动

《关于深化人才发展体制机制改革的意见》（中发〔2016〕9 号）提出，要打破体制壁垒，扫除身份障碍，促进党政机关、企事业单位人才和社会各方面人才顺畅流动，提高人才横向和纵向流动性。这对打破人才流动“坚冰”、盘活各类人才资源、增强人才队伍活力具有重要的推动作用。部分地区采取有力措施，打破各个主体之间的藩篱，减少人才有序流动的体制机制障碍。山东省出台《关于深化人才发展体制机制改革的意见》，破除人才流动中的体制壁垒和机制障碍，打破户籍、地域、身份、学历、人事关系、年龄等制约，促进人才在不同性质单位、不同地域有序自由流动。内蒙古自治区印发《内蒙古自治区人才引进和流动实施办法》，明确高校、科研院所等事业单位科研人员可带着科研项目和成果离岗创业，在完成本单位科研、教学等任务的前提下，可到企业和其他科研机构、高校、社会组织兼职并取得报酬，兼职工作内容须与本职岗位、所学专业相关，不影响本职工作。西藏自治区研究制定了《关于印发〈西藏自治区 2018 年度“三区”科技人才选派工作方案〉》（藏科发〔2018〕128 号），提出以县域或农牧业产业为基本单元，以各类科技计划项目、扶贫产业项目、边境小康示范村建设及农牧业产业化建设等为依托，优先考虑受援县（区）农牧业发展技术服务需求，兼顾就近就便的原则，采用“一县一团”“一产一团”的选派方式，覆盖全区 74 个县（区）和各类科技项目实施点，开展组团式选派和培训工作，为县域特别是深度贫困县农牧业产业化发展提供科技服务和创业带动打下了良好制度基础。

五、鼓励引导科技成果转化

按照国家关于促进科技成果转化的相关政策，各地纷纷出台相关意见、办法和规定，推进科技成果转移转化，打通央地科技成果转化链，让科技人员在成果转化中得到合理回报，让有真才实学、做出重要贡献的人才有成就感、获得感。截至 2018 年 7 月，已有近 30 个省（市、区）出台相关政策文件。此外，浙江、河北、上海等各具特色的科技成果转化示范区积极落实国家科技成果转化政策法规，结合地方实际开展各具特色的试点示范任务，探索地方开展科技成果转化的有效机制与模式，取得了很好的进展和成效。上海市结合本市实际，对标国际技术转移经验，市科委推进制度先行，形成与国家法律政策相匹配的地方促进科技成果转化“三部曲”。2015 年 11 月 5 日出台《关于进一步促进科技成果转移转化的实施意见》（沪府办发〔2015〕46 号）。2017 年 6 月 1 日，《上海市促进科技成果转化条例》正式实施，破解“有权转、愿意转、如何转”的制度性瓶颈，基本解决了成果转化动力问题，进一步明确了对完成、转化科技成果做出重要贡献的人员给予奖励和报酬。2017 年 6 月 20 日，《上海市促进科技成果转移转化行动方案（2017—2020）》（沪府办发〔2017〕42 号）发布，行动方案着眼于解决科技成果转移转化的能力问题，将“精准培育专业化、国际化技术转移服务人才”列为重点任务之一加以推进。2017 年 12 月 26 日，全市层面建立上海市促进科技成果转移转化联席会议制度，协商与解决有关的瓶颈问题与制度障碍。

第二节　地方科技人才工作的特色做法

各地方积极贯彻中央人才工作部署，牢固树立人才优先发展理念，结合地方经济社会发展、产业特色和人才需求，创新人才发展体制机制，加强试点示范，形成了各具特色的人才引进培养、评价激励、流动配置、服务保障等政策措施和一系列人才计划（工程、项目），引才、用才和留才同行，本土、引进并举，统筹了高、中、初、储等各类人才全面部署，统筹了经费、任务、条件、团队、服务等各个环节，为深化人才体制机制改革做出了宝贵探索。

一、以组织保障确保人才优先发展

按照中央部署，各地方强化顶层设计，打破条块分割，改革管理体制，统筹科技资源，明确责任分工，确保各项政策措施落到实处。武汉市把招才引智列为“一把手工程”，结束过去 17 个部门共管人才的历史，成立了武汉市招才局，对全市人才工作职能、政策、资金、力量进行统筹，实现一个“窗口”对外，一张政策清单，专项基金“一个口子报、一个口子出”。策划开展一系列招才引智推介和国际国内人才合作交流活动，提升武汉招才引智工作的影响力和成效；抓紧建立招才项目库，绘制“招才地图”，形成全市统一品牌、统一评审、统筹政策、共享资源的引才新模式。除组织部门外，各地财政部门也积极参与相关人才政策的研究、制定，不断加大对人才引进、培育和环境打造的支持力度，为人才工作的顺利推进和政策落实提供坚实保障。与此同时，多个省份还借助网站、报刊、微博、微信等媒介，以及宣讲团、培训班、座谈会等多种方式，宣传解读中央及本地科技人才政策的精神和主要内容，大力宣传典型人才案例和人才工作经验，扩大人才表彰的覆盖面和影响力，增强人才荣誉感和归属感，营造尊重人才、见贤思齐的社会环境，更好地将各类人才团结凝聚到党的事业周围。

二、以人才计划为抓手促进地方科技人才队伍建设

各地方在积极推进落实国家重大人才工程的同时，围绕重大战略决策、产业发展计划、重点建设项目需求，设置了相应的人才计划和人才工程，如北京市启动“海聚人才工程”、广东推行“珠江人才计划”、山东实施“泰山学者工程”、内蒙古实施“草原英才工程”等。这些人才计划包括顶尖科学家、科技领军人才和团队、青年科技人才等各类创新人才，涵盖基础研究、应用开发、产业化等创新链的各个环节，涉及电子信息、生物医药、医疗卫生、新能源、新材料、现代农业、装备制造等重点领域，与人力资源社会保障部“百千万人才工程”、教育部“长江学者奖励计划”、中科院“百人计划”等部委人才工程一起，形成了多层次、多渠道、相互衔接的人才计划体系，引领地方全面建设创新型科技人才队伍。

为让各类人才计划、工程切实产生效果，各地方通过科技人才计划逐步营造适应各类科技人才成长的小环境，在人才评价、人才流动、人才服务和人才发展保障等方面积极探索相关前沿性措施，对一些难点问题大胆突破、先行先试，加大向用人主体放权、为人才松绑的力度，完善人才出入境、评

价激励、岗位任职等政策措施，一些长期困扰人才发展的难题有了突破性进展。

2012 年以来，各地通过人才计划共培养引进人才约 6 万人，主要包括科技领军人才与创新团队、科技创业人才、青年科技人才及科技成果推广服务人才等。北京、上海、广东等地着力培养引进战略科学家、科技领军人才和研发团队；江苏、浙江、山东等地着力培养引进产业发展急需的高层次创新创业人才；安徽、云南、贵州等中西部地区则加大柔性引才力度，通过院士工作站、本地院士培养等吸引高端人才。人才计划和人才工程集聚培养了一大批优秀人才，成为统筹各方面人才队伍建设的重要抓手。

三、立足本地发展需求确立重点引才范围

全国大半省份 60 余城市出台百余次政策，多维度吸引人才，助力地方产业转型升级。不同的省份和城市呈现出不同的人才吸引格局，北京、上海等一线城市大多围绕高端人才出台特殊的引才、用才、服务等政策。例如，北京市面向全球顶尖人才，积极参与国际人才竞争，吸引顶尖人才集聚，制定实施《关于引进全球顶尖科学家及其创新团队的实施意见》，围绕未来 5 ～ 10 年能实现颠覆性技术突破，在全球范围内遴选领衔科学家，给予持续稳定的科研经费支持。上海市出台《加快实施人才高峰工程行动方案》，提出要在“人才高地”基础上筑起“人才高峰”，聚天下英才而用之，抓牢加快推进具有全球影响力的科技创新中心建设中的“关键少数”，着力在上海有基础有优势的领域，集聚造就若干能够走在全国前头、走在世界前列的“宗师泰斗”，形成若干人才高峰。部分区域中心城市、省会城市紧跟一线城市，密集出台一系列人才改革发展人才政策，目标人群既包括高端人才，也拓展到包括大学毕业生、专技人才等在内的普通人才，出台了高校毕业生“零门槛”落户政策。例如，武汉市提出了大力实施“百万大学生留汉创业就业计划”，推行先落户后就业，全日制本科及以上高校毕业生凭户口本、身份证、毕业证即可办理落户手续。郑州、沈阳、西安、呼和浩特等城市把引进学历型人才的门槛降至中专，并放宽对高级技工等专业技能人才的引进。

专栏 7-1　上海市《加快实施人才高峰工程行动方案》

第一，明确集聚造就高峰人才的重点领域。聚焦国家战略需求和战略目标，提出了 13 个上海有基础、有优势、能突破的重点领域，包括宇宙起源与天体观测、光子科学与技术、生命科学与生物医药、集成电路与计算科学、脑科学与人工智能、航空航天、船舶与海洋工程、量子科学、高端装备与智能制造、新能源、新材料、物联网、大数据。

第二，建立国际通行的遴选机制。坚持引进和培养并举、增量和存量并重，突出市场作用、同行评价，构建用人主体发现、国际同行认可、大数据测评的高峰人才遴选机制。

第三，打造具有国际竞争力的事业发展平台。重点是为高峰人才量身创设新型工作机构，不受行政级别、事业编制、岗位设置、工资总额限制。

第四，实施国际通行的工作体制。一是实施高峰人才全权负责制。二是实施外部中长期考核机制。三是建立新型财务管理机制。四是建立新型学术出国审批机制，授予高峰人才学术出国自主权。五是建立行政助理制度，将高峰人才及其团队从行政事务中解放出来。六是支持高峰人才及其团队招收研究生、博士后。七是鼓励高峰人才及其团队开展科技成果转化。八是加大知识产权保护力度，开辟知识产权保护绿色通道。

第五，健全高峰人才及其团队的社会保障。一是建立住房支持机制。二是实施落户绿色通道。三是优先申办中国国籍和外国人在华永久居留。四是完善养老医疗保险待遇。五是开辟结汇换汇绿色通道。六是健全交通出行保障机制。七是保障配偶子女相关待遇。

第六，建立“一事一议”的实施机制。发挥用人单位主体能动作用、地区党委和大口党委综合职能优势、市人才办牵头统筹作用和部市（院市）合作机制优势，共同推进人才高峰建设。

第七，建立稳定长期的经费保障机制。设立人才高峰工程建设市级专项资金，优先保障高峰人才及其团队的事业发展费用和人员保障费用。

资料来源：上海市政府网。

四、探索区域人才一体化发展机制

近年来，部分地区积极推动区域人才一体化建设，地方政府通力合作，为营造良好的区域人才生态，使人力资源配置与产业发展相适、与功能定位相合。2017 年，京津冀三地共同发布了《京津冀人才一体化发展规划（2017—2030 年）》，这是我国首个跨区域人才规划，也是首个服务国家重大战略的人才专项规划，明确提出将以 13 项重点工程为抓手，在 2030 年基本建成“世界高端人才聚集区”，打造区域人才一体化发展共同体。2018 年 3 月，沪、苏、浙、皖人社厅（局）共同签署了《三省一市人才服务战略合作框架协议》，上海市所属区人才服务中心与苏、浙、皖三省部分地级市人才服务中心签订了《人才服务项目合作协议》，三省一市力求“优势互补、资源共享、协同聚才、合作双赢”，推出了人才服务协同计划、人才流动合作计划和人才发展推动计划三大行动计划，从而优化人才服务、促进人才流动、推动人才发展。广东省为推进粤港澳大湾区人才一体化发展，设立粤港澳大湾区人才一体化专项，加强港澳引才借智，研究制定《粤港澳大湾区核心技术基础研究攻关技术实施方案》，借力港澳人才资源开展广东省产业发展急需紧缺的核心技术攻关，建立湾区一站式、综合性人才工作平台，推进人才往来便利化和协调创新，促进湾区人才融合发展。

专栏 7–2 《京津冀人才一体化发展规划（2017—2030 年）》

京津冀人才一体化发展的远期目标：到 2030 年，三地区域人才结构更加合理，人才资源市场统一规范，公共服务高效均衡，人才一体化发展模式成熟定型，人才国际竞争力大幅提升，基本建成“世界高端人才聚集区”。

通过“一体、三极、六区、多城”的总体布局适配京津冀协同发展空间布局。“一体”即打造区域人才一体化发展共同体。“三极”即围绕全国科技创新中心建设，把北京打造成创新型人才聚集中心，形成京津冀原始创新人才发展极；围绕全国先进制造研发基地建设，把天津打造成产业创新人才聚集中心，形成京津冀高端制造人才发展极；围绕河北省转型发展需要，发挥雄安新区创新发展示范作用和石家庄承接转化带动作用，形成京津冀创新转化人才发展极。“六区”即以东部滨海发展区为载体，建设产业人才发展示范区；以西北部生态涵养区为载体，建设生态环保人才发展示范区；以中部核心功能区为载体，建设临空经济高端人才发展示范区；以雄安新区为载体，建设高端创新创业人才发展示范区；以南部功能拓展区为载体，建设科技成果转移转化人才发展示范区；以“通武廊”（通州、武清、廊坊）毗邻区域为载体，建设京津冀人才一体化发展综合示范区。“多城”，即以京津“双城”人才联动带动石家庄、唐山等区域性中心城市和张家口、承德等节点城市人才联动。

提出 13 项重点工程，包括全球高端人才延揽计划、京津冀人才创新创业支持工程、“圆梦京津冀”菁英计划、高技能人才联合体工程、雄安新区人才集聚工程、冬奥人才发展工程、沿海临港产业人才集聚工程、临空经济产业人才集聚工程、人力资源服务产业园建设工程、国际人才社区建设计划、京津冀人才互联工程、京津冀人才服务定制工程、京津冀人才安居工程。

资料来源：中国新闻网。

五、探索多样化柔性引才引智方式

近年来，各地方强化效益意识和柔性引才理念，不求所有、但求所用，不求所在、但求所为，加大柔性引才力度，探索破解区域引才难题。在院士专家西部行、“周末工程师”、校企合作等实践探索的基础上，推出柔性引才新政策，为柔性引才提供新思路。安徽省坚持“不求所有、但求所用”，通过搭建平台、合作对接、海外筑巢、亲情乡情等渠道，柔性引进各类“高精尖缺”人才。先后制定出台 20 多项措施，促进省内高校、科研院所与企业间人才相互柔性流动。通过顾问指导、短期兼职、项目合作、技术联姻等方式，积极引进国内外优秀人才智力，形成一大批在皖工作的“星期天工程师”“候鸟型教授”。江苏省首创“科技副总”机制，引导企业柔性引进科研人才，主要从全国高校院所引进专家教授，到企业兼任技术副总或副总工程师。2013 年启动至今，已有来自全国 300 多家高校院所的 2500 多名专家教授来到江苏省，深入企业，服务企业科技创新，前五批“科技副总”共帮助企业建立 982 个研发机构或平台，完成 1735 项产学研合作项目，为企业引进 979 项新的合作项目，解决 3415 个关键技术难题。成都高新区以离岸创新创业基地为核心，建立与世界接轨的“双向离岸”柔性引才机制，目前已建立 21 个海外人才离岸创新创业基地，累计柔性引进诺贝尔奖获得者 5 人。

专栏 7–3　中国科学技术大学先进技术研究院

中国科学技术大学先进技术研究院（以下简称“先研院”）由安徽省、中国科学院、合肥市、中国科学技术大学四方共建。先研院在建立之初就打破体制温床，成为“无编制、无预算、无级别”的“三无单位”。在“编制、经费、级别”这些传统体制内资源缺乏的情况下，先研院探索出一条以柔性方式引进人才的新机制。3 年多，先研院通过与中国科学技术大学联合聘用、合作单位选派、聘用企业指导导师等多种方式柔性引进包括两院院士在内的高层次人才 500 多名，有效打破了人才引进体制壁垒，破除身份障碍，在资源相对有限的情况下引进具有丰富经验的科教创新高端人才，释放其在应用型科技项目研发、成果转化及人才引进与培养方面的能量，畅通了创新、创业的源头活水。

资料来源：安徽省科技厅。

六、加大对青年科技人才的培养支持力度

全国 31 个省（市、区）均设立了培育青年人才的相关支持计划、工程，通过扩大支持范围、完善支持政策、创新支持方式、营造制度环境，更大程度、更广领域加大本地区青年人才培养支持力度，为青年人才迸发创新创造活力提供平台。上海市实施“青年科技英才扬帆计划”和“启明星计划”，二者之间形成了良好衔接。“扬帆计划”针对 32 周岁以下崭露头角的优秀青年科技人员，为其开展创新性的科研活动提供起步的“第一桶金”，“扬帆计划”入选者在项目结题后，可继续申报“启明星计划”，“启明星计划”面向 35 周岁以下的杰出青年科技人才，进一步支持青年人才，促进其加快向学术、技术带头人成长的步伐。四川省对不同类型的青年人才实施更加精准细化的培养支持政策，分别针对指导引领大学生创新创业、培养造就一批学术技术带头人和优秀中青年科技人才为主体的青年研究团队实施科技创新创业苗子培养计划、杰出青年科技创新人才培养计划和青年科技创新研究团

队培养计划。

七、搭建各类创新事业发展平台

多个省（市、区）积极推动产学研深度融合，打造丰富多样的人才培养集聚载体，为科技人才创新创业提供施展才华的“舞台”。

一是搭建科技成果转移转化平台，促进人才创新创业。上海市2017年推出了“创新创业服务能力提升计划”，提出了众创空间专业化、国际化、品牌化的发展目标，有针对性地加大培育支持力度，树立众创空间发展标杆，引导众创空间提升服务品质和能力，形成主体多元化、模式多样化、服务专业化态势，服务各区科创集聚区建设。莘泽、微电子、新微等26个各具特色的创业导师工作室启动创建，创新组织模式，汇聚各类创业导师资源，深度开展专业化服务。全市众创空间已超过500家，90%以上为社会化经营。在孵科技企业16 000多家，覆盖38万余名创业者。青海省专门设立了大学生创新创业投资引导资金，扶持青海省内在读大三以上年级的大学生和省内外在青海省创新创业的大学生，培育发展相关的科技企业孵化器、众创空间等中介服务机构，资金规模累计已达1亿元。通过连续三届的“交行杯”大学生创新创业大赛，参赛创业企业累计获得天使投资、风险投资、银行贷款和其他部门财政资金7431万元。其中，得到支持的47家企业不足两年时间，总资产由6502.41万元增长到9168.46万元，同比增长41%；总营业收入由3127.09万元增长到4190.31万元，同比增长34%；企业净利润由626.75万元增长到1065.48万元，同比增长70%。一批富有创新活力的新一代新型年轻企业家正在茁壮成长。

专栏7-4　西藏（成都）科技孵化器

2007年9月，西藏自治区党委、政府根据西藏自治区实际，因地制宜，在四川省成都市建立了异地科技孵化器——西藏（成都）科技孵化器，截至2017年，共孵化企业71家，其中，生物医药（藏医藏药）领域49家，占69%；农牧业（特色资源）9家，占13%；新能源及新技术5家，占7%；电子信息行业8家，占11%。入孵企业累计实现销售收入近135亿元、上缴税金近19亿元、净利润近21亿元，累计申报专利263项，获得专利授权184项，累计就业人员5800人，发表论文127篇。

资料来源：西藏自治区科技厅。

二是以产业发展凝聚、培养和使用人才。只有好的产业环境，才能让各类人才“人尽其才、才尽其用”。各地依据经济发展实际优化产业布局，发挥既有优势，突出主导产业，营造良好的产业环境，围绕“创新链”“产业链”布局“人才链”，科学制定人才发展规划，以产业集聚吸引人才集聚。江西省以支持产业重大技术攻关培养人才，以推进转化试点示范集聚人才，通过科技计划管理改革，以提升企业创新能力带动人才成长。推进围绕“产业链”布局“创新链”，通过抓重大项目抓科技创新人才，充分发挥重大项目对人才发展的引领作用，以财聚才，以用育才。四川省打造以电子信息、装备制造、食品饮料、新材料、能源化工等优势产业为基础的万亿级产业集群；重点发展一批新一代信息技术、高端装备、航空航天、节能环保、新材料、生物、新能源汽车、数字创意等千亿级新兴产业，在数字经济、生物医药、大健康、创意经济、共享经济、现代供应链等领域培育一批“独角兽”企业，加快培育精准医学、人工智能等未来产业。围绕这些重点发展的产业领域，有计划有针对性地培养引进科技人才，调整过去以传统制造业科技人才为主的队伍结构，加快培养高新技术和新兴产业领域科技人才，尤其是加大急需紧缺领域“高精尖”科技人才引进力度，切实增强科技人才服务现代产业发展能力。甘肃省全力创建兰白国家自主创新示范区，深化重点领域改革，大力提升实体经济科技创新能力，布局和培育高新技术产业集群，打造产业链条完整、配套体系较完善的新兴产业集群，提升产业竞争力，推动产业向中高端迈进。加强科技创新平台建设，完善产学研用协同创新体系，强化企业创新主体地位，建立从实验研究、中试到生产的全过程创新链条，通过产学研联盟实现技术群体突破。

三是以科技创新高地汇聚人才高地。部分地区依托地位优势、产业特点和科技发展基础等基本条件，积极建设科技创新高地，汇聚越来越多的高层次科技人才。浙江省围绕人工智能和网络信息领域，成立运行“一体两核多点”的之江实验室，未来 4 年计划投入 50 亿元，开展基础性、前沿性研究。加快杭州城西科创大走廊建设，着力打造以“一带”（科技创新带）、“三城”（紫金港科技城、未来科技城、青山湖科技城）、“多镇”（特色小镇和创新区块）为核心的科技创新高地。创建宁波、温州国家自主创新示范区，积极推进杭州国家自主创新示范区建设。加快沪嘉杭金科创走廊建设，推进长三角科技创新一体化发展。

八、创新科技人才服务模式

人才引进是人才工作的起点，而人才服务则贯穿人才工作始终。近年来，随着我国人才工作开放度不断提升，各个省（市、区）高层次创新型人才引进数量逐年增加。面对人才的快速集聚，各地方逐步加大对人才服务水平的提升力度，创新服务模式。

一是搭建人才服务平台，创新服务模式。上海市设立全国首家对入选中央和上海市海外高层次人才及其核心团队，组织推送科技政策及科技计划项目信息，提供项目申报、政策辅导等服务。通过科技奖励大会，定期与科学家座谈交流，大力宣传典型科技人物的先进事迹，弘扬科学精神，丰富文化生活。宁夏回族自治区推进科技与金融深度融合。开展科技金融专项补贴，设立科技金融专项，对科技型中小微企业知识产权质押评估费、贷款利息和担保费给予一定比例的补贴。设立宁夏科技型中小微企业风险补偿专项资金与银行合作放大10倍支持科技型中小微企业发展。开展知识产权质押融资，搭建知识产权质押融资平台。建立宁夏科技型中小微企业融资需求库，与金融、评估机构签订科技金融战略合作银行，搭建了科技金融合作服务平台。启动科技保险试点，制定《宁夏科技保险试点工作方案》和实施细则，先行选择5个险种作为试点险种，对投保企业和承保机构按照保费支出、承保额度分别给予补助。重庆市依托政府三大创投引导基金，进一步完善股权投资、债权融资和众筹募资三大创投体系布局，引导并撬动更多社会资本为科技人才服务。扩大知识价值信用贷款改革试点，进一步完善并推广科技型企业轻资产融资模式，为广大科研人员创新创业提供有效的资本支撑。以分享经济的理念和开源创新的模式，升级打造科技资源共享平台和协同创新平台，实现全市创新资源的开放共享，逐步实现全市10万名左右研发人才在线协同创新，并新建一批服务基地、集成中心和用户工作站等线下服务载体，以“互联网+”的方式实现科技资源共享和在线协同创新。

二是推进科技人才专家库建设。上海市启动全球高层次科技专家信息平台建设，从全球近3000万名专家学者数据中筛选了近25万名高层次专家，在全国第一个建立起全球视角的高层次科技专家数据平台。目前，平台已经包括了7.2万名国际专家、4.2万多名海外华人专家、4.4万名国内专家和4.8万名国内专家在内的20多万名全球高层次科技专家，覆盖自然科学、医学、社会科学等共333个学科领域。平台采集了科技人才的文献计量学数据，以及任职机构、研究领域、合作网络和学术特征等信息，为全面评价科技人才提供了基础性的数据。在此基础上还开发了专家对比、专家匹配、学术评估等功能，为相关部门、单位评价和引进人才提供专业服务。云南省科技人才专家库于2017年6月上线运行，服务于云南省科技厅科技管理和科学决策，利用大数据技术集成科技、产业和经济高层次专业人才，支撑和服务创新型云南建设。下一步将积极探索省外专家入库机制，同时，按照共建共享的目标，鼓励和引导科技人才专家为地方和社会各方发展提供支撑服务。

三是保障性措施更加丰富全面。近年来，各地进一步完善公共基础设施建设，健全高层次人才保障机制，提升服务水平，加大资助扶持力度，勠力打造全方位的综合服务体系。大部分省（市、区）积极设立“人才专项经费”，给予人才一次性奖励资金，各高校、院所、企业等用人单位为人才提供科研配套经费，此外，针对高端人才安家、落户、就医、出入境、配偶安置、子女入学、工商登记等事项开展绿色服务通道，并提供金融服务，为人才实现自我价值创造更加宽松的社会环境、工作环境和生活环境，真正实现让人才潜心学术，无后顾之忧。

九、鼓励社会力量参与人才引进

政府和企业一直是高层次科技人才引才的主体，近两年部分地区开始借助专业的社会组织来吸引更多、更好的科技人才。重庆市成立了全国首家“猎头基地”，以市场化手段，推动猎头行业发展，大力引进人才，培育孵化猎头企业，扶持重庆市猎头行业发展，形成产业园发展特色，建设特色项目。为了吸引猎头机构广纳人才，重庆人力资源服务产业园先后出台了入园企业引才奖励办法、猎头基地优惠政策等，对入驻猎头机构将从房租、装修、引才 3 个方面进行补贴与奖励，引才奖励上不封顶。

十、推动农业农村科技人才助力乡村振兴

实施乡村振兴战略的本质是推进农业农村现代化，农业农村现代化的关键在科技进步，创新是实现乡村振兴的战略支撑。近年来，中共中央、国务院及有关部门出台了一系列政策，鼓励支持科技特派员等农业农村科技人才和农村实用人才服务支撑农业现代化与新农村建设，实现精准脱贫，推动实施乡村振兴战略。

在国家相关政策指导下，各地方纷纷出台政策措施，加快农业农村科技人才队伍建设，支持科技人才兴农强农，推动各类科技创新创业人才和单位整合科技、信息、资金、管理等生产要素，深入农村基层一线开展科技创新创业和服务，促进区域优势特色产业发展，为推进乡村振兴战略的实施提供有力的人才支撑。黑龙江省实施科技特派员农村科技创业行动，目前已覆盖全省 13 个市地及其 70% 以上的县市，被老百姓誉为农业技术进步的“发动机”、科技成果转化的“加速器”、农民增收致富的“金钥匙”。2018 年，西藏自治区研究制定了《关于印发〈西藏自治区 2018 年度“三区”科技人才选派工作方案〉》，提出以县域或农牧业产业为基本单元，以各类科技计划项目、扶贫产业项目、边境小康示范村建设及农牧业产业化建设等为依托，优先考虑受援县（区）农牧业发展技术服务需求，兼顾就近就便的原则，采用‘一县一团”“一产一团”的选派方式，覆盖全区 74 个县（区）和各类科技项目实施点，开展组团式选派和培训工作，为县域特别是深度贫困县农牧业产业化发展提供科技服务和创业带动打下了良好制度基础。福建省则继续创新科技特派员选认方式，围绕地方主导产业和特色产业，跨界拓展选认科技特派员，既选认农业领域的、本省的科技人才，以及优秀农村实用人才，又选认第二、第三产业领域的省外乃至境外人才，以及科技领军和高技能专业技术人才；以推进福建省或当地优势产业发展为目标，围绕产业链，建立优质的技术服务团队；树立一批真正在基层为产业发展服务并取得实效、经得起检验，可示范可复制可推广的科技特派员先进典型；打造成果就地转化、项目直接落地、服务不断跟进的科技特派员服务基地和星创天地。

专栏 7–5　陕西省“反向科技特派员行动计划”

陕西省2016年全面启动“反向科技特派员行动计划”，以推动科技成果转移转化、促进区域协同发展为目标，通过需求调查、成果对接、转移交易、落地转化，推动市县产业需求与科技成果无缝对接。构筑“各市特色需求—科特派小组—西安科技成果供给”的供需链深度合作模式，着力打通科技成果向产业发展转化通道，打破信息壁垒，共享科技成果，实现“出成果”和“用成果”的联动发展，使全省优势科技资源能够直接支持各市的产业创新发展。全省各地市均在省科技资源统筹中心设立了反向科技特派员工作室。

资料来源：陕西省科技厅。

第三节　地方科技人才队伍建设情况

各地重视科技人才队伍建设，大多数地方科技人才队伍稳步扩大，科研人员不断向东部地区及经济发达地区聚集，东北地区和部分欠发达地区科研人员流失情况比较明显。

一、各区域 R&D 研究人员

全国 R&D 研究人员保持稳步增长趋势，2017 年全国 R&D 研究人员（全时当量）总量为 174.0 万人年，比 2016 年增加了 4.8 万人年，增长 2.8%。

从 2017 年全国 R&D 研究人员在各地区的分布来看（图 7–1），东部地区集中了全国 60% 以上的 R&D 研究人员；东北地区 R&D 研究人员占比最少，仅占全国总量的 7%；中部和西部地区 R&D 研究人员所占比重分别为 17% 和 15%。

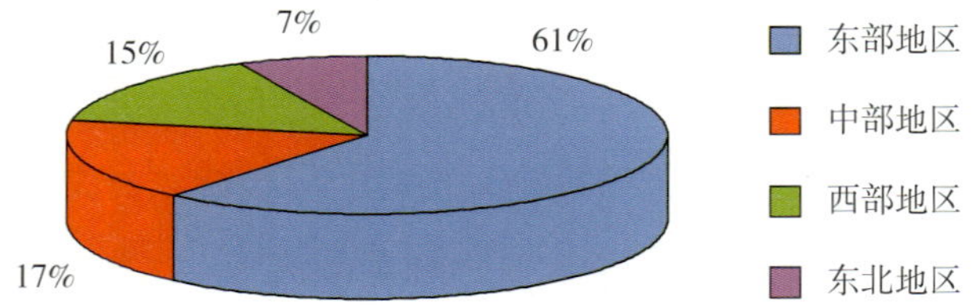

图 7–1　2017 年全国 R&D 研究人员区域分布

数据来源：国家统计局、科技部，《中国科技统计年鉴（2018）》。

从“十三五”以来全国各区域 R&D 研究人员数量变化来看（图 7–2），东部地区 R&D 研究人员从 2016 年的 103.9 万人年增加到 2017 年的 106.8 万人年，增长了 2.8%，与全国 R&D 研究人员增速基本持平；中部地区和西部地区 R&D 研究人员数量增速较快，中部地区 R&D 研究人员从 2016 年的 28.2 万人年增加到 2017 年的 29.4 万人年，增长了 4.3%，西部地区 R&D 研究人员从 2016 年的 26.0 万人年增加到 2017 年的 27.1 万人年，增长了 4.2%；东北地区 R&D 研究人员数量出现明显下降趋势，从 2016 年的 11.1 万人年减少到 2017 年的 10.7 万人年，下降了 3.6%。

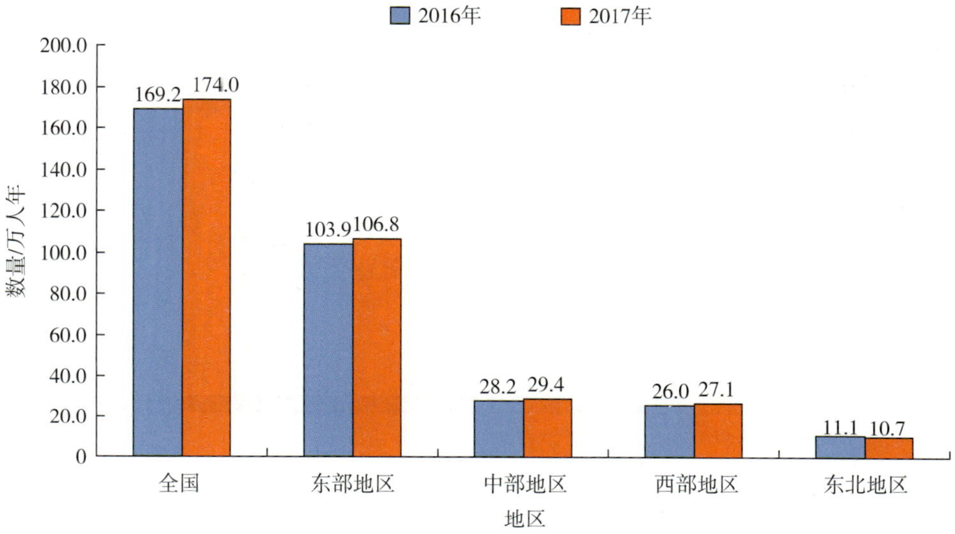

图 7–2　2016—2017 年全国各区域 R&D 研究人员变化情况

数据来源：国家统计局、科技部，《中国科技统计年鉴（2018）》。

二、各地方 R&D 研究人员

我国 R&D 研究人员在全国分布不均衡，总体上呈现东多西少的特点。从 2017 年全国各地方 R&D 研究人员总量来看（图 7–3），江苏省 R&D 研究人员总量居全国首位，超过 20 万人年；R&D 研究人员总量在 15 ～ 20 万人年的有两个地方，分别是广东（19.45 万人年）和北京（16.35 万人年）；R&D 研究人员总量在 10 ～ 15 万人年的有两个地方，分别是山东（13.05 万人年）和浙江（12.44 万人年）；R&D 研究人员总量不足 1 万人年的有 5 个地方，分别是新疆、宁夏、青海、西藏和海南；有 21 个地方的 R&D 研究人员总量在 1 ～ 10 万人年。

从“十三五”以来全国各地方 R&D 研究人员年均增速来看（图 7–4），西藏 R&D 研究人员增速最快，超过了 20%；R&D 研究人员增速较快的还有 4 个地方，分别是重庆（13.1%）、江西（9.7%）、湖南（8.2%）、福建（7.9%）；有5个地方R&D研究人员不增反降，分别是东部地区的天津，东北地区的黑龙江，中部地区的湖北，西部地区的新疆和内蒙古。

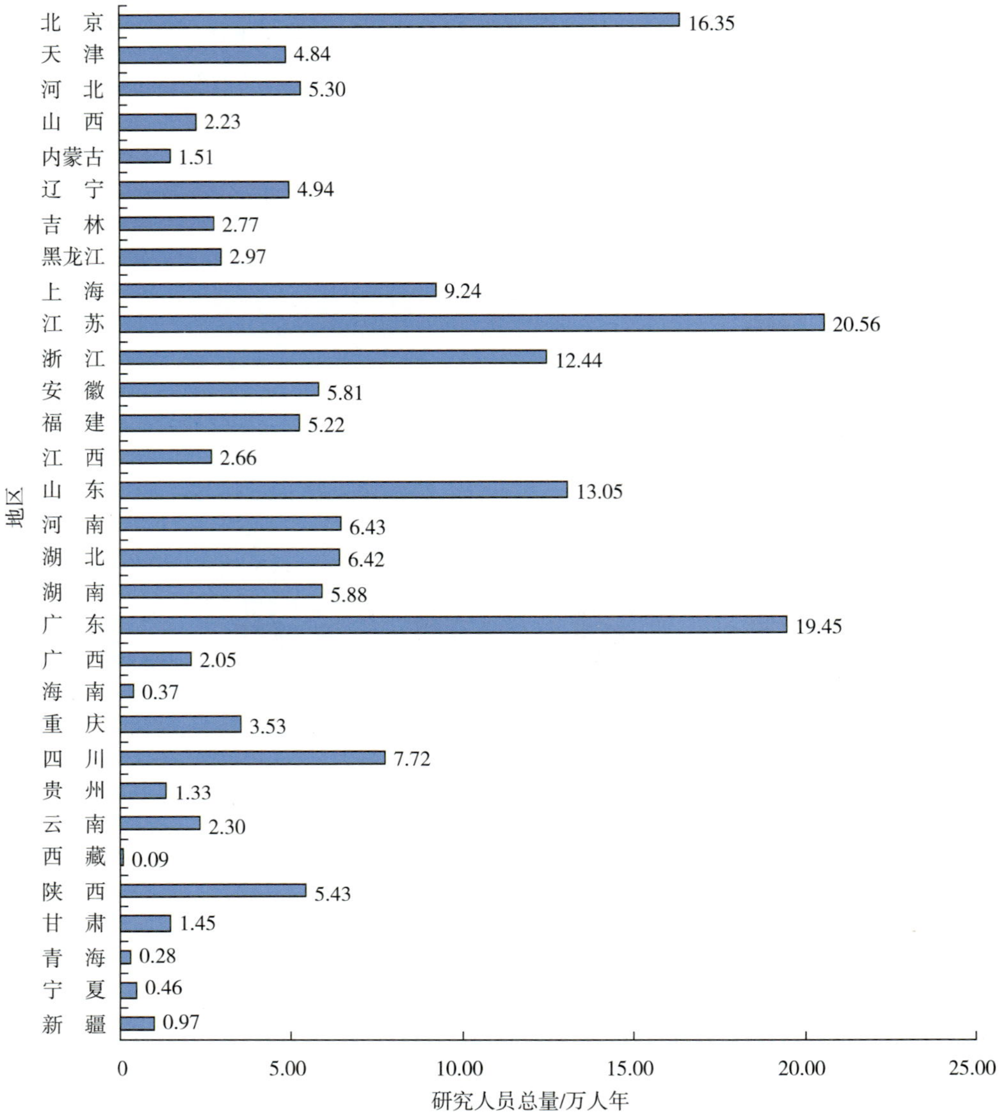

图7-3　2017年全国各地方R&D研究人员总量

数据来源：国家统计局、科技部，《中国科技统计年鉴（2018）》。

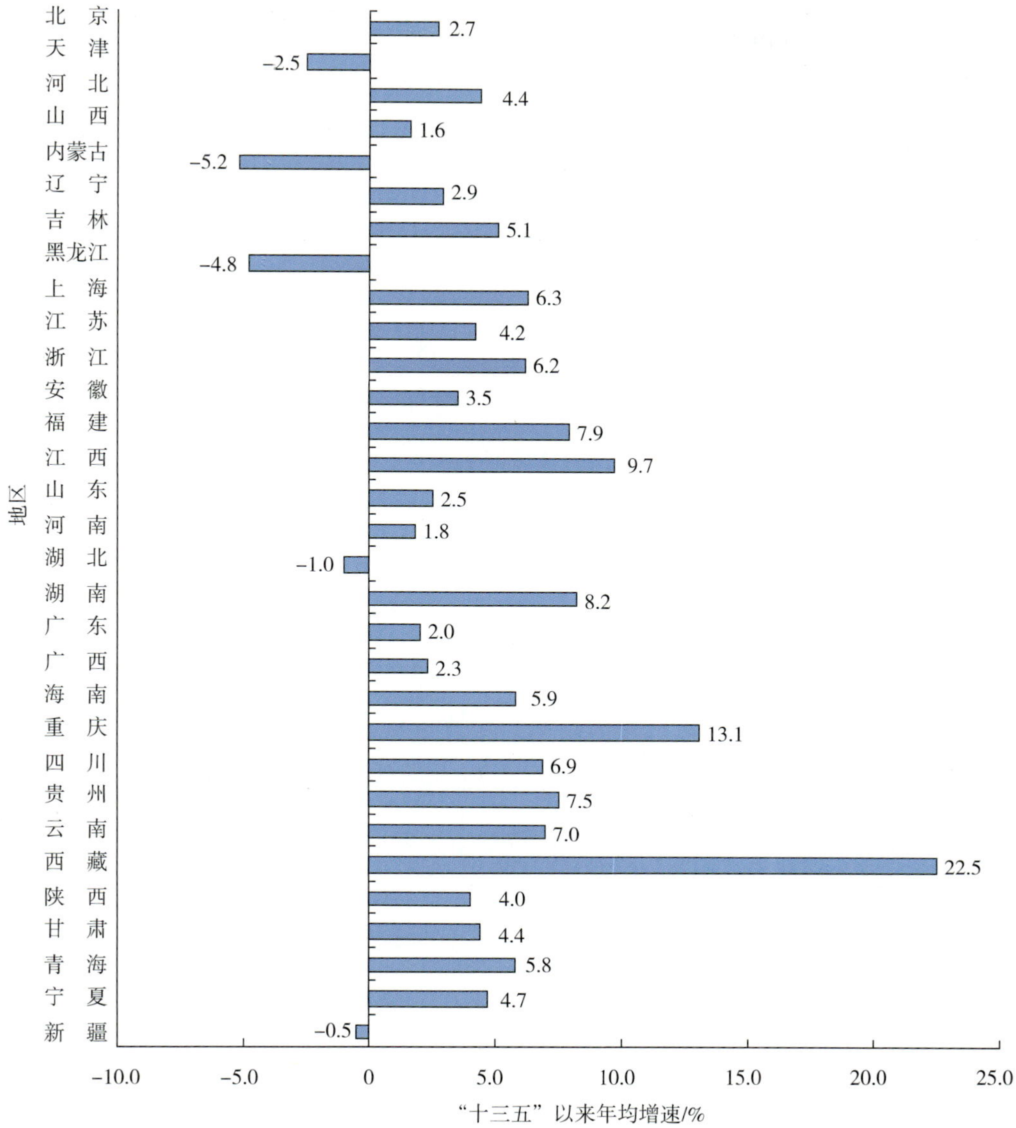

图 7-4　"十三五"以来全国各地方 R&D 研究人员年均增速

数据来源：国家统计局、科技部，《中国科技统计年鉴（2018）》。

三、各地方按执行部门分 R&D 研究人员

R&D 研究人员的执行部门分布情况可以反映出我国科技创新活动主体的分布情况。2017 年，我国规上工业企业 R&D 研究人员总量为 88.47 万人年，分别是研究与开发机构、高校 R&D 研究人员总量的 3.1 倍和 2.7 倍（表 7-1）。

规上工业企业 R&D 研究人员主要集中在东部地区，2017 年东部地区规上工业企业 R&D 研究人员数量达 57.55 万人年，占全国规上工业企业 R&D 研究人员总量的 65.1%。东北地区规上工业企业 R&D 研究人员数量最少，仅为 4.10 万人年，占全国规上工业企业 R&D 研究人员总量的 4.6%，且近 3 年无明显变化，表明东北地区创新活力不足。规上工业企业 R&D 研究人员在各地方分布差异很大，在全国规上工业企业 R&D 研究人员总量中占比超过 10% 的仅有 2 个地方，分别是江苏和广东；甘肃、青海、宁夏、新疆、广西、海南、贵州、云南、西藏的占比均不足 1%。

研究与开发机构 R&D 研究人员主要集中在东部地区，2017 年东部地区研究与开发机构 R&D 研究人员数量达 15.76 万人年，占全国研究与开发机构 R&D 研究人员总量的 54.9%。东北地区研究与开发机构 R&D 研究人员数量最少，仅为 1.91 万人年，占全国研究与开发机构 R&D 研究人员总量的 6.7%。研究与开发机构 R&D 研究人员在各地方分布差异很大，北京集中了全国约 1/4 的研究与开发机构 R&D 研究人员，在全国研究与开发机构 R&D 研究人员总量中占比超过 5% 的地方还有上海、江苏、四川、陕西；内蒙古、福建、海南、贵州、西藏、青海、宁夏的占比均不足 1%。

高校 R&D 研究人员主要集中在东部地区，2017 年东部地区高校 R&D 研究人员数量达 16.38 万人年，占全国高校 R&D 研究人员总量的一半。东北地区高校 R&D 研究人员数量最少，为 4.01 万人年，占全国高校 R&D 研究人员总量的 12.2%，且近 3 年有所减少。高校 R&D 研究人员在各地方分布差异不大，在全国高校 R&D 研究人员总量中占比为 5%（含 5%）～ 10%（不含 10%）的地方有 7 个，分别是北京、上海、江苏、浙江、山东、广东、四川；在全国高校 R&D 研究人员总量中占比为 1%（含 1%）～ 5%（不含 5%）的地方有 18 个，分别是天津、河北、山西等；在全国高校 R&D 研究人员总量中占比不足 1% 的地方有 6 个，分别是内蒙古、海南、西藏、青海、宁夏、新疆。

表 7-1　2017 年各地方按执行部门分 R&D 研究人员总量

地区	规上工业企业		研究与开发机构		高校	
	R&D 研究人员数量（万人年）	在全国占比（%）	R&D 研究人员数量（万人年）	在全国占比（%）	R&D 研究人员数量（万人年）	在全国占比（%）
全国	88.47	100.0	28.72	100.0	32.79	100.0
东部地区	57.55	65.1	15.76	54.9	16.38	50.0
中部地区	16.50	18.7	3.97	13.8	5.83	17.8
西部地区	10.32	11.7	7.08	24.7	6.57	20.0
东北地区	4.10	4.6	1.91	6.7	4.01	12.2
北京	2.27	2.6	7.30	25.4	2.93	8.9

续表

地区	规上工业企业		研究与开发机构		高校	
	R&D 研究人员数量（万人年）	在全国占比（%）	R&D 研究人员数量（万人年）	在全国占比（%）	R&D 研究人员数量（万人年）	在全国占比（%）
天津	2.08	2.4	0.78	2.7	0.92	2.8
河北	2.79	3.2	0.85	3.0	1.06	3.2
山西	1.10	1.2	0.37	1.3	0.59	1.8
内蒙古	0.86	1.0	0.20	0.7	0.30	0.9
辽宁	1.97	2.2	0.99	3.4	1.60	4.9
吉林	1.02	1.2	0.41	1.4	1.23	3.8
黑龙江	1.10	1.2	0.51	1.8	1.18	3.6
上海	3.54	4.0	1.76	6.1	2.01	6.1
江苏	13.52	15.3	2.02	7.0	2.51	7.7
浙江	8.36	9.4	0.58	2.0	1.76	5.4
安徽	3.22	3.6	0.88	3.1	1.05	3.2
福建	3.12	3.5	0.27	0.9	0.99	3.0
江西	1.47	1.7	0.40	1.4	0.56	1.7
山东	8.69	9.8	1.00	3.5	1.98	6.0
河南	4.07	4.6	0.81	2.8	0.79	2.4
湖北	3.25	3.7	1.05	3.7	1.37	4.2
湖南	3.39	3.8	0.47	1.6	1.47	4.5
广东	13.10	14.8	1.07	3.7	2.13	6.5
广西	0.62	0.7	0.30	1.0	0.88	2.7
海南	0.07	0.1	0.13	0.5	0.09	0.3
重庆	1.97	2.2	0.32	1.1	0.81	2.5
四川	2.80	3.2	2.50	8.7	1.65	5.0
贵州	0.62	0.7	0.25	0.9	0.40	1.2
云南	0.63	0.7	0.58	2.0	0.57	1.7
西藏	0.01	0.0	0.05	0.2	0.02	0.1
陕西	1.86	2.1	1.98	6.9	1.07	3.3
甘肃	0.44	0.5	0.50	1.7	0.35	1.1
青海	0.07	0.1	0.04	0.1	0.06	0.2

续表

地区	规上工业企业		研究与开发机构		高校	
	R&D 研究人员数量（万人年）	在全国占比（%）	R&D 研究人员数量（万人年）	在全国占比（%）	R&D 研究人员数量（万人年）	在全国占比（%）
宁夏	0.20	0.2	0.05	0.2	0.16	0.5
新疆	0.26	0.3	0.30	1.0	0.30	0.9

数据来源：国家统计局、科技部，《中国科技统计年鉴（2018）》。

参考文献

[1] 科技部火炬高技术产业开发中心，中科院科技战略咨询研究院中国高新区研究中心 . 国家高新区创新能力评价报告 (2017) [M]. 北京 : 科学技术文献出版社， 2017.

[2] 中国科学技术发展战略研究院 . 国家创新指数报告 2016—2017 [M]. 北京 : 科学技术文献出版社，2017.

[3] “墨子号”提前实现三大科学目标中国领跑量子通信 [EB/OL].（2017–08–14）[2018–11–20]. http://www.xinhuanet.com/politics/2017–08/14/c_1121478053.htm.

[4] 百川奔流终归海 同心筑梦正当时：党的十八大以来我国形成最大规模留学人才“归国潮”[EB/OL].（2017–02–22）[2018–11–20].http://www.xinhuanet.com/politics/2017–02/22/c_1120508735.htm.

[5] 刘少华，郭超凯 . 实施人才强国战略 重视人才战略资源 [N/OL]. 人民日报（海外版），2017–12–05（5）[2018–11–20].http://paper.people.com.cn/rmrbhwb/html/2017–12/05/content_1821427.htm.

[6] EU Blue Cards holders and family members by Member State of previous residence[EB/OL].[2018–11–20].https://ec.europa.eu/eurostat/web/products–datasets/–/migr_resbc3.

[7] Immigration and citizenship data[EB/OL].[2018–11–20].https://www.uscis.gov/tools/reports–studies/immigration–forms–data.

[8] The United Kingdom’s exit from and new partnership with the European Union[EB/OL].[2018–11–20].https //apo.org.au/node/72580.

[9] Collaboration on science and innovation：a future partnership paper[EB/OL].[2018–11–20].https://dera.ioe.ac.uk/30060/1/Science_and_innovation_paper.pdf.

[10] Brexit, science and innovation[Z]. House of Commons Science and Technology Committee Second Report of Session 2017—2019.

[11] An immigration system that works for science and innovation[Z]. House of Commons Science and Technology Committee Eighth Report of Session 2017—2019.

[12] National security strategy of the United States of America[J]. NATO' s Nations & Partners for Peace，2003, 48（1）：150.

[13] Biannual report on international student trends[EB/OL].[2018-11-20]. https://www.ice.gov/doclib/sevis/pdf/byTheNumbersJun2017.pdf.

[14] International student statistics: UK higher education[EB/OL].[2018-11-20]. https://ukcisa.org.uk/Research——Policy/Statistics/International-student-statistics-UK-higher-education.

[15] International Students in Japan 2017[EB/OL].[2018-11-20]. https://www.jasso.go.jp/en/about/statistics/intl_student/data2017.html.

[16] IMD world competitiveness ranking 2018[EB/OL].[2018-11-20]. https://www.imd.org/wcc/world-competitiveness-center-rankings/world-competitiveness-ranking-2018/.

[17] Country capacity to attract talent[EB/OL].[2018-11-20].http://reports.weforum.org/pdf/gci-2017-2018-scorecard/WEF_GCI_2017_2018_Scorecard_EOSQ400.pdf.

地 方 篇

CHINA

SCIENCE AND TECHNOLOGY
TALENT DEVELOPMENT REPORT

（2018）

北京市科技人才发展报告

北京市科学技术委员会

一、科技人才队伍建设情况

（一）总体情况

科技人才队伍不断壮大。据北京地区人才资源统计数据显示，北京地区人才资源总量已达到651万人，北京市R&D人员约有38.8万人。在京两院院士795人，占全国的1/2左右；北京市入选全球高被引科学家数达到72人；入选“万人计划”人才682人；“北京学者计划”人才42人；“首都科技领军人才培养工程”人才240人；“北京市科技新星计划”人才2393人。

科技人才创新能力不断提升。2017年，北京全社会研发经费支出占地区生产总值的6%左右，居全国首位。万人发明专利拥有量94.5件，是全国平均水平的9.6倍。技术合同成交额4485亿元，同比增长13.8%，在全国占比33.4%。中关村示范区总收入超过5万亿元，保持11%的增速。截至2017年年底，全市拥有国家高新技术企业2万余家，规模以上高新技术企业全年总收入预计超过2.2万亿元，科技型企业超过50万家。“独角兽”企业达67家，在全球仅次于硅谷。北京市综合科技创新水平位列全国省（市、区）首位。英国《自然》杂志刊登“2017自然指数—科研城市”，北京市在全球500个科研产出城市中居于首位。北京地区单位获得国家科学技术奖数量为78项，占全国通用项目获奖总数的36.1%。

科技人才集聚效应初步形成。推动建设国家级重点实验室、工程实验室、工程（技术）研究中心、企业技术中心300余家，支持北京生命科学研究所、北京石墨烯研究院、中科院北京纳米所等一批新型研发机构发展，支持推动了中关村人才特区建设，支持建设国家级众创空间，聚集了大量海内外高层次人才，成为引领创新创业浪潮的中坚力量。

（二）北京市科委牵头实施的科技人才计划情况

1. 首都科技领军人才培养工程

首都科技领军人才培养工程（以下简称“领军工程”）2014—2018 年选拔培养 5 批共 150 人。根据近 5 年入选领域人才数量分析可见，电子信息领域入选比例居于首位，生物医药、节能环保领域相对稳定，农业和设计领域有下降趋势（表 1）。

表 1　2014—2018 年北京市领军人才领域分布情况　　单位：人

年份	电子信息	装备制造	生物医药	医疗卫生	节能环保	城建交通	新材料	新能源	农业	其他
2014 年	7	3	4	2	2	2	3	0	3	2
2015 年	9	1	2	6	3	2	3	2	3	1
2016 年	6	3	4	3	4	2	4	1	3	0
2017 年	6	3	4	5	4	1	1	2	2	2
2018 年	9	2	4	7	2	0	2	3	1	0

领军工程涉及电子信息、生物医药、医疗卫生、农业等领域，充分体现了资助领域的多样性，入选人员分别来自高校、科研院所、医疗机构和企业，其中，企业占比偏高，其余分布较为均衡（图 1）。

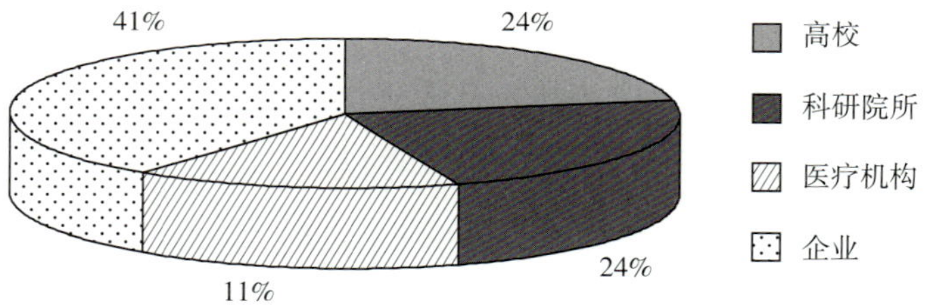

图 1　2014—2018 年北京市领军人才依托单位情况

2. 北京市科技新星计划

北京市科技新星计划（以下简称“新星计划”）2014—2018 年共资助入选人员 573 人，资助经费金额为 14 705 万元。每年入选人数稳定，基本保持在每年 110 ～ 118 人，资助金额在 2017 年管理办法修改后有显著上升（图 2）。

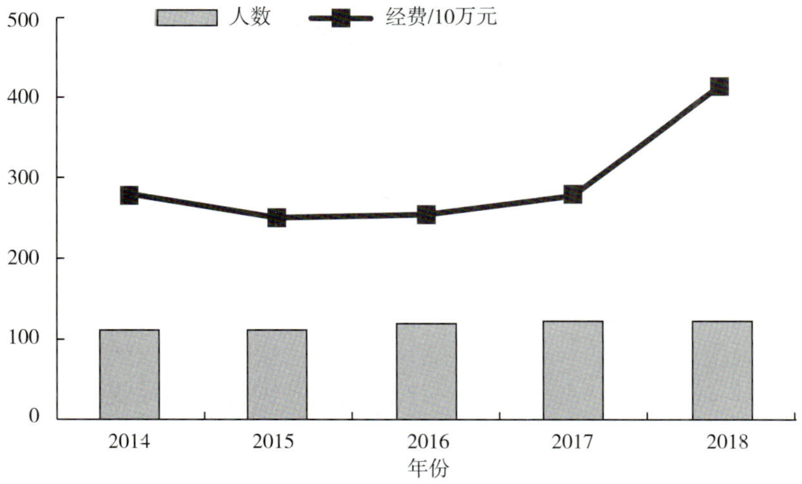

图 2 2014—2018 年北京市新星计划资助的人数与经费情况

新星计划资助领域共涉及电子信息、生物医药、医疗卫生、农业、装备制造、新能源、新材料、城建交通、环境化学等领域，充分体现了资助领域的多样性，入选人员分别来自高校、科研院所、医疗机构和企业，分布比例较为均衡（图 3）。

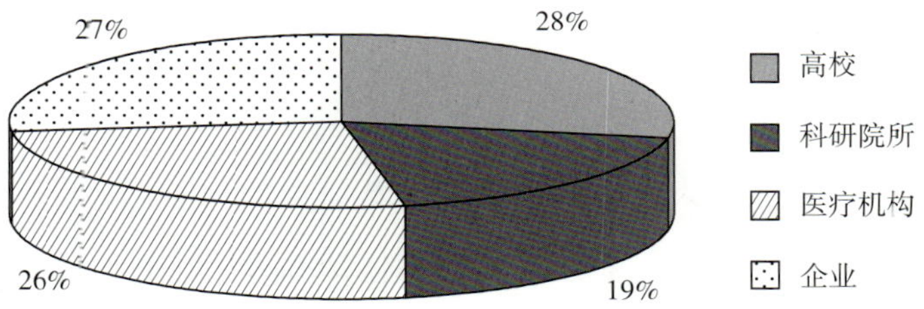

图 3 2014—2018 年北京市新星计划单位类别分布情况

为促进不同领域新星计划入选人员开展交流与合作，2012 年启动了交叉学科合作课题资助工作。对于具有明显创新性与应用前景、符合首都经济和社会发展方向、重点发展领域的课题予以支持。2014—2018 年，共支持交叉学科合作课题 80 项，经费资助额度共计 1800 万元（图 4）。

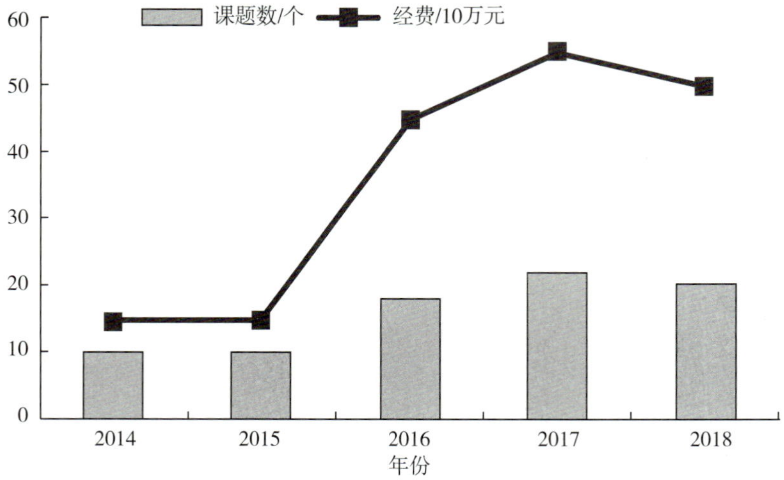

图 4　2014—2018 年北京市交叉学科合作课题资助的数量与经费情况

二、北京市科委两大人才计划实施进展和案例

（一）首都科技领军人才培养工程

领军工程为深入实施人才优先发展战略，全面落实《北京加强全国科技创新中心建设总体方案》（国发〔2016〕52 号）和《关于深化首都人才发展体制机制改革的实施意见》（京发〔2016〕15 号），加强本市高层次科技人才队伍建设，选拔并培养学术道德高尚、科研能力突出、科研水平领先和国际视野开阔的高层次科技创新创业人才，构建富有创新能力的科技创新团队，于 2011 年由北京市科委负责组织实施，并于 2017 年 3 月发布了《首都科技领军人才培养工程实施管理办法》（京科发〔2017〕64 号）。

领军工程选拔时突出“领军 + 团队 + 领域”的原则，要求领军人才要有自身的团队，强调领军人才对团队培养、对领域发展的重要作用。在日常培养过程中，坚持培养与使用相结合，支持和引导所在单位加大人才培养投入。同时，优先推荐入选人员申报其他北京市和国家级人才计划。已入选的领军人才均获得了 60 万元左右经费支持，主要用于提升自身的科研管理能力素质和团队科研创新水平。

截至 2018 年，共 8 批 240 名高层次科技人才及其团队入选该工程，分布于医学和生物制药等 10 余个北京市重点专业领域。入选人员均承担着国家和北京市重大科技计划项目，科研水平领先，成果贡献突出，发展潜力大，是首都科技创新的骨干力量。自入选领军工程以来，已有张军、王辰、赵春江、乔杰 4 名领军人才入选中国工程院院士，刘明、赵宇亮 2 人入选中国科学院院士，此外，领军人才入选“万人计划”39 人、“创新人才推进计划”54 人；获国家自然科学二等奖 3 人、国家技术发明二等奖 3 人、国家科学技术进步一等奖 3 人、国家科学技术进步二等奖 10 人；获北京市科学技术奖一等奖 24 人、二等奖 27 人、三等奖 24 人。

（二）北京市科技新星计划

新星计划是由北京市政府财政支持、北京市科委组织实施的青年科技人才培养计划，支持对象为北京市企事业单位的 35 周岁以下的青年科技人才，宗旨是为北京市选拔和培养一批青年科技骨干。

新星计划自 1993 年开始实施，目前已培养了 26 批共 2393 名入选人员。2017 年新星计划实施新的管理办法，明确了以项目形式对入选人员进行资助。以 2018 年数据为例，新星计划对每名入选人员予以 35 万元的资助，培养期为 3 年。

交叉学科合作课题搭建了新星后续成长平台，开展了众多有实用价值的研究。2012 年，北京市科委为贯彻落实《践行“北京精神”在全社会大力弘扬和培育创新精神的若干意见》，进一步健全和完善创新人才的培养体系，促进新星及其团队间的交流与合作，在新星计划中设立交叉学科合作研究专项资金，以引导和支持科技新星之间开展交叉学科研究，形成跨学科合作研究的新模式，目前已资助 100 项，投入资金 2000 万元。交叉学科课题不仅具有前沿创新性而且具有实用价值。例如，2014 年入选课题的中国人民解放军总医院与大唐移动通信设备有限公司合作的交叉学科课题“基于 TD-LTE 移动通信网络的居家养老健康服务平台研发与应用示范项目”，在 2015 年 3 月两会期间，央视进行了专题采访报道，获得了广泛的社会关注（经济频道、新闻频道两会特别报道，创两会期间收视率新高）。同时，该课题进行了初步的应用示范，提供健康教育、慢病管理、一站式诊疗、用药指导、健康监护、康复指导、健康咨询、心理干预等医疗性健康服务，以及饮食指导、运动指导等非医疗性的健康相关服务。

三、科技人才发展相关政策和服务举措

在北京市人才工作领导小组指导下，深入学习贯彻习近平总书记关于人才工作系列重要讲话精神，以科技人才专项办为平台，按照“搭平台、聚人才、接任务、出成果”的工作思路，重点实施三大任务，以创新平台集聚全球顶尖人才，以重大任务吸引培养创新人才，完善人才激励保障机制，打造创新人才首选地，服务创新型国家和世界科技强国建设。

一是搭建平台聚集人才。以三城一区为主平台，吸引具有全球水平的战略科学家、科技领军人才、企业家、创新创业团队，建设全球创新人才高地。中关村科学城聚集全球高端创新要素，在人工智能、信息技术、颠覆性新材料、前沿生物等领域实施一批重大科学研究和技术研发项目，形成一批具有世界影响力的原创成果；怀柔科学城重点建设高能同步辐射光源、极端条件实验装置、地球系统数

值模拟装置等大科学装置群，以及先进光源技术研发测试、材料基因组研究、清洁能源材料测试诊断等一批前沿交叉研究平台，建设综合性国家科学中心，打造我国科技综合实力的新地标；未来科技城着重集聚一批高水平企业研发中心，持续引进海外专家和留学归国人才，打造大型企业集团技术创新集聚区。

二是重大任务培养人才。面向重大创新战略和经济社会发展需求，以重大任务为抓手，吸引和培育科技人才。制定实施《北京技术创新行动计划（2014—2017 年）》，通过实施 12 个重大专项聚集高端创新人才，着力以技术创新引领产业转型升级和支撑解决首都可持续发展的重大问题。例如，2016 年制定实施《北京市智能网联驾驶技术创新工程（2016 年—2025 年）》，成立智能网联驾驶技术专家委员会，实施智能网联驾驶关键技术研发和应用、测试验证能力体系建设等 5 项重大任务，力争将北京市建设成为国内一流、国际领先的智能网联驾驶创新中心、人才中心、示范中心和产业基地。启动“石墨烯科技创新计划（2016—2025 年）”，成立石墨烯科技创新专项专家委员会，筹建北京石墨烯研究院，以石墨烯技术重大原创性突破与高端应用为导向，抢占战略制高点，力争到 2025 年，培养一批具有重要影响力的领军人才和有国际影响力的石墨烯骨干企业，成为首都“高精尖”经济结构新增长点。

三是体制机制激活人才。深入实施《中共北京市委关于深化首都人才发展体制机制改革的实施意见》，全面推进人才管理体制改革，加快建立京津冀人才一体化发展体制机制。充分发挥中关村示范区改革“试验田”作用，率先实施国务院批复的“1+6”“新四条”等系列先行先试政策，其中，10 余项试点政策在全国复制推广。加快落实公安部支持北京市创新发展的 20 项出入境政策措施，通过新政为 528 人办理“绿卡”，公布了 2017 年度 19 111 家“北京科创企业清单”所属企业名录。促进大众创业、万众创新的生态环境持续优化，北京市 125 家机构入选国家级众创空间，活跃在中关村的天使投资人占全国的 80%，以政策与制度为先导的创新创业生态已成为全国典范。

切实保障科研人员开展科技成果转化的合法权益，允许高校、研究机构科技成果转化所获收益 70% 及以上的比例划归科技成果完成人和对转化做出重要贡献的人员所有。鼓励在高校设立科技成果转化岗位。落实《关于进一步完善财政科研项目和经费管理的若干政策措施》，赋予承担单位和科研人员更大的科研自主权；竞争性科研项目间接费用上限比例统一调整为 20%，并取消绩效支出比例限制，允许绩效支出不受当年本单位工资总额限制、不纳入本单位工资总额基数等，为科研人员松绑助力，让科研人员多一些时间去自由探索，让创新主体在适宜的环境中更好地成长。

四、新时代科技人才发展思路与举措

落实《新时代推动首都高质量发展人才支撑行动计划（2018—2022 年）》《北京加强全国科技

创新中心建设总体方案》的要求，深入实施人才优先发展战略，优化人才结构，努力培养造就规模宏大、结构合理、素质优良的创新型科技人才队伍，发挥人才对首都高质量发展的支撑保障作用，结合北京市实际和科技人才成长规律，提出如下新时代科技人才发展思路和举措。

（一）依托科技战略平台，引进培育战略科技人才

战略科技人才主要面向世界科技前沿引进海外和培育本土战略科技人才，通过 5 ～ 10 年的稳定支持引领中国重要科技领域的发展并跻身世界前列。海外战略科技人才主要在于“引和留”，本土战略科技人才主要在于“选和用”。

（二）搭平台、给项目，支持和培养科技领军人才

围绕“三个面向”即面向世界科技前沿、面向经济主战场和面向国家重大需求，精准支持和培养科技领军人才。例如，依托北京市重点实验室、北京市工程技术研究中心、国际合作基地等平台支持一批科技创新领军人才；依托北京市科技计划项目、领军工程、北京市科技奖励等，培养支持一批科技创新创业领军人才。

（三）培养和引进优秀青年人才

支持引进一批 40 周岁以下有世界影响力的杰出青年人才。一是发挥用人单位主体作用，与相关单位共同支持培养杰出青年人才；二是依托北京市科技计划项目、新星计划和北京市杰出青年科学基金项目培养支持优秀青年人才。

（四）打造融洽、开放、互通的科技人才多元文化交流空间

实现科技人才社区和展示的功能，促进跨层次、跨行业、跨学科科技人才交流交往、信息共享、宣传展示，推动科技人才形成文化社群。依托院士茶社、人才俱乐部、科技人才连廊、科研攻坚战等空间载体进行科技人才交流培养。

（五）以需求为导向为科技人才提供覆盖人才发展全周期的综合性服务

优化宜居宜业环境，打通关键环节，提供精准服务，使用和留住人才，促进科技成果在京落地转化。结合不同的领军人才群体，围绕事业发展、户口、住房等方面构建有利于科技人才发展的政策环境和保障机制。吸引培养高层次科技服务人才，服务高校、科研院所科技成果在京转化。完善人才评价激励机制，推动人才分类评价，建立以能力和贡献为导向的评价与激励机制，提升科技成果产出质量。

天津市科技人才发展报告

■天津市科学技术委员会

人才是第一资源。近年来，按照天津市委、市政府要求，天津市科技人才工作围绕中心、服务大局，把科技人才发展贯穿到经济社会建设的全过程和各方面，科技人才工作和科技人才队伍建设取得明显成效，为实施创新驱动发展战略和推动天津市经济社会持续健康发展提供了有力人才保障。

一、科技人才队伍建设情况

（一）人才规模不断提升

2016 年，天津市从业人员达到 902.42 万人，比 2011 年的 763.16 万人增长了 18.25%，年均增长 3.4%；天津市人才资源总量达到 269.97 万人，比 2011 年的 202 万人增长了 33.65%，年均增长 5.97%；天津市从事科技活动人员达到 25.04 万人，比 2011 年的 17.36 万人增长了 44.24%，年均增长 7.6%（图 1）。从事科技活动人员总量、人才资源总量的增幅明显高于从业人员增幅。

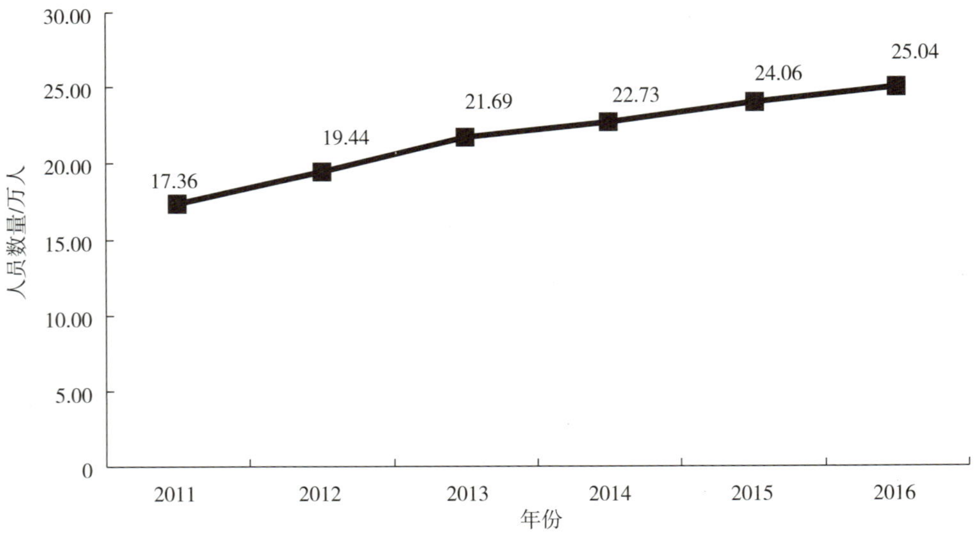

图 1　2011—2016 年天津市从事科技活动人员变化情况

2011—2016 年从事科技活动人员总量为 130.32 万人，主要分布的执行部门分别为：研究与技术开发机构 7.3 万人，占总量的 5.60%；工业企业 78.8 万人，占总量的 60.47%；高等院校 20.8 万人，占总量的 15.96%；其他 23.42 万人，占总量的 17.97%（图 2）。从各部门占总量的百分比可以看出，工业企业人数是科技人才队伍中的主力军，是科技创新的主体。

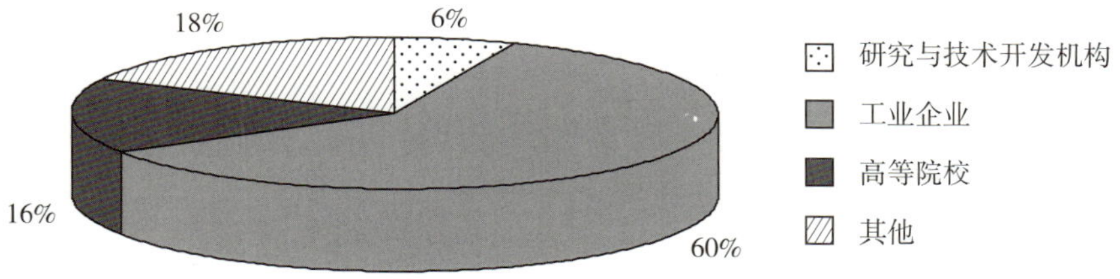

图 2　2011—2016 年天津市从事科技活动人员总量分布

（二）人才结构不断优化

从 6 支人才队伍看，各支人才队伍增速合理、各具特色，结构逐步优化，其中，2016 年企业经营管理人才、专业技术人才和高技能人才总量占天津市人才总量（269.97 万人）的比例达到 92.15%。具体情况如表 1 和图 3 所示。

表 1　2012—2016 年天津市人才队伍发展情况

人才队伍	2012 年	2013 年	2014 年	2015 年	2016 年	年均增长（%）
党政人才（万人）	9.4	9.41	9.41	9.51	9.27	−0.35
企业经营管理人才（万人）	38.74	39.27	40.19	39	41.24	1.58
专业技术人才（万人）	114	122	130	139	151.74	7.41
高技能人才（万人）	36.7	39.4	41.6	49.1	55.8	11.04
农村实用人才（万人）	15.16	15.62	18.9	10.14	11.92	−5.83
社会工作人才（万人）	0.19	1.01	1.35	1.44	1.58	69.81

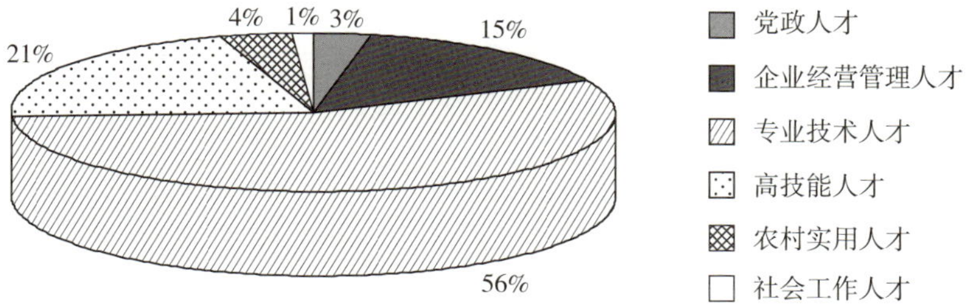

图 3　2016 年天津市 6 支人才队伍分布情况

（三）人才素质不断提高

通过一系列积极而具体有效的做法，天津市科技人才队伍建设取得了突出成绩。据不完全统计，2017 年，天津市高层次人才总量达到 9 万人，其中，在津两院院士 38 名，有 93 名国家杰出青年科学基金获得者、9 个国家自然科学基金资助的优秀创新群体，入选国家“万人计划”科技创新创业领军人才 73 人，入选创新人才推进计划中青年科技创新创业领军人才（团队）89 人（个），国家创新人才培养示范基地 8 家，入选天津市人才发展特殊支持计划高层次创新型科技领军人才 20 人、杰出民营企业家 18 位、高层次创新创业团队 77 个，入选天津市创新人才推进计划 475 人，入选天津市“新型企业家培养工程”887 人，高层次创新型科技领军人才队伍得到进一步壮大（表 2）。

表 2　2011—2017 年天津市高层次人才情况

单位：人

类型	2011 年	2015 年	2016 年	2017 年
两院院士	37	36	38	38
“万人计划”科技创新创业领军人才	—	8	42	73
国家杰出青年科学基金获得者	—	75	80	93
国家创新群体获得者	—	8	8	9
创新人才推进计划入选者	—	53	71	89
天津市“新型企业家培养工程”入选者	—	434	737	887
天津市创新人才推进计划入选者	—	241	366	475

（四）人才效能不断增强

2017 年，天津市 R&D 支出达到 458.72 亿元，比 2011 年的 297.76 亿元增长 54.06%，R&D 支出占 GDP 比重达到 2.47%。2016 年，天津市综合科技创新水平指数达到 80.55%，自 2001 年起连续 16 年稳居全国第 3 位。2017 年专利申请量为 86 996 件、有效专利量为 144 706 件，分别是 2011 年专利申请量（36 258 件）、有效专利量（40 016 件）的 2.4 倍和 3.6 倍；每万人口发明专利拥有量达到 18.3 件，比 2011 年的 5.1 件增加 13.2 件，居全国第 6 位。2017 年，技术成交额 658.48 亿元，是 2011 年的 171.59 亿元的 3.8 倍，技术合同成交金额占天津市 GDP 比重达 3.54%，居全国第 3 位（表 3）。

表 3　2011—2017 年天津市科技成果变化情况

科技成果	2011 年	2014 年	2015 年	2016 年	2017 年
科技成果登记数（项）	2020	2588	2610	2622	2319
专利申请量（件）	36 258	63 422	79 963	106 514	86 996
其中：发明专利（件）	10 007	23 391	28 510	38 153	25 652
专利授权量（件）	13 982	26 351	37 342	39 734	41 675
其中：发明专利（件）	2528	3279	4621	5185	5844
每万人口发明专利拥有量（件）	5.1	10	12	14.7	18.3
国家科学技术奖（项）	16	17	15	12	—

二、科技人才计划、工程、基地、项目等实施进展和案例

在天津市人才工作领导小组的领导下，天津市科委相继实施了一系列科技人才计划与工程，涌现了一批具有影响力的高层次科技创新人才。

（一）“新型企业家培养工程”

为培养造就一批新型企业家，推动天津市高新技术企业和科技型中小企业做大做强，从 2012 年启动实施“新型企业家培养工程”，每年选拔 150 名左右高成长性、发展潜力大的科技型企业经理人进行重点培养。培养对象重点是天津市航空航天、石油化工、装备制造、电子信息、生物医药、新能源新材料、国防科技和轻工纺织八大优势支柱产业与战略性新兴产业、现代服务业、现代农业等创新型企业及高新技术企业的经理人。到 2020 年，力争培育 1000 名企业年销售额超亿元、创新能力处于国内同行业领先地位、善于经营管理的新型企业家。已有 887 人入选“新型企业家培养工程”。通过开展企业家大讲堂、专题培训、高级研修班等百余次活动，已培训企业家近万人次，让天津市新型企业家在创新意识、创新能力、现代化管理水平等方面得到了大幅提升。

“新型企业家培养工程”的实施，赋予了科技型企业家荣誉感和带领企业创新发展的使命感，提升了企业家不断提升自我、完善自我的意识，提高了企业家经营管理水平和创新创业能力，开拓了企业家国际视野，为天津市培养了一批精通现代管理、崇尚自主创新、善于开拓市场的优秀企业家。在新型企业家的带领下，企业自主创新能力不断提升，新型企业家在经济社会发展中发挥了创新引擎作用。一是新型企业家成为行业领军人才，带领企业进入发展快车道。已有 24 名新型企业家入选国家“万人计划”科技创业领军人才。二是新型企业家技术创新意识不断提升，推动企业加大产学研合作力度，

建立创新平台。已建立企业重点实验室的企业达到54家，占天津市总数的30.5%；组建工程中心的企业达到60家，占天津市总数的27.4%；国家级企业技术中心14个，占天津市总数的34.14%，天津市企业技术中心181个，占天津市总数的35.98%；天津长荣印刷设备股份有限公司等6家新型企业家入选人才所在企业建立了“院士专家工作站”。三是新型企业家国际视野不断提升、管理能力不断提升，创新发展模式。东义镁制品公司积极推进“企业知识产权管理规范”建设，一阳磁性材料公司开展股权激励机制，博思特能源装备在苏丹建立办事处，并与苏丹Sudapet公司建立了天然气利用项目的合作关系。12家新型企业家所带领的企业被认定为“国际科技合作企业”，占到总数的60%。

（二）天津市人才发展特殊支持计划

根据《国家高层次人才特殊支持计划》和《天津市中长期人才发展规划（2010—2020年）》，2013年启动实施了天津市人才发展特殊支持计划。计划用10年左右时间，有计划、有重点地遴选支持1000个（名）高层次创新型科技领军人才、杰出企业家、高层次创新创业团队、天津市技能大师、企业人才智力合作项目、青年拔尖人才和区县人才发展项目，建设一支高素质创新创业人才队伍。已完成两批遴选工作，有151人、77个团队入选，累计投入支持经费2.09亿元。

科技创新创业人才队伍的不断发展壮大，为天津市经济社会发展提供了强有力的智力支撑。项目实施以来，一是获得了一批重大科技项目支持，推动科研事业不断发展。期间共承担国家、省部及市级项目604项，获财政经费达15.48亿元。二是取得一批高水平科研成果，创新影响力不断扩大。期间共获得94项国家、省部级科技奖励，共发表专著113篇，发表国内外论文902篇，其中，被三系统收录787篇。申请专利754件，其中，发明专利518件，授权发明专利318件，申请国外专利54件，获得软件著作权136件。三是培养一批科技创新后备人才。期间培养博士后22人、博士156人、硕士1372人，培养教授37人、副教授57人，进入国家级人才工程计划27人，进入市级人才工程计划131人。四是推动一批科技成果转化，经济效益显著。科研成果转化数量达726项，实现经济效益达64.58亿元，成果应用涉及农林、城市管理、环保、科研、教育、政府、气象、航天等多个行业。技术交易103项，达成技术交易额3689万元，促进了技术的应用及发展。

（三）天津市高层次人才引进工作

天津市科委抢抓京津冀协同发展、国家自主创新示范区和滨海新区开发开放的战略机遇，近年来着力加强与科技部、中科院及知名大学、科研院所的合作，引进聚集了一批科研机构、创新平台、研发转化基地，为高层次人才的引进提供了发展平台和创新创业环境。天津市科委引进了一批高层次人才，在推动天津市学科建设、科学研究、产业发展中发挥了突出的带动作用，为天津市经济社会发展注入了强劲动力。据不完全统计，近年来，共承担国家级、省市级项目近200项，获得科研经费2亿元;发表论文近400篇，申请专利近300件、授权专利百余件，科技成果转化38项，实现经济效益达1.2亿元。

（四）天津市杰出青年科学基金项目

天津市科委积极做好高层次科技人才的培育工作。2016年，天津市科委贯彻落实《中共天津市委 天津市人民政府关于贯彻落实〈国家创新驱动发展战略纲要〉的实施意见》（津党发〔2016〕19号），设立了天津市杰出青年科学基金，以加强高端人才后备队伍建设为目标，在天津市优势领域、优势学科遴选资助一批杰出青年人才。已遴选支持30名青年杰出人才，每人资助100万元，资助期4年。

（五）天津市创新人才推进计划

天津市创新人才推进计划旨在通过创新体制机制和优化政策环境，培育和造就一批高水平的国家级创新人才、创新团队和创业人才，为实施创新驱动战略，加快天津市科技型企业的发展提供人才支撑，并做好与国家创新人才推进计划的衔接，使天津市更多科技人才和创新团队进入国家队。该计划于2013年设立，2014年启动实施，已有475人入选。

天津市科委积极做好入选对象的培养和服务工作，最大限度地实现推进计划人才培养功能，通过多种形式强化实施成效，4年来取得了较好的成效。475人中89人入选国家创新人才推进计划、73人入选国家“万人计划”；210人来自天津市企业，覆盖了先进制造、人口与健康、信息、材料、能源、环境、农业、资源等技术领域，有力助推了天津市先进制造、电子信息等优势产业的发展。

三、科技人才发展相关政策和服务措施

“十三五”期间，天津市在推进人才强市战略过程中，以人才体制机制改革为重点，积极创新思路，不断完善政策体系，加强人才引育工作，激发科技人才创新活力。

（一）促进科技成果转化

2017年9月《促进科技成果转化条例》正式实施，天津市科委加大宣贯力度，召开了市级、区级各个层面、不同层次的政策宣讲会。目前，科技成果使用、处置、收益分配“三权”已完全下放给单位，对科技成果完成人和促进科技成果转化做出贡献人员奖励比例不低于50%，且根据科技成果转化实际情况，可以自主提高奖励和报酬比例且不受绩效工资总额限制，推动了天津市属高校、科研

院所建立以增加知识价值为导向的收入分配制度。同时，明确规定单位负责人尽职免责，突出体现了宽容失败的理念，依法保障了广大科技人员的权益。

为落实国家科技成果转化“三部曲”，天津市科委制定出台了科技成果转化行动和技术转移体系建设方案，大力推进成果展示、交易、转化“三位一体”展交运营中心建设，创新实施企业科技特派员制度，已选派2200多名科技特派员带着技术、成果入驻服务企业2000多家，科技成果转移转化的市场化导向日趋明显。2017年，技术交易市场签订合同超过1.2万项，成交总金额超过650亿元。

（二）释放科技人员创新活力

着眼解决科技人员突出问题，天津市在充分借鉴外省（市、区）经验、充分调研的基础上，大胆突破现行做法，提出了一套解渴管用的政策措施，2017年9月，天津市委办公厅、市政府办公厅印发《关于深化体制机制改革释放科技人员创新活力的意见》（津党办发〔2017〕44号，以下简称“44号文”）的通知，集成了科技、财政、人力社保、国资、外事、编制等多个领域体制机制改革创新，围绕健全科技成果转化机制，完善科技人才评价机制，加快转制科研院所改革步伐，有效提升科技人员获得感，改革科研经费使用管理方式，营造识才爱才引才用才良好环境等提出了22项突破性政策措施。44号文聚焦科技人员的权益这个核心，把发挥科技人员的创造性、激活广大科技人员创新创业活力贯穿始终，通过体制机制改革特别是加大激励力度，增强科技人员的获得感，进一步调动科技人员投身创新创业的积极性与主动性。

（三）完善科技计划和项目资金管理

天津市科委认真落实国家科技计划改革部署，修订《天津市科技计划管理办法》，积极推进科研诚信管理与科研信用体系建设，进一步提高科技计划管理科学化、规范化、透明化水平，切实提升财政科研项目资金使用效率。修订后的管理办法明确充分发挥评审或咨询专家作用，加快建立以目标和绩效为导向、符合科技创新规律的科技计划管理体制，形成职责规范、科学高效、公开透明的组织管理机制，规范了科技计划管理，充分发挥科技计划在提升天津市综合竞争力中的支撑作用。印发《天津市财政科研项目资金管理办法》的通知，坚持以人为本、遵循规律，改进财政科研资金管理方式。天津市科委按照该办法要求，建立相关内部管理制度，率先在天津市科技计划项目软科学研究项目中，实行了绩效支出比例可达项目经费扣除设备购置费后的60%的规定。

四、新时代科技人才工作发展思路与主要举措

（一）发展思路

天津市将认真贯彻落实习近平总书记“发展是第一要务、人才是第一资源、创新是第一动力”的重要要求，以“培养造就一大批具有国际水平的战略科技人才、科技领军人才、青年科技人才和高水平创新团队”为建设目标，补短板、强弱项，大力引进和培育高层次科技人才，为推动“五个现代化天津建设”提供强大动力。

（二）主要举措

一是坚持高端引领，扎实做好高水平创新人才队伍建设，加强科技领军人才后备队伍建设。以培养国家杰出青年为目标，完善天津市杰出青年科学基金项目实施方案，在天津市优势领域、优势学科新遴选资助 30 名杰出青年科技人才，支持青年科技人才提升能力、加快成长。持续推动国家和市级科技人才计划、工程、基地和项目建设，不断提高人才选拔质量，积极培育和造就国家级科技领军人才。坚持高端引领和整体推动相结合，发挥科技领军人才的龙头带动作用，带动各层次科技人才成长成才，形成业绩突出、素质优良、结构合理的科技人才队伍。

二是继续培育壮大新型企业家队伍。深入贯彻天津市企业家工作会议精神，认真落实《中共天津市委　天津市人民政府关于营造企业家创业发展良好环境的规定》，牢固树立“产业第一，企业家老大”理念，加大企业家培养支持力度，优化企业家创业发展环境，打造高水平企业家队伍。加大青年企业家培养支持力度，到2020年培养1000名以上经营业绩突出、创新能力处于国内同行业领先地位、在行业或区域具有一定知名度的“新型企业家”。推动高新技术企业和科技型中小企业做大做强，培育一批水平高、规模大、竞争力强的龙头企业和企业集群，形成天津市经济增长点，为构筑高端产业高地、自主创新高地提供重要支撑。

三是以深化科技体制改革为抓手，推动科技人才发展体制机制改革取得实效。认真贯彻落实中央和天津市委关于深化人才发展体制机制改革的实施意见，以科技体制改革为突破口，进一步激发科技人员创新创业活力。强化相关人才政策、人才事迹宣传力度，在全社会营造“尊重知识、尊重人才”的良好风尚。强化平台建设力度，提升人才发展承载能力，完善激励机制和服务体系，打造国内一流的引才用才环境，吸引带动更多高端人才在津沽大地施展才华、建功立业，切实实现“天下才天津用”。

河北省科技人才发展报告

■河北省科学技术厅

近年来，河北省紧紧围绕实施创新驱动发展战略和京津冀协同发展战略大局，深化人才发展体制机制改革，进一步完善人才选拔培养、考核评价和使用激励保障机制，优化科技人才发展环境，打造人才高地，努力为建设新时代经济强省、美丽河北提供有力的人才支撑。

一、科技人才队伍建设情况

近年来，河北省科技活动人员总量不断增加。2016 年，科技活动人员达到 29 万余人（图 1），比 2011 年提高 38.93%。河北省国有企事业单位专业技术人员总量达到 119.65 万人。其中，教学人员 69.59 万人，占 58.16%；卫生技术人员 18.49 万人，占 15.45%；科学技术人员 0.43 万人，占 0.36%；工程技术人员 13.06 万人，占 10.92%；农业技术人员 2.64 万人，占 2.21%。R&D 人员全时当量快速增长，由 2011 年的 7.3 万人年增加至 2016 年的 11.14 万人年。R&D 研究人员总量由 2011 年的 4.18 万人年增加至 2016 年的 5.03 万人年（图 2）。

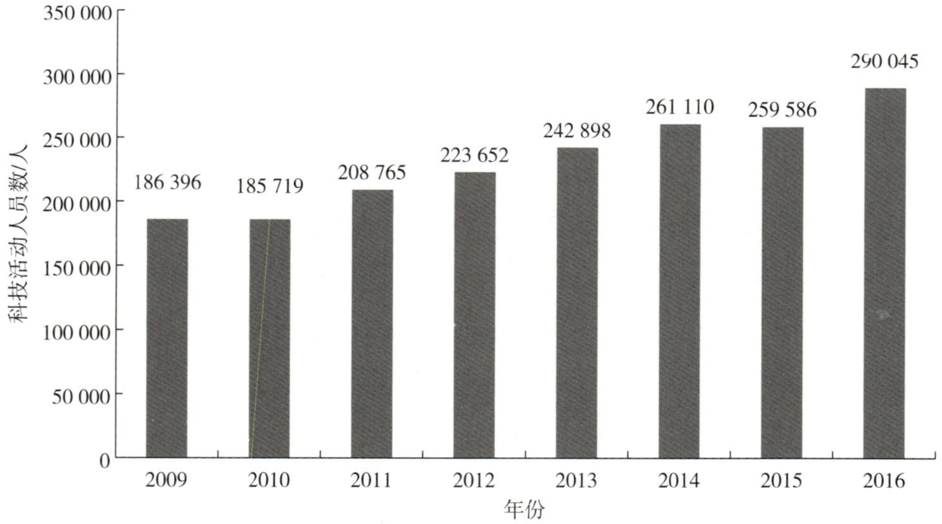

图 1　2009—2016 年河北省科技活动人员情况

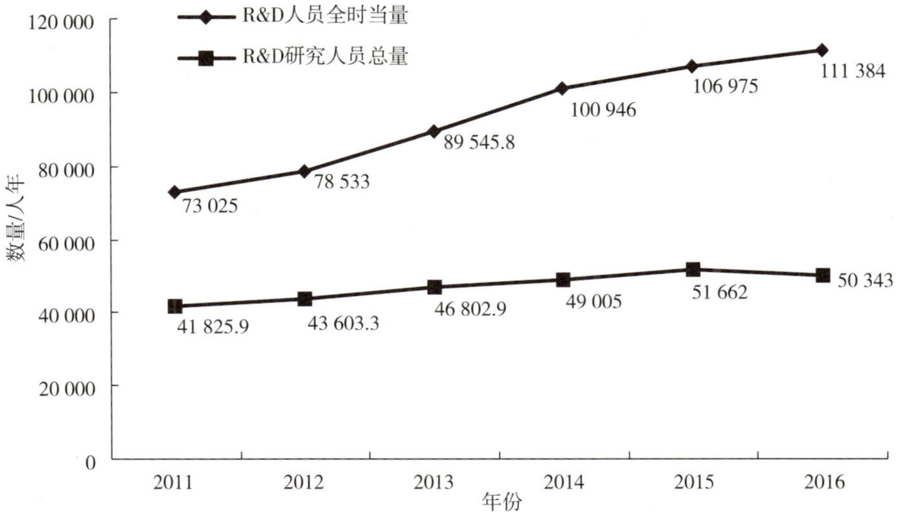

图 2　2011—2016 年河北省 R&D 人员全时当量和 R&D 研究人员总量情况

从执行部门分布看，科研机构和高等院校的科技活动人员总量逐年增加，占比有所上升；企业科技活动人员总量持续增长，所占比重略有下降。2016 年，企业 R&D 人员全时当量 8.9 万人年，占比近 80%；高等院校 R&D 人员全时当量 1.07 万人年，占 9.59%；科研机构 R&D 人员全时当量 0.92 万人年，占 8.29%（图 3）。

截至 2017 年年底，河北省两院院士 17 人，国家“万人计划”专家 39 人，创新人才推进计划 26 人，省高端人才 31 人，省“巨人计划”创新创业领军人才 150 人，省科技英才“双百双千”工程创新创业团队 103 个，科技型中小企业创新英才 774 人，省青年拔尖人才 240 人，省杰出青年基金人才 142 人。累计选拔省管专家 495 人，省政府特殊津贴专家 2005 人（含省有突出贡献的中青年专家），“三三三”人才工程各层次人选 13 093 人。

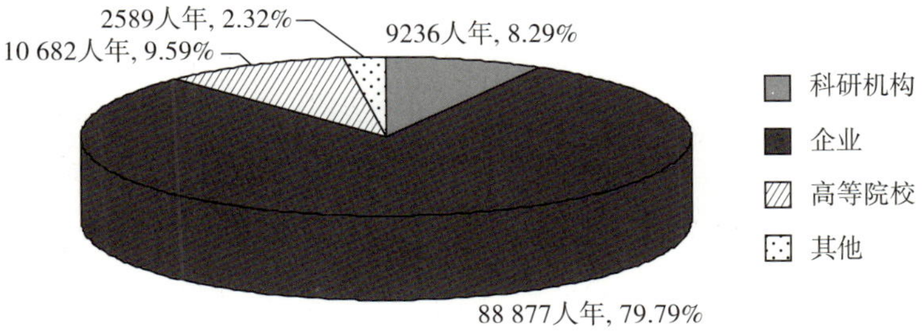

图 3　2016 年河北省 R&D 人员全时当量按执行部门分布

二、科技人才计划、工程、基地、项目等实施进展和案例

（一）院士智力引进

近年来，河北省不断加大对院士智力引进的政策扶持力度。2017 年，省委办公厅、省政府办公厅下发了《关于进一步做好院士智力引进工作的意见》（以下简称《意见》），院士引进方式更加灵活，激励保障措施更加全面，院士特殊贡献奖奖励范围进一步扩大，奖励金额进一步提高。同时，《意见》提出领衔省内重大项目、带动创新能力提升、结对帮带高层次人才、创办院士个人工作室（院）、提供重大决策咨询五大工作重点，对促进院士智力引进，加强省企事业单位与院士及其团队的合作，起到了积极的激励和引导作用。全省共建立 272 家院士工作站，省院士联谊会会员增至 390 名。院士联谊会会员大会已成功召开 9 次，每次都有近百名院士到会，成为全国影响较大的地方性院士盛会。

（二）高端人才支持计划

该计划体现高端定位原则，把争进两院院士、对接“国家特支计划”杰出人才作为培养要求，全力打造一支层次拔尖的高端人才队伍。在坚持德才兼备的前提下，重点选拔支持那些在专业研究领域取得国家级高层次科研成果、得到业内认可、为河北省经济社会发展做出重要贡献的高端人才。支持人选主要在“巨人计划”领军人才、省管优秀专家、享受国务院特殊津贴人员和国家级有突出贡献中青年专家等专家队伍中遴选，在省重点学科和优势学科领域中产生。已有 31 人纳入支持计划。

（三）“巨人计划”

“十三五”时期，河北省继续实施“巨人计划”。计划根据省委办公厅、省政府办公厅的《关于实施高层次创新创业人才开发“巨人计划”的意见》和省委组织部等 6 部门印发的《河北省扶持高层次创新团队实施细则（试行）》规定，与省“十三五”规划和省第九次党代会做出的转型升级重大战略部署紧密对接，突出人才引进培养和成果转化，助力河北省产业结构转型升级。“巨人计划”已支持了 3 批共 150 个团队。

（四）科技英才“双百双千”工程

2016 年，省科技厅印发了《河北省科技英才“双百双千”工程实施方案》，进一步完善了河北省海内外高层次人才引进的若干措施。在省级科技计划中设立专项，突出引才特色，注重实绩，共支持来自电子信息、新材料、生物医药、先进装备制造等领域产业创新创业团队 103 个，科技型中小

企业创新英才774名，选派了1500余名“三区”科技特派员和大学生村干部到基层开展创新创业服务。

（五）青年拔尖人才支持计划

该计划从2013年开始，每两年选拔一次，重点支持35岁以下，在自然科学、哲学社会科学和文化艺术等重点学科领域具有较高学术造诣与专业水平、具有很好发展潜力及紧缺急需的青年拔尖人才。省财政拨付专项资助资金，自然科学领域每人每年10万元，哲学社会科学、文化艺术领域每人每年3万元，连续支持3年，已支持两批次共240名人选。

（六）青年科学基金项目

近年来，省自然科学基金委员会办公室从突出人才培养，突出经济与社会需求的角度，不断发展和完善基金项目资助体系，形成了青年科学基金、优秀青年科学基金、杰出青年科学基金“三步走”，梯次推进的青年人才培养机制，引导河北省基础研究人员围绕河北省地方经济和社会发展的需求，形成了具有河北省地方特色的基础研究支持和发展机制。25年来，青年科学基金项目共资助各类项目6495项，资助经费总额3.86亿元，已经成为河北省稳定人才队伍、培养和造就青年科技人才的苗圃与摇篮。

三、科技人才发展相关政策和服务举措

（一）深化人才发展体制机制改革

着眼于最大限度地向用人主体放权、为人才松绑，以省委、省政府2016年印发的《关于深化人才发展体制机制改革的实施意见》为统领，河北省就人才使用、培养引进、激励保障等出台了《关于扶持高层次创新团队实施细则（试行）》《河北省扩大高校和科研院所开展科研自主权实施细则（试行）》等一系列有竞争力的配套政策举措。

（二）实施科技人才分类评价

2018年5月，省委办公厅、省政府办公厅印发了《关于加快推进科技人才评价机制改革的实施意见》，其中明确指出，要破除唯学历、唯资历、唯论文、唯数量评价等观念，加快建立与完善以创新能力、质量、贡献、绩效为导向的评价体系，最大限度激发和释放人才创新创业活力。将科技人才分为基础研究人才，应用研究与技术开发人才，社会公益研究、科技管理服务和实验技术人才等，分类健全评价标准。强调落实用人单位评价自主权，加快科研信用体系建设，推进科技计划项目管理改革，完善容错免责机制等内容。

（三）加大科技人才奖励激励

2017年9月，河北省出台了《关于落实以增加知识价值为导向分配政策的实施意见》，围绕科技人员分配制度、创新创业团队和领军人才财税优惠、高校院所科技成果转化收益分配等方面，提出了8个方面32条具体举措，初步构建了优化多元结构、强化多点支撑的科技人员收入分配政策框架体系。

2018年3月，省政府办公厅印发了《河北省科技奖励制度改革方案》，改革后的科技奖励制度设立了奖励委员会，增加了对省外人员（组织）的奖励；将推荐制改为提名制，赋予专家学者和优秀学术组织科技奖励提名资格；适度提高了奖励奖金标准，特别是提高了突出贡献奖奖金标准。

（四）服务科技人才创新创业

河北省先后出台了《关于深化薪酬分配制度改革鼓励科技创新创造实施细则（试行）》《支持企业研发人员创新的实施细则（试行）》《科研人员创新创业税收优惠和纳税服务实施细则（试行）》《关于支持科研人员创新创业和优化纳税服务的实施细则（试行）》《鼓励科技人员创新创业实施细则（试行）》《关于金融助力科研人员创新创业的实施细则（试行）》《关于服务科研人员和科技创新的实施细则》等文件，进一步升级科技人才创新创业的奖励政策、放宽市场准入、优化融资环境，同时制定了《河北省燕赵英才服务卡制度暂行办法》，进一步优化创新创业环境，提升服务质量。

（五）促进科技人才潜心研究

2016年9月，河北省出台《关于完善和落实省级财政科研项目资金管理等政策的实施意见》，简化预算编制科目，改进了省级财政科研项目的直接费用和间接费用支出管理、资金拨付和留用处理，下放了省属高等学校、科研院所差旅会议管理权限，完善了省属高等学校、科研院所科研仪器设备采购和基本建设项目管理，确保科研人员的科研经费使用更加灵活，促进科研人员潜心研究。

（六）促进人才流动配置

2017年10月，省政府办公厅印发了《河北省鼓励柔性引才暂行办法》，鼓励河北省用人单位在不改变省外人才的人事、档案、户籍、社保等关系的前提下，坚持“不求所有、但求所用”，吸引省外高层次人才通过挂职、兼职、技术咨询、周末工程师等形式，为河北省经济社会发展提供智力支持。鼓励以挂职引才、兼职引才、合作引才、以才引才等方式引进人才。

（七）推动科技成果转移转化

2016年9月，《河北省促进科技成果转化条例》出台，力求从法律层面破除制约成果转化的制度性障碍，解决阻碍河北省成果转化的“中梗阻”问题，形成“政产学研金介用”多方协同推进科技成果转化的新格局。相继出台的《河北省技术转移体系建设实施方案》《河北省促进科技成果转移转化行动计划（2016—2020 年）》《支持中央驻冀科研院所科技成果转化的若干措施（试行）》等一系列文件，加速推进了科技成果的转移转化。

（八）加强科技扶贫

2016 年，河北省出台《关于深入推行科技特派员制度促进农村创新创业的实施意见》，确定了科技特派员精准选派、科技特派员创新创业能力提升、京津冀创新创业平台共建、农业“星创天地创建”、大学生村官“科技青春、创业富民”、“三区”人才精准扶贫、“互联网 +”科技特派员创新创业服务、科技特派员社会化服务体系建设八大专项行动，明确了激励政策和保障措施。

四、新时代科技人才发展思路与举措

深入学习贯彻习近平新时代中国特色社会主义思想和党的十九大精神，全面落实习近平总书记对河北省工作的一系列重要指示，抢抓京津冀协同发展、雄安新区规划建设、冬奥会筹办等空前机遇，转变发展方式、优化经济结构、转化增长动力，努力营造良好创新环境，加快形成有利于人才成长的引进、培养、使用、评价、激励等机制，为科技人才施展才华、支撑新时代经济强省美丽河北建设，提供更加广阔的天地。

一是深入实施科技人才支持计划。把握京津冀协同发展的重大战略机遇，抓好河北省《关于进一步加大高层次人才引进的若干政策措施（试行）》的执行落实，瞄准发展短板区域、行业聚焦发力，大力引进河北省急需的“高精尖缺”海内外高层次人才。支持河北省企事业单位与院士开展交流合作，建设院士工作站。加大“巨人计划”、科技英才“双百双千”工程、青年拔尖人才支持计划、“三三三人才培养工程”、省自然科学基金等人才支持计划项目力度。

二是建立健全科技人才激励机制。加快落实高校、科研院所在岗位设置、人员聘用、内部机构调整、绩效工资分配、评价考核、科研组织等方面的自主权。加快高校、科研院所落实以增加知识价值为导向的收益分配制度，加快推进用人单位制定科技人才分类评价细化标准。创新成果转化激励机制，对财政资助项目产生科技成果的转化由各项目承担单位自行制定单位和完成人之间的收益分配办法。

三是大力提升科技人才服务水平。深化科技领域“放管服”改革，优化科研管理，围绕减轻科研人员负担，简化科研项目申报和过程管理。创新政府科技人才工作方式方法，加强河北省科技管理干部培训，增强科技管理人才的职业化和专业化能力。大力发展科技人才服务业。提高科技人才服务的社会化专业化水平。建设外国专家公寓，完善公共设施，不断提高就医、就学、娱乐等便利化程度，改善科技人才生活环境。

四是积极营造良好的创新创业环境。充分发挥企业、高校、科研院所等科技人才载体作用，打造产学研深度融合的科技人才创新体系。加强知识产权保护，提高各类主体知识产权保护意识和守法意识。积极开展各类创新创业大赛活动，营造崇尚创新、创业致富的价值导向，优化全社会创新创业氛围。弘扬科学精神，加大面向中小学生的科普工作力度，加快提升河北省公民科学文化素质。

山西省科技人才发展报告

■山西省科学技术厅

党的十八大以来，以习近平新时代中国特色社会主义思想和习近平总书记视察山西重要讲话精神为指导，全面贯彻党的十九大精神，牢固树立“发展是第一要务，人才是第一资源，创新是第一动力”意识，深入落实中共中央《关于深化人才发展体制机制改革的意见》精神，围绕人才培养、引进、使用、激励、评价等关键环节加大改革力度，不断加强科技人才培养工作，出台一系列政策措施推进人才队伍建设，人才发展的软硬实力均得到提升，为实施创新驱动和山西省转型跨越发展提供了坚强的人才保障与广泛的智力支持。

一、科技人才队伍建设情况

党的十八大以来，山西省科技人才管理体制机制不断创新，政策环境日益完善，人才总量保持稳定，人才机构日益优化。2016 年，山西省 R&D 人员数量为 68 669 人，其中，科研机构 5634 人，高校 14 574 人，企业 46 551 人，其他 1910 人。山西省企业 R&D 人员数量占比达到 67.79%，体现了企业的 R&D 活动主体地位。

二、科技人才计划、工程、基地、项目等实施情况

（一）科学制定人才发展规划，设立科技计划人才专项

为落实山西省人才体制机制改革和“十三五”科技创新人才规划，加大对科技人才的支持力度，在省级科技计划中设立了平台基地与人才专项，包含省重点实验室、省工程技术研究中心、省科技基础条件平台、省科技创新团队和优秀人才科技创新项目。该专项面向山西省经济社会创新发展的实际需求，加快转变政府科技管理职能，按照明晰政府与市场的关系、科技经济深度融合的基本原则，聚焦山西省重大战略任务，强化顶层设计，打破条块分割，改革管理体制，统筹科技资源。将人才专项项目纳入统一的科技计划管理平台管理，建立总体布局合理、功能定位清晰的人才专项体系和公开透

明的组织管理机制。

（二）“优秀人才科技创新项目”

山西省科技厅设立“优秀人才科技创新项目”，通过科技计划项目的组织实施，鼓励支持高层次引进人才、国家和省部级人才工程入选人才、企业外聘专家等优秀人才广泛参加国内外学术技术交流合作，通过顾问指导、短期兼职、项目合作、技术咨询等方式来晋创新创业；支持引进人才深度参与国家和省级重大工程、科研攻关项目，保证其在科研方向选择、科研团队组建、仪器设备采购、科研经费分配、科研成果处置等方面拥有充分的自主权。聚焦山西省产业转型和重大战略需求，围绕促进战略性新兴产业和高新技术产业的发展，传统产业的优化升级，重大社会公益性技术的开发等组织实施。重点支持引进的高层次人才和国家、山西省重大人才工程入选人才等，共 14 类优秀人才、团队为主要研发人员的科技创新创业项目。逐步加大对企业为主体、产学研联合申报项目的倾斜支持力度。

（三）重点实验室、工程技术研究中心建设

山西省围绕战略性新兴产业建设布局，采取产学研合作、省市共建、需求导向、年度考核、定期评估和动态调整等措施，进一步加大了重点实验室和工程技术研究中心的建设力度。2013 年修订了实验室管理办法并设立实验室专项经费 500 万元 / 年；2015 年修订了工程技术研究中心的管理办法；科技基础条件平台设立专项经费 1000 万元 / 年。截至 2017 年年底，全省共建设重点实验室 75 个，其中，国家级重点实验室 5 个（含 3 个企业国家重点实验室）；省部共建国家重点实验室培育基地 3 个；省级重点实验室 67 个。工程技术研究中心 107 个，其中，含国家级 1 个。科技基础条件平台 38 个。在山西省现有的 315 个平台基地中，涉及战略性新兴产业领域的有 215 个，占比 68%，包括重点实验室 53 个，工程技术研究中心 75 个，基础条件平台 20 个，科技创新团队 67 个。区域分布中，有 240 个分布在太原市，占比 76%。2017 年，省级以上平台基地培养工程院院士 1 人。

（四）山西省科技创新团队建设计划

科技创新团队是指围绕共同的科研目标和方向，由团队带头人和一定数量的科技人员组成，在较长时期持续合作的基础上所形成的分工协作、优势互补的科技创新群体。把科技创新团队培育建设独立设为省级专项计划，团队优先成为产业创新链重大专项任务承担单位，并提高了创新团队和人才的支持力度。

山西省在 2012 年开始设立科技创新团队，截至 2017 年年底，山西省共建设科技创新团队 95 个，所属学科领域涉及现代农业、新材料、生物医药、电子信息、高端装备制造、节能环保、新能源、现代煤化工、交通与建筑工程等多个山西省重点产业，在全省产生了很好的示范带动效应。团队立项建

设以来，已凝聚并稳定支持了一批优秀创新人才群体，形成了优秀人才团队效应和当量效应，先后有13人进入国家科技创新创业领军人才，太原理工大学入选为全国创新人才培养示范基地。

（五）山西省应用基础研究计划

根据《山西省深化省级财政科技计划（专项、基金等）管理改革方案》正式设立山西省应用基础研究计划。计划重点支持重大专项、重点研发项目所需要的应用基础研究；支持支撑应用基础研究需要的基础前沿学科、交叉学科的探索；注重人才培养，强化对优秀人才和优秀团队的持续支持，加大对青年科研人员的支持力度。2013—2017年，山西省应用基础研究计划共安排经费6743万元，立项资助基础研究和应用基础研究项目2105项，为山西省青年科研人才的培养发挥了重要的基础保障作用。

（六）提高企业创新人才建设

大力推动大众创业、万众创新工作，已认定了184个省级众创空间。2017年，在山西电视台播出全国首档大型创业竞技栏目“异想天开”16期，举办“创享行”双创沙龙11场，举办了第二届中国创新挑战赛（山西）、第六届中国创新创业大赛（山西）。同年，新认定省级科技企业孵化器24家，新增国家级孵化器2家，新认定省级众创空间83家，备案国家级24家。长治唯美诺“创意＋工厂”模式和临汾华翔“人人创新、全员创客”经验受到李克强总理的高度肯定。建设了集创新工场、创客咖啡、创业服务、企业孵化、科技金融等为一体的山西省科技创新创业服务大平台，全面提升企业科技创新能力，培育和激发企业科技人才的创新潜能。

（七）加大科技创新人才引进力度

组织赴外科技交流团组8批次18人次开展科技对外合作交流。加大与中科院合作，与其签订战略咨询合作协议，围绕科技革命和产业变革趋势开展研究。2017年4月17日，省科技厅与中科院高福院士及其团队洽谈组建山西高等创新研究院，目前，山西高等创新研究院已经正式在山西省转型综改区落地。山西高等创新研究院设立了五大研发平台，引进30名国内外高层次人才来晋开展创新研究工作，围绕植物功效组分提取、纳米抗体新药研发等方向引进博士1人。

（八）其他

此外，山西省还实施了山西省青年拔尖人才支持计划、高端创新型人才培养引进和新兴产业人才培育工程、山西省“三区”科技人才支持专项计划等一系列计划与工程，充实了山西省的科技人才，更好地为经济社会发展服务。

三、科技人才发展相关政策、制度及服务举措

（一）出台《中共山西省委关于深化人才发展体制机制改革的实施意见》（晋发〔2017〕14号）

一是全面落实用人主体自主权。充分释放人才活力，最大限度地调动人才创新创造创业的积极性。二是改革传统的人才评价机制。回归到“注重凭能力、实绩和贡献评价人才”的正确导向上来。三是构建全新的人才流动机制。大幅精简人才流动限制环节，打通政企人才流动通道、敞开事企人才双向流动通道、鼓励人才向基层一线流动。四是创新人才引进保障机制。创新引才政策、创新引才方式、实行“绿卡”制度，为海内外高层次人才开辟全程各环节的绿色通道，切实解决他们的后顾之忧，集聚形成山西省引进高层次人才政策的“洼地效应”。五是强化人才激励机制。实行以增加知识价值为导向的分配政策，建立利益机制导向、薪酬分配导向和表彰奖励导向。六是健全人才培养机制。提出实施“1331”工程，建立需求导向的学科专业和招生计划动态调整机制，实施各类重大人才工程，创新人才多元投入方式，明确提出，到2020年，省、市、县三级财政人才专项资金要高于全国平均水平、领先中部六省。七是开展人才管理改革试点。支持转型综改示范区在人才流动、成果转化、创业扶持、收益分配和服务保障等方面先行先试，创造可复制、可推广的经验。

（二）出台《山西省深化人才发展体制机制改革财政支持政策》（晋政办发〔2017〕59号）

省财政每年安排1.5亿元专项资金，采取“一人一策”、“一事一议”和特事特办的方式，为山西省转型综改示范区、山西“农谷”和战略性新兴产业培育等六大工程领域引进急需的“高精尖缺”人才及团队。对引进驻晋工作的院士给予1000万元科研经费、200万元安家费和每年40万元工作津贴；对成功引进的国家高层次领军人才给予500万元科研经费、100万元安家费和每年20万元工作津贴等。

将科技成果转化净收益向科研人员倾斜的比例由原来的不低于50%提高到70%以上；试行科研项目牵头人（单位）先行自主融资办法，政府全额担保贴息，并宽容失败风险共担。扩大高校、科研机构经费分配使用自主权和政府采购自主权，下放科研经费使用调剂权，扩大劳务费发放范围，合理安排绩效支出，横向经费自主使用，探索负面清单管理。彻底放开对科研人员出国经费的审批，允许科研人员使用科研经费出国参加国际学术会议和技术交流活动，支持各行各业科研人员开展访问学者活动和出国深造等。

（三）出台《山西省支持科技创新的若干政策》（晋政办发〔2017〕148号）

为促进发展动能向创新驱动转变，省政府印发《山西省支持科技创新的若干政策》，在引导企业加大研发投入、开展重大关键技术攻关、支持科技成果转化产业化、推进高新技术产业开发区建设等9个方面制定了共24项具体政策，以真金白银促创新。

政策提出将对研发经费投入强度排全省前十的企业给予科研经费奖励，奖励金额最高可达400万元。明确对获得国家自然科学奖，国家技术发明奖，国家科学技术进步奖一、二等奖项目的第一完成单位，按国家奖励额1∶1配套奖励。对获得国家科学技术进步奖特等奖的项目采取“一事一议”方式给予奖励。对通过山西科技成果转化和知识产权交易管理服务平台交易科技成果并在省内转化的省内企业、高校、科研院所，按其技术合同成交并实际到账额，给予技术输出方5%的补助，单个科技成果最高补助100万元。对新获批的国家级高新技术产业开发区、大学科技园，一次性奖励300万元；对新获批的省级高新技术产业开发区，一次性奖励100万元。

此外，还将加强对县域创新驱动发展的政策和项目支持。开展创新型县（市、区）建设工作，对省级“创新型试点县（市、区）”“创新型试点乡（镇）”进行评价认定，根据评价结果分别一次性奖励100万元、50万元。

（四）出台贯彻落实《关于实行以增加知识价值为导向分配政策的若干意见》14个配套政策文件

山西省科技厅会同省财政厅、教育厅、人社厅、国资委、省编办、卫计委等部门认真学习，全面、细致地梳理政策要点，结合科技人员的关切和诉求，借鉴学习全国发达省份的先进经验，针对山西省高校、科研机构、医卫系统、国有企业等知识技术密集的行业、部门的不同特点，分别制定出台了贯彻落实《关于实行以增加知识价值为导向分配政策的若干意见》14个配套政策文件和法规，大力解决科研人员创新活力不足、智力劳动与收入分配不完全符合的问题，破除制约科技创新人才发展的体制机制问题。

（五）出台《山西省科技创新促进条例》

2017年9月29日，山西省十二届人大常委会第四十一次会议表决通过了《山西省科技创新促进条例》，并于2017年12月1日正式实施。该条例明确了政府加强人才队伍建设、建立多元化人才评价机制的职责；鼓励高校和科研人员离岗创业，进一步发挥各类人才创新创业的作用；明确高校和科研机构的用人自主权，建立专业技术职务分类评聘机制；建立了合理的容错机制。重点解决山西省科技创新人才队伍结构不合理、创新能力不足、科技成果转化率低、企业创新主体发挥作用不突出等问题。

（六）出台《山西省促进科技成果转化若干规定（试行）》（晋政发〔2017〕31号）

《山西省促进科技成果转化若干规定（试行）》明确建立科技成果市场定价机制，实行科技成果转化长效激励机制，提高科技人员职务科技成果转化收益比例，规定了4个不低于70%的成果转化奖励政策。同时还建立了免责机制，规定通过科技成果市场定价机制完成交易的，科技成果完成单位领导在履行勤勉尽责义务、没有取得非法收益的前提下，可免除其因科技成果后续价值变化产生的决策责任。该政策的出台，打破了科技人才的顾虑，提高了科技人才搞成果转化的积极性。

（七）出台《〈山西省科研项目经费和科技活动经费管理办法（试行）〉的补充规定》（晋政办发〔2017〕79号）

该补充规定进一步下放了高校、科研院所购买科研仪器设备、差旅费和会议费开支的自主权、探索科研经费管理负面清单、科研项目分类定额资助、建立科研财务助理制度等政策。明确了劳务费开支不设比例限制、绩效支出取消比例限制、科研创新及服务收入由单位自主分配等内容。该补充规定的出台，更大程度地激发了科研单位和科技人员的创新积极性。

（八）出台《山西省促进科技成果转移转化行动方案》（晋政办发〔2018〕12号）

2018年，《山西省促进科技成果转移转化行动方案》编制出台，明确规定了促进科技成果转移转化的五大主要任务、21项工作举措和16项重点任务。搭建了山西科技成果转化和知识产权交易服务平台，采用省、市、县三级联动，采用整体设计、试点先行、逐步推进的原则，连接技术转移服务机构、投融资机构、高校、科研院所和企业等，积极推动打造线上与线下运行相结合的省科技成果转移转化大平台。

四、新时代科技人才发展思路与举措

进一步深入贯彻党的十九大精神和习近平总书记视察山西省重要讲话精神，紧紧围绕实施人才优先发展战略，以习近平总书记关于人才工作系列重要讲话精神为指导，以推进人才发展机制改革和政策创新为重点，按照中央的任务要求，结合落实《关于深化人才发展体制机制改革的实施意见》和《关于实行以增加知识价值为导向分配政策的若干意见》，加强招才引智力度，引入全国全球高端平台、高端人才为山西省所用。加大创新平台和本地创新人才培育与建设，争取国家支持，扩大高端平台和人才的数量规模。加大人才政策宣传宣讲力度，扩大知晓面，加大督查督导力度，确保政策真正落实落地。激发科研人才创新创业积极性，在全社会营造尊重劳动、尊重知识、尊重人才、尊重创造的良好氛围。

内蒙古自治区科技人才发展报告

■内蒙古自治区科学技术厅

近年来，内蒙古自治区科技厅深入贯彻中央、自治区人才工作总体部署要求，紧紧围绕国家创新驱动发展战略和《内蒙古自治区中长期人才发展规划纲要（2010—2020年）》思路，以衔接争取国家级人才工程项目和稳步落实自治区“高层次创新型科技人才计划”为抓手，以加快科技人才各类平台载体建设为依托，推进各项科技人才计划的组织实施，为自治区经济社会和科技事业发展提供了有力的人才支撑。

一、科技人才队伍总体情况

近年来，内蒙古自治区科技厅认真贯彻落实党中央、国务院关于人才工作的一系列方针、政策，大力实施“人才强区”战略，科技人才工作取得了新的发展进步。截至2016年年底（2017年此部分统计取消），全区科技活动人员97 263人，其中，高校27 634人、科研机构7310人、企业58 056人、其他4263人（表1）。截至2017年年底，R&D人员3.30万人年，R&D研究人员1.51万人年，R&D人员人均R&D经费40.1万元，R&D研究人员人均R&D经费87.5万元（表2）。

表1　2012—2016年内蒙古自治区科技活动人员情况（按执行部门）　单位：人

年份	2012年	2013年	2014年	2015年	2016年
全区科技活动人员	76 928	77 761	78 702	85 398	97 263
其中：企业	47 244	48 432	49 710	51 745	58 056
科研机构	7076	6906	6377	7217	7310
高校	18 267	18 530	19 004	22 481	27 634
其他	4341	3893	3611	3955	4263

表 2　2012—2017 年内蒙古自治区科技人力资源与科技人才队伍建设基础数据

年份	R&D 人员（万人年）	R&D 研究人员（万人年）	R&D 人员人均 R&D 经费（万元）	R&D 研究人员人均 R&D 经费（万元）
2012 年	3.18	1.76	31.9	57.6
2013 年	3.73	2.12	31.4	55.3
2014 年	3.64	1.99	33.5	61.5
2015 年	3.82	1.68	35.6	80.8
2016 年	3.95	1.80	37.4	82.1
2017 年	3.30	1.51	40.1	87.5

二、科技人才相关政策措施实施及成效

为加强全区科技人才工作的宏观指导，依据《内蒙古自治区中长期人才发展规划纲要（2010—2020 年）》和《内蒙古自治区“草原英才”工程实施方案》的要求，围绕科技人才队伍建设，自治区科技厅先后研究制定和完善了一系列政策制度，详见表 3。

表 3　内蒙古自治区及科技厅重大人才政策 / 工程 / 项目 / 计划

序号	人才工程名称	主要目标及内容概述	发布单位	发布时间
1	内蒙古“草原英才”工程	争取用 5 年时间，有计划、有重点、有针对性地引进海内外高层次创新人才 100 名左右；引进海内外高层次创业人才 400 名左右；重点培养内蒙古本土高层次创新人才 200 名；培养内蒙古本土高层次创业人才 500 名；建成自治区高层次创新创业基地 20 个、高校创新团队 30 个	内蒙古自治区党委、政府	2010 年
2	《内蒙古科学技术厅高层次科技人才引进和培养实施意见》	明确了 2010—2015 年高层次科技人才引进和培养目标，对人才的引进和培养标准、条件、程序、方法进行了规定，对引进和培养的科技人才申请科技项目、创办重点实验室和工程技术研究中心、落户园区基地等创新创业活动提出相关优惠政策	自治区科技厅	2010 年
3	《重点实验室和工程技术中心建设及人才引进和培养工程实施方案》	近 5 年，依托重点实验室引进、培养人才 420 人	自治区科技厅	2010 年
4	《内蒙古自治区科学技术厅“草原英才”引进和培养若干政策规定（试行）》	围绕自治区六大支柱产业、战略性新兴产业发展，引进和培养科技领军人才、创新人才和创业人才	自治区科技厅	2010 年

续表

序号	人才工程名称	主要目标及内容概述	发布单位	发布时间
5	《关于深入开展科技特派员农村科技创业行动的实施意见》	围绕自治区现代农牧业和社会主义新农村建设对科技的需求，以科技特派员创业链建设为重点，扩大科技特派员创业行动的成效，促进区域优势特色产业稳定发展，农民持续增收，推动全区农村牧区经济社会又好又快发展	自治区科技厅	2010 年
6	《内蒙古自治区院士专家工作站管理办法》	针对内蒙古高端科技人才缺乏的现实，通过强化与中国科学院、中国工程院的科技合作，引进高层次科技创新人才，培育以企业为主体的科技创新团队	自治区组织部、科技厅、科协	2013 年
7	《内蒙古自治区大型科学仪器协作共用网补贴高层次科技人才实施细则》	对引进和培养的高层次科技人才使用内蒙古自治区大型科学仪器协作共用网内的科学仪器进行分析测试，给予 50% ～ 80% 的补贴	自治区科技厅	2013 年
8	《内蒙古自治区科技创新团队建设管理办法》	加强科技创新人才队伍建设，培育和支持一批在自治区相关领域具有较大影响、创新能力强、产学研结合的科技创新团队	自治区科技厅	2014 年
9	《关于规范新型科技研究开发机构的意见》	通过政府、企业、高校、科研机构资源的协同创新和区内外科技合作与交流，建设科技研究开发平台，提升新型科技研究开发平台的层次和水平，引进和培养高层次人才和团队，带动自治区创新创业人才队伍建设	自治区科技厅	2014 年
10	《内蒙古自治区人民政府办公厅关于印发深入推行科技特派员制度实施方案的通知》	为了进一步深入贯彻落实国务院办公厅印发的《关于深入推行科技特派员制度的若干意见》，科技厅深入调研、广泛征求意见，以任务和指标的形式确定了“十三五”期间全区科技特派员的工作目标、重点任务、政策保障和组织实施	自治区人民政府	2016 年
11	《关于实行以增加知识价值为导向分配政策的实施意见》	目标：构建体现增加知识价值的收入分配机制，鼓励科研人员多出成果、快出成果、出好成果，推动科技成果加快向现实生产力转化。内容：建立体现增加知识价值的收入分配机制，鼓励科研人员通过科技成果转化获得合理收入，发挥科研项目资金的激励引导作用，鼓励科研人员创新创业，扩大科研机构、高校自主权	自治区党委办公厅、自治区政府办公厅	2017 年

续表

序号	人才工程名称	主要目标及内容概述	发布单位	发布时间
12	《内蒙古自治区深化科技奖励制度改革实施方案》	目标：按照建立健全党和国家功勋荣誉表彰制度的总体要求，围绕自治区实施创新驱动发展战略，改革完善科技奖励制度，建立公开公平公正的评奖机制，构建既符合科技发展规律又适应自治区区情的科技奖励体系，调动广大科技工作者的积极性、创造性。内容：改革完善自治区科学技术特别贡献奖、自然科学奖、科学技术进步奖、中青年科学技术创新奖、国际科学技术合作奖等科技奖励制度，采取提名制、增设技术发明奖、提高奖励额度等方法，进一步激发科研工作者的创新创业动力，促进自治区自然科学领域人才整体素质再上一个台阶	自治区政府办公厅	2017 年
13	《新型研究开发机构认定管理办法》	加强和规范自治区新型科技研究开发机构建设与管理，充分发挥其在引进培养科技人才、消化吸收科研成果、提高科技支撑能力等方面的作用，引领带动全区产业转型升级，助推自治区经济高质量发展	自治区新型科技研究开发机构建设领导小组	2017 年

三、入选国家、自治区重大人才工程项目数量实现新的提升

（一）国家“万人计划”

2012 年自治区共有 2 人入选第一批国家“万人计划”；2016 年有 6 人入选第二批国家“万人计划”科技创新创业领军人才；2017 年有 10 人入选第三批国家“万人计划”，其中，科技创新领军人才 1 人，科技创业领军人才 6 人，哲学社会科学领军人才 2 人，教学名师 1 人。自治区已有 24 人入选国家“万人计划”。

（二）“创新人才推进计划”

近年来，自治区科技厅重点依托国家人才工程培植本土人才，组织推荐“创新人才推进计划”。自治区已有 16 人、4 个创新团队、1 个创新人才培养示范基地入选“创新人才推进计划”。

（三）自治区“百名高层次创新型科技人才计划”

自治区实施“草原英才”工程以来，自治区科技厅作为主管部门，8 年累计成功推荐 316 人（引进 122 人、培养 194 人）、87 个创新团队、33 个创新创业基地入选“草原英才”工程，高层次创新

型科技人才比例占到了全区“草原英才”的1/3。人才分布主要集中在呼和浩特、包头、鄂尔多斯、赤峰4个市，产业领域主要分布在节能环保、高新技术、冶金技术、稀土材料、新能源、环境微生物等几十个专业方向。

四、依托各类科技人才计划及创新平台，大力提升人才培养和科技创新能力

（一）内蒙古自治区科技创新团队建设计划

2013年以来，落实自治区人才强区战略，制定出台了《内蒙古自治区科技创新团队建设管理办法》，着力培育一批在自治区相关领域具有较大影响、创新能力强、产学研结合的科技创新团队。全区共建创新团队44个，团队核心成员420人。这些团队围绕新能源、农牧业、新材料、中蒙医药等重点领域开展研究，为自治区经济转型升级、实现高质量发展提供科技支撑。

（二）内蒙古自治区院士专家工作站建设计划

作为实施“草原英才”工程建设的重要平台，截至2017年年底，自治区党委组织部、科技厅、科协共审核批准建立院士专家工作站147家，协议引进两院院士163名，其中，中科院院士45名，工程院院士104名，蒙古国院士10名，俄罗斯外籍2人，乌克兰、荷兰籍各1人。

（三）自治区自然科学基金计划

近5年，自治区本级财政累计安排自然科学基金研究经费12 570万元，支持基础研究项目2536项。通过自治区自然科学基金的培育和引导，自治区科技人员争取国家基础研究经费6.38亿元，获得项目资助1330项。

（四）国家、自治区重点实验室建设

近5年，自治区重点实验室新批91家，总数达到了153家，共投入实验室经费4950万元，安排支持项目54个。2015年，自治区有2家企业正式获批国家重点实验室，实现了自治区国家重点实验室零的突破。2017年，内蒙古大学“省部共建草原家畜生殖调控与繁育国家重点实验室”获批建设（表4）。

表 4　2013—2017 年国家、内蒙古自治区重点实验室建设情况　　单位：家

年份	省部共建国家重点实验室	企业国家重点实验室	省部共建国家重点实验室培育基地	内蒙古自治区重点实验室	内蒙古自治区企业重点实验室
2013 年	—	—	—	12	—
2014 年	—	—	—	8	3
2015 年	—	2	—	10	—
2016 年	—	—	—	20	23
2017 年	1	—	—	14	1
合计	1	2	0	64	27

（五）自治区工程技术研究中心建设

截至 2017 年年底，自治区科技厅建设认定工程中心 184 家。其中，国家级工程技术研究中心 2 家。184 家工程中心按领域分布，覆盖农牧业、稀土及新材料、装备制造、能源化工、电子信息、生物医药、资源开发与环境保护等行业和领域（表 5）。

表 5　2013—2017 年内蒙古自治区认定工程技术研究中心数据　　单位：家

年份	认定数量
2013 年	25
2014 年	21
2015 年	23
2016 年	31
2017 年	25

（六）培育认定众创空间

2015 年以来，自治区科技厅先后 3 次在全区范围内共认定服务创新创业的众创空间试点 139 家，众创空间试点培育单位 40 家，众创空间覆盖了全区 12 个盟市、7 所自治区直属高校和 3 个国家级高新区。全区众创空间服务总面积达到 150 万平方米，众创空间从业人员 4219 人，拥有有效的知识产权 3703 件，3 年新注册企业数量达 3182 家，服务创新创业团队 13 793 个，众创空间内的创业团队和企业吸纳应届毕业大学生 28 853 人，全区众创空间总收入达 4.6 亿元。

（七）知识产权平台载体建设

建成了以自治区、盟市、企业三级架构为支撑的全区知识产权公共信息服务体系和专利统计分析体系，实现了全区知识产权信息与管理资源共享。建设完成了全领域专利信息服务平台、知识产权一站式服务平台、专利展示交易平台、蒙文知识产权服务平台 4 个，行业领域专利信息服务平台 10 个。

近 5 年，全区专利申请与专利授权总量见表 6 和表 7。

表 6　2013—2017 年内蒙古自治区各盟市专利申请统计

单位：件

全区	专利类型	2013 年	2014 年	同比增长率	2015 年	同比增长率	2016 年	同比增长率	2017 年	同比增长率	合计	占比
专利申请总量	发明	1935	1924	−0.57%	2254	17.15%	2405	6.70%	2845	18.30%	11 363	26.41%
	实用新型	3213	3562	10.86%	5609	57.47%	5995	6.88%	7468	24.57%	25 847	60.08%
	外观设计	1240	873	−29.60%	1013	16.04%	1294	27.74%	1388	7.26%	5808	13.50%
	合计	6388	6359	−0.45%	8876	39.58%	9694	9.22%	11 701	20.70%	43 018	100.00%

表 7　2013—2017 年内蒙古自治区各盟市专利授权统计

单位：件

全区	专利类型	2013 年	2014 年	同比增长率	2015 年	同比增长率	2016 年	同比增长率	2017 年	同比增长率	合计	占比
专利授权总量	发明	549	458	−16.58%	797	74.02%	825	3.51%	848	2.79%	3477	13.68%
	实用新型	2494	2908	16.60%	3757	29.20%	3947	5.06%	4453	12.82%	17 559	69.10%
	外观设计	793	665	−16.14%	968	45.56%	979	1.14%	970	−0.92%	4375	17.22%
	合计	3836	4031	5.08%	5522	36.99%	5751	4.15%	6271	9.04%	25 411	100.00%

（八）“三区”科技人员专项计划

自治区科技厅制定出台了《内蒙古自治区边远贫困地区、边疆民族地区和革命老区人才支持计划科技人员专项计划实施方案》。经科技部审核后，确定自治区 2014 年度选派人员 626 人，中央补助经费 1252 万元；受培人员 112 人，中央补助经费 46 万元。2015 年度选派人员为 896 人，中央补助经费 1792 万元；受培人员 114 人。2016 年度选派人员为 896 人，中央补助经费 1806 万元；受培人员 197 人。专项计划实施以来，选派的科技人员服务自治区 57 个旗（县、区）的 300 多个乡镇、1000 多个村庄，服务带动农户 5 万多户，服务企业、合作社等 500 多个，创办领办企业 70 多个，引进新品种500多种，推广新技术300余项，举办培训班2000多场次，培训农牧民近25万人次。

（九）自治区大型科学仪器协作共用网建设

近几年，共承担893项国家级科研项目和288项自治区级科研项目分析测试任务，为区内外906个企事业单位提供分析测试服务。年均承担179项国家级科研项目和58项自治区级科研项目的分析测试任务（表8）。

表8　2013—2017年内蒙古自治区科学仪器协作共用网服务量统计

年份	机组数量	承担的科研项目		服务单位数量（个）	完成样品检测数（个）	对外服务额（元）	服务后补贴（元）
		国家级（项）	省部级（项）				
2013年	48	96	39	120	275 111	15 345 256	751 517
2014年	59	130	24	214	293 960	14 950 434	1 010 373
2015年	68	191	70	134	316 400	17 050 466	995 778
2016年	86	250	82	260	334 210	14 601 276	1 395 756
2017年	94	226	73	178	351 742	11 759 086	1 425 678
合计		893	288	906	1 571 423	73 706 518	5 579 102

（十）科技特派员农村科技创业行动项目

截至2017年，全区共选派科技特派员5022人，其中，自然人科技特派员4433人，法人科技特派员589个，法人单位一线员工总数18 009人。全区科技特派员累计实施科技项目570项，创办企业434家，组建协会及各类经济合作组织784家，创建创业基地409家，形成国家和自治区级创业产业链26条，形成利益共同体939个，服务农牧民285 146户，带动农牧民增收198 617户，出台自治区文件1个，为自治区以科技支撑现代农牧业发展做出了重要贡献。

五、科技人才工作发展思路

（一）依据国家、自治区出台的人才政策法规，大力加强人才队伍建设

以国家《关于深化人才发展体制机制改革的意见》为总揽，围绕自治区人才工作要点，做好本级人才任务目标分解，完成科技人才发展体制机制改革一系列启动、运行工作。

（二）力争更多人才、团队入选国家重大创新创业人才计划

有效衔接好国家重大人才工程，认真组织推荐国家“万人计划”、重点做好“创新人才推进计划”和国家基金委“杰出青年科学基金”等，争取国家人才项目支持，为自治区科技人才走向更高台阶提供有力支持。

（三）坚持人才引领，组织实施和不断扩大科技人才队伍

以十大“百人计划”赋予的“百名高层次创新型科技人才”任务为抓手，做好“自治区杰出人才奖”“草原英才”系列工程项目及自治区组织部人才项目引领支持计划等人才项目的推荐申报、动态评估及跟踪管理等工作。完成自治区赋予的“百名高层次创新型科技人才”目标任务。

（四）积极有效开展科技人才培训工作

组织科研院所、园区、基地等不同领域的科技工作者，联合和依托科技部人才中心，围绕创新驱动发展主题和科技创新形势任务，举办集训营培训，以更新创新创业理念与拓宽创新创业平台相结合，了解国际国内具有前瞻性的创新管理经验，开拓创新思维和视野，提升科技人才的科技创新能力和科技管理水平。

（五）依托各类科技创新平台，为人才培养和科技创新提供支撑

配合协助有关处室并依托各类科技计划、重大项目、平台、载体建设，推进创新创业人才培养引进和科技计划的融合，在实践中锻炼培养科研人才。协助有关处室实施好“自治区科技创新团队计划”，面向海内外引进、培养创新创业人才和高水平创新创业团队。

辽宁省科技人才发展报告

■辽宁省科学技术厅

一、辽宁省科技人才队伍建设情况

（一）全省 R&D 人员总量情况

2017 年，全省研究与试验发展（R&D）人员折合全时当量为 8.89 万人年，同上年相比增加 0.11 万人年，增长 1.3%。近 5 年来总量波动较为明显，2015 年以来全省 R&D 人员折合全时当量呈缓慢增长态势（图 1）。

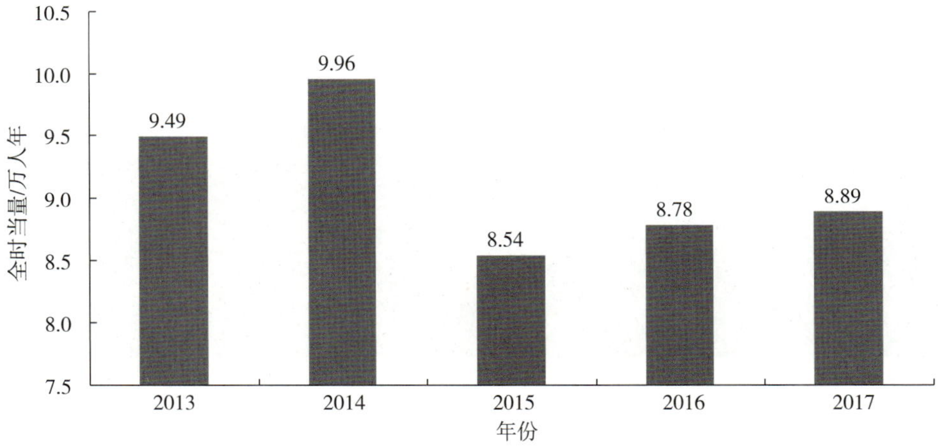

图 1　2013—2017 年辽宁省 R&D 人员全时当量情况

2017 年，全省 R&D 研究人员总数为 4.9 万人年，占 R&D 人员总量的 55.6%，比上年略有下降。近 5 年来，全省 R&D 研究人员总量与占比波动较大，R&D 研究人员总量减少 2483.3 人年，占 R&D 人员的比重上升 0.9 个百分点。2015 年以来全省 R&D 研究人员全时当量呈持续缓慢增长态势（图 2）。

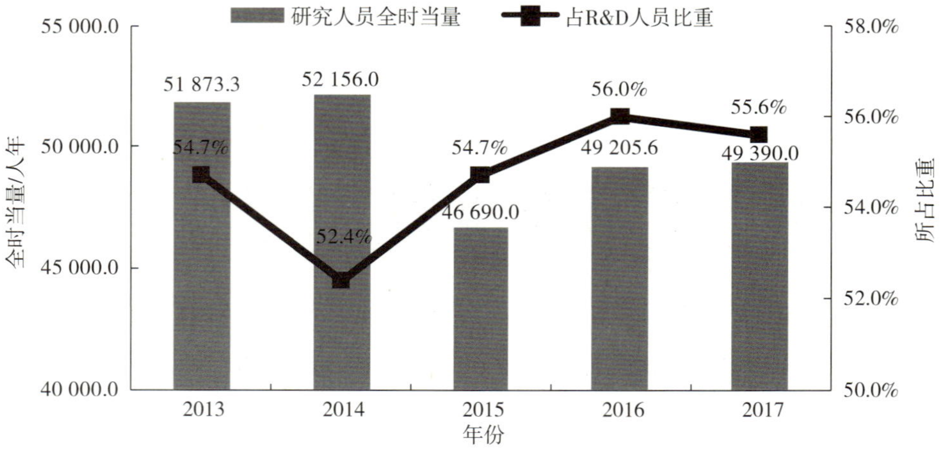

图 2　2013—2017 年辽宁省 R&D 研究人员全时当量情况

（二）按执行部门分布情况

2017 年全省 R&D 人员按执行部门分布，企业 R&D 人员为 5.51 万人年，占全省总量的 62.1%；科研机构 R&D 人员为 1.43 万人年，占全省总量的 16.1%；高等院校 R&D 人员为 1.75 万人年，占全省总量的 19.7%。2013 年以来，企业 R&D 人员所占比重均在 60% 以上，是全省 R&D 人员的主要组成部分（表 1）。

表 1　2013—2017 年辽宁省 R&D 人员折合全时当量按执行部门分布情况

年份	合计	企业		科研机构		高等院校		其他	
	数量（人年）	数量（人年）	占比（%）	数量（人年）	占比（%）	数量（人年）	占比（%）	数量（人年）	占比（%）
2013 年	94 885	63 888	67.3	12 575	13.3	16 592	17.5	1830	1.9
2014 年	99 586	68 153	68.4	12 993	13.0	16 730	16.8	1709	1.7
2015 年	85 366	53 966	63.2	12 945	15.2	16 747	19.6	1707	2.0
2016 年	87 839	54 644	62.2	13 736	15.6	17 504	19.9	1954	2.2
2017 年	88 858	55 147	62.1	14 298	16.1	17 549	19.7	1865	2.1

二、辽宁省科技人才工程（计划）实施情况

（一）辽宁省“兴辽英才计划”

2018 年 3 月，省人才工作领导小组牵头启动实施了辽宁省“兴辽英才计划”，围绕辽宁省振兴发展重大需求，特别是“五大区域发展战略”和“一带五基地”建设需求，培养引进一批高层次创新创业人才和高水平创新创业团队。计划由 3 个子项目组成：一是实施高层次人才培养支持计划，瞄准处于世界科技前沿领域、能够坚持全职潜心研究、科研上取得重大成果的杰出人才，3 年重点支持 10 名左右杰出人才、500 名左右领军人才和 500 名左右青年拔尖人才；二是瞄准能够引领和带动辽宁省全面振兴的领军人才，实施海内外高层次人才引进集聚计划，3 年重点支持 10 名左右杰出人才、200 名左右领军人才和 200 名左右青年拔尖人才；三是瞄准具有科研能力及创新潜力、获得国际国内较高学术成就的青年拔尖人才，实施高水平创新创业团队培养引进计划，3 年重点支持 200 个左右高水平创新创业团队。目前，已启动第一批“兴辽英才计划”组织申报工作。

（二）辽宁省高等学校“高端人才队伍建设工程”

2011 年，辽宁省教育厅牵头组织实施了辽宁省高等学校“高端人才队伍建设工程”，该工程旨在加大人才引进和培养力度，构建定位明确、层次清晰、衔接紧密、促进优秀人才可持续发展的培养和支持体系，以重点学科、创新平台、重点科研基地为依托，以学科带头人为核心，提升辽宁省高校人才队伍的创新能力和竞争实力，工程共包括 4 个层次：一是“高等学校重点学科领军人才海内外引进计划”。着眼于建设一批体现辽宁省高等学校优势特色的国际国内一流学科，促进高等教育发展，提升高等教育的核心竞争力，重点在“高等学校学科提升计划”立项学科范围内设置专门岗位，向海内外公布，引进海内外高层次创新人才作为学科领军人才。二是“辽宁省高等学校攀登学者支持计划”。着眼于培养一支高素质、高水平的高等学校学科带头人队伍，以培养和造就两院院士和学术大师为目标，围绕高等学校国家、省重点学科建设的需要，每年设置 20 个左右攀登学者岗位。三是“辽宁特聘教授支持计划”。着眼于吸引、培养一批在相关领域做出较大贡献的国家重点学科骨干、省重点学科带头人，围绕高等学校国家、省重点学科建设的需要，每年设置 50 个左右辽宁特聘教授岗位。四是“高等学校创新团队和优秀人才支持计划”。着眼于科技前沿重大问题研究和关键领域技术攻关，实施高等学校创新团队计划。每年遴选为经济建设和社会发展、学科建设和高等教育发展做出突出贡献的个人 50 名，每年遴选具有一定科研实力和发展潜力，经过培育能够冲击教育部“新世纪优秀人才支持计划”的个人 200 人。对入选人才予以经费支持，并在科研自主权、人事管理权和经费支配权等方面为引进人才开展工作提供保障。对引进长江学者特聘教授的高校一次性资助 500

万元。对评聘为攀登学者的高层次人才，拨付所在学校 150 万元，分 3 年予以资助。对评聘为辽宁特聘教授的高层次人才，拨付所在学校 100 万元，分 3 年予以资助。2017 年，共遴选攀登学者 38 人，辽宁特聘教授 100 人，创新团队 40 个，创新人才 200 人，对高端人才进行跟踪服务，予以重点支持、滚动支持。

（三）辽宁省"百千万人才工程"

2013 年，辽宁省人社厅牵头组织实施了辽宁省"百千万人才工程"，旨在培养造就一批适应时代发展和科技进步的中青年学术技术带头人。该工程重点围绕辽宁省经济社会及科学技术发展重点领域，力争从 2013 年起，用 10 年左右时间，有计划、有重点地在各学术技术领域选拔培养 10 000 名左右"工程"人选，并从中择优选拔一批从事基础学科和基础领域研究的中青年高层次人才作为国家级"百千万人才工程"人选、国家和省级"高层次人才特殊支持计划"人选。辽宁省"百千万人才工程"的入选对象将获得一定的经费支持，并享受对其申报项目重点支持、优先立项等优惠政策。2017 年新增工程人选 1289 人，并对人选从事的 100 项科技项目进行了择优资助。

（四）辽宁省"博士后集聚培养工程"

2011 年，辽宁省人社厅牵头组织实施了"博士后集聚培养工程"，该工程旨在充分发挥博士后制度在吸引、培养和使用高层次创新人才方面的作用，完善协调机制，着力提高质量，优化布局结构，健全服务体系，建立有利于集聚人才的机制和环境，促进产学研用结合，培养造就一支跨学科、复合型和战略型的博士后人才队伍，为老工业基地全面振兴提供坚实的人才智力支撑。并提出了进一步加大博士后工作载体建设、进一步扩大博士后招收规模等一系列措施，在全国率先实行敞开招收企业项目博士后制度，在产业集群和企业创建省级博士后创新实践基地，对入选的项目将根据实际需求给予 3 万～ 6 万元的经费支持。目前，全省累计招收并资助企业项目博士后 457 人，完成企业技术改造项目 565 项，实现科技成果转化近 300 项，其中 80% 以上的出站博士后留辽工作。

三、辽宁省科技人才政策措施及成效

为进一步加强科技人才的培养和引进力度，近年辽宁省先后出台了《关于深化人才发展体制机制改革的实施意见》《辽宁省人才服务全面振兴三年行动计划（2018—2020 年）》《关于贯彻以增加知识价值为导向分配政策的实施意见》《关于深化职称制度改革的实施意见》《关于进一步促进科技成果转化和技术转移的意见》等一系列政策措施，在培养引进人才、激发人才创新创业活力、优化人才发展环境、推进人才服务经济发展方面取得了较为显著的成效。

（一）《关于深化人才发展体制机制改革的实施意见》

2017 年 2 月，围绕贯彻落实中央《关于深化人才发展体制机制改革的意见》（中发〔2016〕9 号），以破解制约辽宁省人才发展的核心关键问题为导向，省委印发了《关于深化人才发展体制机制改革的实施意见》（辽委发〔2017〕3 号），从管理体制、工作机制和组织领导等方面提出推进人才管理体制改革、改进人才培养支持机制、改进引才用才机制、创新人才评价机制、强化人才创新创业激励机制、加强对人才工作的领导等共 23 项改革措施。同时，配套印发《重点任务分工方案》，提出 70 项改革重点任务，明确任务分工和责任部门，全面推动全省人才发展体制机制改革。

（二）《辽宁省人才服务全面振兴三年行动计划（2018—2020 年）》

2018 年 3 月，省委省政府制定出台了《辽宁省人才服务全面振兴三年行动计划（2018—2020 年）》（辽委办发〔2018〕25 号，以下简称《三年行动计划》），紧紧围绕加快推进辽宁省老工业基地振兴发展这一中心任务，坚持党管人才原则，进一步解放思想、转变观念，深化人才发展体制机制改革，创新人才发展政策，优化人才发展环境，加快构建人才发展高地，用人才支撑“一带五基地”建设和“五大区域发展战略”，努力形成人才引领创新、创新驱动发展、发展集聚人才、人才服务振兴的良好局面。《三年行动计划》结合辽宁省实际，提出 26 个方面重点任务和政策措施，分量很重、含金量很高。主要包括 4 个方面：一是突出“高精尖缺”导向，实施高层次人才培养引进工程。重点是实施高层次人才培养支持计划、海内外高层次人才引进集聚计划、高水平创新创业团队培养引进计划、外国人才引进计划、青年英才储备计划，着力培养引进一批杰出人才、领军人才、青年拔尖人才和高水平创新创业团队，储备一批优秀后备人才。二是统筹兼顾，协调推进各类人才队伍建设。重点是实施企业经营管理人才培养计划、高技能人才培养计划、人才助力县域经济发展计划、高校毕业生“凤来雁归”计划和社会工作专业人才培养计划，努力实现各类人才队伍协调发展。三是坚持以用为本，实施人才服务振兴智力支持行动。重点是组织开展两院院士助力振兴发展活动、高校院所服务全面振兴专项行动、科技成果转化促进行动、优秀专家服务团活动、人才服务辽西北计划，进一步促进科技同经济对接、创新成果同产业对接、创新项目同现实生产力对接，更好发挥人才引领和支撑产业发展作用。四是着力改革创新，不断优化人才创新创业环境。重点是通过落实用人主体自主权、健全人才激励制度、创新柔性引才机制、构建产学研用协同创新平台、构建社会化人才服务体系、强化对科技创新创业人才金融支持、搭建人才服务综合平台，充分激发人才活力。

（三）《关于分类推进人才评价机制改革的实施意见》

2018 年 5 月，省委省政府印发了《关于分类推进人才评价机制改革的实施意见》（辽委办发

〔2018〕58号，以下简称《实施意见》)，《实施意见》以科学分类为基础，以公平公正公开评价为中心，以分类评价体系建设为依托，以激发人才创新创业活力为目的，破除分类评价不足、评价标准单一、评价手段趋同、评价社会化程度不高、用人主体自主权落实不够等机制障碍，加快形成与辽宁省经济社会发展相适应的导向明确、精准科学、规范有序、竞争择优的科学化社会化市场化人才评价机制。《实施意见》在深化人才评价“放管服”改革工作、分类健全人才评价标准、改进和创新人才评价机制、加快推进重点领域和重点产业（行业）人才评价改革等方面提出具体举措。在深化人才评价“放管服”改革工作方面，提出要积极转变人才评价管理职能，要保障和落实用人单位自主权，要优化公平公正评价环境；在分类健全人才评价标准方面，提出要实行分类评价，要突出品德评价，要科学设置评价标准；在改进和创新人才评价机制方面，提出要创新多元化评价方式，要科学设置人才评价周期，要畅通人才评价渠道；在加快推进重点领域和重点产业（行业）人才评价改革方面，对科技人才、工程技术人才、哲学社会科学和文化艺术人才、教育人才、医疗卫生人才、经营管理人才、技能人才、基层一线和农村实用人才、青年人才、重点区域和重点产业（行业）高端人才评价机制创新和评价体系建立提出了具体举措。

（四）《关于贯彻以增加知识价值为导向分配政策的实施意见》

2017年5月，省委省政府制定出台了《关于贯彻以增加知识价值为导向分配政策的实施意见》(辽委办发〔2017〕25号)，该政策深入贯彻落实《中共中央办公厅　国务院办公厅印发〈关于实行以增加知识价值为导向分配政策的若干意见〉的通知》，着力激发科研人员积极性、主动性、创造性，推动科技成果加快向现实生产力转化，在全社会形成知识创造价值、价值创造者得到合理回报的良性循环，构建体现增加知识价值的收入分配机制，结合辽宁省实际提出了逐步提高科研人员工资收入水平、鼓励科研人员通过科技成果转化获得可研性收入、发挥财政项目资金的激励引导作用3个方面共10条主要措施，并分类对科研机构科研人员、高校科研人员、国有企业科研人员提出了具体激励措施。

（五）《关于深化职称制度改革的实施意见》

2017年7月，省委省政府印发了《关于深化职称制度改革的实施意见》，深入贯彻落实《中共中央办公厅　国务院办公厅〈关于深化职称制度改革的意见〉的通知》（中办发〔2016〕77号）精神，更好地发挥职称制度在团结凝聚专业技术人才、激励专业技术人才职业发展、加强专业技术人才队伍建设方面的重要作用，引导专业技术人才为实现辽宁省老工业基地全面振兴贡献智慧和力量。该意见提出了深化职称工作领域“放管服”改革、下放职称评审权限、严格执行国家职称系列和层级规定、调整完善职称评审专业、完善职称评价标准、丰富职称评价方式、拓展职称评价人员范围、促进职称制度与人才培养制度有效衔接、促进职称制度与用人制度相结合 9 项主要任务。目前已把高校、科研院所、大型公立医院等事业单位的职称评审权限、公开招聘权限全部下放到各市或行业部门、用人单位。由用人单位自定标准、自主发证、自主评聘职称，2017 年已授权 84 家单位组建评委会，自主开展职称评审工作。由用人单位自定方案、自定计划、自设条件、自主招聘，对招聘高层次急需紧缺人才开辟“绿色通道”。2017 年已有 40 家单位自主公开招聘，公布招聘岗位 2980 个，其中 80% 以上为拥有博士学位或副高级以上职称的高层次人才。

（六）《辽宁省自主创新促进条例》

2014 年 1 月，辽宁省人民政府出台了《辽宁省自主创新促进条例》（以下简称《条例》），针对推动科学研究和技术创新成果向现实生产力转化，提出了针对创新平台、成果转化、创新人才、创新保障等方面的政策措施。为加强创新人才队伍建设，《条例》加大了对科技人员从事科研或科技成果转化的激励力度，提出科技人员可以兼职创办科技型企业或者从事技术开发；科技成果完成单位自行实施转化或者以合作方式实施转化的，应当自项目盈利之日起 5 年内，每年从税后利润中提取不低于 5% 的比例，用于奖励成果完成人；对在自主创新方面做出突出或者重大贡献的，允许破格晋升专业技术职称等政策。

（七）《辽宁省科技创新驱动发展实施方案》

2015 年 8 月，辽宁省人民政府印发了《辽宁省科技创新驱动发展实施方案》（以下简称《方案》），《方案》提出要统筹国际国内人才资源，坚持人才投入优先保障、人才资源优先开发、人才制度优先创新，充分发挥科技人才对创新驱动的核心作用。一是要加大人才引进力度。依托企业项目，坚持高标准、高水平地引进海外人才、智力和团队，科学谋划一批具有辽宁省特色的人才引进项目。二是要加强人才培养。进一步提高高层次科技创新创业人才总量。依托辽宁省各类科技计划、平台建设和基金计划，培养一批科技创新杰出人才、科技创新领军人才、科技创业领军人才和青年科技创新创业人才。三是要完善人才激励机制。促进科技成果处置权、收益权、股权激励等国家自主创新示范区政策在辽落地，激发科研人员创新创业热情。在人才培养、流动、使用、评价等环节上完善机制、创新制度，营造有利于科技人才发展的制度环境。

（八）《辽宁省人民政府关于进一步促进科技成果转化和技术转移的意见》

2015 年 11 月，辽宁省科技厅会同省委组织部、省教育厅、省财政厅、省人社厅等部门，制定出台了《辽宁省人民政府关于进一步促进科技成果转化和技术转移的意见》（辽政发〔2015〕55 号，以下简称《意见》）。《意见》含《辽宁省人民政府关于促进科技成果转化和技术转移“提质增效”

行动方案》和《辽宁省人民政府关于进一步促进高等院校科技成果转化的工作方案》两个附件。共提出了 16 条促进科技成果转化的政策措施，其中激励科技人员实施科技成果转化工作的政策有 8 条，14 个政策点，涵盖了科技成果使用、处置、收益权改革；科技成果转化奖励比例；成果转化股权或出资比例形式的奖励个税优惠；横向课题管理；从事科技成果转化、应用技术研究开发和基础研究人员采取差异化的岗位评聘标准；允许创新创业人员双向流动；以科研工作为主的领导干部可以在成果转化企业兼职、获得现金奖励或股权激励等，政策较以往有较大突破。

（九）《辽宁省人民政府办公厅关于发展众创空间推进大众创新创业的实施意见》

2015 年 11 月，辽宁省人民政府印发了《辽宁省人民政府办公厅关于发展众创空间推进大众创新创业的实施意见》（辽政办发〔2015〕94 号，以下简称《意见》）。为进一步完善区域创新创业环境，服务科技人才创新创业，《意见》提出全省各地区、各部门要以战略高度和改革深度，全面抓好众创空间建设发展，推进大众创新创业，持续构建市场主导、政府支持的以众创空间为代表的创新创业服务体系。充分发挥市场配置资源的决定性作用，不断完善和落实创新创业政策，以开放共享促进创新资源的整合利用，为大众创新创业提供全链条增值服务。截至 2017 年年底，全省众创空间达 173 家，在孵企业和团队 7940 个。

四、辽宁省新时代科技人才发展思路与举措

（一）发展思路

深入学习贯彻党的十九大精神，坚持以习近平新时代中国特色社会主义思想为指导，全面落实新发展理念和“四个着力”“三个推进”，紧紧围绕加快推进辽宁省老工业基地振兴发展这一中心任务及“一带五基地”建设和“五大区域发展战略”部署，坚持党管人才的原则，进一步解放思想、转变观念，深化人才发展体制机制改革，实行更加积极、更加开放、更加有效的人才政策，实施一批重大人才工程，统筹推进人才培养、引进、使用，培养集聚一批高层次创新创业人才和高水平创新创业团队，加快构建人才发展高地，为全面建成小康社会、加快推进振兴发展提供有力人才支撑。

（二）重点任务

1. 大力培养、引进一批科技创新领军人才及团队

着眼保持和提升辽宁省自主创新能力，瞄准世界及国内科技前沿和战略性新兴产业，培养、引进一批能够引领辽宁省相关行业和领域科技创新发展方向，满足全面振兴需求的科技创新人才和创新团

队，重点在具有相对优势的科研领域培养杰出人才，引导创新要素向企业流动，优化企业创新环境，加快培养一批企业科技人才。

2. 重点扶持一批科技创业人才

着眼推动企业成为技术创新主体，加快科技成果转化、强化企业吸纳、培养科技人才主体地位，重点扶持一批运用自主知识产权或核心技术创办科技型企业的科技创业人才。进一步完善科技创业政策，优化科技创业环境，解决科技人才创业难题，提高科技创业成功率，吸引和培养一批科技创业人才。

3. 注重储备一批青年科技人才

着眼全面储备辽宁省科技人才后备力量，形成梯次配备合理的科技人才队伍，注重储备一批具有较高学术造诣和专业水平、具有较好发展潜力的青年科技人才。积极搭建企业博士后科研工作站和博士后创新实践基地，大力培养企业青年科技人才。

（三）具体工作举措

1. 继续完善科技人才发展政策体系

完善和支持人才创新的普惠性政策，落实以增加知识价值为导向的分配政策，深化薪酬制度、科技奖励制度等改革，修订《辽宁省科学技术奖励办法》及其实施细则，真正让有贡献的科技人才名利双收。落实好《辽宁省人才服务全面振兴三年行动计划（2018—2020年）》，促进科技人才更好地服务全面振兴战略。积极在全省范围内推广创新政策落实试点成功经验，赋予科研院所和高校更大的科研自主权，赋予科技人才更大的人、财、物支配权。切实加大科技人才政策宣传培训力度，继续组织开展培训班和政策宣讲会，面向重点需求开展定制化、精准化、全方位培训。

2. 组织实施科技人才培养引进计划

组织实施高层次人才培养支持计划，围绕传统优势产业和战略性新兴产业，对接国家“万人计划”，在自然科学、工程技术和哲学社会科学等领域，到2020年，有计划、有重点地遴选支持10名左右研究方向处于世界科技前沿领域、能够坚持全职潜心研究、科研上取得重大成果的杰出人才，200名左右引领相关产业和领域科技创新发展方向、主持完成重大科技任务的科技创新领军人才，200名左右运用自主知识产权或核心技术创新创业、有效实施科技成果转化的科技创业领军人才，500名左右青年拔尖人才。组织实施海内外高层次人才引进集聚计划，面向辽宁省重点产业发展方向和新兴产业急需紧缺人才，以园区、企业、高校、科研院所等为主体，重点引进支持一批掌握关键领域前沿核心技术、能够引领产业转型升级、在海内外具有重要影响的高层次科技人才，到2020年，重点支持10名左右杰出人才，200名左右领军人才，200名左右青年拔尖人才。组织实施高水平创新创业团队培养引进计划，对接重点产业发展需求，依托园区、企业、高校、科研院所等单位，到2020年，培养、引进200个左右有望突破核心技术、提升产业水平、引领产业发展，产生显著经济社会效益的海内外高水平创新创业团队。

3. 引导科技人才服务振兴发展

开展两院院士助力振兴发展活动，坚持以需求为导向、项目为纽带、企业为主体，加快推进院士工作站建设；对解决制约产业发展重大关键问题、取得显著经济社会效益的院士及其团队，由省财政给予重奖；定期召开院士座谈会、建立院士建言献策直通车，发挥院士参谋智库作用。实施科技成果转化促进行动，促进科技成果落地转化，深化“科技成果转化年”活动，建立市场化科技成果转化模式，畅通转化通道；对接国家振兴东北科技成果转移转化专项行动，推进沈阳、大连、鞍山联合创建国家科技成果转化示范区；推进高校、科研院所建设一批专业化技术转移机构，发展壮大转移人才队伍，省级以上技术转移示范机构达到100家；搭建省科技成果转化综合服务平台，建立重大科技成果转化项目库，引导和组织社会技术转移机构开展成果转化服务；组建辽宁省科技成果转化促进联盟，打造50个科技成果转化服务基地，经认定由省财政给予奖补。

4. 优化科技人才创新创业环境

全力打造沈大“人才特区”，继续推进中关村“6+4”政策、新“1+4”政策等先行先试政策落地，加快推进沈阳“人才政策24条”、大连“科技创新若干政策”等地方性原创政策落实，并率先在全省高新区复制推广。加快推进各类创新创业平台建设，到2020年，面向辽宁省优势前沿科学领域，新建省级以上重点实验室、技术创新中心、工程技术研究中心、工程研究中心、企业技术中心等研发机构1500家左右；对新认定的国家级重点实验室、技术创新中心、工程技术研究中心、工程研究中心、企业技术中心等创新平台，由省财政给予奖补；鼓励支持企业、高校、科研院所建立众创空间（孵化器）联盟，加快众创空间和星创天地建设，备案省级以上众创空间和星创天地400余家；推进大学科技园开放式发展，实行校地共建、一校多园、一园多校等多种模式，为高校科研人员、学生创业提供平台。继续组织实施中国海外学子创业周、辽宁创新创业大赛等活动，营造尊重创新、尊重人才的社会氛围。

吉林省科技人才发展报告

■吉林省科学技术厅

一、科技人才队伍建设情况

（一）科技人力资源总量

中央组织部全国人才资源统计结果显示，吉林省人才资源总量为 224.9 万人，占全省人口的 8.17%，占全国人才总量（1.75 亿人）的 1.3%。其中，党政人才 15.3 万人，企业经营管理人才 37.6 万人，专业技术人才 104.1 万人，高技能人才 51.4 万人（由于统计中各类人才存在交叉，各支人才队伍数量之和大于总数）。目前，全省拥有两院院士 23 人（不含“双聘”院士），先后有 771 人当选省高级专家。

根据《吉林科技统计年鉴 2017》，2016 年吉林省科技活动人员数为 140 561 人，比 2012 年（145 790 人）减少 5229 人（表 1）；2016 年吉林省地方公有经济企事业单位专业技术人员数为 537 388 人，比 2012 年（589 333 人）减少 51 945 人（表 2）。统计数据显示，2012—2016 年，吉林省这两个指标均呈逐年下降趋势，从一定程度上反映了吉林省科技活动人员和专业技术人才流失。在每万人从事科技活动人员数、每万人从事研发活动人员数方面，5 年来吉林省基本保持持平，变化不明显（表 3）。

表 1　2012—2016 年吉林省科技人员综合指标情况（1）　单位：人

指标	2012 年	2013 年	2014 年	2015 年	2016 年
科技活动人员	145 790	138 927	146 433	141 112	140 561

数据来源：《吉林科技统计年鉴 2017》。

表 2 2012—2016 年吉林省地方公有经济企事业单位专业技术人员 单位：人

年份	合计	工程技术人员	农业技术人员	科学研究人员	卫生技术人员	教学人员
2012 年	589 333	78 006	27 355	5853	103 407	300 111
2013 年	570 969	72 169	30 211	6902	104 941	293 850
2014 年	551 461	64 711	28 132	5943	97 194	296 224
2015 年	540 924	63 200	29 531	5012	95 132	286 797
2016 年	537 388	62 436	29 991	6807	94 737	281 519

数据来源：《吉林科技统计年鉴 2017》。

表 3 2012—2016 年吉林省每万人口科技实力情况（1） 单位：人

项目	2012 年	2013 年	2014 年	2015 年	2016 年
每万人从事科技活动人员数	53.01	50.50	53.20	51.25	51.24
每万人从事研发活动人员数	27.75	26.97	28.09	29.40	29.17

数据来源：《吉林科技统计年鉴 2017》。

相对于专业技术人员的缓慢减少，吉林省高等教育在校人数及毕业生数呈现上升趋势。根据《2016 吉林统计年鉴》，2015 年吉林省普通高等学校在校人数为 63.27 万人，比 2012 年（57.89 万人）增加 5.38 万人。2015 年，吉林省普通高等学校本专科毕业生数为 157 048 人，毕业研究生数为 18 100 人，其中，博士学位 1823 人，硕士学位 16 277 人。各级学校在校生占全省人口比重、平均每万人口中高中阶段在校学生下降明显，且 5 年来持续下降（表 4）。各层次的人口外流、多年来的人才持续外流，以及老龄化进程的加快有可能造成今后几年内出现较大规模的科技人才和研发人员断档、短缺等现象，有可能会对吉林省科技、经济的持续健康向上发展造成影响。

表 4 2012—2016 年吉林省每万人口科技实力情况（2）

项目	2012 年	2013 年	2014 年	2015 年	2016 年
各级学校在校生占全省人口比重（%）	14.8	14.3	13.9	13.8	13.6
平均每万人口中高等学校在校学生（人）	289	303	316	317	305
平均每万人口中高中阶段在校学生（人）	257	235	222	211	204

数据来源：《吉林科技统计年鉴 2017》。

R&D 人员（指直接从事基础研究、应用研究和试验发展三类活动的人员及这三类项目的管理人员和直接服务人员）的数量和质量是衡量一个地区创新能力的主要指标之一，吉林省 R&D 人员近年来略有增加，但幅度偏小，增速缓慢。2017 年吉林省 R&D 人员数为 83 505 人，比 2012 年（76 335

人）增加 7170 人，增长幅度为 9.39%；2017 年，R&D 人员中的全时人员（报告年度实际从事 R&D 人员活动的时间占制度工作时间的 90% 及以上人员）为 53 513 人，比 2012 年（38 596 人）增加 14 917 人，增幅 38.65%；2017 年 R&D 人员中博士人数为 12 358 人，比 2012 年（8841 人）增加 3517 人，增幅 39.78%（表 5）。统计数据表明，近 5 年来，吉林省 R&D 人员呈现数量和质量双增的局面。

表 5　2012—2017 年吉林省科技人员综合指标情况（2）　　单位：人

指标	2012 年	2013 年	2014 年	2015 年	2016 年	2017 年
R&D 人员	76 335	74 210	77 306	80 935	80 018	83 505
R&D 人员全时人员	38 596	34 243	38 360	49 348	47 813	53 513
R&D 人员非全时人员	37 739	39 967	38 946	31 587	32 205	29 992
R&D 人员博士毕业	8841	7468	10 349	12 663	12 733	12 358
R&D 人员硕士毕业	18 648	17 612	18 865	19 039	21 251	22 492
R&D 人员本科毕业	26 675	25 622	22 159	17 448	34 517	36 602

数据来源：《吉林科技统计年鉴 2018》。

（二）科技人力资源结构分布

在专业技术人员方面，在全省地方公有经济企事业单位五大类专业技术人员中，教学人员每年平均占很大比重。以 2016 年数据为例，教学人员为 281 519 人，占总数（537 388 人）的 52.39%；其次为卫生技术人员和工程技术人员，分别占 17.63%、11.62%；农业技术人员相对较少，占 5.58%；而科学研究人员数量最少，仅占 1.27%（表 6）。

表 6　2012—2016 年吉林省地方公有经济企事业单位专业技术人员情况　　单位：人

年份	合计	工程技术人员	农业技术人员	科学研究人员	卫生技术人员	教学人员
2012 年	589 333	78 006	27 355	5853	103 407	300 111
2013 年	570 969	72 169	30 211	6902	104 941	293 850
2014 年	551 461	64 711	28 132	5943	97 194	296 224
2015 年	540 924	63 200	29 531	5012	95 132	286 797
2016 年	537 388	62 436	29 991	6807	94 737	281 519

数据来源：《吉林科技统计年鉴 2017》。

从所在执行部门分布来看，2016 年，全省科技活动人员的分布：企业 78 961 人（其中规模以上工业企业 72 407 人），占总数的 56.18%；科研机构 11 317 人，占总数的 8.05%；高等院校 45 532 人，占总数的 32.39%；其他 4751 人，占总数的 3.38%。其中，在企业中的科技人员，有 72 407 人分布在规模以上工业企业，占企业科技人员数的 91.70%（表 7）。科技活动人员部门分布现状及变化趋势，一方面，反映了吉林省科技体制改革引导科技人才适度流动，以企业为技术创新主体配置科技资源的效果已初步显现；另一方面，提示了科技活动人员主要集中在大企业、科研机构和高校，中小微型企业科技人员相对匮乏。

表 7　2012—2016 年吉林省科技活动人员按执行部分分布情况　　单位：人

指标		2012 年	2013 年	2014 年	2015 年	2016 年
企业		88 256	84 276	87 503	79 800	78 961
	规模以上工业企业	82 710	80 621	81 844	74 609	72 407
科研机构		11 176	11 269	11 607	11 310	11 317
高等院校		41 901	42 999	43 147	45 282	45 532
其他		4457	383	4176	4720	4751

资料来源：《吉林科技统计年鉴 2017》。

从科技活动人员的地区分布来看，科技活动人员分布不合理，其主要分布在长春市，2016 年长春市科技活动人员数为 100 604 人，占全省的 71.57%；长春市和吉林市两地的科技活动人员合计占全省的 84.11%。白山市的科技活动人员数量最少，仅为 801 人，占全省的 0.57%（表 8）。

表 8　2012—2016 年科技活动人员按地区分布情况　　单位：人

地区	2012 年	2013 年	2014 年	2015 年	2016 年
长春	105 123	99 359	106 276	102 396	100 604
吉林	19 153	17 962	17 686	16 274	17 617
四平	3072	2855	3159	3239	3363
辽源	2477	2083	2363	2065	2349
通化	5585	5653	5858	5336	5442
白山	998	987	1206	903	801
松原	2623	2359	2307	2452	2167
白城	1880	1865	1683	2291	2399
延边	5697	5804	5895	6156	5819

吉林省科学普及人员，5 年来呈现大幅度、持续性下降的情况。科普专职人员 2012 年为 7661 人，2016 年减少到 1542 人，5 年间减少了 6119 人，减少幅度为 79.87%；科普兼职人员 2012 年为 44 662 人，2016 年减少到 13 650 人，5 年间减少了 31 012 人，减少幅度为 69.44%（表 9）。

表 9　2012—2016 年吉林省科学普及人员　　单位：人

类别	2012 年	2013 年	2014 年	2015 年	2016 年
科普专职人员	7661	7662	2396	1501	1542
科普兼职人员	44 662	44 675	15 574	14 680	13 650

二、科技人才计划、工程、基地、项目等实施进展和案例

近 5 年来，吉林省树立开放意识，以着力凝聚和培育国家一流人才智力资源服务于吉林省创新发展为目标，实施了吉林省高层次创新创业人才引进计划、重大科技项目研发人才团队支持计划、科技创新人才培育计划等科技人才计划，从而引进了高层次人才，培养了中青年科技领军人才和优秀团队，建设了合理的科技人才队伍，使各类人才在振兴吉林省发展中的支撑作用日益显现。

（一）“双百千万”人才计划中的“引进百名高层次创新创业人才”项目（省委组织部牵头组织实施）

实施目标：围绕吉林省转变经济发展方式、实施十大产业发展计划，特别是支柱优势产业、战略性新兴产业、现代服务业等重点产业领域对人才的迫切需要，依托重大项目建设、重大科技专项、大中型企业、高校、科研院所、金融机构及产业园区等，每年引进 30 ～ 40 人，3 年引进 100 名高层次创新创业人才，引领和推动吉林省产业结构调整和现代产业体系建设。

支持对象：根据《吉林省百名高层次创新创业人才引进计划实施方案》（吉人才组字〔2011〕2 号），重点引进以下 5 类人才：一是汽车、石油化工、农产品加工、医药、生物技术、电子信息、新材料、新能源、装备制造、轻工纺织等重点产业领域从事技术研发和成果转化的高层次创新人才；二是拥有自主知识产权和发明专利、其技术成果国际先进，填补国内空白或引领相关产业发展，具有市场潜力，并能够进行产业化生产，熟悉相关领域和国际规则，在吉林省投资创（领）办科技型企业的高层次创业人才；三是重大科技成果转化项目、重大科技攻关项目开发和从事基础研究所需要的领军型人才或学术技术带头人；四是现代物流、金融、信息服务、旅游、文化、商贸流通等现代服务业发展急需紧缺的高层次复合型人才；五是地方经济社会发展急需，且地方有专门引才计划配套支持的高层次人才。

服务手段：根据《吉林省百名高层次创新创业人才引进计划实施方案》（吉人才组字〔2011〕2 号）

对引进人才提供如下优惠政策：

①对于引进的创办科技型企业的创业人才，由省财政给予每人（团队）不低于 100 万元的资金资助。提供不少于 200 平方米工作场所和不少于 150 平方米住房，3 年内免收租金。

对于引进的创新人才和现代服务业人才，给予每人（团队）50 万元的资金资助。

②引进高层次创新创业人才资助资金，视同省级奖金，报经省政府批准，用于鼓励和奖励对吉林省经济建设和社会发展做出突出贡献的高层次创新创业人才，按相关规定给予个人所得税优惠政策。

③引进人才从事科技开发项目的，经论证审批，根据项目投资需求，由企业落户园区通过提供风险投资、担保贷款等方式，协调解决不低于 100 万元的创业投资。

④引进人才从事技术成果转让、技术开发业务和与之相关的技术咨询、技术服务业务取得的收入，免征营业税、城市维护建设税和教育费附加。引进人才以知识产权入股的，作价金额可达公司注册资本的 70%。

⑤企业引进人才的购房补贴、安家费、科研启动经费可列入成本核算。

⑥优先推荐申报国家科技计划；省级各类科技计划优先支持引进人才带领实施的研究开发和科技成果转化项目；优先向国内金融机构、风险投资公司推荐引进人才的项目；优先推荐为国家有突出贡献专家、国务院特殊津贴、省高级专家人选，积极推荐为两院院士人选。

⑦为吉林省企业做出重大贡献的引进人才，由当地财政部门按其上一年度所缴个人工薪收入所得税地方留成部分 80% 的标准予以奖励，每年申报一次，奖励总额最高上限为 30 万元。

⑧引进人才研发的产品进行产业化和规模化生产时，可按照有关规定申请科技成果转化资金，对符合规定的项目给予 3 年期内 300 万元贷款额度以内的贷款贴息补助。

⑨不受学历、资历限制，直接申报高级专业技术资格。事业单位确因工作需要引进高层次人才，经批准可超编调入。

⑩设立吉林省创新创业人才杰出贡献奖。对在吉林省经济发展中做出重大贡献的高层次创新创业人才，由省政府授予荣誉称号并给予重奖。同时，对引进创新创业人才的先进单位和个人给予表彰奖励。

进展和成效："引进百名高层次创新创业人才"项目实施时间为 2010—2013 年，截至 2013 年项目结项，已先后分 4 批次引进 169 名高层次人才。约 44% 为从国（境）外引进，约 30% 为外国国籍。

（二）吉林省重大科技项目研发人才团队支持计划（省人才领导小组组织实施）

实施目标：利用 3 年时间，筛选 100 个重大科技项目研发人才团队，给予总额 1 亿元的支持资金，直接用于人才引进、培养和激励。

支持对象：①团队承担的科技项目应与吉林省产业发展需求紧密结合，有望支撑和引领吉林省支柱产业、优势产业、战略性新兴产业创新发展，能够形成产业发展新优势。②团队承担的科技项目主要为应用类、产业化项目，具有较明晰的应用前景，有望产生良好的经济社会效益。③团队承担的科技项目一般应达到国际或国内先进水平，一般需进入中试阶段，有望在成熟落地后达产达效。④团队承担的科技项目为国家级重大科技项目、省级重大科技项目，或近5年内获得过省科学技术奖的；人才团队负责人为两院院士、国家人才计划专家、省高级专家、“长白山学者”、省高层次创新创业引进人才等国家和省级高层次人才的，予以重点考虑。⑤鼓励跨单位申报，产学研合作。其中，高校、科研院所申报的人才团队，尽量吸收相关领域企业作为申报参加单位，以承担项目成果产业化相关工作。

服务手段：①对入选的特别重大科技项目研发人才团队给予每个200万元资金支持；对入选的重大科技项目研发人才团队给予每个100万元资金支持。支持资金视同省级奖金，免征个人所得税。②对入选的科技项目研发人才团队按照《吉林省科技项目研发人才团队协调服务办法》（吉人才组字〔2015〕1号）享受联系服务。

进展和成效：2016年年初，组织实施了第一批省重大科技项目研发人才团队评选工作。研究制定《第一批吉林省重大科技项目研发人才团队评选工作细则》，在评选标准上重点突出“三个性”，即重大性、成熟性、创新性。这项活动得到社会各界和广大人才的高度关注，科研人才申报热情非常高，共有383个优秀人才团队参与申报，涉及科研人员2400多人。其中，两院院士领衔申报的10个，省高级专家领衔申报的37个，省高层次创新创业引进人才领衔申报的13个，“长白山学者”特聘专家领衔申报的13个。通过层层审核把关，共评选产生50个人才团队作为首批支持对象。这些团队既包括了“时速350公里中国标准动车组研发”“红旗H7高级轿车系列产品开发”“玉米新品种选育推广”等传统产业项目，又涉及“吉林一号卫星应用”“甘精胰岛素产业化”“聚乳酸新材料研发及产业化”等新兴产业项目。涵盖了装备制造、现代农业、医药健康、信息光电、新材料、建筑环保六大产业领域，基本覆盖了吉林省“老三样”、“新四样”、新兴优势产业的产业布局。据初步匡算，这些项目落地成熟后，未来5～10年产值可达近千亿元。同时，建立重大科技项目研发人才团队协调服务机制。从知识产权保护、协调服务、资金投入保障等关键性环节入手，成立了由27个中省直有关部门（单位）组成的协调服务工作组，指导基层依托人才工作机构成立本级人才协调服务小组，构建形成了省市两级联动的协调服务体系。首批确定110个科技项目研发人才团队为重点服务对象，为他们开通政策“直通车”，组织技术“智囊团”，开辟诉求“绿色通道”，加快推动科技成果转化。

（三）“长白山学者计划”和“长白山技能名师计划”（省教育厅组织实施）

实施目标：更好地吸引、凝聚和造就一批具有国际国内影响的高端学术和技能人才，为建设高等教育强省提供重要的人才支撑。

支持对象：“长白山学者计划”支持在高等学校设立长白山学者特聘教授和讲座教授岗位；“长

白山技能名师计划”支持高等学校聘任长白山技能名师。长白山学者岗位应在省级及以上重点学科和急需、紧缺学科领域设置。岗位设置应明确重点突破的研究方向和研究任务，要面向吉林省经济社会发展重大需求，着力提升学科建设整体水平和核心竞争力，着力提升科技创新和成果转化能力。长白山技能名师岗位应在省级以上特色（品牌）专业（群）设置。岗位设置应明确重点建设任务，要面向吉林省转变发展方式和产业转型升级的重大需求，着力提高实践教学水平和技术技能综合竞争力，着力形成吉林省技术技能积累机制。

服务手段：①长白山特聘教授、长白山技能名师每人每年给予 20 万元人民币岗位津贴，长白山讲座教授每人每月给予 1.5 万元人民币岗位津贴（按实际工作时间支付）。同时，以项目资助的方式对长白山特聘教授给予科研经费支持，自然科学类每人 200 万元人民币，哲学社会科学类每人 50 万元人民币。②岗位津贴视同省级奖金，报经省政府批准，按相关规定给予个人所得税优惠政策。③高等学校应给予长白山学者和长白山技能名师相应的工薪待遇，提供必要的生活、工作条件，帮助解决随迁家属就业和子女就学。④重点支持由长白山学者牵头的科研项目、科研平台和创新团队建设。入选“长白山学者计划”人选，在申报吉林省高级专家和组织开展技术攻关、科技成果转化时优先予以支持。

进展和成效：近 3 年累计选聘长白山学者 236 人、长白山技能名师 176 人，目前，累计投入经费总额达 2.5 亿元。

（四）科技创新人才培育计划——中青年科技创新领军人才及团队支持项目（省科技厅组织实施）

实施目标：旨在培养一批高端科技人才（48 周岁左右）及优秀团队，在未来科研方向及创新工作中，能够对吉林省支柱产业、主导产业或战略性新兴产业的发展及吉林省科研实力和水平的提升具有重要促进作用。

支持对象：中青年科技领军人才（团队带头人）要求能够把握国内外科技发展趋势和国家、省发展战略需求，具有较高科研能力和创新思维，对推动本行业发展有重大影响，在业界具有较高声望和突出贡献，所取得的成果具有重大经济效益或社会效益；团队要求有明确的研究方向和发展规划，已经形成稳定的合作基础，在省内有一定影响，团队核心成员不少于 3 人，年龄一般不超过 48 周岁。

服务手段：对入选的中青年科技创新领军人才及优秀团队项目给予每个项目 15 万～ 30 万元的科研经费支持。

进展和成效：2013—2017 年，累计支持中青年科技创新领军人才及团队项目 113 项，投入经费 2224 万元，支持范围基本涵盖了吉林省主要优势科研领域。

（五）科技创新人才培育计划——优秀青年人才基金项目（省科技厅组织实施）

实施目标：旨在为青年科技工作者（35 周岁以下）提供成长平台，鼓励优秀青年科技人才深入开展科技创新活动。

支持对象：支持年龄在 35 周岁以下，具有较强的独立科研能力，学术思想新颖、创新性强，科研业绩较为突出的优秀青年科研人才。

服务手段：对入选的项目给予 5 万～10 万元的科研经费支持。

进展和成效：2013—2017 年，支持优秀青年人才基金项目 876 项，投入经费 4848 万元。项目执行期间，获得了较为丰硕的科研成果，仅从对 2010—2012 年项目验收的情况看，共发表论文近千篇，且论文水平较高，SCI、EI 检索论文约占 20%；申请专利、软件著作权等知识产权近百件；充分发挥了本项目为青年人科研起步搭建平台的作用：在本项目支持的基础上，有近 1/3 的项目组获得了国家自然科学基金等国家项目及省级科技项目的支持；体现了培养青年科技人才的宗旨：培养博士、硕士研究生 500 多人，项目负责人、项目组主要参加人员均有了较快成长，95% 以上的项目负责人完成了职务、职称的晋升，很多人得到了破格提拔。

（六）科技创新人才培育计划——大学生创业资金项目（省科技厅组织实施）

实施目标：旨在支持大学应届毕业生、研究生领办、创办科技型小企业，鼓励青年科技人才自主创业。

支持对象：主要支持大学生（大专）、研究生在吉林省领办或创办的科技型中小微企业。

服务手段：对入选的项目给予 10 万元左右的科技经费支持。

进展和成效：2011—2016 年，共支持大学生创业项目 103 项，投入经费 888 万元。85% 以上的大学生创办企业都能够成活，并且取得一定的经济和社会效益，通过项目的实施，实现销售收入超过 4683.45 万元，利税超过 642.7 万元，新增就业人数超过 2721 人。大学生领办创办的企业中还有 17 家申报了科技型中小企业创新基金并获得了资金支持。

三、科技人才发展相关政策和服务举措

进一步完善政策机制，营造科技人才发展的良好环境。近年来，相继出台了《中共吉林省委　吉林省人民政府关于深入实施创新驱动发展战略　推动老工业基地全面振兴的若干意见》（吉发〔2016〕26 号）、《中共吉林省委　吉林省人民政府关于深化科技体制改革加快推进科技创新的实施意见》（吉发〔2012〕24 号）、《中共吉林省委　吉林省人民政府关于进一步激发人才活力服务

创新驱动发展战略的若干意见》（吉发〔2015〕9号）、《吉林省人民政府关于建立健全技术创新市场导向机制加快科技成果产业化的实施意见》（吉政发〔2014〕48号）、《吉林省人民政府关于印发在长春市建立产学研协同创新机制试点工作实施方案的通知》（吉政发〔2014〕49号）、《吉林省人才工作领导小组关于印发〈吉林省重大科技项目研发团队支持计划实施办法〉〈吉林省科技项目研发人才团队协调服务办法〉〈吉林省杰出创新创业人才奖评选表彰办法〉的通知》（吉人才组字〔2015〕1号）、《关于激励科研人员加速科技成果转化的暂行办法》（吉人社联字〔2012〕67号）、《吉林省促进科技成果转化股权和分红奖励的若干规定》（吉科发政〔2014〕156号）、《吉林省省属事业单位科技成果转化资产处置和收益分配管理试行办法》（吉科发政〔2015〕180号）、《吉林省科技研究与开发（R&D）投入提升计划实施方案》（吉科发计〔2017〕156号）、《吉林省人才开发资金管理办法》（吉财社〔2017〕455号）等一系列科技人才相关政策。这些政策措施，都是为了推动和释放科技人员科技创新和科技成果转化的活力与潜能，加快以企业为主体、产学研结合的技术创新体系建设，引导科技人才向企业集聚。

在对科技人员股权奖励方面，规定高等院校、科研机构科研人员职务发明成果在吉林省转化所获净收益（或成果形成股权、股权收益），以不低于70%的比例奖励给成果完成人（团队）和为科技成果转化做出重要贡献人员，奖励比例上不封顶、远高于国家50%的奖励比例，具有突破性。

为打破唯学历、唯资历、唯论文、唯身份现象，树立重能力、重水平、重业绩、重贡献的评价导向，让真正做出突出贡献的专业技术人才脱颖而出，加大对高校科技成果转化人才支持力度，省人社厅、科技厅、教育厅三部门联合制定并下发了《吉林省关于激励科研人员加速科技成果转化的暂行办法》，凡在科技研发和成果转化中做出贡献的科研人员，在参加专业技术职务评聘时，均可根据其贡献大小，享受破格参加职称评审及超职数、超岗位聘任等待遇。目前，已开展了3批次的认定工作，共认定243人次，其中，事业单位149人次，企业单位94人次；认定利税15.2亿元，其中，认定企业科研人员创造利税14.4亿元，有40余人享受了破格评聘正高级的政策待遇，充分体现了以市场导向对人才的评价。

认定工作为从事科技成果转化的科研人员在职称评聘中开辟了特殊通道，例如，科研成果转化后产品利税额度较高，被认定为一类的科研人员，可按照规定程序直接破格参评相应系列正高级专业技术职务任职资格；认定五类以上的可以相应免除外语、论文、计算机考试等的条件限制，打破了长期以来写论文、编著作的导向，让有能力的科研人员有时间、有精力去干研发与转化的事，激发了科研人员自主创新和成果转化活力。

为鼓励大学生和年轻科技人员创新创业，鼓励大众创业、万众创新，借鉴创客空间、创业咖啡、创新工场等新型孵化模式和建设经验，吉林省发布了《关于加快构建大众创业万众创新支撑平台的实施意见》、《吉林省人民政府办公厅关于发展众创空间推进大众创新创业的实施意见》（吉政办发〔2015〕31号）、《吉林省人民政府关于加快科技服务业发展的实施意见》（吉政发〔2015〕14号）、《吉林省科技企业孵化器和众创空间认定管理办法》、《吉林省人民政府关于强化实施创新驱动发展战略进一步推进大众创业万众创新深入发展的实施意见》（吉政发〔2017〕35号）、《吉林省人民政府印发关于做好当前和今后一段时期就业创业工作若干政策措施的通知》（吉政发〔2017〕32号）、《吉林省网络创业培训工作实施办法（试行）》（吉人社联字〔2017〕74号）、《吉林省科技小巨人企业扶持管理办法》（吉科发高〔2017〕122号）等一系列政策文件，为吉林省迎来众创空间等新型孵化器快速发展和大众创业、万众创新的崭新时代，奠定了坚实的政策基础。

四、新时代科技人才发展的思路与举措

“十三五”期间，吉林省科技人才工作，将围绕学习贯彻习近平新时代中国特色社会主义的人才思想和落实党的十九大战略部署，深入实施创新驱动发展战略，着眼吉林省老工业基地全面振兴和经济高质量发展，创新激励政策，加强人才保障，强化支持人才创新创业、保障人才服务政策的落实落地，努力营造宽松、信任、包容、和谐的人才发展氛围。确立并实施人才优先发展战略，从培养、引进、使用3个环节，重点加强高科技创新领军人才、高级技能人才和创新创业管理人才队伍建设。以重大科技任务培养和凝聚创新人才，造就一批科技创新领军人才和创新团队。健全培养选拔高级专家的制度体系。积极吸引国内外高层次人才特别是掌握自主知识产权和核心技术的海外留学人员创新创业。鼓励和支持高等院校和科研院所的科技人员到企业兼职进行技术开发。鼓励企业与高等院校和科研院所共同培养技术与管理人才。允许国有高新技术企业对技术骨干和管理骨干实施期权等激励政策。支持企业吸引和招聘外籍科学家和工程师。鼓励企业培养各类高技能人才。实施各类科技人才培育工程，着力发掘、培养、留住本土创新人才。建立健全创新评价制度体系，完善人才评价制度。

黑龙江省科技人才发展报告

■黑龙江省科学技术厅

近年来，黑龙江省科技人才工作认真贯彻习近平新时代人才思想，秉持发展是第一要务、人才是第一资源、创新是第一动力的发展理念。紧紧围绕龙江振兴发展战略规划，创新人才体制机制，优化人才发展环境，为科技人才快速成长营造了良好氛围。

一、科技人才队伍建设情况

黑龙江省科技人才队伍建设情况详见表 1，图 1 至图 4。

表 1　2012—2017 年黑龙江省科技人才队伍建设基础数据

年份	机构	R&D 人员（万人年）	R&D 研究人员（万人年）	R&D 人员人均 R&D 经费（万元）	R&D 研究人员人均 R&D 经费（万元）	R&D 经费支出（万元）	每万名劳动力中 R&D 人员（人年）
2012 年		6.5	4.1	22.4	35.4	1 459 588	32.1
	科研院所	0.7	0.5	25.2	37.6	178 431	—
	高等院校	1.3	1.0	20.9	25.1	312 084	—
	规上企业	3.6	2.2	25.0	41.1	906 170	—
2013 年		6.3	4.1	26.3	40.1	1 647 838	30.6
	科研院所	0.7	0.5	43.5	68.0	307 980	—
	高等院校	1.5	1.3	23.8	28.9	363 450	—
	规上企业	3.7	2.2	25.5	34.1	950 335	—
2014 年		6.3	4.0	25.8	40.0	1 613 469	30.3
	科研院所	0.7	0.5	37.7	58.5	280 492	—
	高等院校	1.5	1.2	23.8	28.2	350 330	—
	规上企业	3.8	2.1	25.5	44.7	955 820	—

续表

年份	机构	R&D 人员（万人年）	R&D 研究人员（万人年）	R&D 人员人均 R&D 经费（万元）	R&D 研究人员人均 R&D 经费（万元）	R&D 经费支出（万元）	每万名劳动力中 R&D 人员（人年）
2015 年		5.7	3.3	27.7	47.8	1 576 677	28.1
	科研院所	0.7	0.4	36.8	64.3	257 266	—
	高等院校	1.5	1.3	27.3	31.5	409 371	—
	规上企业	3.2	1.4	27.5	62.9	880 392	—
2016 年		5.5	3.3	27.7	46.2	1 525 048	26.4
	科研院所	0.6	0.4	27.4	41.0	164 139	—
	高等院校	1.4	1.2	32.1	37.5	449 414	—
	规上企业	3.2	1.5	27.7	59.0	884 925	—
2017 年		4.7	3.0	30.9	49.4	1 465 898	23.6
	科研院所	0.7	0.5	33.0	44.3	227 409	—
	高等院校	1.4	1.2	27.1	31.3	367 298	—
	规上企业	2.4	1.1	34.3	75.1	825 854	—

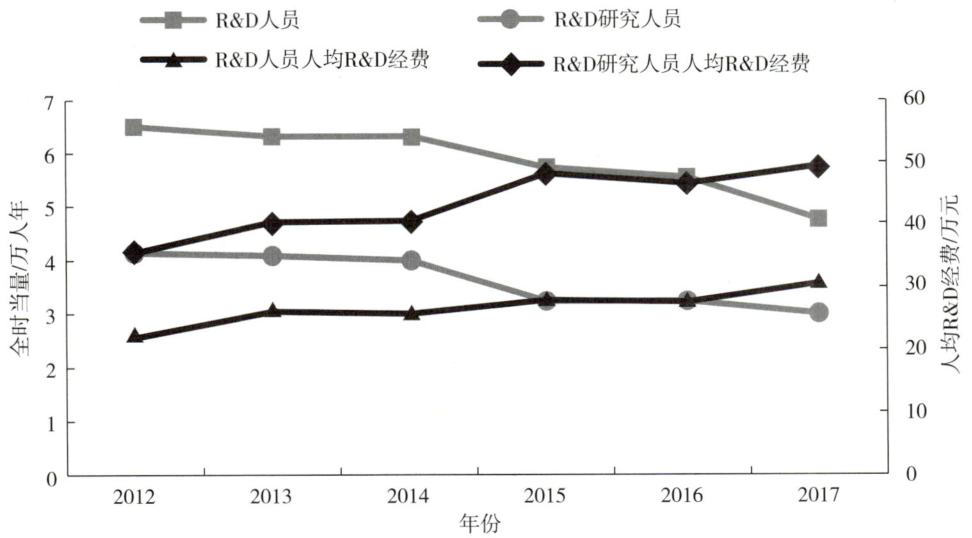

图 1　2012—2017 年黑龙江省科技人才变动总趋势

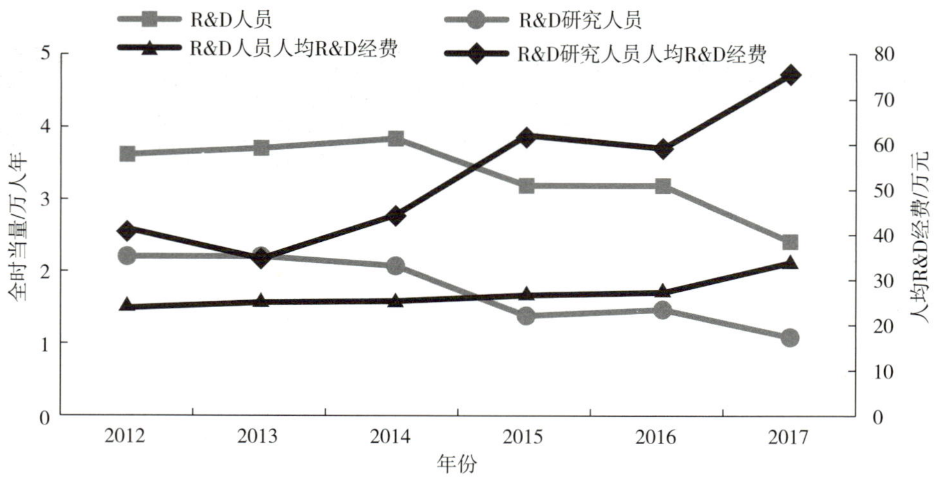

图 2　2012—2017 年黑龙江省规上企业变动趋势

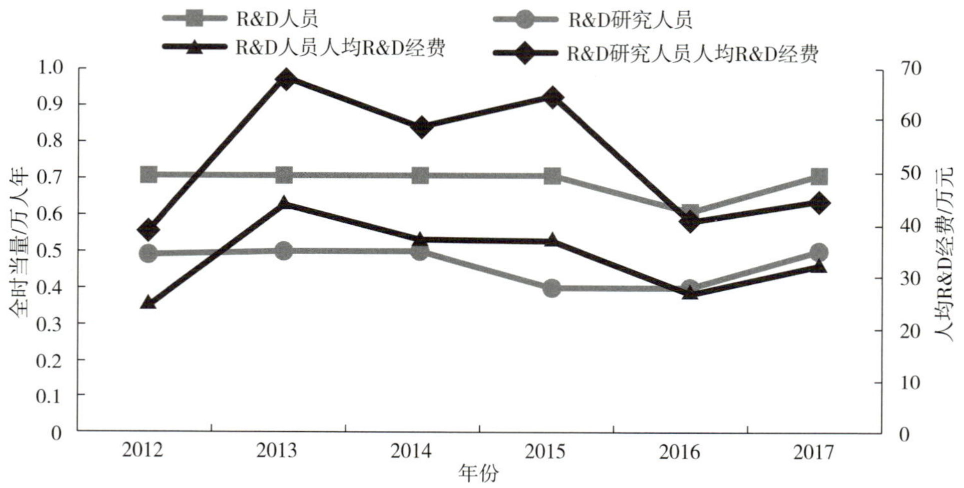

图 3　2012—2017 年黑龙江省科研院所变动趋势

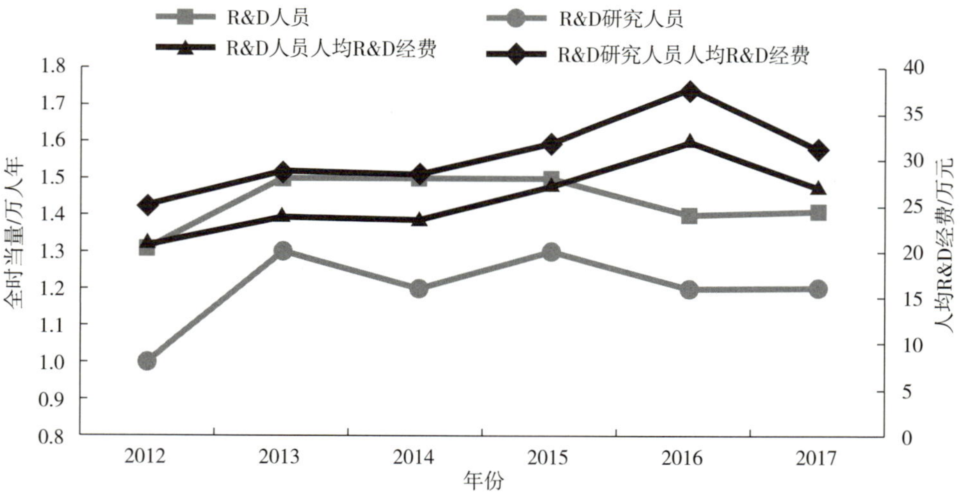

图 4　2012—2017 年黑龙江省高等院校变动趋势

二、科技人才计划、工程、基地、项目等实施进展和案例

（一）实施领军人才梯队建设工程

省级领军人才梯队建设内容主要包含：省级领军人才梯队新建、带头人和后备带头人调整、“535工程”专项资助、梯队基础设施资助、后备人才资助、带头人津贴发放、三年一度考核评估、专家考察休假等。近3年，新建62个省级领军人才梯队；调整省级梯队带头人59名、后备带头人121名；资助63个省级领军人才梯队开展基础设施建设，资助总额750万元；资助179名后备带头人开展科学研究，资助总额675万元；分别给予第一层次（国际一流）9个培育梯队、第二层次（国内一流）42个培育梯队“535工程”专项资助经费总计1232万元；为427名省级带头人发放了津贴，发放总额为1483.9万元；组织省级以上专家考察休假活动6期，有180名专家参加了休假。黑龙江省已建成省级领军人才梯队418个，其中国际一流人才培育梯队9个，国内一流人才培育梯队42个，省内一流人才梯队367个。拥有梯队带头人428人、后备带头人598人。

（二）实施黑龙江省杰出青年科学基金计划

1995年黑龙江省设立了黑龙江省杰出青年科学基金，设立的目的是“激励青年科技人才脱颖而出，培养顶尖科技及产业骨干”。目前，省杰出青年科学基金已经成为黑龙江省高端人才资助计划的一个具有广泛影响力的项目。截至2017年，共支持省杰出青年科学基金获得者410人，由黑龙江省杰出青年基金获得者成长起来的院士已经有6位同志（周玉、杨宝峰、任南琪、欧进萍、杨德森、谭久彬）。

（三）实施科技创新人才推进计划

依据“创新人才推进计划”总体部署，立足黑龙江省优势和地方经济发展需要，积极拓宽人才推荐渠道，依托各市地科技局和厅内有关处室，广泛动员黑龙江省内大学、中省直科研机构、各类科技园区和高新技术企业，积极组织做好创新人才推进计划的申报工作。在兼顾水平的同时，注意加大地方经济发展急需的科研人才和团队的推荐工作，兼顾高校、企业和科研院所的创新分工不同，来做好人才的推荐评审工作。截至2017年年底，黑龙江省入选创新人才推进计划的青年领军人才49人，创新创业人才10人，重点领域创新团队6个，创新人才培养基地2个。其中，有65人入选国家“万人计划”。

（四）启动实施“龙江科技英才”特殊支持计划

2017年启动实施了“龙江科技英才”特殊支持计划，每两年评选一次，每次60人，其中，科技创新人才20人、科技创业人才25人、青年拔尖人才10人、重点领域创新团队负责人5人，省

财政给予每名“龙江科技英才”50万元资助。2017年完成了首届“龙江科技英才”评选工作，共有58人入选。

（五）实施产业技术创新战略联盟建设行动计划

持续促进产学研紧密合作，充分发挥联盟科技人才的集成优势，在推进科技创新中取得显著成效。截至2017年年底，黑龙江省共有产业技术创新战略联盟61个，其中，国家级联盟5个。共有盟员单位2194家，其中，企业1373家，高校265家，科研院所301家。基本实现了产学研的有效结合，联合开发、优势互补、利益共享风险共担的技术创新合作新局面正在形成。“联盟”内的产学研各方建立了持续稳定、有法律保障的合作关系，“联盟”的成立整合了产业技术创新资源，推动了产业结构优化升级，吸纳了各类人才，增强了产业核心竞争力，推进了黑龙江省区域科技创新体系建设。

（六）持续实施科研院所能力提升计划

为加强科研院所后备力量建设，提升其研发能力，促进科研成果转化，黑龙江省于2013年开始持续实施科研院所能力提升计划。截至2017年，省财政共投入5900万元，结合研发项目对哈尔滨焊接研究所“核级焊接材料国产化研究与应用”等28个中省直科研院所的创新团队建设给予支持。

（七）开展科技特派员农村科技创业行动计划

着眼推进黑龙江省“两大平原”现代农业综合配套改革试验，黑龙江省科技厅会同省委组织部等10部门联合下发了《关于开展科技特派员农村科技创业行动的实施意见》（黑科联发〔2012〕10号），启动实施了科技特派员农村科技创业行动。目前，已覆盖全省13个市地及其70%以上的县市，被老百姓誉为农业技术进步的“发动机”，科技成果转化的“加速器”，农民增收致富的“金钥匙”。截至2017年年底，黑龙江省在国家平台认定的自然人科技特派员达4471人，科技特派团85个，法人科技特派员535人。已创建科特派创业基地、农技成果集成示范基地和农业科技园区289个，重点支持培育农民专业合作组织498个，推广先进适用技术、新机具装备、新品种、新产品1917项，形成国家级科特派创业链3个，并建立了院县合作、校县合作、农企合作、场县共建农业科技园区及农业合作组织，整合各种生产要素，培育壮大农村生产经营主体，推动农民创新创业等五类效果显著、富有特色的科特派行动成功模式，近4年，带动97 000余户农民实现增收。

（八）推进实施企业院士工作站计划

企业院士工作站建设于2010年启动，以建设新型企业自主高端科研平台为目标，紧绕“以院士及其团队为核心，联合进行科学技术研究”的发展主题，呈现出良好的发展态势。全省现有65家院士工作站，分布在12个地市（哈尔滨市38家、齐齐哈尔市8家、牡丹江市5家、佳木斯市1家、大庆市2家、伊春市1家、绥化市2家、鸡西市2家、黑河市3家、鹤岗市1家、大兴安岭地区1家、七台河1家），进站院士共63位（黑龙江省院士14位、引进外省院士48位、俄罗斯院士1位），开展科技合作项目151项。企业院士工作站在为依托单位发展提供战略咨询和技术指导，解决急需重大关键技术难题，联合攻关，推进成果转化和产业化等方面取得显著成效，呈现出巨大的生机与潜力：邓子新院士在牡丹江佰佳信建立生物农药、兽药开发工作站，开展恩拉霉素项目合作，企业生产技术取得重大突破，国内市场份额由当初的10%提高到现在的70%，成为国内最大最专业的恩拉霉素供应商及生产基地；盖钧镒院士在黑河北纬四十九科技生态农业有限公司大豆院士工作站，深化产学研合作，促进农业科技成果向现实生产力转化，为黑河大豆产业发展提供了强大的科技支撑。2017年，该院士工作站与黑河市6个县市区的30个农民合作社对接，实施大豆万亩高产核心攻关示范面积6.7万亩，万亩示范方亩产达到173.6千克，比黑河全市平均单产增产21.7%，带动大豆绿色有机区域化、基地化、匀质化、专用化生产1000万亩。

（九）推进工程技术研究中心建设计划

工程技术研究中心是黑龙江省创新体系的重要组成部分，对全省科技研发、成果转化、人才培养发挥了积极作用。2016年，按照省政府进一步减少行政审批的要求，工程中心认定调整为备案制。根据《黑龙江省工程技术研究中心备案管理暂行办法》（黑科规发〔2016〕2号），2017年全省备案工程技术研究中心共计21个，其中，企业类14个，公益类7个。2018年第一批备案60个，其中，企业类35个，公益类25个；第二批备案29个，其中，企业类14个，公益类15个。目前，全省工程中心总数达到395个。

三、科技人才发展相关政策举措及取得的成效

近年来，黑龙江省围绕人才体制机制创新、优化人才发展环境、促进人才健康发展出台了一系列关于人才工作的政策法规，并取得良好成效。

2014年10月，完成了《黑龙江省科技进步条例》的修订，新修订的条例中明确提出，支持高校、科研机构和企业设立博士点或博士后流动站，培养高层次人才；依托重大科研项目和重大工程，培养学科带头人；依托高新技术开发区建设人才发展实验区，推动科技人才发展平台建设。

2015年3月，出台了《中共黑龙江省委 黑龙江省人民政府关于建立集聚人才体制机制激励人才创新创业若干政策的意见》（黑发〔2015〕6号），意见围绕激发人才活力、奖励人才贡献、支持人才创业、培育人才体系、促进人才流动、营造人才环境6个方面提出新的政策措施。

2016年7月，中共黑龙江省委、黑龙江省人民政府出台了《贯彻落实关于深化人才发展体制机制改革的意见的实施意见》（黑发〔2016〕20号），实施意见在推进人才管理体制改革、改进人才培养引进机制、强化人才激励保障机制、加强人才工作的领导等方面提出了一系列创新政策。

2016年8月，出台了《中共黑龙江省委办公厅　黑龙江省人民政府办公厅关于贯彻落实＜深化科技体制改革实施方案＞的意见》（黑发〔2016〕30号）。贯彻意见明确，改进创新型人才培养模式，加强科技创新人才后备力量建设；实行科技人员分类评价，建立以能力和贡献为导向的评价和激励机制。

2016年8月，出台了《中共黑龙江省委　黑龙江省人民政府关于大力促进高新技术成果产业化的意见》（黑发〔2016〕23号，以下简称《意见》）。《意见》专门强调，激励科技人员转移转化科技成果：改革科技人员评价制度，授予成果研发团队及个人优先处置权，给予科技人员资金奖励或股权激励，提高科技人员成果转化收益分享比例。将职务科技成果转让、许可给他人实施的，从该项科技成果转让或许可收入中提取不低于70%的比例。

上述政策的推进落实，有效促进了科技人才队伍建设和快速发展。一是细化政策落实。注重协同配套。把落实人才政策与制定落实科技政策统筹考虑，把激励科技人才创新创业与促进高新技术成果产业化一同部署，配套出台《关于大力促进高新技术成果产业化的意见》《黑龙江省关于贯彻落实〈深化科技体制改革实施方案〉的意见》《黑龙江省促进科技成果转化条例》等政策，在科技人才管理、培养引进、评价使用、激励保障等方面形成了相互衔接的政策体系。特别是加大股权激励力度、促进科技成果“三权”下放、破解职务科技成果转化障碍、提高成果转化收益分享比例等政策，极大激发了科技人员的内生动力。省工研院将知识产权作价入股收益的80%～90%奖励给科研人员，两年成立58家企业汇聚119位高层次人才。哈工大谭立英教授转化国家技术发明奖一等奖“星地激光链路系统技术”成果，成立激光通信公司，学校将85%的成果转化收益奖励给科研团队。加强服务宣传。主动适应人才创新规律，简政放权，将省级大学科技园、科技企业孵化器、重点实验室、工程技术研究中心等由认定改为备案，建立“一站式”科技计划管理平台。倡导人人做宣传员、联络员、服务员和战斗员，向广大科研人员宣传人才政策和科技政策。2017年2月4日，《人民日报》头版头条刊发“黑龙江向创新要动能”和“龙江正涌创新潮”。二是注重平台发展。鼓励高校、科研院所和企业共建创新平台。新组建省级工程技术研究中心、重点实验室、企业院士工作站和科学家工作室93家，全省研发机构总数达到567家，2017年，全省发明专利申请30 959件、授权14 055件。相继启动实施石墨烯、增材制造（3D打印）三年专项行动计划，引进英国皇家工程院院士林建国团队与黑龙江省合作共建轻量化制造公共服务平台，引进深圳宝安集团依托万鑫石墨谷科技有限公司建设黑龙江石墨烯产业技术服务平台。省科学院引进智力合作建设平台15个。加快科技企业孵化器和众创空间建设。出台促进科技企业孵化器和众创空间发展的政策，清理闲置非办公资产，引进国内优秀运营服务机构，创建腾讯、乐业等新型众创空间，2015 年以来，全省新增科技企业孵化器、众创空间 116 家，总数达到 190 家，在孵企业 3881 家，吸纳从业人员 49 034 人。发挥省科技创新创业服务平台作用。相继建成高新技术成果展示交易、科技资源共享服务、科技投融资服务等 7 个子平台，集聚科技服务机构 905 家、大型仪器 5442 台（套）、检测项目 3.67 万项，累计服务 6.47 万次、服务金额 3.29 亿元。2015 年以来，组织高新技术产业创业投资大会等投融资对接活动 224 次，有 419 个科技项目融资 68.58 亿元，省科技创业投资政府引导基金吸引社会资本，累计合作设立 26 支子基金，总规模达到 49 亿元。2017 年，投入 2000 万元创新券，帮助科技型企业和科技人员降低创新创业成本。三是力求落地见效。加强科技人才培养和引进。连续 3 年扶持“黑土资源保护与持续利用关键技术研究与示范团队”等 29 个中省直科研院所创新团队，培养和引进博士后 17 人、博士 56 人、硕士 131 人，有 2 人入选国家“万人计划”。2016 年，有 11 名科技人才和 1 个创新团队入选创新人才推进计划。连续 11 年组织“院士龙江行”活动，组建 52 家企业院士工作站和 13 家科学家工作室，吸引 53 位院士团队开展省院合作项目 118 个，广州能源研究所高科技成果“生物航油技术”项目落户黑龙江省组建中科良大公司。支持科技人才创新。2016 年以来，以企业技术需求为指南组织实施“高导电石墨烯粉体制备技术及产业化应用研究”等 30 个省级重大研发项目，全省有 26 个项目获得国家科技奖，其中 5 个项目获得国家技术发明奖二等奖，2017 年省科技奖授奖项目 272 项，省科学基金 520 个项目中 35 岁以下的项目负责人占 26.73%。激励科技人才创业。2015 年启动实施“千户科技型企业三年行动计划”，推动高新技术成果和新技术、新业态、新商业模式紧密结合，生成市场主体、留住创新人才、创造就业岗位。截至 2017 年年末，全省累计注册成立科技型企业 10 440 家，形成一定规模（主营业务收入 500 万元以上）科技型企业 2037 家，上市（挂牌）科技型企业 82 家，吸纳就业人员 49 034 人，其中，本科以上 17 652 人、硕士 1694 人、博士 440 人。龙江科技型企业负责人培训班于 2017 年 5 月 18 日在哈尔滨工业大学开班，培养科技型企业家 1200 余名。近 3 年，还选派 1320 名“三区”科技人员深入 28 个贫困县 1135 个村屯开展技术推广服务。

四、下一步科技人才工作思路

深入学习贯彻党的十九大精神和习近平总书记关于人才发展的重要论述，牢固树立人才是第一资源、创新是第一动力、发展是一要务的理念。强化科技人才作用，打造人才集聚新高地，满足黑龙江省实施创新驱动发展战略需求。

1. 加强基础研究和应用基础研究

支持自由探索的基础研究，面向科学前沿加强原始创新，促进学科均衡协调发展，加强学科交叉与融合，重点支持一批非共识项目，培育新兴学科和特色学科。扩大高等院校、科研院所学术自主权和个人科研选题选择权，支持科研人员攀登科学高峰，潜心突破原始创新“最后一公里”。提高应用基础研究项目支持力度，推进应用基础研究项目与其他省级科技计划项目衔接，促进基础研究与应用研究对接融通，鼓励高等院校、科研院所等研究机构凝练和解决产业和社会发展中的基础性科学问题。制定和完善支持政策，引导企业和社会力量增加基础研究投入，鼓励设立联合科学基金，形成全社会支持基础研究的合力。

2. 加强科技人才的培养引进

坚持引进和培养本土人才相结合。加大对院士、“长江学者”、“国家杰青”、“万人计划”入选者等紧缺高端人才的引进力度，拓宽引进高层次和高技能人才的“绿色通道”，完善人才住房、医疗、子女入学、社会保障等政策措施。加强与中国科学院、中国工程院的联系，深入开展“院士专家龙江行”，支持院士专家工作站建设。鼓励各单位依托产业项目，采取联合攻关、项目顾问、技术咨询等方式柔性引进高层次科技人才和团队。继续深入实施“龙江科技英才”特殊支持计划，提高省自然科学基金规模，完善梯级人才资助体系，强化对优秀中青年人才和创新团队的培养，为黑龙江省经济社会发展提供知识基础、人才储备和发展动力。

3. 实施“龙江企业家发展计划”专项行动

鼓励包括非公有制企业在内的各类企业，积极选送优秀经营管理人才到国家有关培训机构、国内知名的企业和大学研修，优先安排科技型企业经营管理人才参加境内外培训。每年联合哈尔滨工业大学举办“龙江科技型企业家培训班”，针对科技型企业发展的不同阶段，设置相应的培训课程，提升龙江企业家的能力，营造激发和保护企业家精神的氛围，优化民营经济发展环境。

4. 强化人才评价与激励

建立健全以科研诚信为基础，以创新能力、质量、贡献、绩效为导向的科技人才评价体系。分类建立健全涵盖品德、知识、能力、业绩和贡献等要素，科学合理、各有侧重的科技人才评价标准。赋予高校和科研院所在选人用人、科研立项、编制管理、职称评审、薪酬分配等方面必要的自主权，引进创新创业急需人才。健全完善技术入股、股权期权激励、分红奖励等激励政策，允许高校、科研院所和国有企业的科研人员、高技能人才参与技术入股。建立高校、科研院所绩效工资正常增长机制，高校和科研院所在核定的绩效工资总量内可自主分配。科研项目绩效支出、科技成果转化奖励、横向劳务报酬等收入不纳入所在事业单位绩效工资总量。推进纵向和横向科研经费分类管理，横向科研经费按委托方要求和合同约定管理使用。鼓励国有企业建立健全科技成果转化激励分配制度，充分利用股权出售、股权奖励、股票期权、项目收益分红、岗位分红等方式激励科技人员开展科技成果转化。

上海市科技人才发展报告

■上海市科学技术委员会

上海市科技党委、上海市科委历年来积极落实科技部和上海市委、市政府关于人才工作的各项部署，紧紧围绕“人才是第一资源，创新是第一动力”的理念，聚焦科技创新中心建设的核心任务，遵循创新规律和人才成长规律，着力加强科技创新人才队伍建设、健全科技人才培养支撑体系、提升科技人才服务效能，集聚人才资源，厚植人才优势，夯实科技事业发展的核心力量和基础。

一、科技人才队伍基本情况

“中国如果不走创新驱动道路，新旧动能不能顺利转换，是不可能真正强大起来的，只能是大而不强”。强起来靠创新，创新关键在人才。2016 年，上海市共有科技活动人员 49.88 万人。按照执行部门分，科研机构科技活动人员 4.28 万人，占全社会的比重为 8.6%；高等院校科技活动人员为 7.41 万人，占全社会的比重为 14.9%；企业科技活动人员达到 36.83 万人，占全社会的比重为 73.8%，其中，规模以上工业企业的科技活动人员为 21.08 万人，占全社会比重达到 42.3%。

2016 年，上海市 R&D 人员折合全时人员达到 18.39 万人年，比上年增加 1.21 万人年，增长 7.0%，其中，研究人员 9.29 万人年。按照执行部门分，科研机构 R&D 人员折合全时人员为 2.88 万人年，占全社会的比重为 15.7%；高等院校 R&D 人员折合全时人员为 2.39 万人年，占全社会的比重为 13.0%；企业 R&D 人员折合全时人员达到 12.58 万人年，占全社会的比重为 68.4%，超过六成，其中，规模以上工业企业的 R&D 人员折合全时人员为 9.87 万人年，占全社会的比重为 53.7%。按照活动类型分，基础研究 R&D 人员折合全时人员 2.07 万人年，占全社会的比重为 11.3%；应用研究 R&D 人员折合全时人员为 2.35 万人年，占全社会的比重为 12.8%；试验发展 R&D 人员折合全时人员达到 13.97 万人年，占全社会的比重为 76.0%。从上述比例可以看出，试验发展的比重过高，超过七成。从总体上看，按照执行部门分类，与 2015 年没有明显变化，说明上海市科技人员数量与结构相对稳定（表 1）。

表 1 2011—2016 年上海市科技活动人员按执行部门分类 单位：人

	2011 年	2012 年	2013 年	2014 年	2015 年	2016 年
科研机构	34 038	37 273	39 132	40 251	40 731	42 847
企业	264 632	274 293	314 851	331 696	322 597	368 329
高等院校	62 510	63 410	64 086	65 406	71 658	74 149
其他	14 089	14 084	13 524	13 615	13 113	13 476
合计	375 269	389 060	431 593	450 968	448 099	498 801

二、构建完善的科技人才计划体系

（一）总体情况

紧紧围绕科创中心和张江国家科学中心建设，上海市科委已初步形成层次分明、各有侧重、较为完整的科技人才计划体系，陆续推出了促进 35 周岁及以下优秀青年科技人员脱颖而出的启明星计划；以培养和选拔一批 50 周岁及以下进入世界科技前沿的学科带头人和领军企业科技创新的技术带头人的优秀学术 / 技术带头人计划；与市人社局共同推出以资助留学回国人员研发、创业等为主的浦江计划；鼓励 32 周岁及以下青年科技人员大胆创新探索的扬帆计划。

此外，不断优化科技人才创新创业环境，深化科技人才政策研究，加快建设科技人才工作平台，做好“万人计划”、领军人才等高层次科技人才的选拔和推荐，积极推进科技人才计划落实，为上海市创新驱动转型发展提供坚实的科技人才支撑。

（二）推进人才培育计划，加快科技英才脱颖而出

上海市科委已累计培养了 1517 名优秀学术 / 技术带头人；2296 人入选青年科技启明星计划（以下简称“启明星计划”），1058 人入选青年科技英才扬帆计划（以下简称“扬帆计划”），2028 人入选浦江人才计划（A 类和 B 类）（以下简称“浦江计划”）；推荐入选上海领军人才 184 人。

①启明星计划入选人员中共有 13 人当选院士，其中，8 人为中国科学院院士，5 人为中国工程院院士；有 168 人入选国家杰出青年科学基金（以下简称“杰青”），113 人入选国家优秀青年科学基金（以下简称“优青”），105 人入选教育部与香港李嘉诚基金会共同设立的长江学者奖励计划（以下简称“长江学者”）。启明星计划在成立至今的 27 年中，积极扶持正处于成长起步阶段的青

年科技人员，努力为青年科技人员的茁壮成长营造良好环境、创造发展条件，许多启明星入选人员都开始在各自的研究领域崭露头角。

②学术 / 技术带头人计划入选者中共有 41 人当选院士，其中，32 人为中国科学院院士，9 人为中国工程院院士，占到 1995 年学术 / 技术带头人计划成立至今上海市新增院士的 26.11%；2017 年上海市共新增院士 13 名，其中，有 8 名为学术 / 技术带头人计划入选者，占比为 61.54%。有 329 人入选杰青，达到上海市杰青入选总数的 60% 以上；有 163 人入选长江学者，达到上海市长江学者入选总数的 40% 以上。学术 / 技术带头人计划从 1995 年成立至今，积极打造高水平人才发展平台，逐步将在沪杰出科技人才纳入培养与关注视野，培养和选拔了一批进入世界科技前沿的学科带头人和领军企业科技创新的技术带头人，为上海市的科技发展储备战略性将帅人才。

③扬帆计划由上海市科委于2014年设立，旨在选拔和培养优秀青年科技人员，以项目扶持的方式，帮助崭露头角的优秀青年科技人才加快成长，为上海市创新驱动、转型发展战略的实施奠定更好的人才基础。扬帆计划鼓励创新、宽容失败，特别鼓励原始创新和大胆探索，鼓励发展新兴学科、边缘学科和交叉学科，期望推动新思想萌芽的生长和新领域科研的诞生。

④上海领军人才由上海市人才工作协调小组办公室牵头，上海市科委负责落实科技领军人才选拔推荐平台，主要承担全市科研院所中从事基础科学研究、应用科学和技术研究与开发的领军人才的选拔推荐工作。截至 2017 年，上海市共开展了 12 批次领军人才选拔，共有 1402 名优秀人才入选上海市领军人才培养计划，其中，科技系统推荐入选人员共 184 人。

（三）加大扶持力度，助推人才创新创业

持续加大科技人才计划资助力度，实现启明星计划资助额度翻番，扬帆计划支持人数和资助额度两个翻番，鼓励支持更多年轻人大胆探索，受到了众多青年科技工作者的欢迎（表 2）。

表 2　2015—2017 年上海市科委科技人才计划资助情况

项目类别		2015 年	2016 年	2017 年	合计
启明星计划	项目数	100	99	122	321
	经费数（万元）	2000	3960	4880	10 840
学术 / 技术带头人	项目数	100	100	100	300
	经费数（万元）	4000	4000	4000	12 000
浦江计划（A/B 类）	项目数	149	150	149	448
	经费数（万元）	2980	3030	3010	9020

续表

项目类别		2015 年	2016 年	2017 年	合计
扬帆计划	项目数	150	160	300	610
	经费数（万元）	1500	3200	6000	10 700
总计	项目数	499	509	671	1679
	经费数（万元）	10 480	14 190	17 890	42 560

（四）搭建吸引人才的事业平台，集聚高水平战略人才

启动科技专家信息平台建设，筛选了 20 多万名专家，覆盖了自然科学、医学、社会科学等共 333 个学科领域。平台采集了科技人才的文献计量学数据，以及任职机构、研究领域、合作网络和学术特征等信息，为全面评价科技人才提供了基础性的数据。在此基础上，还开发了专家对比、专家匹配、学术评估等功能，为相关部门、单位评价和引进人才提供专业服务。

三、依托项目载体培育人才

（一）集聚优势团队，促进交流协作共赢

围绕重大科技前沿遴选项目方向和上海市优势研究基础，超前部署，为人才培养打下基础。2015 年 3 月，启动首个脑科学研究重大项目，开展“基于脑信息处理的深度神经网络和智能系统研究”项目。同时，利用互联网社交媒体和传统论坛相结合的研讨模式，打破合作壁垒，成功构建多单位多学科的协同创新研究机制。上海市科委建立全国首个重大项目微信平台，目前已聚集 145 名国内产学研领域专家；组织 10 余次多学科交叉沙龙，共邀请上海市产学研专家 300 多人次；先后组织召开 9 次东方科技论坛，聚集上海市 25 家高校、科研院所、医院和产业联盟的优势力量，共同凝练科学问题，已经取得了良好的成效。

（二）开展整体培育，关注青年人才发展

围绕国家战略，上海市已将“量子通信”列入科创中心“22 条”意见明确的重大战略项目，也将“量子材料与量子通信”作为“十三五”科技创新规划重要战略方向。为进一步推进上海市量子方向发展，上海市科委组织相关力量，正在开展上海市量子方向发展路线图研究，力图从顶层为上海市量子方向发展做好系统筹划。同时，针对量子科技的发展特点，注重年轻化、探索性人才培育。近年来，上海

市科委通过基础研究项目、上海市自然基金、科技人才计划等，在量子调控领域布局了一批项目、支持了一批人才，为支持该方向后备人才发展建立了“绿色通道”。

四、深化科技人才发展体制机制改革

（一）推进制度设计，突出成果发明人与转化服务人才的重要作用

根据国家部署，结合上海市实际，对标国际技术转移经验，上海市科委推进制度先行，形成与国家法律政策相匹配的地方促进科技成果转化“三部曲”。2015 年 11 月 5 日，出台《关于进一步促进科技成果转移转化的实施意见》（沪府办发〔2015〕46 号）；2017 年 6 月 1 日，《上海市促进科技成果转化条例》正式实施，破解“有权转、愿意转、如何转”的制度性瓶颈，基本解决了成果转化动力问题，进一步明确了对完成、转化科技成果做出重要贡献的人员给予奖励和报酬。2017 年 6 月 20 日，《上海市促进科技成果转移转化行动方案（2017—2020）》（沪府办发〔2017〕42 号）发布，行动方案着眼于解决科技成果转移转化的能力问题，将“精准培育专业化、国际化技术转移服务人才”列为重点任务之一加以推进。2017 年 12 月 26 日，全市层面建立上海市促进科技成果转移转化联席会议制度，协商与解决有关的瓶颈问题与制度障碍，联席会议由周波常务副市长担任召集人，全市 15 个委办局主管领导为成员。

（二）加快制度落实，探索激发转化与服务人才活力新举措

一是开展创新机制示范，推动高校、科研院所转化和服务人才收益分配及能力提升。示范引导全市 16 所高校、科研院所对标国际，建立组织化、市场化、专业化技术转移服务机构，建立健全促进科技成果转移转化的成果披露、职称评定、岗位管理、考核评价、收入分配、激励约束等制度，形成体系化、标准化、全链条的科技成果管理体系。

二是探索服务人才培养路径，培养高端技术转移服务人才。依托社会力量，以“多方协同、资源共享、开放办学”的原则，以“国际化，专业化”为特色，建设国家技术转移人才培养基地和上海市技术转移学院，支持本市服务机构与高校、国际知名机构合作，建立与国际接轨、梯度化培养的技术经纪人课程体系与市场化选人用人机制，形成学位培养、基训实训、能力认证等培养路径，涵盖知识产权、法律、BP、商务谈判、实训等培训类别，培养一批既懂技术、又懂法律，且善经营，从事技术转移服务的复合型人才。

三是加强政策法规宣贯和案例宣传，增强全社会对转化和服务人才的价值认同感。借助网站、报刊、微博、微信等媒介，以及宣讲团、培训班、座谈会等方式，宣传解读上海市促进科技成果转移转化“三部曲”的精神和主要内容。《解放日报》《新民晚报》等主要媒体加大对科技成果转移转化典

型案例、技术转移服务人才等的宣传。

（三）以“双创”为抓手，深化改革为人才放权松绑

一是优化科技管理体制机制。修订本市财政科研经费管理办法，提高劳务费限额，取消了间接费用中用于人员绩效支出的比例限制，明确财政资助竞争性项目劳务费不纳入绩效工资总额，下放有关经费预算调整权限，激发科技人才创新活力。

二是根据不同成长阶段的创新需要，构建中小科技企业创新发展扶持链。加强财税支持的普惠性，落实研发费用加计扣除等政策，2017 年减免科技企业税收总额 264 亿元，同比增长 22.9%；持续推进科技创新券，不断降低中小企业和创业团队科研创新成本，累计向 3800 余家中小企业发放总额达 2 亿元。完善“3+X”科技信贷服务体系，引导银行、保险公司、担保公司等金融机构，服务科技企业信贷需求，截至 2017 年年底，“3+X”共帮助 2959 家科技企业获得银行贷款 140 亿元。

三是制定出台科技成果转化的《实施意见》《条例》《行动方案》，落实下放科技成果使用、处置和收益权，科技成果完成单位可对科技成果自主决定采用转让、许可或者作价投资等方式实施转化。允许高校、科研院所从转让、许可净收入、作价投资形成的股份或出资中提取不低于 70% 的比例作为奖励和报酬。对税收递延至转让该股权时纳税。

四是推动科研人才双向流动，为企事业单位之间科技人员的流动建立了制度保障，明确事业单位科技人员可以到企业兼职兼薪，或保留人事关系离岗创业。高校科研单位也可聘请企业科技人员兼职。推进博士后工作与企业科技创新的结合，鼓励和支持博士后“两站”“一基地”和企业“四平台”的对接融合。

五是围绕“加强大众创业、万众创新服务体系建设”，上海市科委切实转变政府职能，增加公共服务供给，有效推进创新创业便利化。目前，上海市众创空间已超过 500 家，90% 以上为社会化经营。在孵科技企业 16 000 多家，覆盖 38 万余名创业者。2017 年，推出了“创新创业服务能力提升计划”，提出了众创空间专业化、国际化、品牌化的发展目标，有针对性地加大培育支持力度，树立众创空间发展标杆，引导众创空间提升服务品质和能力，形成主体多元化、模式多样化、服务专业化态势，服务各区科创集聚区建设。莘泽、微电子、新微等 26 个各具特色创业导师工作室启动创建，创新组织模式，汇聚各类创业导师资源，深度开展专业化服务。

六是以政策为载体，搭建创新创业交流平台，丰富完善“创业在上海”创新创业大赛等活动，汇集更多的创业团队和创新创业服务资源，创造更多与学术界、产业界对接的机会。本市参加“创业在上海”创新创业大赛的创业团队和企业数量连续 3 年超过 6000 项，每年参赛企业数约占全国参赛企业数量的 1/4。2018 年，创新创业大赛报名热情持续高涨，共有 7742 家小微企业和团队报名参赛，同比增长 6%，其中，首次参赛企业 3627 家，占比 56%。

2018 年 5 月，全球首例“纳米枪”治疗肺癌临床试验在上海市东方医院完成，医护人员通过穿刺方式，将中法两国科学家发明的“纳米枪”注射到一名老年肺癌患者的肿瘤内部。未来一个月内，她的病灶肿瘤有望逐渐缩小直至凋亡。特聘专家杨光华博士是该“纳米枪”技术发明人之一，2007 年他在上海市张江创立了上海比昂生物医药科技公司。从 2009 年起，他与法国核医学肿瘤学专家哈菲博士、病理学专家萨德博士合作研发新型肿瘤治疗方案。上海比昂生物医药科技公司是 2016 年第五届中国创新创业大赛生物医药行业总决赛企业组第一名，2018 年，杨光华带领团队在杭州桐庐县创立了光华国际精准医疗中心，打造以生产“纳米枪”核素为核心的健康产业基地。上海比昂生物医药科技公司则是“纳米枪”技术的医疗临床基地。通过长三角联动模式，“纳米枪”临床试验有望大幅提速，为未来的推广应用奠定基础。

五、新时代科技人才发展思路与举措

目前，全球高层次科技人才流动和集聚态势呈现出 3 个“没有变”：一是发达国家是高层次人才主要集聚地的格局没有变；二是大城市成为高层次人才主要流向没有变；三是一流的科研机构、事业平台和一流的科技企业是高层次人才的主要集聚载体没有变。与此同时，上海市科技创新总体呈现较快发展态势，部分新兴技术方向加速迭代，少数领域已经形成了较强的综合优势。但与建设具有全球影响力的科技创新中心相比，上海市在科技人才队伍上还面对着严峻挑战，不平衡、不充分的矛盾比较突出，尤其是缺乏世界级科技大师，领军人才不足。

加强科技人才队伍建设，最根本的是破除一切不利于人才发展的思想观念和体制性障碍，营造有利于人才成长发展的良好生态。重点是要处理好以下 4 个关系。

（一）处理好人才引进与人才服务的关系

人才引进是人才工作的起点，是上篇文章；人才服务是人才工作的重心，是下篇文章。在工作实践中，人才引进相对还容易一些，有了确定的需求，找到相应的对象，匹配恰当的资源，水到自然渠成；而人才的服务，是需要量身定制的，根据人才的特点需求，既要搭建事业平台，又要帮助环境适应，还要解决生活琐事，涉及方方面面，需要长期的关注跟进，很有可能百密一疏，降低人才引进工作的成效。因此，做好人才工作就要把握好引进与服务的关系，既要做好上篇文章，更要注重下篇文章。上海市人才高峰工程出台后，在国内外引起了很大的关注和反响，特别是确定的 13 个重点领域，为高层次人才引进指明了方向，高层次人才向上海市集聚的势头初步显现，吸引他们的既有一人一策、量身定制的政策支持因素，又有上海市的综合优势，尤其是上海市人才工作协调小组对高层次人才的服务，起到了用一贤人而群贤毕至的效应。在关注高层次人才引进的同时，按照上海市委打响上海市服务品牌的部署要求，加强党委联系服务专家工作，持续深化科技创新人才服务，积极打造上海市科技人才服务的品牌，让上海市成为高层次人才的向往之地、成就事业之地。

（二）处理好海归人才与本土人才的关系

多年来，国家出台了一些海外引进人才计划，相关人才政策对海归人才有一定的倾斜，这对特定时期吸引海外人才回国发挥了重要作用。但随着国内高校和科研院所培养人才水平的不断提升，本土人才在科技创新中的作用越来越重要。在营造人才发展生态时，还需要完善人才评价机制。一方面需要继续重视吸引高层次人才；另一方面还要对本土成长起来的、为国家做出重要贡献的青年科技人才开辟专门通道，解决好本土人才需要到海外“镀金”才能得到更多支持和认可的问题。

（三）处理好领军人才与创新团队的关系

高水平科研成果产出离不开“成建制”的课题组，包括首席科学家、研究员等领军人才，以及副研究员、博士后人员、研究生、实验技术人员、平台支撑人员等各种专业人员。在过去的人才引进中，受制于科研资源的限制，过于注重团队的领军人才，对创新团队其他人才的待遇没有同步考虑，影响了团队成员的积极性和创新的整体效率。

（四）处理好人才竞争与合作的关系

近年来，全国各地、各单位对人才队伍建设均高度重视，提出了吸引人才落户的优厚条件。从2017年开始，国内有一批二线城市相继放宽了人才落户政策。近期新一轮的“人才争夺战”从二线城市向三、四线城市蔓延，不少城市试图通过下调落户门槛，提高购房、租房补贴等手段，加入“抢人大战”。然而，地区之间、单位之间针对科技人才的恶性竞争，往往并不利于科技创新的良性发展。因此，在人才政策设计上，要努力避免科技人才的无序竞争、恶性竞争，引导鼓励单位之间、地区之间加强合作、有序流动。探索科技融合、人才共享、合作共赢的新模式，汇集一批一流的科学家，打造一个在国际上站得住脚的优良品牌。

案例：新时代科技人才发展取得的成效

（一）专项督察，科技成果转化收益分配取得阶段成果

2018年5月，上海市委督察室、市委组织部、市委改革办、市科委对上海市12家高校、科研院所围绕“人才政策”中科技成果转化收益分配开展专题督查调研，从调研情况看，取得了阶

段性成果。具体表现在：

一是成果转化机制不断完善。据不完全统计，从收益分配比例来看，部属高校和中央在沪院所都在50%以上，市属高校和院所都在70%以上。调研覆盖的12家高校、科研院所全部出台了本单位细则，3家建立了正处级技术转移中心，7家依托技术转移办公室（部门）开展转化，2家高校还成立了技术转移公司，探索采用市场化手段促进成果转化。

二是成果转化收益成效初显。2017年，12家高校、科研院所共转化科技成果492项，同比增加18.3%，转化总金额42 219.83万元，同比减少48.67%（减少原因是复旦大学2016年有2笔大额转让、许可，除海事大学减少外其他学校均有不同程度的增幅）。其中，技术转让、许可73项，同比增加25.9%，金额28 404.58万元，同比减少61.82%；作价投资42项，金额13 815.25万元，同比分别增加282%、76%。

三是科研人员投身成果转化的积极性不断提高。调研中，各单位都表示，广大科研人员看到了实实在在的收益，纷纷表示要更多参与成果转化工作，促进了良好的用人、留人氛围形成。例如，中科院微系统所自2017年2月出台促进所内科技成果转化制度以来，2017年成果转化额达838万元，同比增长80%，仅2018年上半年促成转化交易额超过3000万元。上海海洋大学2017年成果转化额为574万元，较2016年的57万元有大幅提升，2018年上半年促成转化交易额1700万元。

（二）探索实践，科技成果转化收益分配税收政策取得阶段成果

上海理工大学打通了科研成果作价入股过程中的公司注册、股权变更、税收优惠等关键环节，实现了全国首例成果转化股权激励个人所得税递延缴纳。上海理工大学的太赫兹技术作为全国首个科技成果转化暂不缴纳个人所得税优惠案例在上海市完成。配合市委组织部、市税务局探索以现金形式给予个人奖励的，探索按照偶然所得征收个人所得税的相关政策，2018年第一季度上海市科技系统4家单位22项科技成果转化对72名科技人员现金奖励1500多万元，减免个人所得税约370多万元。

（三）一大批专业化、市场化、高层次科技中介服务机构和转化服务人才蓬勃发展

在体系化制度与政策推进下，一批多模式、高层次、高成长性的科技中介服务机构脱颖而出，在上海市呈现集群式发展的态势，初步形成了其他省市不可比拟的先发优势。例如，通过科技创新券集聚服务机构200余家，市场化运作机构占比达83.3%，集聚了一批高层次的科技成果转移转化服务人才，技术转移服务更具专业化，新业态、新模式不断涌现。

江苏省科技人才发展报告

■江苏省科学技术厅

2017 年，在江苏省委、省政府的坚强领导下，在江苏省委组织部的指导支持下，全省科技系统紧紧围绕“聚力创新”发展取向，坚持“企业是主体、产业是方向、人才是支撑、环境是保障”，把科技人才队伍建设放在科技创新优先位置，实施人才、项目、载体、金融、服务“五位一体”联动，鼓励更多高端人才到江苏省创业，更多创新成果到江苏省转化，以高层次人才支撑高水平创新、引领高水平发展，2017 年江苏省全社会研发投入占地区生产总值比重达到 2.7% 左右，科技进步贡献率达 62%，高新技术产业产值占规模以上工业产值比重达 42.7%。

一、江苏省科技人才发展的具体工作举措

（一）推进人才政策落实落地

“人才新政 26 条”出台以来，江苏省科技厅高度重视，认真对照分工要求，加大工作落实力度，多措并举挖掘政策潜力，确保落地见效。一是加强组织。江苏省科技厅主要领导专题研究部署贯彻落实工作，瞄准重点科技人员及相关群体，制定实施差别化的创新激励政策，激发各类科技人员创新创业的内在活力。二是明确责任。制定印发《省科技厅 2017 年科技人才工作主要任务分解》，对由江苏省科技厅牵头的 3 条政策及参与配合的 26 条政策，逐一细化目标任务、落实责任处室、明确时序进度、形成推进计划，一级抓一级，层层传递压力，以实实在在的举措确保各项政策迅速落实到位。三是加大宣传。推进“人才新政 26 条”和江苏省科技创新“40 条”政策宣传联动，组织开展“千人万企”“百院百校”科技政策服务专项行动，充分发挥科技政策辅导员、科技政策专员等 1700 多名“两员”作用，发放各类政策辅导资料 12 万多册，努力实现大中型工业企业和高新技术企业、主要部省属高校和科研院所、国家和省级高新区及国家和省级众创空间“四个全覆盖”。四是强化督促整改。定期进行分析检查，对已经落实的查效果，对正在落实的查进度，对没有落实的查原因，并将落实情况及时进行通报。同时，按照督查反馈意见，专门制定具体整改措施。

（二）加强青年科技人才培养

2017 年，江苏省继续加大对青年科技人才稳定支持力度，深入实施青年科技人才创新专项，重点培养优秀青年科研骨干，鼓励支持青年科技人才开展创新研究。以培养国家杰出青年基金人选等高层次青年科技人才为目标，在基础、信息、农业、生物医药、工程、材料和资源环境 7 个重点学科遴选支持了 50 名省杰出青年科研人才、60 名优秀青年科技人才和 1000 名优秀青年科研骨干，培养造就了一大批学术水平高、在国内外有一定影响力的杰出青年人才和青年科研骨干。同时，积极支持企业高水平研发机构、重点实验室、工程技术研究中心等科技基础设施中的科技人员开展应用基础研究，2017 年企业申报的项目有 66 项获得资助，比 2016 年增加 88.6%。

（三）组织重要科技人才交流活动

落实“人才新政 26 条”政策分工，定期举办海内外人才交流活动，畅通与全球人才对接联系渠道，连续举办多场有影响的科技与人才合作交流活动。2017 年 1 月 12 日，举办“江苏创新发展恳谈会”，以“科技创新与产业升级”为主题，邀请 10 余名国内外知名学者、企业家做了主题发言。5 月 20 日，依托首届江苏发展大会，举办以“汇聚创新资源，建设科技强省”为主题的“紫金山科技创新讲坛”，着力在全球范围内集聚人才、科技、资本等各类要素。7 月 5 日，举办“中国江苏·大院大所合作对接会暨第六届产学研合作成果展示洽谈会”，吸引了来自全球 20 多个国家和地区的 268 个大院大所、1500 多名专家参会，举办各类对接活动 610 多场，参与对接企业达到 14 000 多家次，签约项目投资额超过千万元的合作项目数达 200 多项。

（四）深化科技体制机制创新

充分发挥江苏省产业技术研究院的改革“试验田”作用，江苏省政府研究制定了《江苏省产业技术研究院管理暂行办法》，赋予江苏省产研院经费使用、成果处置、人员聘用、薪酬分配等方面更大的自主权。支持会员研究所以股权、出资或期权等方式，让科技人员和管理人员更多分享技术创新增值收益。按照“连两头、促中间，小平台、大服务”的工作理念，重点建设“一平台、一中心、一体系”，构建永不落幕的交易中心。积极协调税务部门，帮助企业兑现研发费用加计扣除等税收优惠政策，并根据企业研发投入情况，江苏省财政安排近 11 亿元奖励 6300 多家企业。

（五）加快科技成果转化和产业化

实施省重大科技成果资金转化专项，2017 年，采取省地联合招标和专题组织方式，立项支持 105 个项目，其中产学研合作项目占比达 80%，技术依托单位为 985 高校的有 43 个，211 高校 30 个，中科院、中船重工和中电科集团专业研究所11个，省“双创人才”58人。同时，设立了产业创新国际化项目，鼓励龙头骨干企业参与全球产业分工，开发标志性重大战略目标产品，提升核心竞争力和国际化水平。

（六）激发大众创新创业活力

成功举办第五届“创业江苏”科技创业大赛暨第六届中国创新创业大赛江苏赛区总决赛，报名参赛团队和企业达3500个，较2016年增长30%，其中北美和欧洲分赛区吸引了来自10多个国家的212个创业团队报名参赛。大力推进众创空间、众创集聚区、众创社区建设，支持众创空间、科技企业孵化器、民间投资机构等共同组建孵化投资基金，通过“孵化＋创投”的服务模式，对在孵创业项目进行天使投资。允许孵化器使用的高标准厂房以幢、层等为基本单元进行分割登记、转让，在土地利用计划指标中优先安排孵化器建设用地。同时，探索建立绩效奖励制度，对运行成效突出的孵化器，江苏省财政按因素法给予一定比例奖励。全省拥有省级以上备案众创空间607家、各类科技企业孵化器超过650家。

二、江苏省科技人才发展的思路与举措

江苏省科技人才工作全面贯彻党的十九大精神，以习近平新时代中国特色社会主义思想为指导，深入贯彻落实中央、省决策部署，坚持党管人才原则，牢固树立人才是第一资源、第一资本、第一推动力的思想，集成科技创新资源，在人才发展理念上、人才发展治理上、人才发展模式上、人才发展重点上、人才工作开放上进行改革创新，推进江苏省科技创新“40条”政策与“人才新政26条”深度融合，加快构建具有江苏省特色的科技与人才工作发展体系。一要深入学习贯彻党的十九大精神。按照《省科技厅系统学习宣传贯彻党的十九大精神工作计划》安排，认真组织学习习近平总书记关于科技创新工作、人才工作等方面的重要论述，自觉用习近平总书记的重要讲话精神武装头脑、指导实践、推动工作，坚决把思想和行动统一到中央和省委的决策部署上来，坚定不移地贯彻落实中央和省委各项任务要求，坚定不移地与中央和省委保持高度一致。二要进一步压实分工责任。对照“人才新政26条”分工表，研究制定江苏省科技厅科技人才工作主要任务分解表，进一步明确年度任务进度，压实工作职责，确保牵头政策及配合参与的政策落实到位。对于牵头落实的科技成果转化有关政策，将深入实施《江苏省促进科技成果转移转化行动方案》（苏政办发〔2016〕76号），指导江苏省知识产权局深入开展知识产权分割确权和共同申请制度试点，在科技项目申报管理中积极推进尽职免责和容错机制，加快构建有利于出创新成果、有利于创新成果产业化的新机制。对于配合落实的完善激励创新的分配机制、引才费用税前扣除等政策，要积极主动协助省级相关部门推进落实。三要进一步

加强政策宣传。充分运用企业科技政策辅导员和高校院所科技政策专员等“两员”机制，开展系统化培训，详细解读政策办理流程和享受范围，帮助科技人员主动了解政策、享尽政策。同时，积极配合省有关部门，注重挖掘典型案例，进行实例说明，增强政策宣传的感染力和应用性。进一步强化与高层次科技人才的沟通交流，充分利用江苏省发展大会、大院大所合作对接会等重要活动平台，重点瞄准江苏籍海内外高层次科技人才，结合对外交往，主动加强联系对接，推动他们更好地为江苏省发展建言献策、贡献智慧和力量。四要进一步加大改革创新力度。充分发挥江苏省产业技术研究院改革“试验田”作用，深化实施一所两制、项目经理、合同科研、股权激励等市场化举措，鼓励通过转化收益、股权期权等方式，充分调动广大科技人员积极性，形成更多可复制、可推广的案例经验。大力推进江苏省技术产权交易市场建设，以打造技术产权交易3.0版为目标定位，重点建设好“一平台、一中心、一体系”，进一步拓展战略合作伙伴，扩大技术经理人、技术经纪人等技术服务队伍，广泛征集技术、成果、人才等各类需求，进一步完善江苏省技术转移服务体系。加快推进科技“放管服”改革，进一步加强和改进江苏省科技计划项目实施管理，着力提高科研项目管理效率和服务水平，以高素质人才、高效率服务、高质量生态支撑高水平创新型省份建设。

浙江省科技人才发展报告

■浙江省科学技术厅

一、科技人才队伍建设情况

近年来，在省委、省政府坚强领导下，在科技部有力指导下，浙江省紧紧聚焦“两个高水平”建设，坚持高端引领，突出“高精尖缺”，培养造就了一批具有全球视野和国际水平的战略科技人才、青年拔尖人才和高水平创新团队，为浙江省实现高质量发展提供了战略支撑。2017 年研发人员数达 39.81 万人年，是 2012 年 27.81 万人年的 1.44 倍。2016 年全省研发人员 37.66 万人年，其中研究机构 0.71 万人年，高等院校 1.77 万人年，工业企业 32.18 万人年，其他部门 2.99 万人年，具体见表 1。

表 1　浙江省研究与试验发展（R&D）人员构成情况（2011—2016 年）　单位：万人年

年份	研究与试验发展人员	按执行部门分			
		研究机构	高等院校	工业企业	其他部门
2011 年	26.29	0.46	1.29	21.71	2.82
2012 年	27.81	0.54	1.34	22.86	3.07
2013 年	31.10	0.51	1.42	26.35	2.82
2014 年	33.84	0.56	1.41	29.03	2.84
2015 年	36.47	0.71	1.61	31.67	2.48
2016 年	37.66	0.71	1.77	32.18	2.99

一是领军人才规模日益壮大。全职在浙两院院士 49 名，柔性引进省外院士 456 名。发挥领军人才引领带动作用，从个体引进向团队引进、并购引进转变，累计集聚省领军型创新创业团队 66 个。丁列明的抗癌靶向药团队、姚力军的高纯溅射靶材团队、范渊的网络信息安全团队、江浩川的高性能医学影像团队等，取得重大原创性突破，进入世界先进行列。西湖大学创办不到 2 年，集聚了一批世界顶尖人才，签约了 50 位青年科学家，30 余名已正式入职，创造了人才引进的“西湖现象”。

二是人才基本盘做大做强。按照“立体化培育人才”要求，把本土人才培养作为重中之重。累计支持5批125名省特级专家，其中10名已入选两院院士，占浙江省新入选院士的53%。浙江省共入选国家“万人计划”212人，数量居全国前列，其中科技创新领军人才59人、科技创新创业人才45人；入选国家创新人才推进计划中青年科技创新领军人才56人、科技创新创业人才60人、重点领域创新团队14个、创新人才培养示范基地4个。遴选产生首批省“万人计划”杰出人才10人、科技创新领军人才60人、科技创业领军人才25人。

三是人才创新创业成果竞相涌现。人才贡献率由2008年的23.2%增至35.5%，人才红利更多地转化为发展红利，带动浙江省新技术、新产品、新业态蓬勃发展。2017年浙江省获得国家科技进步奖特等奖、国家技术发明奖一等奖实现零的突破，人才科技创新实力进入从量的积累向质的飞跃、点的突破向系统能力提升的重要时期，浙江省成为全国人才版图中的重要一极。

二、科技人才计划（工程）实施进展和成效

（一）浙江省领军型创新创业团队引进培育计划

2014年，省政府启动浙江省领军型创新创业团队引进培育计划，支持企业从海内外成建制、团队式整体引进技术水平处于国际创新前沿的优秀团队，积极扶持带技术、带项目、带资金来浙江省创业的一流团队。领军型创新创业团队包括领军型创新团队和领军型创业团队两类。领军型创新团队是依托企业平台引进的海内外高层次人才团队，要求其研究成果处于国际领先或国内一流水平，是浙江省经济社会紧缺急需的，有明确的技术路线图，致力于创新成果产业化；领军型创业团队主要引进自带技术、项目、资金从海内外落户浙江省创业的高水平团队，要求其技术成熟并已进入开发阶段，有明确的产品线和较好市场前景，符合浙江省产业发展战略和产业技术创新需求，能引领浙江省产业创新发展。浙江省先后4批共引进培育了66个领军型创新创业团队，集聚海内外高层次人才547人，省级财政累计投入3亿多元。浙江省领军型创新创业团队首个资助周期为3年，资助期内对团队投入不低于2000万元，其中省级财政不低于500万元。领军型创新创业团队对促进战略性新兴产业发展，抢占行业技术制高点起到了突出作用。依托明峰医疗系统股份有限公司组建的“高性能医学影像系统创新团队”自主研发的正电子发射及X射线计算机断层成像装置（PET/CT）获得了中国医疗器械注册证，标志着我国大型高端医疗影像设备的研制与生产水平上了一个新台阶，打破了同类产品以进口为主的现状。依托杭州华澜微电子股份有限公司的“自主可控信息存储安全技术创业团队”已成功研制出国内首创、国际先进的计算机固态硬盘（SSD）控制器芯片、嵌入式固态微硬盘（eMMC）控制器芯片及加密U盘控制器芯片，设计和生产出全球业界密度最高的固态硬盘，并实现产业化应用，

取得了我国在固态硬盘控制芯片技术上的重大突破，打破了美国对 AES256 算法芯片的出口封锁。

（二）浙江省“151 人才工程”

1995 年，国家组织实施“百千万人才工程”，重点加强本土人才培养。根据国家部署要求，浙江省于 1996 年启动“151 人才工程”，大力加强本土人才培养。浙江省“151 人才工程”按十年一规划、五年一周期轮次开展。五年一轮的目标是培养 100 名能跟踪国际科技前沿的领军人才、500 名能支撑省内学科产业发展的学术技术带头人、1000 名后备青年人才。经过 20 多年的持续推进，“151 人才工程”已经成为浙江省本土人才培养的知名品牌，培养人员逐渐成为各行各业的骨干中坚。截至 2017 年，全省共选拔培养“151 人才工程”各层次人员 8507 名，其中重点资助 203 人、第一层次 770 人、第二层次 2142 人、第三层次 5792 人。省财政对省“151 人才工程”重点资助及第一、第二层次培养人员，分别给予一次性 12 万元、8 万元和 4 万元经费资助。第三层次培养人员资助人数控制在培养人员总数的 20%，由省财政一次性给予每人 3 万元经费资助。“151 人才工程”各层次培养人员中，当选两院院士 12 人，当选省特级专家 57 人。近 5 年来，“151 人才工程”培养人员共获得国家级科学技术奖励 46 项，以第一完成人获省（部）级科学技术奖励 180 余项。

（三）浙江省重点科技创新团队

2008 年，中共浙江省委办公厅、浙江省人民政府办公厅发布了《关于加快推进创新团队建设的意见》，提出努力在全省经济、文化、社会等多个领域建设形成一批创新人才集聚、创新机制灵活、持续创新能力强、创新绩效明显，具有国内领先水平的省级创新团队，力争到 2010 年，在全省经济社会发展的重点领域打造 300 个省级重点创新团队，并由此带动其他领域建设一大批不同层次、方向明确、结构合理、开拓创新、团结协作、各具特色的创新团队。重点科技创新团队包括重点科技创新团队、企业技术创新团队和重点文化创新团队三大类。自 2009 年起浙江省累计遴选、建设省级科技创新团队 4 批共计 151 个，共安排财政资助经费 4.11 亿元，集聚各类人才 5285 人，实施科技项目 2718 项，取得了一大批重要科技成果，培养了一批重要科技人才。在为期 3 年左右的一个资助期内，省财政每年对每个团队给予 100 万元的稳定扶持。团队经费由带头人分配，但带头人和核心成员不使用经费，经费定向用于团队青年成员围绕主攻方向自主设计的一般项目研究及进修培养等方面的开支。同时，加大对人力资源的直接投入，允许劳务费提高到占团队经费总额的 1/4。重点科技创新团队在攻克核心关键技术难题、推进产业发展等方面都取得了突出成绩。例如，杨华勇教授领衔的“复杂机电系统创新团队”，围绕电液控制基础理论、基础元件和系统开展了相应的应用基础研究，形成了“理论—元件—系统—装备—应用”完整的技术路线，攻克了盾构自主设计制造关键技术，达到国际先进水平，部分技术指标处于国际领先，取得了显著的经济和社会效益，实现了盾构装备“中国设计—中国制造—中国品牌”的跨越发展，促进了隧道施工和大型装备行业的技术进步，使我国进入盾构装备设计制造先进国家行列；由“农副产品生化制造团队”支持、领军的赞宇科技公司已成功上市，团队有20项研究成果荣获国家“三大奖”。

（四）浙江省“万人计划”

为做好与国家“万人计划”对接，浙江省紧扣补齐科技创新短板和服务金融、文创等“八大万亿”产业需求导向，突出对科技创新创业人才、青年拔尖人才的支持，加大对应用型、技能型人才的支持，组织实施了省“万人计划”，即从2017年起，计划用10年左右时间，全省有重点地遴选支持10 000名左右自然科学、工程技术、哲学社会科学、经济金融管理等领域的高层次人才。其中，省级层面计划重点支持2000名左右，推动各市及省属各单位重点支持8000名左右。具体支持对象设杰出人才、领军人才、青年拔尖人才3个层次，其中领军人才细分科技创新领军人才、科技创业领军人才、人文社科领军人才、教学名师、高技能领军人才、传统工艺领军人才6个类别。省“万人计划”每年遴选200名，除给以组织关怀、事业支持外，分别给予省“万人计划”杰出、领军、青年拔尖人才30万～100万元经费，支持开展科研活动、人才培养、团队建设、合作交流、自主创业等。2017年度，省级层面初步遴选产生199名浙江省“万人计划”人才。评委普遍反映，经过多年的积累沉淀，首批省“万人计划”申报人选整体质量较高，其中杰出人才和领军人才大都已取得高水平创新性成果，青年拔尖人才中近80%分布在“八大万亿”产业，其中最年轻的出生于1996年4月，很有培养前途。

三、支持科技人才发展相关政策和举措

近年来，浙江省认真贯彻党的十九大精神，全面落实国家和省“人才新政”，坚持把人才资源开发放在科技创新优先位置，集成科技资源要素，大力推进人才发展体制机制改革，以高端人才支撑浙江省高水平创新、引领产业高水平发展。

（一）着力打造创新创业平台

围绕人工智能和网络信息领域，成立运行“一体两核多点”的之江实验室，未来4年计划投入50亿元，开展基础性、前沿性研究，力争到2022年，集聚科研人员20 000人，打造顶级科学家、行业领军人才领衔的创新团队200个，积极争创国家实验室。加快杭州城西科创大走廊建设，着力打造以“一带”（科技创新带）、“三城”（紫金港科技城、未来科技城、青山湖科技城）、“多镇”（特色小镇和创新区块）为核心，长约33 km、规划总面积约224 km^{2}的科技创新高地，力争到2020年，

初步形成全球领先的信息经济科创中心，培育科技型中小微企业 10 000 家左右，集聚科研院所和人才团队各 100 家、高层次人才达到 10 万名。成功创建宁波、温州国家自主创新示范区，积极推进杭州国家自主创新示范区建设。加快沪嘉杭金科创走廊建设，制定实施发展规划和支持举措，推进长三角科技创新一体化发展。近 5 年来，新获批国家高新区 4 家，累计达 8 家，台州、舟山国家高新区创建工作取得积极进展。新创建省级高新区 17 家，累计达 31 家。

（二）着力推进科技成果转移转化

《浙江省促进科技成果转化条例》于 2017 年 3 月 30 日获得省人大常委会第三十九次会议审议通过。该条例首次明确职务科技成果权属奖励制度，进一步下放科技成果处置权、使用权与管理权；提高科研人员的科技成果转化收益，对科技人员的奖励比例下限从上位法的 50% 提高到 70%，其中承担科技成果转化的技术转移机构工作人员和管理人员获得奖励的份额不低于奖励总额的 5%。例如，省农科院于 2016 年 12 月制定出台了《科技成果转化管理办法（试行）》，明确把“四技服务”纳入奖励分配范围，从科技成果转化净收入中提取 75% 的比例用于奖励为完成和转化科技成果做出重要贡献的人员；2016 年实际发生成果转化奖励分配 757.98 万元，全院共有 131 位科技人员获得奖励，人均 5.78 万元，其中最高奖励为 22.77 万元。浙江省成为国家科技成果转移转化示范区，省政府召开全省推进科技成果转移转化工作电视电话会议，确定首批 6 个县（市、区）、7 个高校（院所）和 19 家企业（机构）开展省级示范工程的创建工作。积极探索科技成果竞拍专业化、常态化、品牌化。加强省知识产权交易中心建设，制定交易规则等办法，促进交易中心规范发展。

（三）着力改革完善收入分配政策

一是扩大横向项目经费等收入使用自主权。高校、科研院所等从事科研活动的事业单位以市场委托或者政府采购方式取得的技术开发及在科技成果转化工作中开展的技术咨询、技术服务、技术培训等技术活动收入，纳入单位财务管理，按照合同约定扣除经费支出后，可以根据本单位规定对完成项目的科技人员给予奖励。二是发挥财政科研项目资金的激励引导作用。利用浙江省财政性资金设立的科研项目，间接费用比例最高可以达到该项目直接费用扣除设备购置费的 25%，社会科学、软科学、自然科学基金和软件类科研项目支出比例按照该项目的 30% 核定。三是完善优绩优酬的绩效工资激励机制。将“双一流”建设高校、省重点建设高校的核心建设目标任务完成情况作为绩效工资总额调整的重要依据。其他高校和科研院所由其主管部门制定本系统与绩效考核挂钩的绩效工资总量调整办法，对考核优秀的绩效工资总量增加 8%，考核合格的绩效工资总量增加 5%。四是深化科技奖励制度改革。加大对做出突出贡献科研人员、创新团队的奖励力度，按有关规定提高省科学技术奖、省哲学社会科学优秀成果奖等奖励标准。

（四）着力激发科技人才创新创业活力和动力

一是推进科研系统“最多跑一次”改革。依托浙江省科技创新云服务平台，实现科技数据、科技资源、科技服务、科技管理“一网打尽”，通过科技创新云服务平台可直接办理全部 20 个“最多跑一次”办事事项，实现了全程网络化、电子化办理。二是推广应用创新券。修订了《关于进一步推广应用创新券　推动大众创业万众创新的若干意见》，2015 年实施以来累计发放 12.6 亿元，使用 7.8 亿元，服务企业 5.5 万次，有效支持了企业技术创新，促进了大型仪器设备开放共享。三是支持科研人员离岗创业。省委组织部、省人力社保厅联合出台《浙江省鼓励支持事业单位科研人员离岗创业创新实施办法（试行）》，事业单位科研人员经所在单位同意离岗创业创新，保留人事关系期限不超过 5 年，离岗人员在离岗创业创新期间可按规定继续参加事业单位社会保险，也可选择在企业所在地参加企业社会保险。例如，浙江省水利河口研究院 2016 年 7 月 1 日起，共计 41 名事业编制科技人员离岗到下属浙江广川工程咨询有限公司、杭州定川信息技术有限公司开展创新创业工作。

（五）着力推进科技人才分类评价

启动深化职称制度改革，浙江省合理设置职称评审中的论文和科研成果条件，不将论文作为评价应用型人才的限制性条件，探索以专利成果、教案、病例等成果形式替代论文的要求，推行代表作制度，重点考察研究成果和创作作品质量。通过坚持以用为本的业绩导向，把定性的评价标准逐步改革为体现实际工作能力业绩的量化考核指标，提高技术创新、成果转化、技术推广、标准制定、代表作品、教学科研成果等标志性业绩的分值权重。例如，在浙江省部分高校将科技人才分为“教学为主岗”“科研为主岗”“教学和科研并重岗”“社会服务和推广岗”，有重点考察教师的教学能力、科研能力和社会服务推广能力；在医疗卫生系统区分医、药、护各类人员实行有重点的分类评价方式，对省、市、县、乡不同层级医疗单位分类制定了差异化的评价标准，将县、乡医疗卫生单位高级评审权下放到各设区市。省农科院对科技成果转化实际成交额视同于省级重大科技项目评分基准，并将其作为科技人员职称评定、岗位聘任和考核评价的重要依据之一，对科技成果转化业绩突出的科技人员可以破格评聘。

（六）着力完善科技人才服务体系

努力帮助科技人员解决资金、住房、家属就业就学等困难和问题。明确高层次人才购买首套房可不受户籍限制，全省今年计划新建（新交付）1.9 万套人才公寓；非在杭两院院士、省特级专家可办理车辆进杭通行证，在杭省部属单位高层次人才车辆竞拍由用人单位给予上牌补贴；高层次人才子女就学可由教育部门统筹安排，加快推进外籍人员子女学校建设；高层次人才落户不受年龄、住所条件等限制，配偶、子女可以随迁。在省股权交易中心设立国际人才板，为人才提供基金配套、股权融资、上市辅导等服务，力争培育一批“独角兽企业”和“隐形冠军”（已挂牌企业91家、融资3.43亿元）。创设“人才保”业务，为高层次人才提供最高2000万元的授信担保（省担保集团累计为72户人才科创企业提供担保授信金额3.3亿元）。建立完善高层次人才“一对一”联系服务制度，各级党政领导和人才工作领导小组成员要重点掌握100名左右高端人才、100个左右人才项目，帮助人才解决遇到的困难和问题。

四、新时代科技人才发展思路和举措

发展是第一要务，人才是第一资源，创新是第一动力。浙江省新时代科技人才发展思路是：以习近平新时代中国特色社会主义思想为指导，认真贯彻党的十九大、省第十四次党代会、全省人才工作会议和全省全面深化改革大会精神，积极落实《高水平建设人才强省行动纲要》，坚持把人才资源开发放在科技创新优先位置，推进机制、人才、政策、平台、项目、服务联动，培养造就一大批具有国际水平的战略科技人才、科技领军人才、青年科技人才和高水平创新团队，为创新型省份和“两个高水平”建设提供强有力人才支撑。

（一）优化创新创业生态环境，服务科技人才创新创业

一是推进科技成果转化。深化国家科技成果转移转化示范区建设，着力构建浙江省技术转移转化体系。充分利用大数据和人工智能技术，加速打造集线上服务平台、线下服务中心和技术转移生态体系的“互联网+”浙江省科技大市场。继续探索“互联网+”科技成果竞价（拍卖）模式，依托网上技术市场平台，实施场内电子竞价、网上动态报价等交易模式。二是促进科技金融结合。实施好省科技成果转化引导基金，做好国家科技成果转化引导基金的争取工作，更好发挥财政科技资金的杠杆和引导作用。推动创业风险投资、多层次资本市场与科技企业的对接，推动浙江省股权交易中心建立科技板。三是打造知识产权保护最严最优省份。加快知识产权强省建设，深化知识产权领域改革，深入推进知识产权管理体制改革创新，严格知识产权保护，建立快速处理机制，完善知识产权维权援助和信用体系，提高知识产权质量效益，优化知识产权服务环境。

（二）深化人才发展体制机制改革，激发科技人才创新创业活力

坚持以放权松绑为核心，推进人才发展体制机制改革向纵深推进。以“最多跑一次”改革为牵引，深入推进科技系统办事事项的流程再造、数据共享，加强行政审批、事中事后监管和公共服务改革，全面推动机关自身改革。深入实施国家促进科技成果转化法和新修订的《浙江省促进科技成果转化条例》，加快落实高校、科研院所的科技成果使用权、处置权和收益权，激发科研人员创新创业活力。

建立高校、科研院所及其科研人员的中长期目标考核评价机制，对有条件的科研院所探索实行按绩效考核挂钩方式给予财政支持，形成潜心研究、勇攀高峰、宽容失败的创新氛围。积极下放科研项目相关经费调整审批权，落实横向经费收入管理措施。制定并落实以增加知识价值为导向的分配政策，健全以激励创新为导向的用人制度和薪酬分配制度，让科技人员各得其所，依法合理“名利双收”。

（三）推进科技创新平台和载体建设，为人才创新创业搭建平台

一是全力推进之江实验室建设。支持之江实验室用好政策、用好资金，抓紧引进一批国际顶尖人才、实施一批重大科技项目、启动建设若干大科学装置，推动省内高校、科研院所与之江实验室开展合作研究，努力争创国家实验室。支持阿里巴巴集团和杭州市政府联合建设国家数据智能技术创新中心。二是加快杭州城西科创大走廊建设。加快紫金港科技城、未来科技城、青山湖科技城建设，共建网络大数据协同创新中心、浙江省知识产权交易平台，打造国际水平的创新联盟，加快建设具有全球影响力的信息经济科创中心、国家级创新策源地。三是加快自主创新示范区、高新区、科技城建设。积极推进杭州国家自主创新示范区的政策先行先试和发展规划、空间布局规划的深化完善，全力推进宁波、温州国家自主创新示范区建设工作，加强高新区的提升发展。鼓励有条件的市县规划建设科技城，重点支持建设一批以高新技术为主导的特色小镇，打造区域创新平台，示范引领高新技术集聚发展。

（四）加大创新人才和团队引进培养力度，统筹使用国际国内人才资源

一是积极开展领军型创新创业团队引进工作。完善省领军型创新创业团队引进培育计划，鼓励高校、科研院所新引进的基础研究团队申报，新引进一批符合全省产业发展导向、创新路径清晰、创业成果显著、预期效益明确的领军型创新创业团队。二是做好浙江省“万人计划”等人才工程遴选工作。研究制定浙江省“万人计划”杰出人才、科技创新领军人才和科技创业领军人才管理办法。做好国家创新人才推进计划、省“151 人才工程”等重大人才计划有关工作。三是加强基础研究。更好发挥国家基金委联合基金的作用，加强省基础公益研究计划的顶层设计，在竞争择优基础上探索对优秀科研人员进行持续支持，提升杰出青年科学基金支持强度，稳定和壮大基础研究队伍。做好和社会团体等设立的联合基金的组织实施工作，引导社会力量加大对基础研究的投入。加大各类计划对青年人才的支持力度。四是扩大人才对外交流合作。鼓励有实力的科技型企业在海外设立、兼并研发机构，就近利用当地科技人才，积极参与国际科技合作、国际大科学计划和有关外援计划，加强与国外顶尖科学家和团队的交流合作。

（五）加快科技型企业培育发展，积极引导创新人才向产业集聚

深入实施科技企业“双倍增”行动计划，加快建立科技型中小企业和高新技术企业的梯度培育机制，发展壮大高新技术产业的创新主体。力争到 2022 年，全省科技型中小企业和高新技术企业分别达到 6 万家、2 万家，较 2017 年翻一番。加强产业创新服务综合体建设，围绕战略性新兴产业发展壮大和传统产业改造提升需求，择优建设 300 家左右产业创新服务综合体。积极发展众创、众包、众扶、众筹等新模式，构建一批低成本、便利化、专业化、全要素、开放式众创空间，扶持一批新型科技企业孵化器，推进高新区科技企业孵化器全覆盖，打造“创业苗圃—孵化器—加速器”的创业孵化链条。在全球科技密集地打造一批海外创新孵化中心、海外人才离岸创新创业基地。抓好创新政策宣传培训，开展创业创新政策专题巡讲。

安徽省科技人才发展报告

■安徽省科学技术厅

2016年4月，习近平总书记在视察安徽省时指出，安徽省创新创业环境不错，这个地方是“养人”的，一方水土养一方人，是一个创新的天地。他强调，发展是第一要务，人才是经济建设的第一资源，一定要把这个搞好，择天下之英才而育之、而用之。要继续保持这种对科技和人才的重视，用好这一优势，强化创新人才队伍建设，在人才培养和创新领域取得更加骄人的成绩，为国家现代化建设做出更大的贡献。这些重要指示为安徽省进一步做好人才工作、发挥人才作用提供了根本遵循和行动指南。

一、安徽省科技人才队伍建设总体情况

安徽省是人力资源大省，也是科教大省。近年来，安徽省立足自身优势，贯彻“人才工作要活”的理念，突出高端引领，坚持统筹推进，创新体制机制，人才队伍不断壮大、人才素质大幅提升、人才结构更趋合理、人才环境全面优化，人才创新创造活力迸发，为全省经济社会发展提供了坚强人才保障和智力支持。

党的十八大以来，安徽省人才总量每年约以50万人递增。截至2017年年底，安徽省人才总量达763.6万人，其中高技能人才和专业技术人才占比达62%，科技人才优势正转化为创新优势、产业优势、竞争优势、发展优势，人才引擎强力推动着现代化五大发展美好安徽建设进程（表1、图1）。

表1　2012—2017年安徽省人才资源总量　　单位：万人

指标	2012年	2013年	2014年	2015年	2016年	2017年	2020年（目标）。
党政人才	24.3	24.7	24.7	24.7	24.6	24.6	—
企业经营管理人才	83.2	84.6	85.2	86.3	92.9	98.1	113
专业技术人才	243	260	279.5	299	320	342.4	400
高技能人才	91.6	95.2	102.5	111.3	120.5	130.8	120

续表

指标	2012 年	2013 年	2014 年	2015 年	2016 年	2017 年	2020 年（目标）
农村实用人才	94	98	101	130.5	144	158	150
社会工作人才	5.7	6.8	7.4	8.1	8.9	9.7	11.3
合计	541.8	569.3	600.3	659.9	710.9	763.6	794.3

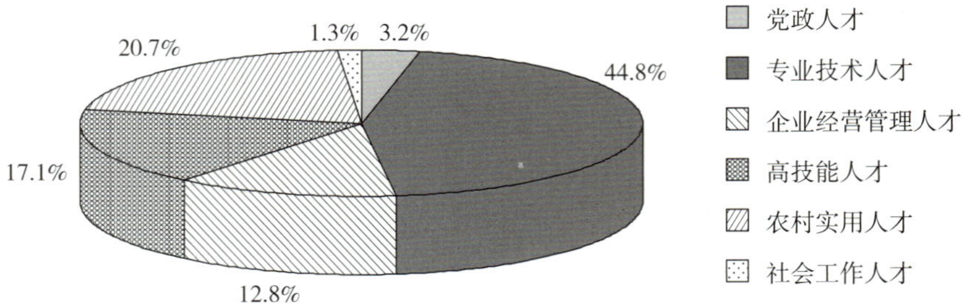

图 1　2017 年安徽省人才资源分布

据统计，在皖院士（含关系在皖或柔性引进）267 人，国家“万人计划”96 人，省“特支计划”领军人才 400 人（表 2 至表 4）。

表 2　在皖院士　　单位：人

指标	中科院院士	中国工程院院士	两院院士
关系在皖院士	20	11	1
柔性引进院士	58	175	2
合计	78	186	3
总计	267		

表 3　安徽省国家“万人计划”人才　　单位：人

指标	2014 年	2016 年	2018 年	合计
科技创新领军人才	6	15	15	36
科技创业领军人才	1	8	12	21
哲学社会科学领军人才	1	1	2	4
教学名师	5	2	3	10
“百千万人才工程”领军人才	2	2	—	4

续表

指标	2014年	2016年	2018年	合计
青年拔尖人才	7	11	3	21
合计	22	39	35	96

表4　安徽省“特支计划”领军人才　　单位：人

第一批		第二批		第三批		第四批		合计
创新	创业	创新	创业	创新	创业	创新	创业	
56	44	50	50	50	50	50	50	400

据统计，截至2017年年底，安徽省共建设院士工作站209家，享受国务院特殊津贴和省政府特殊津贴的专家共3869人，省学术和技术带头人（含后备人选）共1825人，高级职称人才共19.4万人，战略性新兴产业“111”技术领军人才1561人；留学回国人员总数达1.27万人，建设留学人员创业园10个（表5、表6）。

表5　安徽省高层次专业技术人才

指标		数量
院士	工作站（家）	209
	关系在皖（人）	32
	柔性引进（人）	235
“百千万人才工程”国家级人选（含中央驻皖单位）（人）		70
享受国务院特殊津贴专家（人）		1812
享受省政府特殊津贴专家（人）		2057
省学术和技术带头人（人）		739
省学术和技术带头人后备人选（人）		1086
正高级职称人才（人）		13 000
副高级职称人才（人）		181 000
战略性新兴产业“111”技术领军人才（人）		1561

表 6　安徽省留学回国人员和留学人员创业园

指标		数量
留学回国人员总数（人）		12 700
2017 年留学人员来皖服务人次（人次）		958
2017 年留学人员项目对接数（个）		154
留学人员创业园	省级（个）	8
	国家级（个）	2
	总数（个）	10
	园内留学人员总数（个）	1988
	园内留学人员创业企业总数（个）	453
	创业园 2017 年技工贸总收入（亿元）	49.4

二、科技人才计划、工程、基地、项目等实施进展和案例

（一）科技人才计划、工程、基地、项目等实施进展

1. 编制人才发展规划

安徽省委、省政府着眼为全省发展提供坚强人才智力支撑，组织编制《安徽省中长期人才发展规划纲要（2010—2020 年）》，对全面建成小康社会的人才发展目标、基本思路和重要举措进行了系统规划。规划明确，到 2020 年安徽省人才发展的战略目标是：人才规模明显扩大，人才素质大幅提升，人才竞争优势显著增强，人才发展环境全面优化，基本确立安徽省在中部和长三角地区的人才竞争优势，进入全国人才强省行列，把安徽省建设成为全国人才集聚度高、人才素质优和人才效益好的省份。

制定实施安徽省“十三五”规划人才工作专章，全面贯彻落实国家中长期人才规划纲要部署要求，主动顺应经济发展新常态，顺应产业升级和社会转型的需要，围绕实施创新驱动发展战略，突出培养高层次创新型人才和高技能人才，聚力抓好重点人才工程实施，统筹推进各类人才队伍建设。安徽省“十三五”规划提出，到 2020 年形成人才规模明显扩大、人才素质大幅提升、人才竞争优势显著增强、人才发展环境全面优化的基本格局；人才成本在研发经费中的比例显著提升，全社会 R&D 人员总量超过 24 万人年，人才资源总量达到 800 万人，年均增长 9% 以上。

2. 扶持高层次科技人才团队在皖创新创业

自 2014 年启动实施扶持高层次科技人才团队在皖创新创业工作以来，安徽省在人才引进、企业

扶持、产业培育等方面取得良好成效，已吸引 120 个海内外高层次科技人才团队落户安徽省创新创业（表 7）。2017 年度安徽省扶持高层次科技人才团队在皖创新创业专项共安排扶持资金 3 亿元，按 A、B、C 3 类分别对 48 个团队给予 1000 万元、600 万元、300 万元的股权或债权支持。项目实施 4 年来总体进展良好，有些项目已经形成新的经济增长点，例如，潘建伟带领的研究团队在量子通信领域不断取得重大突破性成果，王小飞团队创办的中科电力装备公司成为行业技术进步的排头兵，刘青松团队建成基于癌症激酶靶点的细胞库。

表 7　安徽省高层次科技人才团队　　单位：个

2014 年	2015 年	2016 年	2017 年	合计
10	30	32	48	120

注：2014 年开始，安徽省扶持高层次科技人才团队来皖创办企业，省里给予最高 1000 万元的资金参股支持，截至 2017 年共分 4 批扶持 120 个团队。

3. 实施省内创新创业领军人才特殊支持项目

2014 年起安徽省财政每年投入 5000 万元，拟 10 年遴选支持 1000 名能够突破关键技术、发展高新产业的领军人才，每个入选者给予一次性 50 万元支持经费，专项用于领军人才自主选题研究、人才培养和团队建设等，目前已遴选产生两批共 300 名创新创业人才。

实施“江淮英才工程”“卓越人才培养工程”，立足安徽省选拔 500 名学术和技术带头人、1000 名产业技术拔尖人才，面向海内外引进 5000 名博士后等青年创新创业人才。截至 2017 年年底，安徽省建有国家级博士后科研工作站 98 个，国家级博士后科研流动站 71 个，省级博士后科研工作站 224 个，共招收博士后 3693 人。

4. 推进重点科技人才工程建设

实施创新团队建设工程。依托安徽省重大科研和重大工程项目、重点学科、重点科研基地、国际学术交流合作项目等，吸引、凝聚国际或国内领先水平的中青年高级专家，培养造就一批科技领军人物，建立一大批各类人才创新团队。2006 年以来，安徽省实施“115”产业创新团队建设工程，分 10 批共建立 283 个团队，集聚了 1 万多名优秀人才参与创新项目研发、科技攻关和科技成果转化，取得达到国际国内领先水平创新成果 600 多项。淮南矿业集团“煤矿瓦斯综合治理”创新团队，攻克了煤矿低浓度瓦斯利用的世界性难题。科大讯飞公司在发展之初组建以刘庆峰为带头人的“115”创新团队，省里给予重点支持，团队逐步在语音领域取得一系列世界性成果，企业竞争优势明显增强。

实施专业技术人才知识更新工程。以高层次专业技术人才为重点，在现代农业、装备制造、信息技术等十大领域，全面开展知识更新继续教育。每年培训 2 万名中高级专业技术人才，改善知识结构、提高创新能力；每年从中小企业选派50名左右中青年专业技术人才到省属重点院校、科研单位和大型企业进行培养锻炼；每年举办20期左右专业技术人员高级研修班，培训1200名左右高层次急需紧缺人才。

实施高技能人才培养工程。紧扣技工大省建设，实施“技能人才振兴计划”，力争到2020年，安徽省技能大师工作室达到120个，新建30个左右高技能人才培训基地、6～8个公共职业训练基地，组织各类职业培训500万人次，全省高级工以上高技能人才达到135万人。截至2017年年底，安徽省高技能人才数量见表8。

表8　安徽省高技能人才

指标			数量
技能人才数量（万人）	技能人才总量		465.5
	高技能人才	总量	130.8
		技师、高级技师	37.5
		高级工	93.3
	中级工		151.8
	初级工		182.9
技能人才所获奖励情况（人）	中华技能大奖		1
	全国技术能手		97
	省技能大奖		67
	省技术能手		452
享受政府特殊津贴的高技能人才人数（人）	国贴		42
	省贴		46
年培训人数（万人）	高级工		9.6
	城乡各类劳动者		80.8
省级技能大师工作室（家）			110
国家级高技能人才培训基地（家）			25
技工院校（所）	技师学院		27
	高级技工学校		3
	技工学校		57

5. 打造人才培养聚集载体

推进重大创新平台建设。以获批建设合肥综合性国家科学中心为契机，积极争取建设量子信息科学国家实验室。2017 年获批建设合肥微尺度物质科学国家研究中心、科大讯飞认知智能国家重点实验室。2018 年，安徽省全面启动“一室一中心”建设，打造国家科技创新基地“预备队”、省科技创新基地“先锋队”。

加大青年科技人才培养力度。在积极组织申报国家杰出青年基金项目的同时，以省自然科学基金为依托，支持青年科技人才潜心科研，培育和造就一批青年科技人才队伍。2017 年，实施省自然科学基金项目 464 项，财政支持力度达 8000 万元（表 9）。

表 9　2017 年安徽省承担国家杰出青年科学基金项目　　单位：个

单位	数量
中国科技大学	110
中科院合肥物质科学研究院	5
合肥工业大学	7
安徽大学	1
合计	123

持续加强院士工作站工作。2009 年安徽省启动院士工作站组建计划。到 2018 年年底，备案设立院士工作站共 209 家，柔性引进院士 235 人次。其中，2017 年备案院士工作站 61 家。对登记备案且运行一年以上的院士工作站进行了绩效评价。根据评价结果，对评价为“优秀”的 22 家院士工作站共资助 800 万元。

对企业引进高科技人才进行奖励。2017 年 3 月，安徽省科学技术厅、财政厅、人力资源和社会保障厅联合下发《关于印发〈降低企业引进高科技人才成本实施细则〉的通知》，鼓励企业积极引进科技人才，提高企业科技创新能力。根据实施细则，2017 年安徽省对 18 名企业引进的科技人才进行了奖励，奖励资金共 41 万元。

（二）典型案例

1. 合芜蚌“人才特区”

2012 年以来，安徽省借鉴北京中关村、上海张江和武汉东湖人才特区建设经验，依托合芜蚌国家自主创新示范区开展人才管理改革试验区建设，实施了六大工程和 10 项特殊政策，引进 1 万多名各类高层次人才，有效增强了示范区自主创新能力，合芜蚌国家自主创新示范区主要创新指标占到全省 60% 以上。2016 年，发布 2016—2020 年合芜蚌国家自主创新示范区服务业紧缺人才目录，加快推进引智试验区建设，获批省级引进人才项目 80 多项。示范区内 150 多家企业实施了股权和分红激励政策试点，2200 多人受到激励，激励金额达 6 亿多元。

2．“115”产业创新团队

设立过程：围绕安徽省“八大产业基地”“六大基础工程”的关键研发项目或国家重要项目而设立，每个团队面向国内外选聘 1 名领军人才作为“创新团队带头人”、5 名科研骨干作为“带头人助理”。

政策支持：每年为团队带头人和助理分别提供岗位津贴，对创新团队成员申报职称、科研项目、经费等方面给予重点支持。

引才手段：团队所在企业采取“全职聘请”和“柔性引进”相结合方式，吸引高校、企业、科研院所中相关领域优秀人才加盟。

管理措施：安徽省人才办按照“合同管理、年度考核、津贴发放、检查监督”的方式进行管理（表 10）。

表 10　安徽省“115”产业创新团队　　单位：个

第一批（2006年）	第二批（2007年）	第三批（2009年）	第四批（2010年）	第五批（2012年）	第六批（2013年）	第七批（2014年）	第八批（2015年）	第九批（2016年）	第十批（2017年）	合计
27	36	37	28	25	25	28	25	20	32	283

三、科技人才发展相关政策与服务举措

1. 突出强化合肥综合性国家科学中心建设人才工作

出台《关于合肥综合性国家科学中心建设人才工作的意见（试行）》，着眼引进国内外一流人才，从薪酬待遇、出入境便利、编制职称、配套服务等方面提出 10 条富有含金量的举措，为合肥综合性国家科学中心建设提供有力人才支撑（图 2）。加大科学中心引才力度，开辟特殊引才通道，对引进国际、国内顶尖人才和科学中心建设特殊需要人才及其科研团队，采取“一事一议”方式创造条件实行精准化引进。实行引进人才奖补，对引进人才工资性年收入超过 50 万元、纳税 10 万元以上者，在首个 5 年以下管理期内，按实付薪酬的 50% 资助奖补用人单位用于引才工作，每人每年最高可达 100 万元。强化知识价值激励导向，支持按照知识、技术、管理、技能等要素贡献参与分配，科技成果转化收益用于奖励重要贡献人员和团队的比例首期可达 90%；允许外籍人才和团队通过科技成果作价入股等方式增加合法收入；对做出重要贡献、成就突出的，不受国籍限制参评“突出贡献人才奖”等。注重解除人才后顾之忧，为引进人才和团队成员及其随行配偶子女等，提供签证和居留便利，重点涉及放宽申请永久居留条件、提速永久居住证办理，降低门槛、扩大长期居留签发范围等，打造拴

心留人的生活环境。同时，创新人才管理方式，开辟职称评审绿色通道，合肥综合性国家科学中心引进的海外人才高级职称实行自主评定，重点围绕人才个人能力、业绩贡献和业内公认度等开展评价，不受身份、任职年限限制，由2名同专业领域正高级职称人才推荐，经合肥综合性国家科学中心职称评审委员会评审，报省主管部门备案。改进事业单位岗位管理模式，支持合肥综合性国家科学中心用人单位设立特设岗位和流动岗位柔性引进人才，不受岗位总量、最高等级和结构比例限制。畅通合肥综合性国家科学中心高层次人才在全省各类高校、科研院所和企业间流动渠道。

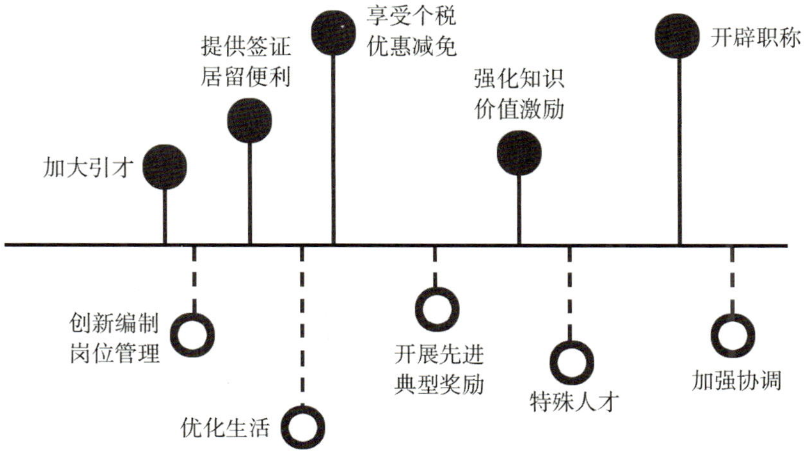

图2　安徽省出台《关于合肥综合性国家科学中心建设人才工作的意见》

2. 柔性引进各类“高精尖缺”人才

坚持“不求所有、但求所用”，通过搭建平台、合作对接、海外筑巢、亲情乡情等渠道，柔性引进各类“高精尖缺”人才。先后制定出台20多项措施，促进省内高校、科研院所与企业间人才相互柔性流动，鼓励各地和各类企业、高校、科研院所等用人单位发挥主体作用，创新方式做好柔性引才工作。通过顾问指导、短期兼职、项目合作、技术联姻等方式，积极引进国内外优秀人才智力，形成一大批在皖工作的“星期天工程师”“候鸟型教授”。安徽省政府与国家外专局合作开展引进国外人才和智力试验区建设，打造高端外国专家引智项目、外国专家江淮行等活动品牌，每年4000多人次外国专家来皖开展汽车、旅游、新能源等领域的专题服务。

3. 围绕科技成果转化出台落实相关人才政策

认真贯彻落实促进科技成果转化法和国家相关政策规定，修订出台《安徽省促进科技成果转化实施细则》，明确科技成果使用权、处置权和收益权下放至高校、科研院所；转化收益用于奖励科研负责人、骨干技术人员等重要贡献人员和团队的比例不低于70%，具体比例由各高校、科研院所自行确定。高校、科研院所、企业科技人员通过科技成果转化取得的股权奖励，可在5年内分期缴纳个人所得税，也可根据本人意愿暂不缴纳，待股本分红、变现或企业上市时补缴。

制定出台实行以增加知识价值为导向的分配政策实施意见，提出构建体现增加知识价值的收入分配机制，通过稳定提高基本工资、加大绩效工资分配激励力度、落实科技成果转化奖励、允许科技人员兼职获得合法收入等激励措施，使科研人员收入与岗位职责、工作业绩、实际贡献紧密联系，逐步提高收入水平。

4. 鼓励支持大众创业、万众创新

出台《关于进一步扶持高层次人才创新创业的若干意见》，重点从财税金融、科研资助、保障服务、政策激励等方面对高层次人才在皖创新创业加以扶持。

加快推动众创空间、科技孵化器发展。2017 年，新增备案省级科技企业孵化器 20 家，新建各类市级众创空间 35 家。积极开展科技创新创业孵化载体绩效评价激励。2017 年，兑现第一批专项奖励资金 4760 万元，全省 16 家科技企业孵化器和 69 家众创空间享受政策。

发挥“江淮双创汇”倍增作用。通过省市联动，在全省举办了“江淮双创汇”走进地市的专场系列活动，实现了 16 个市全覆盖。据统计，到 2017 年年底，全省各地开展各类“双创”活动 350 多场次，参加的创客团队和创新创业企业有近万家。

打造创新创业大赛特色平台。鼓励企业报名参加全国创新创业大赛，集聚的创业者数量和创业项目质量均有较大提升。

丰富科技创新服务体系。大力发展研发、技术咨询、知识产权、管理和信息咨询、人才服务、资产评估、审计等各类专业服务组织，全省已拥有各类科技服务机构 4000 多家，创新创业导师队伍达到 2800 多人。

完善创业投融资机制。支持天使投资、创业投资发展，推动中小企业进入资本市场融资。截至 2017 年，已建立创新创业基金 42 支，基金规模达到 80 多亿元。

5. 积极营造人才发展的良好环境

不断完善引才聚才的政策环境，着力破除体制机制障碍，向用人主体放权，为人才松绑，让人才创新创造活力充分迸发，使各方面人才各得其所、尽展其长。

转变政府人才管理职能，进一步简政放权，赋予高校、科研院所等事业单位充分的用人用钱、科研管理和成果转化自主权。落实用人主体自主权，支持高校、科研院所、公立医院及省属公共卫生机构设立特设岗位，自主引进一批掌握国内外领先技术和教学科研成果的高层次人才和团队，支持建立高层次人才协议工资制等分配办法。

完善人才评价激励机制，构建多元评价体系。深化职称制度改革，完善评价标准，引入第三方评价机构。对企业工程技术领域人才，采取不受学历、资历和论文数量限制等措施进行职称评定。深化企事业单位人才双向流动，通过双向挂职、短期工作、项目合作等方式，每年引导或选派一批高校博士、教授向企业一线流动和企业优秀创新人才向高校流动；高校、科研院所设立一定比例流动岗位，吸引创新创业人才开展兼职活动；鼓励具有硕士、博士学位授予权的高校聘任企业高层次人才担任兼职导师或指导老师。打破行政层级和行业部门之间的编制壁垒，建立“省级统筹、重点保障，动态调整、周转使用”的事业编制周转池制度。首批在安徽省28所本科高校和部分公立医院开展试点，核定周转池事业编制，并完成与之相衔接的岗位设置调整和职称评聘工作。制定出台事业单位专业技术人员离岗创业人事管理细则，促进事业单位专业技术人员在皖创新创业。

创新服务方式，围绕“人才链”构建“服务链”，探索人才个性化、人本化服务模式，贴心贴近做好精准细致的人才服务工作。安徽省被列为首批外国人来华工作许可制度改革试点，自2016年11月起，安徽省16个市实施外国人入境就业许可、外国专家来华工作许可“两证整合”，“一个窗口”对外服务。为方便引进人才办理具体事务，向高层次人才发放“江淮优才卡”，实现各项服务“一卡通”。建成“安徽省高层次人才综合信息服务平台”，完善政策发布、信息交流、项目供需、工程申报和全程跟踪五大系统，为各类人才提供一站式、“保姆式”的服务。加强人才住房、子女就学、配偶就业等方面政策保障，着力打造人才服务的“软环境”，让广大人才在安徽省工作安心、生活舒心，真正打造人才济济、最为“养人”的省份。

四、新时代安徽省科技人才发展的思路与举措

1. 发挥资源优势，聚集培养高端人才

发挥大院大所的创新资源优势，加强与中央在皖创新资源对接和合作，引导中央在皖大院大所依据产业和技术特点在不同地市布局研究所或成果转化平台，帮助各市吸引重点产业急需创新创业人才。聚焦国家级重大创新平台和省“一室一中心”，强化对领军人才持续支持力度，培养造就一批两院院士后备人才。利用高校人才优势和校友资源，组织开展形式多样的创新创业交流活动，以才引才，用才育才，为集聚高层次创新创业人才开拓新渠道。

2. 强化人才评价，调动干事创业积极性

针对科技人才评价部门化、分散化的状况，强化统筹管理，强化各部门对人才评价信息的共享。此外，在评价导向上突出对创新业绩的评估，建立以贡献为导向的人才发展机制。研究制定高校、科研院所岗位备案管理和动态调整暂行办法，实施高校教师和卫生专业技术职务评聘制度改革，打破岗位聘任终身制，全面实行分级管理，推进评聘结合，实现分类评价，有效调动创新创业人才干事创业的积极性。

3. 完善激励机制，激发创新创造活力

进一步完善创新创业人才柔性流动政策，实现更加灵活多样的人才柔性流动方式，将高校、科研院所创新创业人才离岗创业（兼职创业）取得科技成果或推动成果转化方面业绩纳入用人单位职称评定、绩效考核等范围，推动兼职收入报酬不纳入科研人员绩效工资总额。加快实行以增加知识价值为导向的分配政策试点，着力解决高校、科研院所在分配方式改革上的顾虑，推进股权激励、成果收益等激励措施实施。

福建省科技人才发展报告

■福建省科学技术厅

一、科技人才相关政策与服务举措

（一）出台关于加强中国（福建）自由贸易试验区人才工作的 14 条措施

为推动中国（福建）自由贸易试验区先行先试，进一步提升人才服务质量，优化人才发展环境，出台了包括创新引进高层次人才评价认定机制、落实高层次人才税收激励政策、确保高层次人才创业项目建设所需土地供给、破解高层次人才项目融资难问题、加大引进高层次人才创业创新经费支持力度、多渠道多形式为各类人才提供住房保障、提供更加优惠便利的高层次人才居家生活待遇、完善便利往来和签证（注）居留政策、加强人才服务体系建设、加快打造优质人才载体、推动和引导用人主体发挥作用、加强本土人才的培养与开发、重奖有突出贡献的创新人才、实行人才环境第三方机构评估机制在内的 14 条重要举措。

这 14 条措施体现了人才优先发展理念，坚持以政策创新带动人才发展体制机制创新，推动了制度创新与科技创新、开放创新的有机统一、协同发展，重点围绕人才安居乐业的问题和人才工作体系存在问题，系统谋划自由贸易试验区人才政策制定、制度创新、平台建设，同时做好了顶层设计，力争调动方方面面的积极性、主动性，形成人才工作的强大合力，营造大众创业、万众创新的制度环境，用优惠的政策、优越的机制、优良的环境、优质的服务，吸纳天下英才向自由贸易试验区自由流动，为自由贸易试验区建设、加快新福建建设提供人才支持和智力保障。

（二）出台关于深化职称制度改革的实施意见

以职业分类为基础，以科学评价为核心，以促进人才开发使用为目的，实行更加积极、更加开放、更加有效的人才政策。

一是突出职业道德考核评价。坚持德才兼备、以德为先，把品德放在专业技术人才评价的首位，重点考察专业技术人才的职业道德。专业技术人才在职业道德方面有突出表现，并受到相应表彰的，在职称量化评价指标体系中设置相应权重分值，树立以德为先的用人导向。探索建立职称申报评审诚信档案和失信黑名单制度，纳入全国信用信息共享平台。完善诚信承诺和失信惩戒机制，实行学术造假“一票否决制”；对通过弄虚作假、暗箱操作等违纪违规行为取得的职称，一律予以撤销。

二是突出能力素质考核评价。分系列修订职称评价标准，实行国家标准、地区标准和单位标准相结合，注重考察专业技术人才的专业性、技术性、实践性、创造性，突出对创新能力的评价。分类分层合理设置职称评审中的论文和科研成果条件，不将论文作为评价应用型人才的限制性条件。对在艰苦边远地区和基层一线工作的专业技术人才，淡化或不做论文要求；对实践性、操作性强，研究属性不明显的职称系列，可不做论文要求；探索以专利成果、项目报告、工作总结、工程方案、设计文件、标准文本、教案、病历等成果形式替代论文要求；推行代表作制度，重点考察研究成果和创作作品质量，淡化论文数量要求，对职称外语和计算机应用能力考试不做统一要求。

三是突出业绩贡献考核评价。注重考核专业技术人才履行岗位职责的工作绩效、创新成果，增加技术创新、专利、成果转化、技术推广、标准制定、决策咨询、公共服务等评价指标的权重，将科研成果取得的经济效益和社会效益作为职称评审的重要内容。

（三）出台关于深化人才发展体制机制改革的实施意见

通过深化改革，计划到 2020 年，在人才培养引进、评价使用、分配激励、服务保障、编制管理等重点环节取得突破性进展，形成与社会主义市场经济体制相适应、人人皆可成才、人人尽展其才的政策法规体系和社会环境。

一是转变政府管理职能。按照政社分开、政事分开和管办分离要求，强化政府宏观管理、政策法规制定、公共服务、监督保障等人才管理职能。推进人才管理部门简政放权，建立和完善政府人才管理服务权力清单、责任清单。优化人才公共服务流程，提高政府管理服务效率。

二是落实用人主体自主权。充分发挥用人主体在人才培养、引进、使用中的主导作用。研究制定事业单位领导人员管理办法。实行一定数量高层次人才专用编制，专编专用、人退编收。在高校、公立医院等事业单位试行“人员控制数”等管理办法。科研院所可在核定机构编制限额内自主设置内设机构，调剂使用编制，报机构编制部门备案。科学合理配置高校内设机构和领导职数。创新事业单位编制管理方式，对符合条件的公益二类事业单位实行备案制管理。改革事业单位岗位管理模式，建立动态调整机制。

三是壮大人才中介服务组织。积极培育各类社会组织和人才中介服务机构。支持建设国家级人力资源服务产业园。整合人才市场和劳动力市场，构建统一、开放的人力资源市场体系。鼓励发展中小型专业人力资源服务机构，构建人力资源服务集群。加大高端猎头机构引进培育力度，鼓励省内人力资源机构与国（境）外同类机构合资合作，到自由贸易试验区台资设立人力资源服务机构不受股权比例和注册资本金限制。大力培育科技服务组织。选派人力资源服务业人才赴省外高校、人力资源服务机构培训。探索建立公益性的人才科技资本综合运营平台。

（四）出台落实高层次人才税收激励政策

全面贯彻落实国务院批准自由贸易试验区实行的税收政策，确保高层次人才享受到税收优惠，落实好闽台之间个人所得税负差额补贴政策。研究制定全省城镇职工薪酬水平增长机制。合理划分创新团队、个人、单位间的科技成果转化收益分成，转化收益中归属成果完成人及团队的比例不低于70%，并鼓励成果优先在省内转化。企事业单位可实行高层次人才年薪制协议工资、项目工资等分配办法。对科技成果完成人和为科技成果转化做出重要贡献人员的奖励，计入当年本单位工资总额，但不受当年本单位工资总额限制，不纳入本单位总额基数。支持担任党政领导职务的科技人员按照规定及本人在研发活动中所起的作用和实际贡献参与科技成果转化收益分配和奖励。探索实施国有企业股权激励和员工持股制度，试点国有科技创新型企业对重要科研人员和管理人员实施股权、期权激励。

（五）出台关于深入推行科技特派员制度的实施意见

深入推行科技特派员制度。要继续创新科技特派员选认方式，围绕地方主导产业和特色产业，跨界拓展选认科技特派员，既选认农业领域的、福建省的科技人才，以及优秀农村实用人才，又选认第二、第三产业领域的、省外乃至境外人才，以及科技领军和高技能专业技术人才；要以推进福建省或当地优势产业发展为目标，围绕产业链，建立优质的技术服务团队；要树立一批（3～5个）真正在基层为产业发展服务并取得实效、经得起检验，可示范、可复制、可推广的科技特派员先进典型；要打造成果就地转化、项目直接落地、服务不断跟进的科技特派员服务基地和星创天地。《福建省人民政府关于深入推行科技特派员制度的实施意见》的出台，将进一步激发广大科技人员创新创业热情和发挥科技创新引领作用，推进农村大众创业、万众创新和农业供给侧结构性改革，有利于增强农业农村发展新动能，促进农村一、二、三产业融合发展。

二、科技人才计划、工程、基地、项目等实施进展和案例

（一）提出10条扶持创新创业政策措施，更加全面地促进科技产业的发展

针对新型研发机构建设面临创新投入较大、人才引进较难和运行成本较高等问题，提出10条具体扶持政策措施。在支持研发项目申报、优先安排项目用地、加大财政资助力度、培养引进高层次人

才、进口仪器设备免税、政府采购首购、风险投资补助、科技创新平台建设、促进成果转移转化、支持科研人员离岗创新创业等方面都做了明确规定。

在财政资助方面，省和设区市财政对初创期新型研发机构每年度按非财政资金购入科研仪器、设备和软件购置经费 25% 的比例，给予最高不超过 500 万元的后补助。初创期一般为 5 年。对初创期过后发展效益较好的研发机构按近 5 年非财政资金购入科研仪器、设备和软件购置经费 25% 的比例，一次性给予最高不超过 1000 万元的后补助。

在高层次人才引进方面，新型研发机构每引进国家 “万人计划”人才或入选省“海纳百川”高端人才聚集计划的，分别给予 10 万～ 300 万元的补助；确认为省引进高层次人才的，分别给予用人单位 25 万～ 200 万元的安家补助。

在政府采购首购上，对新型研发机构研发的经认定且签订采购使用协议的福建省首台（套）重大技术装备，属国内首台（套）的按不超过市场销售价格 60%、属省内首台（套）的按不超过市场销售价格 30% 对生产企业给予补助，用于生产企业研发费用补助和用户风险补偿，最高补助金额不超过 500 万元。

在风险投资补助方面，省财政和所在地市县财政分别给予单个创业投资项目最高不超过项目实际投资额 10% 和 15% 比例的风险补助，省财政单个创业投资项目风险补助金额最高不超过 200 万元。

经专家评审、实地核查和公示后，已公布两批共 51 家新型研发机构。

（二）加强人才创业创新平台建设

积极推动创业孵化平台的人才服务集成。梳理创业创新孵化平台的人才政策及服务，整合组织、人社、科技、经信、教育、招商等部门力量，围绕创业体验、项目孵化、工作场所、住房保障、事务代理、法律援助、资金支持、团队建设、创业辅导等服务项目，发挥政策集成和协同效应，打造一批低成本、便利化、全要素、开放式的新型创业孵化平台。建设一批承载力强、功能健全、服务规范、协同创新的人才综合体和创业创新示范中心。

支持企业建设创新人才合作培养平台。建立以企业为主体、市场为导向、多种形式的产学研战略联盟，支持企业加强院士工作站、博士后科研工作站、生产力中心、企业设计中心、企业技术中心、工程（技术）研究中心、重点（工程）实验室等创新人才平台建设。完善产学研用结合的协同育人模式。制定推进企业与省内外高校、科研院所合作培养人才的激励政策，鼓励引导有条件的企业建立企业商学院和互联网“虚拟学校”，鼓励企业投资自建应用型职业大学或与高等院校联合建立社会实践基地。创新技术技能人才教育培训模式，开展校企联合培养试点。

搭建人才创业创新投融资平台。适应人才投资周期较长、前期风险较大、引进高层次人才成本较高的特点，加大政府对企业引才聚才前期风险的补偿力度。落实国家支持个人和机构开展天使投资的税收优惠政策。落实省政府扶持中小微企业发展的金融服务政策，“万家小微企业成长计划”“小微企业贷款保证保险”等扶持政策优先向高层次人才运营项目倾斜。鼓励各类股权投资基金、保险资金投向高层次人才创办的企业或运营的项目。鼓励银行业金融机构创新金融产品支持高层次人才运营公共平台。推进省内法人银行创新科技金融服务模式，积极发展股权、知识产权、专利权、应收账款、仓单等质押融资贷款。支持高层次人才创办的企业通过发行中期票据、短期融资券、企业债、公司债、绩优票据等方式进行融资。推行“边建设、边招人、边科研、边转化”模式，积极引进和搭建创新平台。

（三）多举措推进“五个一批”项目建设

谋划布局，培育一批重大创新项目。结合实施创新驱动发展战略，把抓项目作为抓创新的重要载体，在全省范围内广泛调研和征集，创新项目生成、组织和管理模式，推动生成一批省重大创新项目。经初步统计，全省科技领域“五个一批”项目共有 13 个，其中已开工海西研究院三期建设、国家知识产权局专利局专利审查协作北京中心福建分中心技术用房等 7 个项目，总投资 969 892 万元，已完成投资 75 562 万元；已谋划清洁安全核能研发基地等 5 项；已投产机械科学研究总院海西分院高端装备产业 1 个项目，总投资 200 000 万元，已投资 48 100 万元。这些项目技术含量高、辐射带动能力强、对促进产业升级作用显著，且大部分已列入省级或当地建设计划或规划、资金拼盘基本有出处、承担单位具有承建能力、具备较好前期基础和条件，不少项目已开工实施。

精准扶持，构筑创新项目支撑体系。落实国家在闽大项目、大平台建设布局，抓紧建设省政府与国家知识产权局、中科院合作协议，国家专利审查协作福建中心、中科院海西研究院（三期）等项目。中科院、中广核合作共建的核能创新研究院，正在加快完成清洁安全核能实验室项目前期工作，目前在进行安征迁及三通一平费用测算、一期项目拼盘资金筹备等相关工作。此外，福建（泉州）哈工大工程技术研究院和中国农业科学院海峡分院、中国热带农业科学院漳州实验中心等平台也在筹备建设中。

建设创新平台，带动科技项目投资增长。加快建设工程（技术）研究中心和重点实验室。新认定省级（企业）工程技术研究中心 32 家，推动闽台作物有害生物生态防控国家重点实验室通过国家批准建设，研究确定 32 个省重点实验室并将实施扶持政策措施。打造一批创业创新示范基地和新型众创空间。加大财政补助，对符合条件的众创空间提供孵化用房、科技创新券等政策扶持。多措并举，综合施策，支持科技人员、留学归国人员等创办科技型企业，鼓励开发新产品、新技术、新模式，创新融资方式。目前，全省各类众创空间有 400 多家，市级以上超过 200 家，为科技项目发展提供了坚实基础。

（四）建设福厦泉国家自主创新示范区，推动创新驱动和区域产业发展

2016 年 6 月，国务院批复同意福建省福厦泉高新区建设国家自主创新示范区，这成为全国科技创新大会之后一个新的创新示范区，纳入国家全面创新改革布局。省委、省政府及时研究出台了《福厦泉国家自主创新示范区建设实施方案》（以下简称《方案》），专门召开示范区建设动员大会，对示范区建设进行全面部署。在科技改革创新上先行先试，目前可在福建省推广的中关村试点政策已全部贯彻落实，其中不少政策措施属全国首创。省和福州、厦门、泉州 3 市积极出台了一批推动创新驱动和区域产业发展的政策措施，已形成全省政策保障体系较完备和创新机制较灵活的区域。

《方案》描绘了福州、厦门、泉州 3 市国家自主创新示范区的建设蓝图，厦门将重点打造两岸高端产业集聚发展的样板，到 2020 年力争迈入全国国家高新区第一方阵。根据《方案》的要求，福厦泉国家自主创新示范区建设以福州、厦门、泉州 3 个国家高新区为核心，建设科技体制改革和创新政策先行区、海上丝绸之路技术转移核心区、海峡两岸协同创新示范区、产业转型升级示范区。福建省计划在福州、厦门、泉州 3 市打造“福建芯谷”，3 市 70% 以上小巨人领军企业、80% 以上高新技术企业和创新型企业要进示范区，省里还计划建设一批重大科技项目和创新平台，帮助提升企业的自主创新能力。福厦泉国家自主创新示范区获批建设以来，在省委、省政府的领导下，省直有关部门和福州、厦门、泉州 3 市积聚力量，强化发展谋划、组织协调和有序推进，取得较好成效。在自主创新示范区建设的带动下，新增泉州芯谷、南平和武平 3 个省级高新区，2017 年全省 7 个国家高新区完成工业总产值 7415.1 亿元，同比增长 12.8%，全省约 84% 的高新技术企业、68% 的科技小巨人领军企业和 70% 的新型研发机构在福厦泉成长，86% 的授权发明专利在福厦泉产生。

三、科技人力资源与科技人才队伍建设基础数据

（一）专业技术人才发展

截至 2017 年年底，福建省专业技术人才总量为 252 万人，任职事业单位和公有制企业的专业技术人才达到 70.2 万人，比 2015 年增加了约 2.4 万人；事业单位专业技术人才 59.29 万人，比 2015 年增加了约 1.09 万人，其中高级职称 8.89 万人，中级职称 25.07 万人，初级职称 23.05 万人，未评聘 2.27 万人；公有制企业专业技术人才 10.9 万人，比 2015 年增加了约 1.3 万人，其中高级职称 7637 人，中级职称 2.9 万人，初级职称 3.8 万人，未评聘 3.5 万人。从职称结构上看，高级职称人员比重相对偏低。

（二）高层次人才

从国家级高层次人才队伍总量来看，在闽工作的两院院士 19 人，比 2015 年增加 1 人；“万人计划”专家 120 人，比 2015 年增加 98 人；国家突出贡献中青年专家 107 人，比 2015 年增加 24 人；“新世纪百千万人才工程”国家级人选 95 人，比 2015 年增加 7 人；享受国务院特殊津贴专家 2555 人，比 2015 年增加 71 人。近年来，国际级高层次人才的引进力度与培养力度较大，人数增长显著。

从省级高层次人才队伍总量来看，《福建省“海纳百川”高端人才聚集计划（2013—2017 年）》实施以来，取得了较大的成效。先后 5 批引进海内外高层次创业创新个人（团队）530 人，相较于前 4 批引进的海内外高层次创业创新团队 51 个，高层次创新创业个人 352 人，在数量上有了进一步的提升。实施第三批福建省特殊支持人才“双百计划”，共遴选 588 人，较前两个批次共新增 217 人。在 588 位入选“双百计划”的人选中，科技创新领军人才 210 人，科技创业领军人才 100 人，哲学社会科学领军人才 74 人，“百千万人才工程”领军人才 59 人，青年拔尖人才 85 人，企业高级经营管理人才 60 人。总体而言，省级高层次人才在集聚速度与集聚质量上均显著提升。

四、新时代科技人才发展思路与举措

福建省坚持人才优先发展战略，采取各项措施打破制度障碍，坚持创新驱动，激发科技人才创新创业的积极性，加大高层次人才集聚力度，在科技人才选拔、培养上力争取得显著进展。

（一）进一步推进创新载体建设

1. 推动完善创新创业支撑平台

以高新产业领域发展为基础，以用人单位为主体，积极策划、推动建设各类创新创业平台，为科技人才创新创业提供施展的舞台。例如，在福厦泉国家自主创新示范区建设中，将进一步围绕主导产业的升级，战略性新兴产业的培育，推动特色园区建设，推进福厦泉各片区重点产业差异化发展和释放带动效应，提升自主创新示范区经济整体实力；同时围绕区域产业特色，积极搭建创新平台，增强中高端技术供给能力。

2. 推进高水平科研团队建设

近年来，推进了一批高水平科研机构及龙头企业研发中心的建设。支持固体表面物理化学国家重点实验室等 127 家高水平研发创新平台建设。中科院海西研究院三期项目顺利全面封顶，海西研究院厦门稀土所完成工程预验收即将入驻、国家专利审查协作福建中心正式启动运行。国家海洋局海岛研究中心、机械科学研究总院海西分院、闽台作物有害生物生态防控国家重点实验室、大黄鱼育种国家重点实验室等国字号研究机构在服务福建省创新发展中发挥突出作用。

未来，将继续引进建设重大研发机构，在战略性新兴产业发展核心技术的关键节点上，布局新建一批重大研发创新平台。从平台运行补助、首席科学家工作经费、合作开放资金配套等多方面支持。同时，采用“平台 + 人才”引进模式，充分利用重大研发机构、科技创新平台，着力引进和培育一批海内外高层次科技创新创业人才、科技领军人才和创新创业团队。

（二）完善激励机制与制度保障

1. 激励科技人才创新创业

省科技厅牵头，围绕贯彻落实《关于实施创新驱动发展战略建设创新型省份的决定》，研究出台《福建省自贸试验区引进高层次人才科研项目资助暂行办法》、促进科技成果转移转化、提升高校科技创新能力、鼓励社会资本建设新型研发机构、促进科技与金融结合、建设福厦泉国家自主创新示范区等一系列政策文件和激励措施，将从改革创新治理、增加创新投入、推进开放创新、激励成果转化、改进科技项目经费管理、创新评价激励机制等方面，进一步增强“双创”内生动力，优化人才发展的制度环境，支持高层次人才创新创业和科技成果转移转化，推动国家有关激励创新创业政策在福建省落地实施。

2. 优化人才发展环境

努力从科研管理向科研服务转型，强化创新创业公共服务，优化创投融资环境，落实税收优惠政策，营造大众创业、万众创新的氛围。将充分利用现有人才政策、产业扶持政策，为企业发展的各个阶段提供多层次、相适应的投融资服务，支持引进落地孵化的高层次人才项目产业化。为确保高层次人才引得来、留得住、发展得好，强化人才配套保障体系，在人才工作和生活中提供全方面服务，涵盖各类人才安居乐业所需要的方方面面，包括创业创新资金补助、工作场所、创业投资、职称评聘、税收返还、住房、保险、医疗、配偶安置、子女就学、居留和出入境等。

（三）创新人才选拔与培养机制

突出项目带动，加大引育力度。一是实行“创新团队 + 创新项目”“创新人才 + 创新项目”培养工作机制，围绕福建省战略性产业发展需求，引进创新性强、技术含量高、应用前景广、对福建省经济社会发展具有重要作用和影响的高层次团队。二是制度创新，赋予科研机构更大科研自主权，改进财政科研项目资金管理，简化预算编制，下放预算调剂权限。明确高校、科研院所使用产学研合作横向经费，不受纵向科研经费使用范围和比例的限制，由单位和项目组自主规范管理和支配。对高校、科研院所使用、处置和转化自有科技成果的，主管部门和国资管理部门不再审批或备案；改进高校仪器设备政府采购管理，高校可自行采购科研仪器设备，自行选择科研仪器设备评审专家。三是探索人才、资本、平台一体的创新性机制，变“管理人才”为“服务人才”，变“引才资金”为“引才资本”，变“人才优势”为“产业优势”，通过整合各方资源，集聚发展要素，促进人才、资本、项目的深度融合，为高新技术产业快速发展注入新动能。

江西省科技人才发展报告

■江西省科学技术厅

在科技部的精心指导和省委、省政府正确领导下，江西省科技厅以习近平新时代中国特色社会主义思想为指导，深入贯彻党的十九大精神，按照《中共中央印发〈关于深化人才发展体制机制改革的意见〉的通知》（中发〔2016〕9号）要求，紧扣“创新引领”这条主线，大力实施创新驱动发展战略，全力推进科技创新人才队伍建设，各项人才工作取得了显著成效：全省拥有院士3人，国家级创新团队3个，国家杰出青年基金获得者12人，国家“万人计划”（科技创新人才、科技创业人才、“百千万人才工程”领军人才、青年拔尖人才）25人，国家中青年科技创新领军人才10人，国家科技创新创业人才25人，省级优势科技创新团队136个，省学术学科带头人276人，省杰出青年人才（青年科学家）438人。

一、主要做法

（一）以政策完善为“突破点”，突出增强人才发展活力

按照《中共江西省委关于深化人才发展体制机制改革的实施意见》的要求，进一步推进人才体制机制创新，释放科技人员创新活力。牵头制定出台《江西省创新驱动发展纲要》《江西省鼓励科技人员创新创业的若干规定》等创新政策文件，最大限度下放科研单位自主权，给科研资金的使用松绑，使全省科技人员创新创业及科技成果转化渠道更加通畅。《江西省鼓励科技人员创新创业的若干规定》实施以来，44个省属科研院所及高校转化科技成果363项，取得转化收入1.09亿元，离岗创新创业62人，在岗创新创业100人，科技人员创办领办企业60个。出台了《江西省科技专项资金管理暂行办法》等管理办法，保障科技人员享有更大的技术路线决策权、经费支配权和资源调动权，营造尊崇创新、鼓励探索、宽容失败、多元包容的学术氛围。

（二）以人才计划为“着力点”，突出壮大人才规模实力

一是实施省主要学科学术和技术带头人资助计划。这是有江西省特色，在全国启动较早的专项

人才计划。2017 年，修订了《江西省主要学科学术和技术带头人资助计划管理办法》，着力集聚培育有较高学术技术水平和研究创新能力，或具备战略眼光、善于组织管理的高层次核心创业创新人才。2017 年，35 人获省主要学科学术和技术带头人项目资助。二是积极推进领军人才梯队建设，实施省杰出青年人才资助计划，促进青年人才成长。2017 年，104 人获省杰出青年人才计划资助。2017 年江西省争取国家自然科学基金项目 840 项，争取直接经费 3.15 亿元，分别比上年增长 8.5% 和 10.5%，再创历史新高。2017 年资助基础研究类项目 698 项，经费 7000 万元，投入较上年度增加 62%。2018 年进一步加大对青年人才的支持，设立“杰出青年科学基金”，作为冲击国家杰出青年基金的苗圃项目。三是实施省优势科技创新团队建设计划，立足技术进步、产业发展及重点项目建设，大力培育创新团队。2017 年，围绕江西省先进制造、新材料、新一代信息技术、节能环保、现代农业等重点产业创新，有机整合企业、高校、科研院所的力量，支持了 18 个具有自主知识产权、竞争力较强的优势科技创新团队建设项目，以此带动培养一批科技创新骨干力量，增强创新实力。

（三）以重大项目为“牵引点”，突出增强人才发展动力

扎实推进创新驱动“5511”工程重大项目，培育顶尖科技创新人才。一是以产学研深度融合的创新机制促进科技人才团队建设。通过以企业为龙头，联合上下游关联单位，2017 年新组建科技协同创新体 16 家，涉及新材料、航空制造、节能环保、先进装备制造和生物医药五大战略性新兴产业，加强了省内外重点科研机构、高等院校的科研合作。截至 2017 年年底，协同创新体共组建研发团队 141 个，其中院士 8 人，博士 175 人。与省内外 151 家高校、科研院所合作。二是以重大科技专项带动创新人才成长。2017 年确定 11 个省重大科技研发专项，全部由企业牵头申报，90% 的项目负责人是引进国内外著名专家或联合科研机构、高校，依托省级以上创新平台和团队。

（四）以平台基地为“支撑点”，突出夯实人才发展根基

一是新增建设国家级创新平台和载体。在国家级高新区建设方面取得重大突破，新增丰城市和共青城市两个高新区。2017 年，新增国家级科技企业孵化器 6 个，众创空间 32 个。二是巩固提升现有国家级创新平台和载体。江西农大猪遗传改良与养殖技术实验室，经多年的培育，获批为省部共建国家重点实验室，成为江西省独立依托自身力量建设的第一家国家重点实验室。三是推进省级重点实验室和工程技术研究中心建设，2017 年，新增国家级研发平台 3 个，省级研发平台 137 个。

（五）以产业发展为“着眼点”，突出人才发展主攻方向

充分发挥高层次人才在重点产业转型升级和产业集群发展中的核心作用，扎实推进人才队伍建设。一是以“人才链”支撑“产业链”。省级科技人才资助计划进一步向企业生产第一线科技人才倾斜，单独设置适应企业人才特点的评价指标，2017 年企业人才资助比例达到 77%，有效支撑了产业发展。

二是针对科技成果转移转化不畅，大力推动科技成果转移转化，为科技人才提供服务。印发《江西省促进科技成果转移转化行动方案（2017—2020年）》，举办4场全省性大型科技成果在线对接会，征集项目成果10 996项，企业技术需求755项，实现技术对接1648次，达成意向328项次。进一步完善“网上常设技术市场”服务功能，与南昌市科技局在南昌高新区共同筹建常设技术交易市场。全省技术合同成交2404项、总金额96.19亿元，同比分别增长21.1%和21.7%。组团参加第19届高交会，推介科技成果195项，参展实物72项。三是针对高层次人才匮乏，积极引进国内外人才为我所用。配合省委人才办设立江西省人才创新创业引导基金和制定实施方案，由江西省科技厅牵头，会同省工信委、省农业厅、省教育厅等部门，筛选高端人才或优秀人才团队创新创业支持项目200余项，并向基金管理人提供基金重点投向参考目录，吸引和培育一批高层次人才及团队在赣创新创业。四是完善并落实联系专家制度，大力实施“赣籍科技人才回归”工程，加快引进一批包括江西籍在内的海内外高层次创新人才和研发团队。2017年，江西省科技厅先后组队赴北京大学、上海交通大学、中国农业大学、中科院植物研究所等单位开展科技合作对接，累计实施国家国际科技合作项目15项，省级合作项目50项，引进了一大批科技人才服务江西省发展。

二、存在问题

江西省科技厅在科技创新人才团队建设上做了大量工作，但仍存在一些问题：一是高层次创新人才数量匮乏。高端人才数量不足非常不利于江西省科技和经济快速发展。二是科技人才分布严重不均衡。地域上，全省创新人才和团队主要集中在南昌、赣州等地；结构上，青年人才比例偏低且得不到及时补充。三是高端研发平台较少。近年来，江西省研发平台在数量建设上取得了一些进展，但在全国有地位、有分量、有影响力的高端研发平台仍然非常少，所聚积的高层次人才也偏少。四是企业创新人才不足。在企业创新方面，研发投入、发明专利、高企占比等重要指标，与兄弟省份还存在很大差距，江西省企业创新主体地位发挥不够，直接导致企业创新人才相对较少。五是科技创新投入对人才成长的支撑不够。例如，从R&D投入强度看，2017年全省全社会R&D投入强度仅为1.23%，离创新型省份2.5%的目标还有很大差距，不足以支撑人才创新需求。这些问题和不足有待在今后的工作中不断解决完善。

三、下一步打算

（一）做优政策，吸引人才

一是进一步落实省委、省政府关于深化人才发展体制机制改革的意见，梳理涉及江西省科技厅人才改革目标任务，细化指标，对应制定完善相关政策，加快推进科技人才队伍培养、引进和使用。二是进一步完善鼓励科技人员创新创业政策措施，着力破除体制机制障碍，抓好政策的落实。最大限度下放科研单位自主权，给科研资金的使用松绑，以深化科技成果处置权、收益权、分配权改革为主线，采取更为灵活的人事和收益分配措施，使创新创业和成果转化渠道更加通畅。三是进一步完善和落实各级领导联系专家制度，大力实施“赣商回归”工程，协调解决专家创新创业的后顾之忧，加快引进一批包括江西省在内的海内外高层次创新人才和研发团队。

（二）做好平台，留住人才

一是结合创新型省份建设布局，着力打造“一廊两区五城多点”创新高地，推进重大创新平台建设计划，形成人才成长集聚效应。二是实施创新驱动“5511”工程倍增计划。力争每年新增20个国家级创新平台和载体、20个国家级人才和团队，培育人才成长的“肥沃土壤”。三是充分发挥“双千计划”引导作用。进一步做好“双千计划”申报评审工作，完善评审方案和细则，使优秀的人才选得准、引得进、用得好、留得住，为创新江西省建设提供有力科技人才支撑。四是继续实施好省级科技人才资助计划（带头人资助计划、杰出青年科学基金、优势科技创新团队建设计划），推进人才使用与培育联动，大力造就高层次创新型领军人才、科技创业人才和优秀科技创新团队。

（三）做强产业，用好人才

一是以支持产业重大技术攻关培养人才。通过科技计划管理改革，推进围绕产业链布局创新链，通过抓重大项目抓科技创新人才，充分发挥重大项目对人才发展的引领作用，以财聚才，以用育才。二是以推进转化试点示范集聚人才。积极推进鹰潭国家科技重大专项转移转化试点示范工作，通过支持鹰潭依托中国信通院、华为、中兴、浪潮等及三大运营商的技术优势，建设国内领先、国际一流的新一代宽带无线移动通信网公共技术服务平台、公共应用服务平台和产业发展服务平台，引进和留住通信产业各方高端人才。三是以提升企业创新能力带动人才成长。支持省内龙头骨干企业，以新机制、新模式联合产业链上下游企业、科研院所和高校组建十大产业技术创新平台，着力突破制约产业发展的共性和关键技术瓶颈，形成产业技术开发和服务能力。在企业创新能力提升的过程中带动企业创新人才的成长。

山东省科技人才发展报告

■山东省科学技术厅

近年来，山东省高度重视科技人才工作，围绕国家总体部署，促进人才体制机制创新与科技体制改革深度融合，坚持遵循科技人才成长规律，大力推动科技创新人才队伍建设，在相关人才政策制定、人才工程实施等方面做了大量扎实有效的工作，有关情况如下。

一、科技人才相关政策及成效

（一）深化科研管理体制改革，科研人员科研自主权进一步扩大

紧紧围绕实现科技部门从项目管理向创新服务转变的目标，科技部门进一步深化自身体制改革，破解束缚科研人员的政策障碍，打通活跃创新的“最后一公里”。制定出台了《关于完善财政科研项目资金管理政策的实施意见》，简化项目预算编制科目，将会议费、差旅费、国际合作与交流费合并编制，为科研人员结合实际开展科研活动创造了条件；将大部分预算调剂权下放给项目承担单位；项目结转结余资金可留归项目单位继续使用，彻底解决年底突击花钱的弊端；取消直接费用中劳务费和间接费用中绩效支出比例限制，大幅提高科研人员的人头费用，充分体现科研活动中科研人员的智力价值；对横向科研经费实行区别于财政科技资金的管理方式，由项目承担单位按合同管理使用，调动科研人员从事产学研合作的积极性。

（二）确立知识价值决定收入分配的政策，鼓励科研人员创新导向作用更加明晰

出台《关于加快实行以增加知识价值为导向分配政策的实施意见》，构建起基本工资、绩效工资和科技成果转化性收入三元薪酬体系，将科研人员的收入与岗位的责任、创新的业绩和实际的贡献紧密联系；支持科研人员通过科技成果转化增加合理收入，对科技成果完成人和为科技成果转移转化做出重要贡献人员的奖励，可直接发放给个人，且科技成果转化收益不受单位工资总额限制，不纳入单位工资总额基数；对科研人员获得的股权奖励实行递延纳税，进一步激励了科研人员创新创业积极性；强化高校、科研院所履行科技成果转化长期激励的法人责任，建立高校、科研院所单位负责人和相关

责任人履行勤勉义务免责机制，重点解决了成果转化政策不落实，责任主体缺位的问题；完善创新绩效评价体系和考核机制，引导人才评价从重视发表论文到注重科技成果转化绩效转变，使科技活动更加贴近经济社会发展实际需求；依法依规赋予高校、科研单位分配自主权，提倡在保持科研人员工资收入稳定基础上，调整优化人员工资结构，逐步提高基础性绩效工资水平，加大奖励性绩效工资激励力度，自主合理确定绩效工资分配方案。

（三）完善政策体系，科技成果转化通道更加通畅

完成《山东省促进科技成果转化条例》修订工作，为人才合理合法享有创新收益提供了立法保障；强化政府在科技成果转化活动中的推动、保障和促进作用，明确政府设立的科研机构、高校对其持有的科技成果，可以自主决定实施、转让、许可或作价投资，转化科技成果所获得收入全部留归本单位，充分调动了高校、科研院所在科技成果转化中的积极性；对科技人员的奖励由不低于 50% 提高到不低于 70%，对科研人员创新创业积极性的激励作用进一步增强。出台了《省属高校、科研院所科技成果转化绩效考评办法（试行）》，将科技成果转化绩效考评结果作为对单位给予支持的重要参考，进一步强化了高校、科研院所在科技成果转化中的主体作用。为加快上述科技成果转化政策的落地实施，在青岛科技大学、山东理工大学等 4 所高校开展了科研体制改革试点，在 24 家省属科研院所实施了法人治理机构改革，为解决科技成果转化“最后一公里”问题积累了经验，科技成果转化不断加速。山东理工大学科研人员新型发泡剂成果转化单项合同收益 5 亿元，其中科研人员成果转化收益达到 80%，极大激发了科研人员创新创业活力。

（四）建立荣誉制度，激励科技人才创新的机制进一步健全

制定出台了《科技领军人才创新工作室管理办法（试行）》，启动了以领军人才名字命名的“创新工作室”建设，首批 10 家工作室已获得命名，进一步提升了科技领军人才的影响力。发挥省科技奖励荣誉激励作用，进一步突出了创新贡献导向，着力奖励在科技创新中做出重大贡献的高层次人才、创新团队和青年人才。省科技奖励成为杰出人才培养和青年人才脱颖而出的重要平台，山东省 2017 年新入选的 3 名工程院院士均曾多次获得省科技奖励。

（五）发挥省自然科学基金作用，基础研究人才培养成效显著

持续加大基础研究投入力度，2017 年省自然科学基金规模达到 2.5 亿元，共对不同层次的 738 名青年人才进行了支持，其中，对 45 岁以下青年科技人才支持比例已达到 95% 以上，重点支持人才开展自由探索和围绕全省产业发展开展前瞻性基础研究。与 2013 年相比，青年项目平均支持强度由 5.56 万元增加至 15 万元，青年人才获得的支持力度进一步加大。在省自然科学基金的推动下，

全省从事基础研究的人才队伍得到进一步稳定和发展，基础研究呈现出强劲发展后劲。山东省获得2017年国家自然科学基金青年项目数量首次超过1000项，比2016年增长13.1%；获得资助资金2.3亿元，比2016年增长38%；获得国家自然科学基金面上项目、重点项目数量较上年分别增长13.5%和8.9%，增速均高于全国平均水平。基础研究重大成果不断涌现，张运院士带领团队在国际上首次揭示了他汀改善血管内皮功能的新机制，研究结果发表在国际顶尖心血管病杂志；中科院青岛能源所“泰山学者”崔光磊主持研发的先进耐压固态锂电池电源系统，打破日本技术垄断，标志着我国成为世界上第二个具备全深海锂电池动力系统研制能力的国家，得到国务院领导同志批示。

（六）强化载体平台建设，引人用人机制更加灵活

不断完善以国家实验室、国家和省级技术创新中心、重点实验室、工程技术研究中心等为主体的创新平台体系布局，强化人才、平台、项目一体化建设，形成科技人才聚集高地。244家省级重点实验室已汇集科技人才11 135名，961家省级工程技术研究中心拥有国家和省重点人才工程入选者576人。加强院士工作站建设，从审批制改为备案制，简化行政流程和办事手续，在全省346家院士工作站凝聚了280多名院士及其团队，推动山东省相关领域关键技术取得重要突破。山东华凌电缆院士工作站引进被誉为“中国直流输电第一人”的中国工程院院士李立浧，将拥有自主知识产权的核电站用电缆技术应用于高性能建筑，解决了“70年房子，25年电线”这个巨大的用电隐患，且费用只有普通电线的1/3。

二、科技人才工程、基地、项目等顺利实施

（一）组织实施“泰山学者”工程

“泰山学者”工程是山东省委、省政府实施的一项重大人才工程，近年来山东省对其进行了优化提升，调整为“泰山学者攀登计划”“特聘专家计划”“青年专家计划”3个部分，形成衔接有序、分类支持的格局，突出其“学者”定位，重点支持高校、科研院所、医疗机构等引进培养从事基础研究、原始创新和共性技术研究的创新型科技人才。截至2017年年底，全省“泰山学者”总数超过1000名，为山东省经济社会发展做出了突出贡献。

（二）组织实施泰山产业领军人才工程

在原有的“泰山学者”工程基础上，进一步细化定位，新推出了泰山产业领军人才工程，分为产业创新类、科技创业类、产业技能类3个组成部分，从工作思路、工作机制、资源统筹配置等方面制定了具体措施。突出其服务产业发展导向，重点支持各类企业、园区、产业基地等引进培养

从事产业技术创新、科技成果产业化和产业技能攻关的领军人才团队，培育产业发展新优势，为加快产业转型升级提供更为直接的人才支撑。截至 2017 年年底，已遴选 3 批泰山产业领军人才共 529 名，各项支持政策全部落实到位。2018 年对科技创业类人才的遴选方式进行了改革，采取创业大赛的形式，围绕山东省新旧动能转换重点领域，广泛吸引海内外高层次人才带资金、带创意、带技术、带项目落地山东省。

（三）深入实施创新人才推进计划

坚持深入发动、严格把关、好中选优，并对优选出的人选实行有针对性的辅导工作和“一人一策”的特色服务，重点在国家和省重大科技计划项目承担人中遴选人才，最大限度争取推荐人选进入国家重大人才工程。近年来，中青年科技创新领军人才、科技创新创业人才、重点领域创新团队、创新人才示范基地累计入选人数达到 163 人（项），其中创业人才 76 人，居全国前列。

（四）拓宽科技人才培养模式，支持科技人才在基层一线发挥作用

会同省委组织部加大科技副职选派力度，选派第三批科技副职 345 名，实现了全省县、市、区和国家级高新区、开发区全覆盖，促进了派出单位和挂职所在地的交流与合作，为县域产学研合作增添了力量。北京理工大学邹美帅在挂任滕州市副市长期间，对接北京理工大学建立了滕州市功能高分子材料研究所和数控机床智能制造协同创新技术中心，促进当地煤化工、机械机床两个传统支柱产业转型升级，因工作成绩突出被滕州市留任。制定《加强科技特派员队伍建设的实施意见》，明确了 10 项支持特派员发挥作用的政策措施，全省注册科技特派员达到 6008 名，成为农业实用技术推广的主力军。遴选 200 名科技人员与贫困村签订帮扶协议，通过引进优良品种、先进技术、搭建致富平台等，加快农业科技成果转化应用，发挥了科技人员在精准扶贫中的重要作用。实施西部科技人才培育计划，为西部经济隆起带地区培养引进基层科技人才 147 名，领军人才 27 名。试点实施临床转化医学青年人才培育计划，探索对医疗机构中临床一线青年科技人才的扶持方式，首批支持 40 名青年临床骨干，支持其充分利用临床实践经验优势，提高科研能力和水平，形成可复制推广的临床转化成果。

三、科技人力资源与科技人才队伍建设取得新成效

（一）R&D 人员情况

2012—2016 年，山东省 R&D 人员逐年增长，从 2012 年的 38.21 万人增长到 2016 年的 47.64 万人，增加了 9.44 万人，增长了 24.7%（表 1）。其中，全时人员从 2012 年的 25.35 万人增长到 2016 年

的 32.10 万人，增加了 6.76 万人，增长了 26.7%；非全时人员从 2012 年的 12.86 万人增长到 2016 年的 15.54 万人，增加了 2.68 万人，增长了 20.9%。从学历组成看，博士数量从 2012 年的 13 342 人增长到 2016 年的 19 861 人，硕士数量从 2012 年的 42 509 人增长到 2016 年的 57 442 人，增长率分别是 48.9% 和 35.1%。

表 1　2012—2016 年山东省 R&D 人员数量　　单位：人

年份	R&D 人员	全时人员	非全时人员	博士	硕士
2012 年	382 057	253 493	128 564	13 342	42 509
2013 年	409 441	274 390	135 051	14 478	43 445
2014 年	432 430	285 916	146 514	16 353	49 835
2015 年	447 191	297 758	149 433	17 489	52 632
2016 年	476 407	321 038	155 369	19 861	57 442

（二）R&D 经费支出情况

R&D 经费支出各项数据基本上逐年稳步增长。经费总数从 2012 年的 1020 亿元增长到 2016 年的 1566 亿元，增长了 546 亿元，增长率为 53.53%。外部支出从 2012 年的 55 亿元增长到 2016 年的 67 亿元，增长了 12 亿元，增长率为 21.82%；应用研究支出从 2012 年的 64 亿元增长到 2016 年的 90 亿元，增长了 26 亿元，增长率为 40.63%；试验发展支出从 2012 年的 934 亿元增长到 2016 年的 1440 亿元，增长了 506 亿元，增长率为 54.18%（表 2）。

表 2　2012—2016 年山东省 R&D 经费支出情况　　单位：万元

年份	R&D 经费	外部支出	基础研究	应用研究	试验发展
2012 年	10 203 266	551 699	224 023	644 022	9 335 221
2013 年	11 758 027	573 486	264 467	686 417	10 807 143
2014 年	13 040 695	644 153	243 948	794 643	12 002 104
2015 年	14 271 890	594 239	297 454	774 193	13 200 242
2016 年	15 660 904	673 059	364 437	897 809	14 398 658

近年来山东省 R&D 人员人均 R&D 经费支出呈稳步上升态势。2016 年，R&D 人员人均 R&D 经费支出为 32.87 万元，较上年增长 0.96 万元，增长率为 3.00%；较 2012 年增长 6.16 万元，增长率为 23.06%（表 3）。

表 3　2012—2016 年山东省 R&D 人员人均 R&D 经费支出情况

年份	2012 年	2013 年	2014 年	2015 年	2016 年
R&D 人员（人）	382 057	409 441	432 430	447 191	476 407
R&D 经费投入（万元）	10 203 266	11 758 027	13 040 695	14 271 890	15 660 904
R&D 人员人均 R&D 经费支出（万元）	26.71	28.72	30.16	31.91	32.87

（三）R&D 人员折合全时当量情况

衡量 R&D 人员工作量水平的重要指标是 R&D 人员全时当量。2012—2016 年，全省 R&D 人员折合全时当量持续增长，总数从 2012 年的 254 013 人年增长到 2016 年的 301 480 人年，增长了 47 467 人年，增长率为 18.68%；基础研究人员从 2012 年的 12 104 人年增长到 2016 年的 16 260 人年，增长了 4156 人年，增长率为 34.33%；应用研究人员从 2012 年的 21 908 人年增长到 2016 年的 27 592 人年，增长了 5684 人年，增长率为 25.94%；试验发展人员从 2012 年的 220 002 人年增长到 2016 年的 257 629 人年，增长了 37 627 人年，增长率为 17.10%（表 4）。

表 4　2012—2016 年 R&D 人员折合全时当量情况　　单位：人年

年份	总数	基础研究	应用研究	试验发展
2012 年	254 013	12 104	21 908	220 002
2013 年	279 331	13 597	22 883	242 851
2014 年	286 352	14 119	25 449	246 785
2015 年	297 845	14 627	25 228	257 991
2016 年	301 480	16 260	27 592	257 629

从执行部门分布来看，全省 R&D 人员主要集中在企业，2012—2016 年，全省企业 R&D 人员折合全时当量数据占比平均为 85.24%，体现了企业的 R&D 活动主体地位（表 5）。

表 5　R&D 人员折合全时当量在部门分布情况

年份	企业		科学研究和技术服务业		教育		其他	
	数量（人年）	比重（%）	数量（人年）	比重（%）	数量（人年）	比重（%）	数量（人年）	比重（%）
2012 年	217 184	85.5	11 860	4.6	16 075	6.3	9894	3.9
2013 年	239 656	85.7	12 344	4.4	17 588	6.3	9843	3.5
2014 年	242 953	84.8	12 704	4.4	20 852	7.3	9843	3.4
2015 年	253 875	85.2	11 881	4	21 053	7.1	11 037	3.7
2016 年	256 478	85.1	13 095	4.3	20 564	6.8	11 343	3.8

从活动类型来看，全省 R&D 人员折合全时当量主要集中在试验发展活动，基础研究与应用研究偏少。2012—2015 年，全省 R&D 人员折合全时当量活动类型比例情况变化不大，主要集中在试验发展活动，其年均占比为 86.59%。2016 年基础研究、应用研究所占比例明显上升，说明山东省基础研究、应用研究工作开始发力（表 6）。

表 6　山东省 R&D 人员折合全时当量活动类型比例　　单位：%

年份	基础研究	应用研究	试验发展
2012 年	4.76	8.62	86.62
2013 年	4.86	8.19	86.95
2014 年	4.93	8.88	86.19
2015 年	4.9	8.47	86.6
2016 年	5.39	9.15	85.45

四、新时代科技人才发展思路与举措

下一步，山东省将深入贯彻落实党的十九大精神，以强化战略科技人才、科技领军人才、青年科技人才和高水平创新团队培养为主线，以充分发挥科技人才的作用为重点，大力营造培养、吸引、留住、用好人才的良好环境，为山东省新旧动能转换重大工程实施和创新型省份建设提供有力的人才支撑。

（一）完善科技人才培养体系

一是加大科技领军人才培育力度。对在科技创新过程中涌现出的取得突出创新成就的科技领军人才提供个性化科研定制服务，围绕科技领军人才制定重大创新任务指南，建立依托重大科技创新平台实行重大科技创新任务定向委托机制，支持科技领军人才牵头实施重大科技创新任务，开展基础性、战略性研究，巩固其创新优势，力争在更高层次上实现更大突破。

二是强化青年科技人才培养。充分发挥省自然科学基金在青年人才培养上的作用，加大青年基金投入力度，放宽青年人才申报省自然科学基金的门槛限制，支持青年人才自由探索。在省科技进步奖中增设青年科技创新奖，根据青年人的特点制定评审标准，使创新基础好、工作潜力大的优秀青年人才得到奖励，营造青年人才脱颖而出快速成长的良好环境。

三是加强优秀创新团队培养。依托重大基础研究项目和重大科技创新工程项目实施，支持一批重点领域的创新团队建设，组建结构合理、核心人员相对稳定的创新团队，提升重点领域的科技创新能力。推广以项目负责人制（PI 制）为核心的科研团队组织模式，赋予承担重大科技项目的科技领军人才更大的人财物支配权和技术路线决策权，支持科技领军人才根据科研需要，自主聘用“柔性流动”人员和兼职科研人员，自主组建科研团队。

（二）加大人才激励政策的落实力度

一是落实以增加知识价值为导向分配政策。做好《关于加快实行以增加知识价值为导向分配政策的实施意见》的宣讲解读和任务分解工作，推动该意见在高校、科研院所、企业的贯彻落实，建立政策落实督导检查机制，促进科研人员通过科技成果转化获得合理收入，真正体现“智有所值、劳有所得”的激励作用。

二是支持科技人才创新成果落地转化。推动《山东省促进科技成果转化促进条例》和《关于进一步促进科技成果转移转化的实施意见》落实，完善科技成果转化的政策体系，为科技人才成果转化提供制度保障。完善技术转移体系，搭建科技成果转化平台，加快山东省科技成果转化与科技金融服务中心（济南）、山东省技术转移转化中心（德州）建设，建成山东省技术转移线上服务平台，强化对科技人才成果转化的全方位服务。

（三）打造高端科技人才创新载体

一是强化院士工作站建设。改革完善院士工作站备案条件，明确人才引进培养与创新项目落地目标，对建设期满的院士工作站进行验收评估。围绕新旧动能转换重大工程实施，加快院士工作站建设布局，发挥集聚人才和促进成果转化作用，推动院士领衔的项目在山东省落地转化。支持青岛院士港入港院士在山东省对口企业建立院士工作站，促进入港院士与山东省企业的合作交流。

二是加快打造人才创新发展高地。鼓励山东半岛国家自主创新示范区在人才引进、激励、服务等方面先行先试，强化人才精准对接和产才融合发展，加大海外省外人才引进力度，探索股权期权激励机制，完善“一站式”人才服务模式，吸引更多优秀人才进驻。支持黄河三角洲农业高新技术产业开发区积极搭建创新平台，吸引中国农大、中国农科院等高端科技资源，建设国家盐碱地改良利用技术创新中心、黄河三角洲现代农业研究院等，加快推进与以色列、荷兰等国家的大学开展科技合作，集聚、培养高层次农业科技人才。

河南省科技人才发展报告

■河南省科学技术厅

近5年来，河南省认真学习贯彻习近平总书记系列重要讲话精神特别是关于人才工作的重要论述，贯彻中共中央《关于深化人才发展体制机制改革的意见》，聚焦经济社会发展重大需求、产业做强做优现实需要、人才创新创业的突出问题，着力破除束缚科技人才发展的思想观念和体制机制障碍，健全完善全链条育才、全视角引才、全方位用才的发展体系，加快构建具有河南省特色和更具竞争力的科技人才制度优势，为决胜全面小康、让中原更出彩提供坚实的人才保障和有力的科技支撑。

一、科技人才队伍建设整体情况

（一）科技人才总量持续增长

2012—2016 年，河南省科技活动人员规模持续上升，从 2012 年的 30.6 万人，增加到 2016 年的 37.1 万人，涨幅达 21.2%（表 1）。

河南省 R&D 人员总数同样呈平稳上升趋势，由 2012 年的 12.83 万人年增加到 2016 年的 17.33 万人年，涨幅为 35.1%（表 2）。其中，R&D 研究人员总数也上涨了 16.4%（表 3）。

表 1　2012—2016 年河南省科技活动人员情况　　单位：人

按执行部门分组	2012 年	2013 年	2014 年	2015 年	2016 年
企业	223 157	245 833	255 761	245 902	270 727
科研机构	17 494	18 526	19 974	20 177	21 023
高校	54 268	55 681	57 579	70 474	69 232
其他	11 071	10 217	10 383	10 349	10 387
总计	305 990	330 257	343 697	346 902	371 369

数据来源：2012—2017 年《河南科技统计年鉴》。

表 2　2012—2016 年河南省 R&D 人员情况　　单位：人年

按执行部门分组	2012 年	2013 年	2014 年	2015 年	2016 年
企业	107 383.4	130 998.7	139 783	136 331	150 546
科研机构	10 438.0	11 126.0	11 263	10 958	10 801
高校	6565.1	6714.5	6578	7848	7910
其他	3936.0	3702.0	3817	3718	4008
总计	128 322.5	152 541.2	161 441	158 855	173 265

数据来源：2012—2017 年《河南科技统计年鉴》。

表 3　2012—2016 年河南省 R&D 研究人员情况　　单位：人年

按执行部门分组	2012 年	2013 年	2014 年	2015 年	2016 年
企业	42 822.7	51 199.3	53 514	46 341	49 387
科研机构	6163.0	6806.0	6968	7159	7453
高校	5363.2	5702.8	5470	6491	6709
其他	2134.0	1988.0	2089	1969	2219
总计	56 482.9	65 696.1	68 041	61 960	65 768

数据来源：2012—2017 年《河南科技统计年鉴》。

（二）研发投入继续保持较快增长

全省 2016 年全社会研发投入（R&D 经费内部支出）近 500 亿元，与 2012 年相比，涨幅达 59%，5 年来年平均增长幅度为 12.3%（表 4）。

表 4　2012—2016 年河南省 R&D 经费情况　　单位：万元

按执行部门分组	2012 年	2013 年	2014 年	2015 年	2016 年
企业	2 594 050.5	3 069 804.4	3 489 572.3	3 804 769.7	4 353 215.7
科研机构	335 597.0	300 011.5	314 389.0	331 387.5	360 377.8
高校	151 352.8	159 128.3	169 998.0	187 075.2	199 690.5
其他	26 802.7	24 541.7	26 139.4	27 197.3	28 595.7
总计	3 107 803.0	3 553 485.9	4 000 098.7	4 350 429.7	4 941 879.7

数据来源：2012—2017 年《河南科技统计年鉴》。

（三）科技人才效能显著提升

2012年以来，河南省科技人才队伍发展呈现整体提升的良好态势，高层次人才队伍建设持续突破，人才使用效能显著提升。截至2016年年底，在豫工作两院院士共271人（其中依托院士工作站等柔性引进外省进站院士244人）；国家级高新区达到7家，国家重点实验室14家，均居中西部前列；省级以上工程技术研究中心1090家，省级以上重点实验室128家，省级以上国际联合实验室78家，高新技术企业1664家；国家级科技企业孵化器、众创空间及大学科技园达48家；“NSFC-河南联合基金”已投入2.9亿元，资助培养了742名科技人才；共获得国家科技奖励101项，其中国家科技进步特等奖3项、一等奖8项，国家技术发明一等奖1项；2016年专利申请量和授权量分别达到9.5万件和4.9万件，分别是2012年的2.2倍和1.8倍（表5、表6）。

表5　2012—2016年河南省专利申请情况　　单位：件

专利类别	2012年	2013年	2014年	2015年	2016年
发明	10 910	15 580	19 646	21 338	28 582
实用新型	23 594	29 420	30 716	40 778	51 358
外观设计	8938	10 920	12 072	12 257	14 729
总计	43 442	55 920	62 434	74 373	94 669

数据来源：《2017河南省专利统计报告》。

表6　2012—2016年河南省专利授权情况　　单位：件

专利类别	2012年	2013年	2014年	2015年	2016年
发明	3182	3173	3493	5384	6811
实用新型	18 739	21 153	23 539	32 592	32 197
外观设计	4926	5156	6334	9790	10 137
总计	26 847	29 482	33 366	47 766	49 145

数据来源：《2017河南省专利统计报告》。

二、科技人才具体工作实施和进展

（一）河南省高层次创新型科技人才队伍建设工程

围绕2020年实现“四个一”的科技人才队伍建设目标，积极推进各类高层次创新型科技人才的培养。已培养“中原学者”59人；培养河南省科技创新杰出人才433名、河南省科技创新杰出青年

536 人；培育认定河南省科技型创新团队达到 606 个。其中，“中原学者”被誉为河南省“院士摇篮”，旨在通过对在河南省工作的高层次科技人才的资助，培育高端科技人才品牌，造就一批科技领军人才及院士后备人才；已有 7 人成功当选两院院士，其中 2013 年樊会涛研究员、2015 年王复明教授和张新友研究员分别当选为中国工程院院士。

（二）河南省院士工作站建设

为构建更有竞争力的人才集聚机制，实施开放务实的柔性引才引智方式，以两院院士及其创新团队为技术支撑，与省内企事业单位建立产学研长效合作机制，推动建设了一批院士工作站。截至 2017 年年底，河南省已组建省级院士工作站 281 家，引进院士 275 名、科研团队人员 2500 多人。举办“聚焦中原”院士专家智库论坛，开展“院士中原行”活动，邀请院士专家建言献策。河南省“大力推进柔性引才，强化中原崛起人才支撑”的做法，已在国家人才有关座谈会上作为典型经验做交流发言，并在《人民日报》等中央媒体做了专题报道。

（三）河南省科技特派员选派

不断创新和完善科技特派员制度，引导科技、信息、人才、管理等先进生产要素向农村基层、农业一线集聚，推动广大科技特派员“做给农民看，领着农民干，带着农民赚”，进一步提升了农业科技创新水平，完善了新型农业社会化科技服务体系，推动了农村科技创业和扶贫攻坚取得实效。科技特派员利用自身技术、专业特长，深入农村一线，指导贫困地区发展特色产业、解决生产中遇到的问题。全省已累计选派了 4199 名省级科技特派员（“三区”科技人才），65 家省级法人科技特派员；省以下各级也已累计选派科技特派员超过 1 万名。

（四）河南省杰出专业技术人才

自 2012 年开始，河南省委组织部、省人社厅、省科技厅等部门共同开展河南省杰出专业技术人才评选表彰工作，旨在发现人才、培养人才、促进高层次人才队伍建设。表彰工作面向公有制和非公有制等经济成分的在豫企事业单位中在职在岗优秀专业技术人才，每 3 年开展一次，每次表彰 30 人左右。经批准的杰出专业技术人才，由省政府授予“河南省杰出专业技术人才”称号并予以表彰，享受省部级劳模待遇，并获一次性奖励 1 万元。全省共有 29 人获得“河南省杰出专业技术人才”称号。

（五）河南省各地推进实施各类人才计划

河南省各地对人才工作日益重视，各地人才创新计划竞相出台，相继实施了一批人才引进培养计划，夯实了支撑地方发展的人才基础。郑州市出台了“智汇郑州·1125聚才计划”，成功引进一批“两院院士”团队、“万人计划”专家，人才引进质量和结构实现历史性突破。开封市大力实施“1851”人才工程，先后与国内知名高校和科研机构签订人才引进培养协议。洛阳市制定出台了“河洛英才计划”，深入实施“两院院士”“520计划”“1211工程”等人才项目。新乡市、许昌市也分别实施了“牧业英才”和“许昌英才”等人才引进培养计划。

三、科技人才发展政策和服务举措

（一）大力推进人才体制机制改革

中共河南省委、河南省人民政府印发了《关于深化人才发展体制机制改革加快人才强省建设的实施意见》，在人才管理体制、人才集聚机制、人才开发机制、人才激励机制等方面大胆改革创新，着力构建具有河南省特色和更具竞争力的人才制度优势，最大限度激发人才创新创造创业活力。一是健全更加灵活高效的人才管理体制，向用人主体放权，为人才松绑，建立人才管理改革试验区；二是构建更具竞争力的人才集聚机制，突出“高精尖缺”导向，全方位提升人才保障水平；三是完善经济发展需求导向的人才开发机制，围绕“创新链”“产业链”布局“人才链”，加大创新型科技人才培养支持力度；四是强化促进创新创业的人才激励机制，赋予了创新主体科技成果使用、处置和收益管理自主权，让人才真正“名利双收”。

（二）加大对引进培养高层次科技人才的政策倾斜

对全职引进和新当选的院士等顶尖人才，河南省政府给予500万元的奖励补贴。对产业领军人才和团队带项目、带技术、带成果来豫创新创业和转化成果的，经评估由省级政府引导基金给予不超过全部股权20%的基金支持，当地政府在土地保障、平台建设、科研项目等方面给予重点支持。对能创造重大经济效益和社会效益或带动重大创新平台落户的创新创业团队，一事一议，特事特办。企业引进博士和副高以上高层次人才，支付的住房补贴、安家费、科研启动费等费用，可按规定在计算企业所得税前扣除。实施绿色通道制度，每年核定一定数量的人才编制，用于引进高层次人才，简化程序，特需特办。深化职称制度改革，在部分高校和科研单位开展职称晋升“以聘代评”试点，自主设定岗位，建立竞岗聘任、能上能下、动态调整的专业技术职务聘用制度。

（三）强化对高层次人才个人的奖励激励措施

加大高层次人才标志性成果奖励力度，对在基础研究、战略高技术研究、重要公益性研究等方面做出突出贡献的给予重奖。实施《河南省高层次人才认定和支持办法》，对院士等顶尖人才，在岗期间用人单位可给予不低于每月 3 万元的生活补贴；对国家“万人计划”入选者、国家杰青等高端人才，在岗期间用人单位可给予不低于每月 2 万元的生活补贴。为充分发挥科技奖励的激励和引导作用，河南省科学技术杰出贡献奖每人奖励 200 万元，比原来提高 1 倍；河南省科技进步奖一、二、三等奖奖金分别比原来提高 3 倍、2.5 倍和 4 倍；同时，建立对国家奖项目配套奖励制度，奖励标准为：对于河南省（含驻豫单位）作为主持单位完成的项目，特等奖 1000 万元 / 项，一等奖 200 万元 / 项，二等奖 100 万元 / 项。奖励经费中 50% 用于对项目主要完成人的奖励，50% 用于主持单位自主选题科研经费。

（四）积极鼓励科技人才创新创业，促进科技成果转移转化

近年来，河南省先后出台了《关于发展众创空间推进创新创业工作的政策措施》《河南省促进科技成果转移转化发展众创空间工作指引》《河南省科技金融服务平台建设与管理办法》《关于加快科技服务业发展的若干意见》《关于河南省高校科研院所等事业单位专业技术人员离岗创业有关人事管理问题的通知》一系列鼓励科技人才创新创业，鼓励科技成果转移转化的政策措施。实施“创新创业引领中原”工程，在全省重点建设 50 个产业整合、金融协作、资源共享的新型创新创业综合体。高校、科研院所的科技人员离岗创办科技型中小企业，创业孵化期 3 年，保留编制、人事关系，职级、档案工资正常晋升，最长 5 年内可回原单位，工龄连续计算，保留原聘任技术职务。设立郑洛新国家自主创新示范区创新创业发展基金，积极发挥财政资金的杠杆作用，促进重大科技成果在郑洛新国家自主创新示范区落地转化，围绕战略性新兴产业和重点领域重点支持一批科技型企业创新发展，加快培育一批特色鲜明的产业集群，支持创新龙头企业、高新技术企业、科技小巨人企业等科技型企业发展壮大。

（五）支持郑洛新国家自主创新示范区人才管理改革先行先试

河南省在郑洛新国家自主创新示范区、中国（河南）自由贸易试验区、郑州航空港经济综合实验区建设人才管理改革试验区，推进人才政策先行先试，着重在人事管理制度、人才引进培养、评价激励、流动配置、服务保障等方面开展制度创新，为全省人才发展体制机制改革提供可复制、可推广的经验。加快推进郑洛新国家自主创新示范区建设，在科研人员激励、科研机构评价、科研管理改革等重点难点领域大胆探索，推动重大前沿领域跨学科交叉融合、创新要素开放共享、多主体协同创新，最大限度地激发科研人员创新创造能力。统筹安排人才发展资金，出台更具吸引力的“高精尖缺”人才培养引进政策，引导各类高层次人才到示范区创新创业。对两院院士等海内外顶级高层次人才及其团队带技术、带成果、带项目来示范区创新创业和转化成果的，给予不低于 1000 万元的创业资金支持，对其核心成员给予不低于 200 万元的安家费，并连续 5 年按其所做的贡献给予重奖。对引进世界一流水平、支撑产业转型、具有重大经济效益和社会效益的创新创业团队，采用“一事一议”方式，可给

予最高1亿元资助。制定示范区创新人才双向流动管理办法，打破户籍、地域、身份、人事关系等制约，实现各方面人才顺畅流动。

四、新时代科技人才发展思路和举措

进入新时代，河南省将主要围绕“郑洛新国家自主创新示范区”“中国(河南)自由贸易试验区”“郑州航空港经济综合实验区”“中原城市群”“三区一群”战略定位和重大需求，以建设“中西部科技创新高地”为战略目标，解放思想、改革创新，实施更积极、更开放、更灵活、更有效的科技人才政策，着力培养、引进和集聚一批层次高、满足需求、结构合理的科技创新领军人才。

(一)营造人才发展的良好环境

实行更具竞争力的人才引进政策，广泛吸引海内外顶级高层次人才及其团队带技术、带成果、带项目来豫创新创业和转化成果。改进科研人员薪酬和岗位管理制度，破除人才流动的体制机制障碍，建立健全科研人才双向流动机制，促进科研人员在事业单位和企业间合理流动。完善人才服务保障体系，形成有利于人人皆可成才、各类人才脱颖而出的良好社会环境。

(二)深化人才评价体制机制改革

积极推进人才评价体制机制改革。坚持尊重规律、问题导向、分类评价及客观公正的基本原则；加强部门、地方协调，统筹、优化科技人才计划结构；突出品德、能力、业绩导向，科学设立人才评价指标；积极探索人才共享机制，树立正确的人才评价使用导向；坚持评用结合，强化用人单位人才评价的主体地位。

(三)加大对顶尖和高端人才的支持力度

设立河南省“中原院士基金”，对全职在河南省工作的高层次顶尖和领军人才团队，在个人奖励、科研经费及科研基础条件建设等方面，给予大力支持。为有潜力成长为院士的“中原学者”设立科学家工作室，实行有针对性的特殊支持政策，统筹各类政策资源，建立明确支持渠道，在优势产业领域和重点学科加快为河南省培养一批顶尖科学家。

(四)积极引进重点领域高层次和急需紧缺人才

继续坚持“高精尖缺”导向，围绕河南省重点产业、重点领域和优势学科的发展需求，实施更加开放务实的柔性引才引智方式，实行更具吸引力的人才引进措施，发挥创新创业平台的聚才用才主体作用，全方位提升人才的服务保障水平。

（五）加快实施以增加知识价值为导向的分配政策

贯彻落实国家有关政策，加快推动形成体现知识价值的收入分配机制。要充分尊重科技人才的劳动价值和科研活动规律，激发广大科技人才的积极性、主动性、创造性，鼓励广大科技人才通过科技成果转化获得合理收入，并通过稳定提高基本工资、加大绩效工资分配激励力度、落实科技成果转化奖励等措施，使科技人才收入与岗位职责、工作业绩、实际贡献紧密挂钩，逐步提高科技人才的整体收入水平。

湖北省科技人才发展报告

■湖北省科学技术厅

党的十八大以来，湖北省紧紧把握人才发展规律，将人才作为第一资源抓好、用好，以政策创新和体制机制创新为突破口，加快实现以聚集人才“第一资源”为杠杆，激活创新“第一动力”，推进湖北省人才强省建设。

一、人才队伍建设成效显著

湖北省不断激发和利用科教资源大省、创新要素强省优势，各类科技创新人才队伍不断壮大。2012—2017 年，研究与试验发展（R&D）人员总数呈平稳上升趋势，研发机构人员向企业生产一线流动趋势进一步显现。

分执行部门看，高等院校 R&D 人员增加速度最快，2017 年较 2012 年增幅接近 302.63%，规模以上工业企业、研究与开发机构 R&D 人员增幅分别为 37.34%、31.86%（表 1）。

表 1　2012—2017 年湖北省科技活动人员　　单位：人

年份	R&D 人员				
	规模以上工业企业	研究与开发机构	高等院校	其他	合计
2012 年	112 554	11 236	9363	52 550	185 703
2013 年	128 952	13 893	9832	52 495	205 172
2014 年	138 562	18 699	11 080	49 753	218 094
2015 年	140 381	17 558	11 975	51 063	220 977
2016 年	149 571	16 010	14 221	38 520	218 322
2017 年	154 580	14 816	37 698	28 169	235 263

湖北省 R&D 经费投入规模始终保持稳步上升（表 2）。2017 年，R&D 内部经费支出总量 700.6 亿元，占地区生产总值比例由 2012 的 1.72% 提高到 2017 年的 1.92%，较 2012 年增幅达到

82.21%，年均增幅 12.80%。

表 2　2012—2017 年湖北省 R&D 内部经费支出　　单位：万元

年份	R&D 内部经费支出				
	规模以上工业企业	研究与开发机构	高等院校	其他	合计
2012 年	2 633 099	274 580.6	370 816.9	566 742.5	3 845 239
2013 年	3 117 987	329 137.4	397 054.4	618 511.2	4 462 690
2014 年	3 629 506	409 057.5	422 848.2	647 561.3	5 108 973
2015 年	4 072 726	451 569.4	487 603.9	605 515.7	5 617 415
2016 年	4 459 622	357 296.8	445 414.6	738 088.6	6 000 422
2017 年	4 689 377	819 465	678 306	819 105	7 006 253

二、充分激发创新创业活力

为充分发挥人才资源引领作用，湖北省通过加强平台载体建设、完善服务体系、实施人才计划，积极引导高等院校、科研院所及其科技人才向经济一线聚集，激发科技人才创新创业活力。

（一）搭建服务平台，拓宽人才创新创业渠道

湖北省覆盖基础研究、应用研究、成果转化、创业培育的科技创新平台体系不断完善，拥有了包括亚洲首座、全国唯一的高等级生物安全 P4 实验室，全省已建有国家光电研究中心 1 个，国家重点实验室 26 个，国家级工程技术研究中心 19 个，国家级科技合作基地 31 家，省级工程技术研究中心 508 家，省级产业技术研究院 14 个，省级以上产业技术创新战略联盟 46 家，省级校企共建研发中心 372 家，与 150 多个国家和地区建立了经济贸易和技术合作关系，为湖北省高质量发展提供了强有力的支撑。

深入实施科技企业创业与培育工程，健全完善 3A 科技企业孵化器评价指标，引导孵化器、众创空间提升核心服务能力。2017 年，全省孵化器总数超过 500 家，建筑面积突破 1200 万平方米，新认定国家级科技企业孵化器 4 家、国家级众创空间 22 家，国家级科技企业孵化器由 36 家增至 47 家，新认定省级科技企业孵化器 32 家、省级众创空间 57 家，全省高新技术企业总数突破 5369 家，增加了 144.5%，实现 3 年翻番；国家级高新区数量达 12 家，居全国第四。

（二）加大引才力度，壮大湖北省高层次人才队伍

依托国家“万人计划”“创新人才推进计划”等人才工程的实施，不断创新引才方式和人才服务模式，科技人才队伍不断壮大。截至 2017 年，湖北省已累计入选国家“万人计划”专家 217 名；入选“创新人才推进计划”人才 108 名，创新团队 15 个，人才培养示范基地 7 个；在助推企业发展壮大、科研攻关、学科建设等方面都取得了显著成效。

（三）注重强基筑本，积极培育省内人才梯队

2012—2017 年，湖北省推进实施“湖北省高端人才引领培养计划”，重点打造一批创新能力卓越、引领作用突出、团队效应显著的中青年科技创新领军人才队伍。目前，该工程已完成 63 名高端人才的培养，已有 2 人当选中科院或工程院院士，8 人成为院士有效候选人，另有 1 人当选西班牙外籍院士，10 人次入选国家“万人计划”，1 人入选 863、973 首席专家，7 人次入选长江学者，11 人次成为国家杰出青年科学基金获得者，2 人次成为科技部科技创业领军人才，1 人次获得国家优秀青年基金，另有 8 人获得其他荣誉称号。

自 2015 年起，湖北省推进实施“省双创战略团队计划”，引导和支持高层次人才向企业和生产一线聚焦，充分发挥人才在创新驱动中的引领和支撑作用，在聚焦培养创新人才、加快科技成果转化、推动人才技术优势转变为经济发展优势等方面取得了明显成效，已成为湖北省新兴产业和新业态领域的人才高地。截至 2017 年，该计划共有 179 个“双创战略团队”入选，组织了 2127 人参与项目实施，其中教授（含研究员、教授级高工）237 人、副教授（含副研究员、高工）406 人，合计约占参与人数的 30.23%。3 年来，179 个“双创战略团队”项目实施企业，累计投入研发经费 48.75 亿元、57.45 亿元和 68.17 亿元，分别占当年销售收入的 5.59%、5.64% 和 5.28%；累计开发新技术、新工艺、新产品 2420 项，形成可填补国内空白或替代进口的重大产品 366 项；累计取得专利授权 2461 件，获得了 2 项国家科技进步奖一等奖，6 项国家科技进步奖、技术发明奖二等奖，26 项省部级科技奖励；世界精度最高的焊接钢轨、北斗 40 纳米定位芯片、超大容量光传输系统等一批自主创新成果达到国际领先水平；武汉科前生物股份有限公司、湖北鼎龙控股股份有限公司、武汉斗鱼网络科技有限公司等一批新产业、新业态企业快速发展成为各细分市场的骨干、龙头企业。

三、不断优化人才发展政策服务

（一）政策引领，优化人才培育环境

湖北省委省政府高度重视人才工作，实施了一系列重大战略举措，将人才作为第一资源抓好、用

好，不断优化科技人才生态，为湖北省创新驱动发展提供了系统性支撑，也为全省经济“缓中趋稳、稳中有进、进中向好”做出了重要贡献。

近年来，围绕湖北省创新主体培育不足、高校服务经济发展不够、创新创业驱动力不够等难题，积极创新人才发展路径，着力破除科技人才创新创业体制性壁垒和政策性障碍。2013 年年底，湖北省在全国率先出台了《促进高校院所科技成果转化暂行办法》及其实施细则（简称“科技十条”），按照“实惠归个人，荣誉归学校，利益归社会”的原则，全面推进下放科技成果使用权、经营权和处置权的“三权改革”。2015 年，针对高校院所反映的横向科研项目经费管理方式不合理、制约产学研合作的突出问题，湖北省出台了《关于推动高校院所科技人员服务企业研发活动的意见》（简称“新九条”），在全国率先提出改革横向委托研发项目经费的管理方式。2016 年，湖北省人大常委会颁布了《湖北省自主创新促进条例》，以科技立法强化全省创新驱动发展支撑，并配套出台了《关于深化人才引进人才评价机制改革推动创新驱动发展的若干意见》（简称“人才二十条”）、《关于进一步保障和落实用人主体自主权的指导意见》等一系列新的人才改革重要文件。2017 年，为切实补足企业技术创新能力不强的短板，湖北省研究出台了《关于激励企业开展研究开发活动的暂行办法》，采取财政资金奖补的方式，对省内企业 11 类研究开发活动给予支持，大力激发企业主体创新活力。2017 年，按照“强化激励、精准易行、体现改革、尊重单位自主权”的基本思路，湖北省出台了《省委办公厅、省政府办公厅关于实行以增加知识价值为导向分配政策的实施意见》，着力解决科研人员最为关心的绩效工资管理、科研项目经费使用、成果转化激励等问题。

（二）深化改革，充分凝聚人才智力

湖北省以深化科技体制机制改革为核心，重点围绕推动政策落地生根、推进科技人才工程、加大各类平台建设等方面，着力打通壁垒、放开手脚、搞活激励、优化服务，充分用好、用活、用精人才资源优势。

一是在人才发展政策上抓落实、抓落地，确保各项改革举措落到实处。湖北省委组织部统筹各职能部门，细化实施方案，分区域分领域指导各部门结合工作实际和人才队伍特点，因地制宜，分类实施推进改革；开展有针对性、有特色的人才管理改革试验，开展差别化探索；制定《2016—2018 年年度人才改革项目清单》，明确年度的改革项目、目标任务、责任单位、措施途径，扣紧责任落实链条，为推进湖北省人才发展体制机制改革和实施人才强省战略提供人才保障和智力支持。2018 年，湖北省委组织部、人力资源和社会保障厅又联合下发了《关于分类推进人才评价体制机制改革的实施方案》。

二是在人才工程推进上强质量、强特色，为湖北省人才引培、人才聚集营造良好的环境。湖北省人力资源和社会保障厅以“人才二十条”为抓手，从拓宽人才引进通道、改进评价方式、健全激励保障制度等方面，大力推进人才发展体制机制改革。大力推动实施“我选湖北”计划，《关于实施“我选湖北”计划大力促进大学生在鄂就业创业的意见》提出要给予大学生实习实训补贴、打造全省域的实习实训基地、开展大学生创业扶持项目、给予大学生一次性创业补贴等措施。大力推动实施技能人才振兴计划，打造“湖北工匠”大军。面向全省，竞赛选拔万名“湖北工匠”，面向海内外举办绝活大赛，评选技能达人，以赛荐才、以赛聚才。目前全省已选拔首批 10 名“湖北工匠”、20 名“湖北省技能大师”和 70 名“湖北省技术能手”。实施外国优秀人才引进倍增计划，引进国外具有重大原始创新能力的科学家、具有推动重大技术革新能力的科技领军人才、具有世界眼光和战略开拓能力的企业家。

三是在平台载体建设上扩范围、扩增量，充分引导湖北省人才大省向人才强省的转变。鼓励大学生创新创业，实施湖北省大学生创业扶持项目，为大学生创业项目提供资金扶持，导师辅导及创业培训、孵化、融资等全方位服务。加强人才载体平台建设，推动人才平台建设向市场化、专业化方向发展，加快建设湖北省大学生创业孵化示范基地、人才创新创业平台、人才创新创业超市等服务促进人才创新创业的载体平台，为人才提供全方位的服务。目前全省建有各类人才创新创业梦想小镇、街区、园区 266 个，建有各类科技企业孵化器 582 个，在孵企业 8600 余家，建有企业岗位创新平台 5800 余个，集聚各类人才（团队）16.1 万人。

（三）多措并举，激发人才双创活力

为进一步发挥人才优势，集中智力资源助推经济发展，湖北省加强了顶层设计，深化经费管理改革，聚焦产业创新核心技术。

一是改革财政科技投入方式，推行“以人才为基础建立平台，以平台为载体承担项目”的工作机制。近年来，省级科技计划项目资金 60% 以上用于支持各类创新平台。在经费使用上，简化预算编制科目、下放预算调剂权，为科技人才松绑。

二是改革省级自然科学基金分配方式。湖北省科技厅修订《湖北省自然科学基金管理办法》，构建省级自然科学基金支持科技人才成长的有效机制。通过多年的培育，湖北省一批优秀科技人才成长为具有较强影响力的学术领军人才。

三是创新财政政策，提高创新主体成果转化收益分配及科研经费自主权。湖北省财政厅先后制定出台《湖北省高校院所科技成果转化资产处置与收益分配实施细则》《湖北省省属高校院所横向科研项目经费管理暂行办法》《关于进一步完善省级财政科研项目资金等政策的实施意见》。持续稳步推进科技成果转化“三权改革”、高校院所横向项目经费管理改革、省级科技计划和项目管理改革、财政科技投入方式创新等重点领域和关键环节的科技体制改革和机制创新，激发全省科技人才干事创业的积极性和主动性。

四、新时代科技人才发展思路与举措

2018年，湖北省认真学习贯彻党的十九大精神和习近平总书记视察湖北省重要讲话精神，落实中央组织部和科技部有关科技人才工作的重要指示，按照湖北省委人才办的总体要求，加强对科技人才发展规律的认识，统筹推进科技人才管理体制机制改革，力促各项创新政策落地，推动人才与资本、管理、技术的有效对接和深度融合，进一步推动“双创”工程实施，进一步加大对科技人才的支持力度，努力打造人才生态最优省份，让创新活力竞相迸发、创新源泉充分涌流，为湖北省高质量发展提供更加有力的人才供给和智力支持。

（一）继续深化科技体制机制改革

大力推进省级科技创新基地建设发展和管理改革。根据国家创新基地建设优化整合的发展方向，结合湖北省创新基地现状和需求，深入推进省级创新基地的建设和改革。

优化科技创新政策环境。加强国家、外省科技创新政策跟踪，建立健全省科技创新政策库。加大科技创新政策宣传力度，通过多种形式和渠道，及时宣传、解读重点科技政策。

积极推进以增加知识价值为导向的分配政策，探索完善对科研人才的激励机制，激发科研人员创新创业积极性。积极推动科技人才培养模式创新，培育造就一批高素质的创新创业人才。大力倡导创新文化，落实和完善鼓励创新创造的激励政策，鼓励科研人员持续研究和长期积累，充分调动和激发科技人员的积极性和创造性。

深入实施科技行政服务能力大提升工程。按照“全覆盖、沉下去、走出去”的新要求，开展全省科技行政服务能力大提升工程，突出“学用结合”，进一步拓宽参学范围、创新方式方法、提升学习实效。

（二）继续加大人才队伍培育支持力度

一是做好2018年“创新人才推进计划”和国家“万人计划”青年拔尖人才等国家人才工程组织评审推荐工作，力争湖北省更多人才、团队和基地入选国家重大创新创业人才计划。继续深入推进“省双创战略团队计划”等省级科技创新创业人才计划实施，加快人才队伍壮大，向高层次发展。

二是探索省级自然科学基金对优秀人才团队稳定支持新机制，进一步加强对青年人才和拔尖人才的扶持，激发青年科技人才的创新活力。

三是推动省市县多级政府加大财政支持力度，加大向“十三五”科技创新人才队伍发展规划所确定重点任务的倾斜力度。研究建立新的财政支持渠道和方式，加大资金保障力度。

（三）引导人才向企业一线自由流动

创新科技资源配置方式，充分考虑企业对科技创新人才的迫切需求。支持重点产业技术领域的骨干企业设立国家重点实验室、国家工程技术研究中心，大力培养企业高层次研发人才。制定税收优惠政策，鼓励企业提高教育经费规模。支持创新型骨干企业建立科技创新人才培训基地，面向行业科技创新人才进行技术培训，并将有关培训纳入政府培训项目计划给予支持。引导行业龙头企业和高校院所，围绕优势领域，融合人才、资金、技术等创新创业资源，建设专业化科技创业孵化平台。着力支持派出科技创新人才针对企业需求开展研发活动，服务企业发展，并从中获得合理收益。

（四）完善人才分类评价与激励机制

建立完善以品德、业绩、能力等要素构成的高层次创新型科技人才评价体系，加快建立科学化、社会化、市场化的人才评价制度，坚持人才效能最大化与人才价值最大化的有效统一，逐步建立以科研质量和创新能力为导向、以工作性质和岗位为分类的创新型科技人才评价机制，破除人才评价“一刀切”，为人才“松绑”；推进简政放权，扩大用人主体自主权；职称与人才工作相乘相促，形成倍增效应；加强事中事后监管，推行阳光评审，进一步完善职称评定体系；突出市场化评价，根据人才的能力水平、薪酬待遇等综合确定人才类别，大力引进海内外人才和急需紧缺人才，进一步畅通职称评定“绿色通道”，释放和激发人才创新创造创业活力，推动大众创业、万众创新。

湖南省科技人才发展报告

■湖南省科学技术厅

湖南省坚持以习近平新时代中国特色社会主义思想为指导，深入学习贯彻党的十九大精神和习近平总书记关于人才工作的重要论述，坚持把人才工作摆在突出位置，以“芙蓉人才行动计划”为统领，组织实施了“科技领军人才”“湖湘青年英才”“企业创新创业团队”“院士专家工作站”“湖湘高层次人才聚集工程”等多层次科技人才计划项目，推动了科技人才的集聚，营造了科技人才创新创业的良好环境，全省科技人才数量平稳上升，结构更加合理，为加快实施创新引领开放崛起战略、推动湖南省高质量发展提供了有力支撑。

一、科技人才队伍建设情况

在湖南省委人才工作领导小组的重视和支持下，全省科技系统牢固树立人才是第一资源理念，加大科技人才的引进、培养、使用力度，加快推进科技人才队伍建设。湖南省创新综合实力由2013年的全国第15位升至2017年的全国第11位，专利综合实力升至全国第7位，科技进步贡献率提高到55%。全省科技活动人员从2013年的26.57万人增加到2017年的32.16万人，涨幅达到了21.04%，全省研究与开发人员稳步增长，由2013年的10万人增加到2017年的15.33万人；新增国家重点实验室4家，省级研发服务平台总数增至621个；增选两院院士14名，院士总数增至79人，拥有袁隆平、黄伯云等一批享誉中外的知名科学家；拥有国家级“百千万人才工程”人才102人，享受国务院政府特殊津贴专家2059人，湖南省科技领军人才79人，湖南省优秀专家74人。截至2017年，湖南省共有包括院士在内的高层次科技人才约1800人，居中部地区前列。

二、科技人才计划项目实施成效

通过科技人才计划的实施，在吸引、凝聚、使用、激励、服务科技人才，以及营造良好的政策环境等方面开展了大量卓有成效的工作，促进了科技人才队伍建设，提升了湖南省自主创新能力，推动了经济社会的发展。

（一）形成了一支结构合理、创新能力卓越、引领作用突出的高层次人才队伍

2017 年，湖南省科技厅和省委组织部共同实施了“长株潭高层次人才聚集工程”，2018 年，为配合省委产业项目建设年行动“五个 100”工作中引进“100 个科技创新人才”的部署，将原“长株潭高层次人才聚集工程”的优惠政策扩展到全省范围，实施“湖湘高层次人才聚集工程”。同时，湖南省重点实施“科技领军人才”和“湖湘青年英才”（科技创新类）人才培养计划，一个侧重于培养现有优势学科、技术和产业带头人，另一个侧重于培养下一代科技创新领军人才，两个计划形成了相互衔接的高层次科技人才梯队。其中，共支持 79 名科技领军人才，邱冠中、于起峰、印遇龙、丁荣军、田红旗、郑健龙、罗安、廖湘科、邹学校先后入选两院院士。科技领军人才共主持国家级项目 445 个，省部级项目 457 个，研发新产品 2065 个，成果转化新增产值 2000 多亿元，新增利润 1050 多亿元，带领团队缴税总额达到了 2572.5 万元，创办或领办的企业带动就业人数达到 3211 人。“湖湘青年英才”（科技创新类）人才培养计划自 2013 年实施以来，确定了 5 批共 129 名优秀青年科研人员作为培养对象。本计划实施近 5 年来，5 批“湖湘青年英才”（科技创新类）先后共培养和协助培养博士近 600 名，硕士 1000 余名，成效显著，达到了预期目标。

（二）提升了湖南省的创新源头储备，增强了自主创新能力

充分尊重科研和人才成长规律，坚持在实践中培养人才，通过领衔创新平台建设、承担重点科研项目，构建“平台、项目、人才”三位一体的发展模式，明确科技人才经费可以自主选题、自由探索，短期内科研产出及经济社会效益不作为主要绩效评价指标，进一步营造了鼓励创新、宽容失败的良好氛围。湖南省自然科学基金规模从 2016 年的 3000 万元提高到 1 亿元，覆盖范围和支持强度大幅提升，为不少普通青年科技人才走向领军人才和青年英才搭好第一个台阶，在留住高校毕业生、培养人才方面发挥了重要作用。两类人才共获得省部级科研奖励 319 项，在国内外核心期刊上发表论文 6692 篇，获授权专利 2798 项。很多成果都处于国际领先水平。例如，长沙理工大学郑健龙院士开发利用特殊土填筑路基的新技术，揭示了特殊土边坡破坏机理，创建了边坡柔性支护技术，攻克了特殊土边坡逢堑必滑、屡治屡滑的世界性技术难题。

（三）带动了科技与经济社会发展深度融合，取得了良好效果

在科技成果转化、创新创业融资等方面加强对接服务，引导各类领军人才加强产学研合作，开展重大共性技术攻关。两类人才共承担省部级及以上重点项目 1491 项，突破了一批发展受制约的核心技术瓶颈，研发新产品 2065 个，成果转化新增产值 2600 多亿元，有力支撑了国家、省重大工程项

目建设和重点产业转型升级。湖南大学领军人才王耀南教授，研制出电力行业重大工程装备自动化成套控制装置，成功应用于南水北调、西电东输工程；湖南师范大学领军人才刘少军教授带领团队研制多种优质不育三倍体鱼，在全国推广养殖，创造经济效益120亿元，税收6.8亿元。同时，坚持以人民为中心的发展思想，在环境治理、健康卫生、扶贫攻坚等方面也取得了很好的社会效益。例如，湖南大学领军人才曾光明教授领衔的团队，在涂料清洁生产工艺和方法上突破了14项关键技术，被认为是涂料工业的“绿色革命”；青年英才湘雅三医院吕奔教授发现了脓毒症中一批新的药物靶点，被国际学术界评为“医学研究领域的重大突破”；青年英才省农科院苏东林研究员和长沙理工大学王建辉教授作为“三区”科技人才和省科技特派员，主动投身精准扶贫主战场，带领当地农民增产增收近千万元。

三、建立全方位科技人才服务体系

结合湖南省实际，先后制定出台一系列政策措施，支持国家和省级人才计划入选的科技领军人才等高层次科技人才在湘干事创业，并从项目支持、平台建设、奖励推荐、创业服务、带培研修等方面全方位做好服务，大力推动科技人才创新创业。

（一）加大科技人才激励力度

为增强科研人员的积极性、创造性，湖南省积极开展科技成果处置权、收益权、分配权改革探索，2016年出台了《湖南省促进高等院校科研院所科技成果转化实施办法》（湘政办发〔2016〕9号）。同时大力推动科技金融结合，启动了湖南省高新科技成果转化创业投资基金，对财政科技资金支持形成的科技成果转化进行股权投资。完善了《湖南省促进科技和金融结合实施方案（2015—2020）》，提出了完善省科技成果转化引导基金功能、鼓励发展天使投资基金、鼓励金融组织形式创新、深化科技金融产品和服务创新、建立健全科技金融风险补偿机制等11项具体措施。对知识产权和科技成果作价入股，不再限制占注册资本比例。引导银行信贷支持转化科技成果的科技型中小微企业，破解科技人员创新创业融资难题。

（二）放宽科研项目经费管理

围绕改进加强科技经费管理，激发科研人员研发积极性，湖南省出台了系列政策措施。2015年出台了《湖南省科技计划（专项）后补助管理试行办法》《湖南省科技发展计划专项资金管理办法》等文件，在改进预算编制方法、改进劳务费用管理、科学规范结余资金等方面进行积极探索。为让财政科技资金财尽其用，最大限度地激发科研人员创新活力，出台了《关于完善省级科研项目资金管理激发创新活力的若干政策措施》（简称“二十条”），坚持“松绑”“激励”并重，深化“放管服”，让科研资金管理更加符合科技创新规律，更加贴近科研人员，激发全社会创新活力和动力。

（三）优化科技人才经费使用和绩效评价

改变以往科技人才经费只能作为课题研究开发过程中所发生的费用，而不能真正用于人才引进与培养的局限性，明确了科技人才经费可以作为团队培养或引进、自主选题研究等对个人的专项补助和奖励。为充分尊重科研及人才的成长规律和周期性，从 2018 年起，省科技人才项目对短期内科研产出及经济社会效益不做绩效评价，进一步形成让科技人才潜心研究，以及鼓励创新、宽容失败的良好科研环境和氛围。

（四）完善科技人才评价机制

湖南省修订并完善了自然科学研究系列高级职称评审评价的有关标准和条件，真正建立以能力和实绩为导向的人才评价机制，与省职改办共同出台了《湖南省自然科学研究系列（含科研机构实验系列）专业技术职称申报评价办法》（湘职改办〔2017〕2 号），是湖南省第一个根据中央和省职称改革精神修订申报条件和评价标准的职称系列。将科技人才按科学研究、技术研发、产业化支撑及科技公共服务等进行分类评价，论文不再作为限制性条件，对应用型人才更加注重实绩和市场评价。2017 年年底，按照新的办法进行了职称评审，受到了广大科研工作者的好评。同时，为保证科技人才项目评价的公正客观，2018 年年初，将科技人才项目委托外省第三方专业机构进行评审，探索专业化、规范化、社会化的人才评价机制。

四、科技人才发展新思路新举措

下一步，湖南省将以“芙蓉人才行动计划”为指引，结合目前湖南省高层次科技创新人才队伍建设情况，完善培养措施，加大支持力度，强化服务保障，不断提升人才工作实效。

（一）优化高层次创新人才布局

加强柔性引才力度，鼓励和支持长株潭以外的地市，按照“不求所有，但求所用”的思路，引导和鼓励高层次人才在全省范围内自由流动。同时，鼓励企业成立产学研一体的新型研发机构（如长沙高新区企业天仪研究院等），引导高层次人才和创新要素向企业聚集。从人才成长规律和科技创新规律来看，中青年科技人才创新最活跃、最容易出成果。为此，我们将加大对中青年科技创新领军人才，特别是 35 岁以下优秀青年科技人才的选拔和支持力度。

（二）推进与国家人才计划的对接

为做好国家人才计划推荐人选的培育工作，同时减少重复申报和评审，将湖南省“科技领军人才”和“湖湘青年英才”人才培养计划与国家“万人计划”中青年科技领军人才和青年拔尖人才进行对接。同时，推荐并支持高层次科技创新人才按有关程序积极争取国家重大创新平台、重点科技项目及重大科技奖励等国家创新资源，提升他们的创新能力和领军能力，促使其取得更多的科研成果，带领出更优秀的团队，让湖南省更多的优秀科技人才进入“国家队”。

（三）充分发挥创新平台对人才的聚集效应

平台跟人才就像皮与毛的关系，人才依托平台才能发展，平台是聚集、培养人才的载体。美国能吸引全球顶尖科学家，主要还是因为其有像劳伦斯伯克利、阿贡、橡树岭等面向全球开放、能吸引大量优秀科研人员的国家实验室，已有 115 位诺贝尔奖获得者在美国国家实验室工作过或开展过合作研究。湖南师范大学在获批淡水鱼省部共建国家重点实验室后，依托该平台前后引进培养了数名高层次人才。对于高层次人才，特别是青年创新人才来说，好的发展平台和成长空间远远比几十万元的安家费或上百万元的科研经费更具吸引力。要适当从直接支持人才到支持平台建设与人才培养相结合转变，依托重大标志性创新平台的建设，聚集培养更多高层次人才。

（四）加强对高层次科技人才的服务

依托院士咨询与交流促进会，搭建相关交流平台，积极组织有关主题活动，鼓励和支持院士与省科技领军人才、湖湘青年英才等优秀中青年科技人才建立院士带培关系，通过院士的指导和传帮带，培养壮大院士后备人才队伍。

广东省科技人才发展报告

■广东省科学技术厅

近年来，广东省认真贯彻落实国家和省中长期人才发展规划，围绕创新驱动发展战略、人才强省战略的实施，以珠三角国家自主创新示范区和粤港澳大湾区建设为重点，深化人才发展体制机制改革，优化重大人才工程实施，加大本土人才培养力度，加快吸引海内外高层次人才集聚广东，科技人才队伍建设取得了长足进展，为广东省实现“四个走在全国前列”目标提供了坚强的人才支撑和智力支持。

一、广东省科技人才队伍建设情况及成效

（一）人才队伍规模不断壮大

截至 2017 年年底，全省研究与开发人员达 87.99 万人。此外，截至 2016 年年底，全省专业技术人才总量达 555 万人，比 2016 年年初增加 45 万人，占全国总量的 9.7%，居全国首位，其中，高层次人才总量达 73 万人，约占专业技术人才总量的 13.2%。全省技能人才总量 1106 万人，高技能人才总量达 322 万人，均居全国首位。在青年人才方面，2017 年全省新增博士 3906 人，硕士 49 104 人，比 2016 年分别增长了 30.8% 和 9.4%。

（二）人才结构优化初见成效

“高精尖”人才不断聚集。截至 2017 年年底，全省本地院士、双聘院士、院士培养对象分别为 43 人、148 人、93 人，享受政府特殊津贴专家 5196 人，“百千万人才工程”国家级人选 153 人；累计来粤工作的外国人才 75 万人次，港澳台人才 115 万人次，两项合计居全国首位；全省有高级职称的专业技术人才 36 万人（不含非公企业）。

（三）人才效能逐渐凸显

2017年，广东省区域创新能力跃居全国第一，全社会研发经费投入总量、高技术制造业产值均居全国首位；全省专利申请量与授权量分别为62.78万件、33.26万件，同比增长了36.0%、28.4%，专利申请及授权量均居全国首位；每万人口发明专利拥有量18.96件，是全国平均水平的1.93倍；PCT国际专利申请量2.68万件，占全国总量的56%，连续16年领跑全国。2014—2016年累计获得836项省级及以上科技奖励成果，共获得国家科学技术奖111项、中国专利奖208项，位居全国前列。“珠江人才计划”引进的人才团队65%进入企业研发一线，研究领域100%集中在广东省重点发展的战略性新兴产业，引进的团队和领军人才累计发表各类论文及专著6281项，申请发明专利4660件。研发出新产品、新材料、新装备1282项，带动上下游相关企业产值1634亿元，显示出巨大的市场发展潜力。

（四）人才创新创业平台不断增多

广东省大力培育高新技术企业，2017年全省高企数量33 156家，较2016年净增超1.3万家，跃居全国第一；全省主营业务收入5亿元以上的工业企业基本实现了研发机构全覆盖，规模以上工业企业研发机构覆盖率达到30%以上。全年新认定省级新型研发机构39家，总数达219家，研发人员超3万人，获得发明专利授权8500多项，成果转化收入和技术服务收入超过614亿元；启动建设首批4家广东省实验室，顺利推进7个在粤国家大科学装置建设；新建院士工作站36家，吸引全国158名院士来广东开展产学研合作工作；拥有国家工程实验室13家，国家工程技术研究中心23家，国家地方联合创新平台66家，已建立省级工程技术中心4215家；2017年，全省博士工作站（或流动站）数量400个，增加了71个；建有科技企业孵化器777家，数量居全国第一，其中，国家级孵化器110家；建有众创空间735家，其中，国家备案234家，数量居全国第一；新建企业科技特派员工作站16个，人员超过4600名。

（五）人才创新创业环境不断优化

《中国区域创新能力评价报告2017》显示，2017年广东省科技综合实力和自主创新能力实现新突破，区域创新能力首次超过江苏，跃居全国首位，其中，企业创新、创新环境、创新绩效3个指标均排名第一，尤其是创新环境指标，从2014年排名全国第三到2017年排名全国第一，充分体现了全省人才创新创业环境不断优化进程。广东省初步构建起开放型区域创新体系，以创新为主要引领和支撑的经济体系和发展模式正加速形成，为建设创新型国家不断提供新鲜经验和成功范例。

二、广东科技人才队伍建设主要措施

（一）深入推进体制改革和政策创新

2014 年 6 月，广东省委省政府印发《关于全面深化科技体制改革 加快创新驱动发展的决定》，在全国率先全面深化科技体制改革，把增强自主创新能力、破除体制机制障碍“两个轮子”同步转起来。2015—2017 年，围绕创新驱动发展战略的实施，以珠三角国家自主创新示范区和粤港澳大湾区建设为重点，以推进体制改革和政策创新为转手，广东省委省政府出台了一系列人才发展与科技创新相关政策文件。2015 年印发《广东省人民政府关于加快科技创新的若干政策意见》（粤府〔2015〕1 号），为广东省迄今关于促进科技创新最具普惠性、引导性的文件；同年还印发了《关于进一步改革科技人员职称评价的若干意见》（粤人社规〔2015〕4 号），改革全省科技人员职称评价工作。2016 年出台《广东省促进科技成果转化条例》，并重新修订《广东省自主创新促进条例》，以立法支撑全省科技创新；同年，国家出台支持广东省自贸区建设及创新驱动发展出入境政策和相关配套文件（“自贸区 16 条”），解决海外人才出入境和停留、居留不够便利的问题。2017 年印发《关于广东省深化人才发展体制机制改革的实施意见》（粤发〔2017〕1 号），深入实施创新驱动发展战略，建立具有全球竞争力的人才制度体系，加快建设人才高地。

（二）推进实施重大人才工程

近年来，广东省积极推进落实国家重大人才工程，并围绕广东省创新驱动发展战略、粤东西北振兴发展战略，组织实施了省三大人才工程（“珠江人才计划”“广东特支计划”“扬帆计划”），加大引进培养力度，打造人才工作品牌，集聚一批高层次人才来粤创新创业。一是实施“珠江人才计划”，大力引进创新创业团队和领军人才。2017 年“珠江人才计划”团队项目成功受理 237 个引进创新创业团队及 46 个本土创新科研团队申报，经形式审查、同行评审、答辩评审、公示等环节，最终入选 31 个引进团队及 22 个本土团队，立项资金分别为 7 亿元和 2.175 亿元。二是实施“广东特支计划”，大力培养本土人才。2017 年“广东特支计划”加大资金支持力度，将资助金额提升至每人 50 万元至 100 万元不等，并将经费用途由科研工作经费调整为生活补贴，让广大人才有了更大的获得感。2017 年“广东特支计划”成功受理 1186 名人才申报，经形式审查、初审、复审、公示等环节，最终有 121 名入选。其中，科技创新领军人才 30 人、科技创业领军人才 30 人、科技创新青年拔尖人才 61 人，累计资助 7690 万元。三是实施“扬帆计划”，助推粤东西北振兴发展。2017 年“扬帆计划”引进创新创业团队项目，成功受理 51 个团队申报，经形式审查、答辩评审、公示等环节，最终入选 15 个团队，立项资金 5400 万元。

（三）推进粤港澳人才合作示范区先行先试

广州南沙、深圳前海、珠海横琴三地是粤港澳人才合作示范区、全国人才管理改革试验区。近年来，粤港澳人才合作示范区依托毗邻港澳的开放优势，深入开展跨境人才交流合作，在港澳及海外人才来往便利、个税补贴、执业资格认可、创新创业等方面先行先试，有力促进了粤港澳人才深度合作，取得明显成效。例如，广州南沙实施高端人才卡服务制度，相关人才可享受包括政务办理、健康医疗、子女教育、住房保障等 12 项便捷优质服务；深圳前海实施“双 15”税收优惠政策，对境外高端人才和紧缺人才缴纳个税超过 15% 的部分给予补贴，并对符合优惠目录的企业按 15% 缴纳企业所得税。

（四）大力打造人才发展创新创业平台

近年来，围绕创新驱动发展战略的实施，广东省大力推进各类创新创业平台建设，充分依托院士工作站、专家服务基地、创新创业孵化基地、留学生创业园、科技产业园、重点实验室、新型研发机构、高技能人才培训基地等创新创业平台的载体作用培养人才。

（五）优化人才创新创业综合服务体系

近年来，广东省积极构建主体多元、功能齐全、运转高效、服务便捷的人才综合服务体系，打造吸引人才新优势。一是优化升级高层次人才服务。设立高层次人才服务专区，实现高层次人才引进随报随批，并及时办结调动手续，享受户籍居民同等待遇；打造网上“一站式”服务平台，实行“一条龙”服务模式，高层次人才足不出户便可快速办理落户、出入境、子女入学等 26 项业务。二是整合人才公共服务机构。推动出台《关于加强广东人力资源市场管理工作的意见》，修订《广东省人才市场管理条例》和《广东省职业介绍管理条例》，并整合省人力资源服务机构，实行统一管理、统一监督、统一许可。

三、新时代广东省科技人才发展的思路与举措

（一）继续深入推进人才发展体制机制改革

按照中央和广东省委省政府部署，深入学习习近平总书记关于广东省工作的重要批示和关于人才工作系列重要讲话精神，牢固树立“发展是第一要务，人才是第一资源，创新是第一动力”的理念，继续扎实推进广东省深化人才发展体制机制改革实施意见的贯彻实施，推动各项改革任务落地见效。与此同时，研究制定出台《广东省人才发展促进条例》《关于进一步促进科技创新的若干政策措施》（“科技创新 12 条”）等重大政策法规，在深入开展调研，总结广东省人才发展体制机制改革实践

经验的基础上，加快形成人才引进、培养、使用、流动、评价、激励等各环节的人才创新创业政策体系，为广东省人才发展提供全面的制度保障。

（二）优化省重大人才工程实施

按照“需求导向、立足长远、瞄准高端、精准发力”的总体思路，重点围绕新一代信息技术、高端装备制造、绿色低碳、生物医药、数字经济、新材料、海洋经济、现代种业和精准农业、现代工程技术等重要领域，大力引进广东省产业急需和“卡脖子”的核心技术团队，吸引培养“高精尖”人才和团队，加大对基础研究人才、产业技术人才、青年人才的支持，加大柔性引才力度，加强对入选人才的服务，营造良好创新创业环境，推动人才加速集聚广东，加快成果转化与产业化。

（三）进一步促进以企业主导产业带动创新人才培养

强化企业技术创新主体地位，全面提升企业创新能力，更大力度支持民营企业发展。一是依托“独角兽”企业、“瞪羚”企业等高成长性科技企业，建设以企业为主体、市场化运作、政府补助的科技创新中心，为高层次创新创业人才科技研发、产品中试提供支撑平台。二是深入推进新一轮省部院产学研合作，鼓励企业与高等院校、科研院所深入开展产学研合作，建设更多的院士工作站、科技特派员工作站、博士后科研工作站、博士工作站、工程技术研究中心等科研平台，为企业培育人才筑巢搭台。三是引导企业提高认识，主动与政府部门对接，积极帮助人才申请各级人才优惠政策，加大对入选省、市、县人才计划人员的奖励补贴等，提高人才对企业的认同感和归属感。四是鼓励有条件的高等院校、科研院所和企业参与国际组织活动，培养更多人才进入国际组织工作。五是推进大型骨干企业创新体系建设，支持帮助企业构建适合自身发展的技术创新模式，发挥大型骨干企业的龙头带动作用，形成“大帮小、小促大”的大中小企业协同发展格局，不断巩固企业技术创新、研发投入、成果转化、人才集聚的主体地位。

（四）打造完善周全、待遇适当的人才综合配套服务

一是贯彻落实人才驿站运行管理办法和人才优粤卡实施办法，为高层次人才提供子女入学、落户、税收等“一站式”的贴心服务。二是探索实施更加开放的人才停留、居留便利，争取公安部支持授权广东省自行审批“外国人永久居留身份证”，实行更宽松的中国绿卡制度。三是加快出台引进外国人才工作实施意见和外国人来粤在粤工作服务管理办法，建立开放高效、分类适用的外国人才服务管理体制，促进外国人办理工作许可、居留许可各环节密切衔接。四是深化人才服务“最多跑一次”改革，梳理完善人才领域行政服务事项目录，推行“全程电子化”，大力发展移动客户端、自动服务终端等服务渠道，在科研立项、成果转化、企业注册、创业融资等方面提供“一条龙”贴身服务。五是争取

调整优化税收支持政策，参考周边国家和地区及主要发达国家执行的实际个税税率，争取个税税率合理调整，合理降低纳税人的税赋负担，提高对全球高层次创新人才的吸引力。

（五）推进粤港澳大湾区人才协调发展

积极解决粤港澳大湾区“人过境、钱过河、税平衡”等体制机制障碍问题，促使人才、财政科研资金、科技企业税收、科研项目审批等创新要素跨境顺畅流动。深入推进粤港澳合作示范区建设，加强港澳引才借智，借力港澳人才资源开展广东省产业发展急需紧缺的核心技术攻关，建立湾区一站式、综合性人才工作平台，推进人才往来便利化和协调创新，促进湾区人才融合发展。

案例：基因沉默技术与治疗研发团队

“基因沉默技术与治疗研发团队”由广州市锐博生物科技有限公司引进，入选广东省第二批引进创新创业团队，获8500万元省财政资助。团队带头人克雷格·梅洛为2006年诺贝尔奖得主、美国科学院院士，发现了核糖核酸（RNA）基因沉默过程与机制，在生物发育和RNAi药物等领域取得了举世瞩目的科学成就。2014年，克雷格·梅洛荣获中国政府“友谊奖”。

“基因沉默技术与治疗研发团队”立足基因沉默核心技术，围绕威胁人类健康问题和农业病虫害问题，破解生命密码功能，研发重大疾病的基因沉默技术药物和绿色生物农药，开展核酸创新药物研发与产业化平台建设、平台关键技术攻关、科技产品推广和市场开拓等工作。团队累计新增销售额2.8亿元，共申请专利71项，其中，21项已获授权；发表论文23篇。项目实施至今，已取得一系列重大进展。

（一）建立世界领先水平创新基地，构建完整药物研发体系

团队建成世界领先水平的企业创新基地，构建了从重大疾病病因探索到临床研究，并最终上市的完整药物研发体系。企业创新基地配备了国际先进水平的各类仪器设备，形成世界一流水平的核酸创新药物研发平台和产业化中心。中心为广东省基因沉默产业发展提供专业技术和设备平台，支撑吸引更多高端研发项目来粤开展研究，促进广东省生物医药产业的发展与升级。

（二）自主建成第一个人类全基因化学合成RNAi文库

团队突破国际技术垄断，以自主创新的设计技术开展了亚洲第一个人类全基因化学合成RNAi文库构建，为我国数百名科技工作者提供了基因产品和技术服务支持。支持自主创新，并研发出以人类全基因化学合成RNAi文库为代表的高端新产品，以推广我国基因沉默技术，形成基因沉默技术产业，并促进产业发展。

（三）建成我国首条获国际生产管理认证的寡核酸原料药生产线

团队建成我国首条符合 GMP 和 cGMP 国际生产管理认证体系要求的寡核酸原料药生产线。2016 年通过政府药监部门现场审查，获得国内首个寡核酸原料药生产许可资质，为国内外企业提供GMP 寡核酸原料药生产服务，填补了国内空白，解决了制约我国核酸医药产业发展的瓶颈问题。生产线可为医药企业定制生产各类寡核酸药物产品，并提供核酸药物分析检测和整套临床前药学研究服务。为我国医药企业提供生产服务，获得我国首个含寡核酸活性物质的新药临床研究批件，同时已为美国、加拿大、日本、澳大利亚和韩国等国家的著名药企提供核酸原料药的生产服务。

（四）建成国际一流的新药和基因沉默技术筛选平台

团队建成国际一流水平的全自动化新药和基因沉默技术筛选平台。平台配备了一批国际先进的高通量高内涵筛选设备、高通量测序分析设备。平台可开展 siRNA 文库筛选、新药筛选和诊断标记物开发。

（五）首创基因沉默技术绿色生物杀虫剂，并率先投入使用

团队首创基因沉默技术绿色生物杀虫剂，在世界范围内率先完成基因沉默技术在农药领域的应用。绿色生物农药彻底杀灭害虫，具有高效、无污染、无毒、无残留特点。引领世界基因沉默技术生物农药开发，开创基因沉默技术农业应用新局面，带动农药产业升级，提高食品安全和环境质量，具有重要经济价值和深远社会影响。

（六）打造亚洲最大的寡核酸原料药 CMO 基地

2017 年，在 3 位诺贝尔奖得主的见证下，用人单位与 GE 医疗签约了核酸药物研发生产战略合作，打造亚洲最大的核酸药物 CRO 和 CMO 服务平台。将通过建立深度的战略联盟，携手推动我国核酸药物的研发进程，为国内外客户打造先进的整体核酸药物研制解决方案。

广西壮族自治区科技人才发展报告

■广西壮族自治区科学技术厅

党的十八大以来，为加快广西经济社会发展建设，奋力实现“两个建成”总体目标，广西深入实施人才强桂战略和创新驱动发展战略，在营造良好人才发展环境、加强高层次人才引进和培养、加强科技人才队伍建设等方面采取了相关措施，并取得了一定成效。

一、广西科技人才队伍建设情况

（一）广西科技人才队伍持续发展壮大

党的十八大以来，广西科技人才队伍不断壮大。据统计，广西从事科技活动人员从 2012 年的 104 650 人增长到 2016 年的 120 809 人，年均增长 3.65%。2016 年从事科技活动人员中，研究与开发机构 8527 人（占 7.06%），高等学校 46 303 人（占 38.33%），企业和其他单位 65 979 人（占 54.61%）。2017 年从事研究与试验发展人员全时当量总量达 36 857 人年，按执行部门分类：研究与开发机构 4574 人年（占 12.41%）、高等院校 10 584 人年（占 28.72%）、大中型工业企业 13 361 人年（占 36.25%）、其他单位 8338 人年（占 22.62%）；按研究与试验发展类型分类：基础研究 6445 人年（占 17.49%）、应用研究 11 230 人年（占 30.47%）、试验发展 19 182 人年（占 52.04%）。详见表 1 至表 4。

表 1　2012—2016 年广西全区科技活动人员　　单位：人

年份	科技活动人员	其中		
		研究与开发机构	大中型工业企业	高等院校
2012 年	104 650	7444	42 433	33 232
2013 年	108 715	7650	44 033	34 464
2014 年	107 225	8413	44 589	31 140

续表

年份	科技活动人员	其中		
		研究与开发机构	大中型工业企业	高等院校
2015 年	113 703	8431	39 417	44 132
2016 年	120 809	8527	—	46 303

注：2016 年大中型工业企业“科技活动人员”数据空缺。

2017 年起“科技活动人员”指标取消，今后不做统计。

表 2　2012—2017 年广西全区研究与试验发展人员按执行部门分类　　单位：人年

年份	研究与试验发展人员全时当量				
		研究与开发机构	大中型工业企业	高等院校	其他
2012 年	40 582	4300	17 732	10 204	8346
2013 年	40 659	3805	17 716	10 716	8422
2014 年	41 137	4414	20 148	8619	7956
2015 年	38 534	4168	16 236	9787	8343
2016 年	39 900	4395	15 950	10 202	9353
2017 年	36 857	4574	13 361	10 584	8338

表 3　2012—2017 年广西全区研究与试验发展人员按研究与试验发展类型分类　单位：人年

年份	研究与试验发展人员全时当量			
		基础研究	应用研究	试验发展
2012 年	40 582	5715	10 762	24 105
2013 年	40 659	5280	11 362	24 017
2014 年	41 137	6202	9569	25 365
2015 年	38 534	6909	9464	22 161
2016 年	39 900	6920	9906	23 074
2017 年	36 857	6445	11 230	19 182

表 4　2012—2017 年广西全区研究与试验发展人员中的研究人员

	有研究与试验发展活动的单位数（个）	研究与试验发展人员全时当量（人年）	其中：研究人员	基础研究	应用研究	试验发展
2012 年总计	710	40 581.6	20 833.8	5714.9	10 762.2	24 104.5
其中：						
研究与开发机构	86	4300	2270	515	1514	2271
高等院校	48	10 204.1	8204.4	4675.1	5024.5	504.5
企业	487	21 124.7	8273.2	54.3	792.7	20 277.7
其他	89	4952.8	2086.2	470.5	3431	1051.3
2013 年总计	695	40 659.9	19 737.5	5280.1	11 362.4	24 017.4
其中：						
研究与开发机构	75	3805.0	2021.0	490.0	1343.0	1972.0
高等院校	49	10 715.9	8406.6	4249.5	6054.4	412.0
企业	495	21 215.2	7225.7	93.1	538.0	20 584.1
其他	76	4923.8	2084.2	447.5	3427.0	1049.3
2014 年总计	695	41 137	18 903	6202	9569	25 365
其中：						
研究与开发机构	79	4414	2445	851	1800	1763
高等院校	51	8619	7030	4887	3574	158
企业	492	23 357	7375	34	872	22 452
其他	73	4746	2052	431	3323	992
2015 年总计	768	38 534.7	26 659.3	6909.4	9464.3	22 161.0
其中：						
研究与开发机构	77	4168.0	2339.0	1003.0	1613.0	1552.0
高等院校	122	9787.5	8224.3	5423.3	4037.6	326.6
企业	495	19 884.4	14 128.8	40.6	422.7	19 421.1
其他	74	4694.8	1967.2	442.5	3391.0	861.3
2016 年总计	818	39 899.6	20 912.8	6919.6	9905.7	23 074.1
其中：						
研究与开发机构	75	4395.0	2749.0	1117.0	1554.0	1724.0

续表

	有研究与试验发展活动的单位数（个）	研究与试验发展人员全时当量（人年）	其中：研究人员			
				基础研究	应用研究	试验发展
高等院校	123	10 202.1	8511.4	5249.9	4582.6	396.6
企业	547	20 739.7	7688.2	65.2	408.1	20 266.2
其他	73	4562.8	1964.2	487.5	3361.0	714.3
2017 年总计	866	36 857.3	20 483.7	6445.7	11 230.1	19 182.4
其中：						
研究与开发机构	76	4574.0	2961.0	1092.0	1937.0	1545.0
高等院校	128	10 583.8	8827.5	4658.0	5561.8	364.0
企业	589	17 024.5	6616.2	18.7	425.3	16 581.4
其他	73	4675.0	2079.0	677.0	3306.0	692.0

（二）广西科技人才队伍质量不断提升

党的十八大以来，广西科技人才队伍质量不断提升。近 5 年来，通过实施国家、自治区人才重大工程，加强了人才引进和培养，入选国家级、自治区级重大人才工程（获得人才称号）人数不断增多。据不完全统计，目前，广西入选国家级重大人才工程人选 68 人，其中，“万人计划”20 人、长江学者 7 人、国家杰青 9 人、“创新人才推进计划”9 人。目前，入选自治区级重大人才工程（获得人才称号）达 1038 人，其中，广西院士后备人选培养工程人选 7 人、八桂学者 104 人、自治区特聘专家 133 人、管理期内自治区优秀专家 100 人、广西“新世纪十百千人才工程”第二层次人选 589 人。

二、自治区级重大人才工程实施进展情况

（一）广西院士后备人选培养工程

1. 目标任务及支持方式

为深入实施科教兴桂、人才强桂战略，加快吸引和培养科技创新领军人才，力争在培养中国科学院、中国工程院院士（以下简称“院士”）上取得重大突破，引领带动全区人才队伍建设和科技进步，2015 年出台了《广西壮族自治区院士后备人选培养工程实施方案》。该方案提出：通过项目支持、团队建设、平台支撑、院士带培、交流深造、提升影响 6 个方面的培养措施，在未来 5 年内着力培

养20名左右的院士后备人选；优先保障经费，每人每年自治区财政安排不少于100万元的科研资助经费和30万元学科团队建设津贴，院士后备人选所在单位配套经费不低于50%；对培养产生院士的单位，每培养1名院士，自治区财政给予2000万元的一次性奖励；对入选的院士后备人选授予“八桂英才”称号。

2. 实施进展情况

2016年遴选确定了7名专家作为第一批培养对象。按照“对标找差，因人施策，精准培养”的差别化支持原则，自治区科技厅牵头启动实施第一批人选培养行动，组织签订了培养方案、培养目标责任书、培养合同书。2017年自治区科技厅组织落实了第一批人选科研攻关项目7项（每人1项），累计资助经费达10 500万元（平均每人1500万元），签订了项目合同，并启动实施。第一批和第二批财政资助经费共6800万元已拨付到位。

3. 取得成效情况

（1）加大了科技经费投入，改善了科研基础条件

通过自治区科技厅科研攻关项目、重点实验室建设和自治区人力资源和社会保障厅人才小高地建设等专项资金资助，引导人选所在单位投入配套资金（如广西大学为4位人选在5年内安排每人3500万元配套经费），加强了科研仪器设备购置和科研设施建设，显著改善了科研基础条件。

（2）加强了人才引进培养，增强了学科团队建设

通过全职引进、兼职聘请、柔性引进、项目合作等形式积极拓展人才引进渠道，加强高层次人才引进力度。通过博士后科研流动站和博士、硕士学位招生及青年骨干教师培育工程，加强团队骨干成员培养。据初步统计，累计引进人才31人；累计培养人才107人，其中，博士23人。目前，7位人选的团队成员合计达138人。

（3）加强了科研攻关，取得了一批科研成果

据不完全统计，累计获得国家级科研项目24项，获得资助经费0.65亿元，累计获得省部级科研项目23项，获得资助经费1.58亿元。通过科研攻关项目实施，累计获得发明专利31件；累计发表论文219篇，其中，SCI、EI、SSCI、CSSCI收录158篇，其他核心期刊收录61篇；累计出版专著2部；累计获得科技奖励9项，其中，广西科学技术奖7项，其他科技奖励2项。例如，梁宏教授作为第一完成人的科技成果“基于DNA、蛋白质靶标新型抗肿瘤活性化合物的发现”获2017年度广西科学技术奖特别贡献奖，是广西授予的首个自然科学类特别贡献奖，填补了基础科学研究在该奖项上的空白；邓国富研究员主持完成的科技成果“杂交水稻优质化育种创新及新品种选育”获2017年广西科学技术奖特别贡献奖。

（4）加强了与院士的沟通和技术交流，提升了学术水平

通过工程实施，加强了人选与有关院士的联系沟通工作，得到有关院士的多方面指导。同时，人

选及其团队的骨干积极参加国内外相关学术交流活动，并邀请国内外知名院士、专家前来讲学与学术交流，进一步明确了人选及其团队的努力方向和目标，进一步提升了人选及其团队的学术水平和影响力。例如，赵永祥教授 2017 年当选首届全国科技领军人才联盟副理事长、首届全国科技领军人才联盟生物医药专业委员会主任、中国抗癌协会整合肿瘤分会副主任委员，还成功举办了第三届国际生物靶向诊治研究高峰论坛。

（二）八桂学者制度

1. 目标任务及支持方式

为深入实施人才强桂战略和创新驱动发展战略，紧扣自治区重点产业、重大项目、重要科研创新平台和优势企事业单位发展需要，加强自治区高层次领军人才队伍建设，自 2011 年起，广西面向海内外公开选聘八桂学者，聘期均为 5 年。根据《广西壮族自治区八桂学者制度实施办法》，全区共设置 150 个左右的八桂学者岗位，50 个左右的八桂青年学者岗位，形成以八桂学者为核心和以八桂青年学者为骨干的一批高水平创新团队。全职八桂学者，每年给予 20 万元税后岗位津贴；非全职八桂学者，按实际工作时间给予每月 1.5 万元税后岗位津贴；每年给予所带创新团队 20 万元税后岗位津贴，由八桂学者根据团队成员的实际贡献自主分配；从区外引进的全职八桂学者一次性给予 100 万元税后安家费（住房补贴）；每年给予八桂学者及其创新团队科研补助经费，自然科学与技术类 60 万元、人文与社会科学类 20 万元；设岗单位为每位八桂学者及其创新团队提供科研配套经费，自然科学与技术类不少于 500 万元，人文与社会科学类不少于 100 万元，其中，启动经费分别不少于 200 万元和 20 万元。

2. 实施进展情况

自治区科技厅、教育厅分别负责自然科学与技术类、人文与社会科学类八桂学者的日常管理工作。2017 年对八桂学者制度试行办法进行了修订，正式印发了八桂学者制度实施办法。2011 年以来，累计选聘了 4 批八桂学者，其中，自然科学类八桂学者共设岗位 92 个，选聘学者 93 名，中途辞聘 3 名，实有全程履职学者 90 名（全职 58 名、非全职 32 名，引进 53 名）。目前，已聘任期满 2 批共 45 名，已完成期满考核 22 名（优秀 5 名，合格 16 名，不合格 1 名），正在期满考核 23 名。

2012—2018 年自治区财政累计资助 93 名八桂学者专项经费 40 314.462 万元，其中，住房补贴（含税）5293.812 万元、学者岗位津贴（含税）6321.14 万元、创新团队岗位津贴 7200 万元、科研补助 21 499.51 万元。

3. 取得成效情况

八桂学者（自然科学类）聘任以来，在以下 4 个方面取得了比较突出的成效。

（1）提升科技水平，科研成果丰硕

在八桂学者的带领下，各人及团队在主要科研项目、重要科研奖项、代表性论文或著作、授权发明专利等方面取得了一批丰硕的科研成果。

主要科研项目：据不完全统计，八桂学者及其团队承担的科研项目（课题）共 911 项，其中，国家级 362 项、省部级 549 项。

重要科研奖项：据不完全统计，八桂学者及其团队获得各类奖项 214 项，其中，国家级奖项 7 项、省部级及其他奖项 207 项。邓国富学者参与的“两系法杂交水稻技术研究与应用”获国家科学技术进步奖特等奖 1 项（排名第 27 名），白先进学者获得国家科学技术进步奖二等奖 1 项（排名第 8 名）、广西科学技术奖特别贡献奖 1 项（排名第 1 名）。

代表性论文或著作：据不完全统计，八桂学者及其团队发表各领域科研论文 3181 篇，其中，被 SCI、EI、SSCI、CSSCI 收录 2193 篇。孙立贤学者发表的论文总被引次数高达 846 次，2014—2016 年连续 3 年入选爱思唯尔中国高被引学者榜单。

知识产权：据不完全统计，八桂学者及其团队获得知识产权 615 项，其中，发明专利授权 532 项，软件著作权 75 项，作物新品种权 8 项。

（2）培养创新团队，壮大人才队伍

组建了高水平的科研团队和学术梯队，从国内外、区内外引进一批高层次科研人才，团队骨干人员达 1000 多名。陈同斌学者入选国家“万人计划”科技创业领军人才，石德顺、李先贤学者入选国家“万人计划”科技创新领军人才，韦昌富、陈振锋等 4 名学者入选国家“百千万人才工程”有突出贡献中青年专家，有学者被评为英国皇家化学会会士和欧洲科学院院士，邓国富、王双飞、陈保善、梁恩维、余克服、陈振锋等学者团队的核心骨干成员梁宏教授，卢小玲学者团队的核心骨干成员赵永祥教授入选广西院士后备人选培养工程第一批人选。

（3）搭建科研平台，夯实创新基础

建成了一批具备先进水平的科研、学术平台，包括博士学位点、国家重点实验室、国家工程技术研究中心及自治区级重点实验室、工程技术研究中心等。这些平台为人才培养、科研、成果转化、学术交流等提供了强有力支撑。2017 年，吴尽昭学者引领的广西混杂计算与集成电路设计分析重点实验室成立广西首个国际科学家流动站。

（4）推进成果转化，经济社会效益显著

八桂学者及其团队研究取得重大突破，达到国内外领先或先进水平，并取得显著经济社会效益，显著提升了广西相关行业领域技术水平。章二平学者攻破了工程机械关键液压件技术难题，打破国外技术封锁，取得显著经济效益。梁一桥学者研发的智能电网与柔性输电工程领域产品达到国际领先水平，帮助企业实现 37.76 亿元的销售收入及利税 10.2 亿元。沈捷学者研制的发动机新产品填补了国内高速大功率柴油机 3500 kW 以上的功率段空白，产品技术指标达到国际先进水平，具有完全自主知识产权。邓国富学者研发的水稻不育系“丰田 1A”成果转让费 1050 万元，创国内转让费新高。

（三）特聘专家制度

1. 目标任务及支持方式

为深入实施人才强桂战略和创新驱动发展战略，完善自治区高层次人才开发总体格局，2011—2020 年，力争累计选聘 200 名左右的各行业各领域的自治区特聘专家，带动培养 1000 名左右的中青年科研技术人才，重点支持自治区重点产业、重大项目、重要科研创新平台和优势企事业单位。在聘期内（聘期均为 3 年），自治区财政一次性给予每位特聘专家及其创新创业团队 20 万元专项补助经费；每年给予每位特聘专家 10 万元税后岗位津贴，给予所带团队 5 万元税后岗位津贴；设岗单位每年向每位特聘专家所带团队提供不少于 5 万元的税后岗位津贴；每年向每位特聘专家及其团队提供配套经费，自然科学与技术类不少于 20 万元，人文与社会科学类不少于 10 万元。

2. 实施进展情况

自治区人力资源和社会保障厅负责自治区特聘专家的日常管理工作。2017 年对特聘专家制度试行办法进行了修订，正式印发了自治区特聘专家制度实施办法。自 2011 年特聘专家制度实施以来，已面向海内外连续选聘 6 批共 133 名自治区特聘专家。目前，已组织完成了第一、第二、第三批特聘专家（72 名）期满考核。

3. 取得成效情况

（1）推动了自治区高层次人才队伍建设

通过特聘专家平台引进了国内外各领域的知名专家。他们的到来，不仅为自治区各领域的发展提供了强大的智力支持，也凭借其行业的辐射影响力带来了后续“以才引才”的良好效果，带培了特聘专家团队成员的进步，达到了特聘专家学术技术带头人的预期效果。各个特聘专家岗位均在特聘专家的带领下，组建了优良的团队。团队成员既有引进人才，又有设岗单位培养的本土人才。例如，广西中医药大学“中西医结合肝病防治研究”特聘专家高月求亲自带陪团队成员作为其本人的博士研究生；桂林微邦生物技术有限公司蛋白质高效表达工程岗位在特聘专家张卫红的带领下，为公司培养了一支高水平有工业研究经验的研发团队。

（2）提高了自治区优势领域的科研水平

在特聘专家的带领下，各设岗单位在各类科研项目上都取得了重大的突破，科研能力和水平有了新的进步。广西大学、广西师范大学新设的博士后科研流动站，以及桂林理工大学、广西民族大学、广西医科大学相关专业的博士点，都在特聘专家牵头组织下成功申报获批。

（3）形成了一批科研成果

在特聘专家的带领下，各领域设岗单位都取得了较好的成果，在科研平台建设、发明专利和各类奖项等方面有了大的突破。以第一批特聘专家为例，本批30个特聘专家岗位在聘期内承担的科研课题、项目共有207项，其中，国家级87项、省部级85项、地厅级15项，争取科研经费投入60 351.83万元，发表各领域科研论文705篇，其中，SCI收录180篇。

（4）产生了显著的经济社会效益

特聘专家做出的贡献，也推动了自治区相关领域的创新发展。柳州欧维姆机械股份有限公司特聘专家研究的产品和技术应用于国家天文台FAST工程、港珠澳大桥等国家重大建设工程，产生了巨大的品牌影响力及显著的经济社会效益，新增产品收入22 118万元；中信大锰矿业有限责任公司的特聘专家，有4项成果填补了广西的空白，缩小了广西在锰深加工及新能源材料领域与全国发达地区的差距，引领了广西锰深加工业及新能源材料产业的发展；广西中医药大学一附院的特聘专家，使设岗领域肝病科的临床能力及经济效益得到大幅提升，2011年收入4000万元的科室，现已发展成为年收入近亿元的龙头大科；梧州制药集团的特聘专家，指导开展“注射用血栓通”技术升级，使单一品种销售量提升到1.5亿支，帮助公司实现年度净利润同比增长80%以上。

三、广西科技人才发展相关政策和服务举措

（一）突出问题导向，积极推进人才发展体制机制改革

党的十八大以来，自治区研究出台了系列人才政策，积极营造科技人才发展良好环境。2016年9月，全区召开了创新驱动发展大会，出台了《关于实施创新驱动发展战略的决定》主文件和《关于深化高校和科研院所体制机制改革的实施意见》《关于加强高层次创新型人才队伍建设的实施办法》等8个配套文件（简称“1+8”政策）。2017年8月，自治区出台了《广西壮族自治区高层次人才认定办法（试行）》等6个人才政策文件，为引才育才聚才用才提供有力的制度保障。详见表5。

表5　“十三五”期间广西出台主要人才政策文件清单

序号	文件名称	发文单位	发布时间	发文字号
1	关于加强高层次创新型人才队伍建设实施办法的通知	中共广西壮族自治区委员会办公厅、广西壮族自治区人民政府办公厅	2016年9月21日	桂办发〔2016〕42号
2	广西壮族自治区高层次人才认定办法（试行）	中共广西壮族自治区委员会办公厅、广西壮族自治区人民政府办公厅	2017年8月18日	桂办发〔2017〕36号

续表

序号	文件名称	发文单位	发布时间	发文字号
3	广西壮族自治区优秀专家评选管理办法	中共广西壮族自治区委员会办公厅、广西壮族自治区人民政府办公厅	2017年8月18日	桂办发〔2017〕36号
4	广西壮族自治区八桂学者制度实施办法	中共广西壮族自治区委员会办公厅、广西壮族自治区人民政府办公厅	2017年8月18日	桂办发〔2017〕36号
5	广西壮族自治区特聘专家制度实施办法	中共广西壮族自治区委员会办公厅、广西壮族自治区人民政府办公厅	2017年8月18日	桂办发〔2017〕36号
6	广西壮族自治区引进海外人才工作实施办法	中共广西壮族自治区委员会办公厅、广西壮族自治区人民政府办公厅	2017年8月18日	桂办发〔2017〕36号
7	广西青年创新创业人才培养计划实施方案	中共广西壮族自治区委员会办公厅、广西壮族自治区人民政府办公厅	2017年8月18日	桂办发〔2017〕36号
8	广西壮族自治区关于加强卫生人才队伍建设的实施意见	中共广西壮族自治区委员会办公厅、广西壮族自治区人民政府办公厅	2017年4月26日	桂办发〔2017〕18号
9	广西壮族自治区主席院士顾问聘任管理办法	广西壮族自治区人民政府办公厅	2017年7月13日	桂政办发〔2017〕90号
10	广西壮族自治区八桂学者聘任期满考核办法（试行）	自治区科技厅、自治区教育厅	2017年6月22日	桂科政字〔2017〕80号
11	关于支持高校科研院所专业技术人员创新创业人事管理及有关问题的通知	自治区人社厅、编办、教育厅、科技厅、财政厅、住建厅	2017年6月30日	桂人社发〔2017〕22号
12	自治区主席院士顾问专项经费管理办法	自治区科技厅、自治区财政厅	2018年1月22日	桂科成字〔2018〕8号
13	广西高校和科研院所高层次人才薪酬制度改革试点方案	自治区人社厅、财政厅	2018年1月23日	桂人社规〔2018〕1号

（二）实施高层次人才分类资助政策，进一步规范高层次人才管理

2016年9月，自治区出台了广西高层次人才分类资助政策（桂办发〔2016〕42号），明确各类人才的支持标准。2017年8月出台了广西高层次人才认定办法（桂办发〔2017〕36号），把广西现有的国家级人才、八桂学者、特聘专家等各类高端人才和引进的各类高端人才，通过认定划分为A、B、C、D、E 5类人才，进一步规范了高层次人才管理。首批高层次人才认定工作在自治区人力资源和社会保障厅牵头下正有序进行。自治区还搭建了高层次人才“一站式”服务平台，积极为高层次人才提供全方位的服务。

（三）紧扣人才成长规律和科研规律，改进科研管理

近年来，自治区科技厅牵头出台了一系列科技计划管理制度，改进科研管理，助推科技人才成长。2017 年启动了科技计划项目申报常态制工程，在全国率先实行科技计划项目常年申报、季度评审，取消申报负责人年龄和职称限制，放宽申报限项，降低申报门槛，让科研人员的好项目能及时得到资助，以机制体制的“软优势”弥补科技资源不足的“硬短板”，充分调动科技人员申报项目的积极性，深受科研人员广泛好评。2017 年全年共受理科研项目申报材料 8163 份，同比增长 47.2%。

同时，加大科技计划对高端人才和青年人才的培养力度。自 2016 年以来，自治区科技厅在科技计划编制和项目管理中，注重和加大科技计划、项目对创新创业人才的培养力度，在项目申报书、项目合同中设置了人才队伍建设内容和考核指标，将人才培养作为全区重大科技计划、项目的重要内容和重点考核指标。同时，组织实施了科技计划“科技创新人才队伍建设示范”专项，围绕广西特色优势产业发展对“高精尖”人才及其团队的需求，重点支持自治区高端人才培养和创新创业人才队伍建设。2016—2017 年安排项目 47 项，资助经费 4975 万元。2017 年度广西自然科学基金继续加大对杰出青年基金项目、青年基金项目等人才培养类项目的支持力度，共资助杰出青年科学基金项目 16 项，资助经费 1000 万元（比 2016 年增长 66.67%），青年基金项目资助额度由 2016 年度的 5 万元 / 项增长为 10 万元 / 项，有效地促进了自治区青年科技人才的培养。2018 年广西科技计划项目申报指南中还设置了“创新创业青年人才培养示范”专项，对青年人才进行择优项目扶持和培养。

（四）充分利用外部资源，加强科技人才队伍建设

1. 持续实施自治区主席院士顾问制度

设立自治区主席院士顾问制度是自治区党委、自治区政府解决广西高端人才短板的重要举措。院士工作站是立足院士顾问及其团队的科研力量搭建合作交流平台，开展广西急需的产业共性关键技术攻关。党的十八大以来，广西先后聘请了 3 批自治区主席院士顾问，共 136 人次。先后认定了 3 批院士工作站，共 104 家，入站院士达 110 人。区外院士为自治区引进培养人才、搭建科研平台、攻克技术难题、实施科技成果转化及决策咨询等做出重要贡献，累计帮助广西培养人才 1350 人次、引进人才 385 人、开展培训 5586 人次。

2. 全面启动青年科学家来华入桂计划

2017 年，自治区科技厅启动实施了“百名东盟杰出青年科学家来华入桂工作计划”，将在 4 ～ 5 年内引进 100 名东盟杰出青年科学家来桂进行 6 个月或 12 个月的短期科研工作，与广西高等院校、科研院所和企业共同开展科研合作。目前，已确定了 19 名青年科学家来桂工作。

四、新时代科技人才发展思路与举措

自治区科技厅积极贯彻落实党的十九大精神，在认真落实各类人才刚性支持政策的基础上，推进人才发展体制机制改革，加大科技创新人才引进和培养力度，着重抓好以下工作：

一是加大对广西院士后备人选培养力度。在继续加大第一批 7 名人选支持的基础上，做好第二批广西院士后备人选遴选工作，在项目支持、团队建设、平台支撑、院士带培、交流深造等方面，推出更加精准有效的培养措施与办法。

二是继续深入实施八桂学者制度。2018 年做好第五批八桂学者和第一批八桂青年学者选聘工作。从 2018 年起，要求八桂学者设岗单位进一步明确八桂学者聘期内的岗位职责和目标任务，并将受聘意向合同书一同提交审核，强化合同目标性和约束力。着眼于培养本土科技人才，从 2018 年开始选聘八桂青年学者，立足培养本地学术上崭露头角、创新能力强、发展潜力大的青年拔尖创新人才。

三是继续开展自治区主席院士顾问工作。继续开展自治区主席院士顾问续聘和新聘工作，充分发挥自治区主席院士顾问的作用。重点发挥院士及其团队为广西经济社会发展建言献策，提供决策咨询，帮助广西解决重点产业行业发展中的重大关键技术问题，促进成果转化，帮助广西搭建高水平研发平台和培养高层次科技创新人才，推动优势特色学科建设，以及与广西开展产学研合作的作用。

四是实施广西创新创业青年人才培养专项。突出面向经济建设主战场的创新成果转化与产业化，以提高青年创新创业者的人才层次和团队创新创业能力为目标导向的人才专项项目。落实科研资助、定向送培等政策措施。同时，实施好“百名东盟杰出青年科学家来华入桂工作计划”。

五是实施人才科技计划专项。围绕重点支持高端人才引进培养和创新创业人才培养基地建设的目标，组织编制年度科技计划人才专项项目申报指南，组织做好年度项目评估、立项、下达、合同签订、经费拨付、组织实施等工作。

六是积极争取国家级重大人才项目。积极推荐优秀科技创新人才申报国家“万人计划”及“创新人才推进计划”等国家级重大人才项目，重点做好人选申报、评审、推荐、答辩及科技人才培训等工作。

海南省科技人才发展报告

■海南省科学技术厅

一、科技人才队伍总体情况

（一）科技人员总体情况

2016 年，海南省科技活动人员 26 315 人，相比 2012 年增长 15%。其中，大学本科及以上学历 19 028 人，相比 2012 年增长 53%（图 1）。

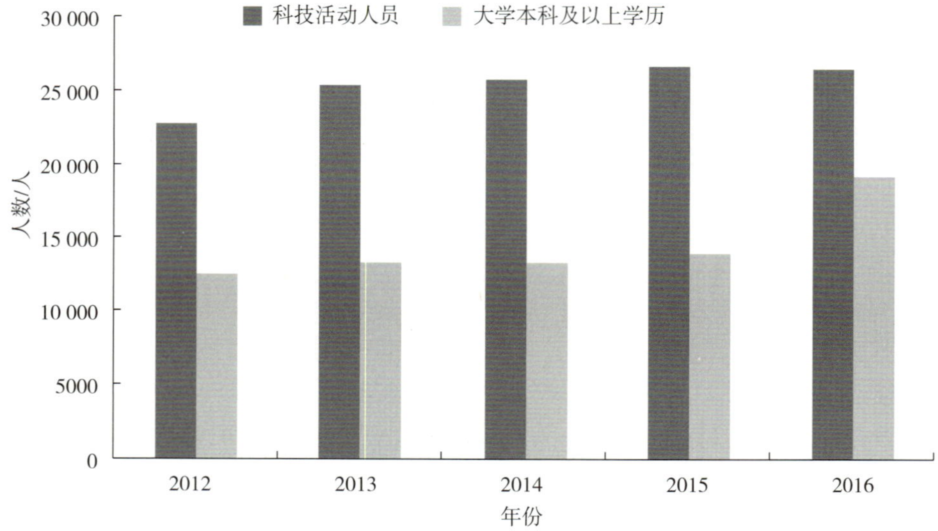

图 1　2012—2016 年海南省科技活动人员情况

（二）科技活动人员分布情况

2016 年，科研院所、高等院校、企业、事业单位的科技活动人员分别占全省科技活动人员总数的 12.07%、35.78%、45.78%、6.37%。相比 2012 年，高等院校科技活动人员占比有所增加，科研院所、企业、事业单位科技活动人员占比有所减少，近几年海南省科技活动人员分布见图 2。

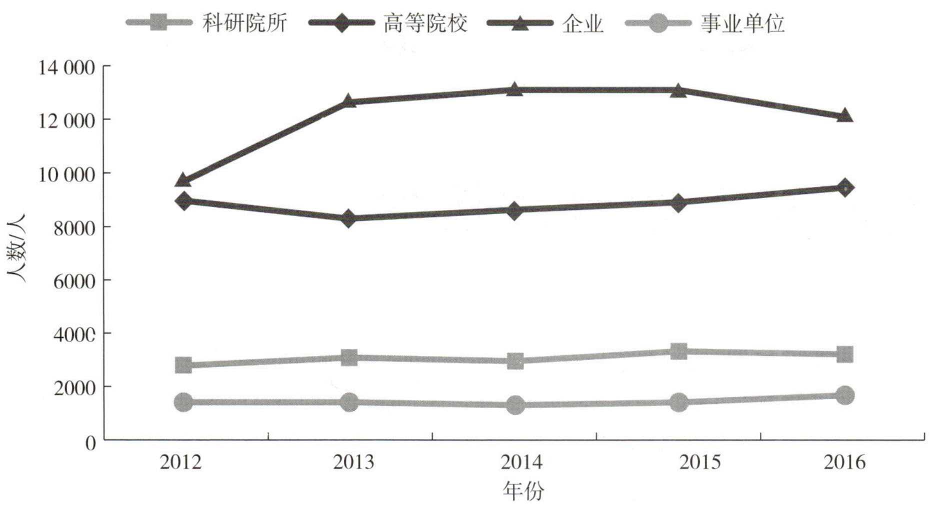

图 2　2012—2016 年海南省科技活动人员分布情况

（三）研究与试验发展人员及经费情况

2016 年，海南省研究与试验发展（R&D）的单位 637 个，比 2012 年增加了 61 个；有 R&D 活动的单位 157 个，比 2012 年增加了 35 个。2016 年 R&D 人员 13 484 人，比 2012 年增加了 2994 人；研究人员 7339 人，比 2012 年增加了 4111 人；折合全时人员 7840 人，比 2012 年增加了 1053 人；从事基础研究、应用研究、试验发展的人员也较 2012 年有所增加（图 3）。

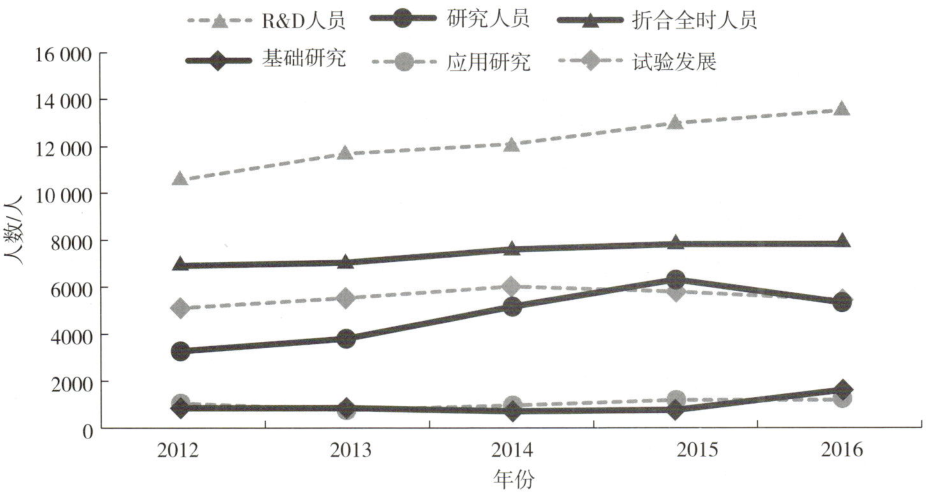

图 3　2012—2016 年海南省 R&D 人员情况

2016 年，R&D 内部经费支出 217 095 万元，比 2012 年增加了 79 851.5 万元，投入基础研究、应用研究、试验发展的经费也较 2012 年有所增加（图 4）。

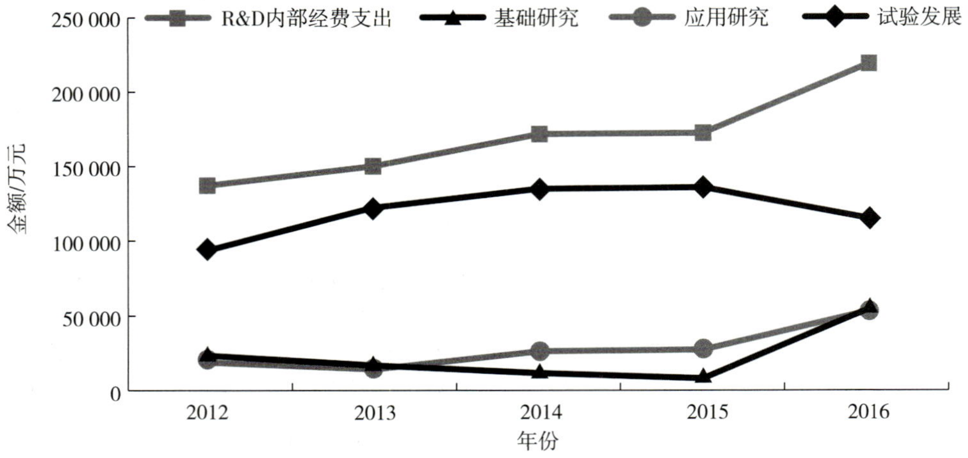

图 4　2012—2016 年海南省 R&D 内部经费支出情况

（四）研究与试验发展人员分布情况

2016 年，科研院所、高等院校、企业、事业单位的 R&D 人员分别占全省 R&D 人员总数的 15.89%、28.69%、46.69%、8.73%。相比 2012 年，企业、事业单位的 R&D 人员占比有所增加，科研院所、高等院校的 R&D 人员占比有所减少。2012—2016 年海南省 R&D 人员分布情况见图 5。

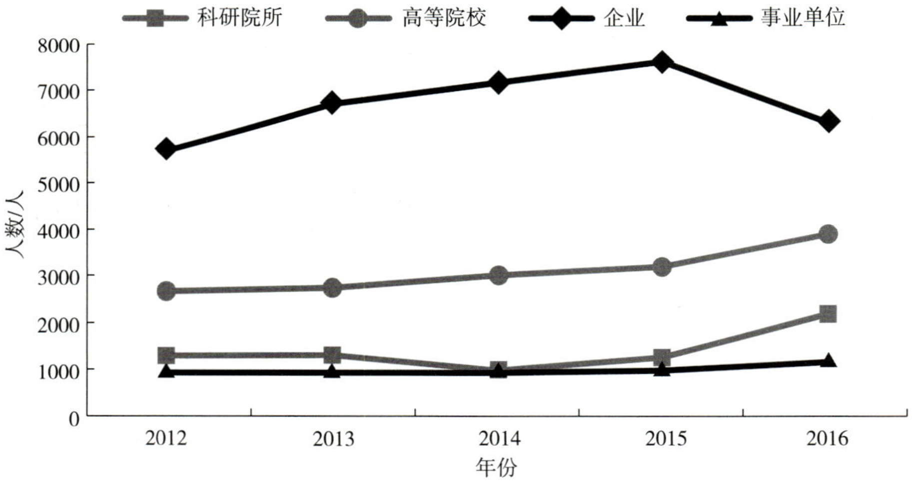

图 5　2012—2016 年海南省 R&D 人员分布情况

（五）研究机构情况

2016 年，研究机构 R&D 人员 3926 人，比 2012 年增加了 1194 人，其中，博士毕业生增加 236 人，硕士毕业生增加 371 人，R&D 经费支出增加 91 029.3 万元（图 6、图 7）。

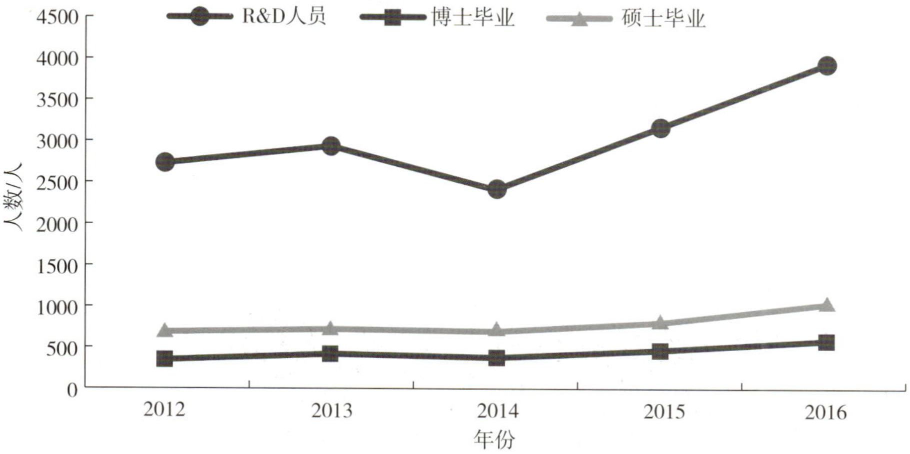

图 6　2012—2016 年海南省研究机构 R&D 人员情况

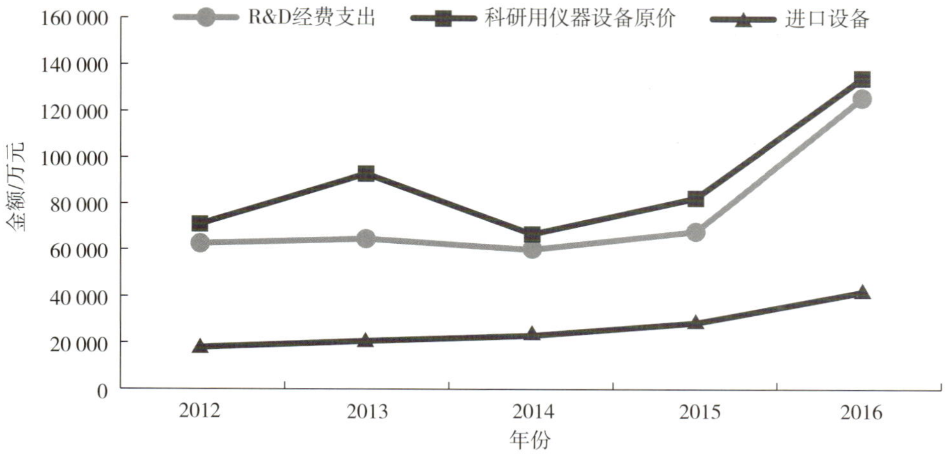

图 7　2012—2016 年海南省研究机构经费及设备支出情况

注：2017 年度的数据未完全统计，因此无法将 2017 年的科技队伍建设情况展现出来。

二、科技人才计划、工程、基地、项目等实施进展和案例

(一) 科技人才计划、工程、基地、项目等实施进展与成效

为服务科技人才发展工作，落实科技人才政策相关内容，海南省在科技人才计划、工程、基地、项目等方面做了大量工作，科技人才专项实施效果初显。

一是大力实施高层次人才等人才计划。共培养科技类高层次人才 19 人，培育创业英才人选 31 人，已扶持资金 2600 多万元。

二是大力实施海南省院士工作站建设计划，打造海南省柔性引才的平台典范。已认定 26 家海南

省院士工作站，柔性引入 29 名院士和近百名高层次专家。

三是大力实施中西部市县科技副乡镇长派遣计划。自 2010 年启动以来，共派遣 391 人次挂职科技副乡镇长 8 期，到海南省中西部 11 个市县 112 个乡镇挂职担任科技副乡镇长，覆盖海南省中西部市县 100% 的乡镇，为科技人才更好地实现自我价值提供了广阔的“舞台”。

四是搭建科技合作平台，推进科技人才交流和合作。积极拓展海南省科技人才对外科技交流与合作。支持海南省企事业单位对外交流合作；与中科院青岛生物质能源所、中国农科院、中国林科院等单位合作，借助国内先进研发平台解决关键技术问题，推动先进特色技术在“一带一路”国家转移示范。

（二）科技人才工作典型案例

树立“建机构带人才”理念，积极引进大院大所、大型企业来琼设立科研机构。一是引进中科院在三亚共建中科院深海科学与工程研究所，这是中科院在海南省设立的唯一整编制科研机构，于 2012 年成立，2016 年 5 月通过筹建验收正式成立。该机构现已承担国家科研项目资金达 10 亿元，超过海南省其他科研机构在“十二五”期间承担国家科研项目资金的总和。2016 年组织开展了马里亚纳海沟深海装备试验及科学考察活动，取得 3 项国际领先、10 项国内领先的科研成果。二是引进中科院遥感与数字地球研究所设立三亚研究中心，综合开展数字海南、资源环境、灾害监测及海洋科学等领域的研究。围绕遥感技术资源，推动筹建三亚遥感信息产业园。三是引进中国电子科技集团公司在陵水设立中电科海洋信息技术研究院有限公司，总投资约 15 亿元，开展卫星遥感、海洋信息化等方面的技术研发和应用推广。3 家科研机构共引进国内人才 500 名。

三、科技人才发展相关政策和服务举措

党的十八大以来，海南省委省政府高度重视人才工作，一直把加强人才队伍建设列为实施人才强省战略的重要任务，围绕《海南省中长期人才发展规划纲要（2010—2020 年）》，科学规划、不断创新，重点突破、整体推进，以科技人才计划为主要依托，深入实施科技人才创新创业激励机制改革和人才服务管理改革，营造人才发展良好环境，激发创新创业活力，为海南省“科学发展，绿色崛起”提供了重要的智力支撑和人才保障。

（一）全面推进人才强省战略实施

海南省委省政府高度重视人才工作，坚持不懈地实施人才强省战略，相继出台了《关于进一步加强党管人才工作的实施意见》《关于深化人才发展体制机制改革的实施意见》《百万人才进海南行动计划（2018—2025 年）》等一系列政策措施，加大科技人才计划实施力度，扎实推进海南全岛自由

贸易试验区和中国特色自由贸易港建设。

（二）引导广大科技人才创新创业

海南省出台了《海南省创业英才培养计划实施办法》《海南省引进科技创新团队实施办法》《海南省人民政府关于新形势下加快知识产权强省建设的实施意见》《中共海南省委　海南省人民政府关于加快科技创新的实施意见》等政策，从科技创新平台建设、科研项目、发明创造、知识产权保护、成果转化、新技术新产品开发推广等方面给予鼓励和扶持，通过加强科技创新的统筹协调，促进科技与金融结合，完善科技创新激励机制，改进财政科研项目资金管理机制，强化科技创新保障等措施，引导高等院校和科研院所及企业科技人员创新创业。

（三）大力引进培养高层次创新创业人才

海南省出台了《海南省博士服务团管理服务工作实施办法》《海南省高层次人才医疗保障实施办法》《海南省博士后资助资金管理暂行办法》《海南省国家级人才项目人选配套资助办法》等政策，进一步聚集高层次人才为海南省经济社会发展服务，发挥高端人才在海南省创新创业中的示范引领作用。

（四）健全柔性吸引国内外人才工作机制

为加快实施人才强省战略，进一步完善海南省柔性引才机制，吸引国内外高端人才参与海南国际旅游岛建设，省政府出台了《海南省柔性引进人才暂行办法》《海南省院士工作站管理办法》《关于充分发挥“候鸟型”人才作用的意见》等政策，依托高等院校、科研院所、医疗卫生机构、产业园区和行业机构等科技创新载体，搭建柔性引进院士及其核心团队、高端人才等来琼开展科技创新、成果转化和人才培养。

（五）优化人才发展激励机制

海南省出台了《海南省杰出人才奖评选奖励实施办法》《海南省优秀科技创新创业人才奖评选奖励实施办法》《海南省优秀高技能人才奖评选奖励实施办法》《海南省优秀农村实用人才奖评审奖励实施办法》《海南省优秀社会工作者人才奖评选奖励实施办法》《海南省少数民族和贫困地区人才贡献奖评选奖励实施办法》《海南省华侨华人人才突出贡献奖评选奖励实施办法》，对杰出人才奖、优秀科技创新创业人才奖、优秀高技能人才奖等人才奖的评定和表彰做出了具体规定，进一步完善人才激励机制，充分发挥各类杰出人才在海南国际旅游岛建设中的典型示范引领作用。

（六）最大限度激发人才创新创业活力

深入实施创新驱动发展战略，海南省出台了《海南省促进省属高等院校和科研院所科技成果转化的若干意见》《海南省人民政府办公厅关于优化学术环境的实施意见》《海南省深化省级财政科技计划和资金管理改革方案》，进一步提升财政资金使用效益，充分发挥科研人员的积极性和创造性，增强科技对经济社会发展的支撑引领作用。

四、新时代科技人才发展思路与举措

（一）主要思路

以习近平总书记系列重要讲话，特别是在庆祝海南省建省办经济特区 30 周年大会上的讲话精神为根本遵循，不断深化人才发展体制机制改革，实行更加积极、更加开放、更加有效的人才政策，按照《中共中央　国务院关于支持海南全面深化改革开放的指导意见》要求，认真贯彻省委七届四中全会精神，坚持目标导向和问题导向，坚持“不拼重金拼环境”的人才工作定位，依靠市场配置和政府指导相结合，把优化人才发展环境作为增强人才竞争力的关键举措。重点开展好创新人才培养支持机制、构建更加开放的引才机制、建设高素质专业化干部队伍、全面提升人才服务水平等工作，加快形成人人渴望成才、人人努力成才、人人皆可成才、人人尽展其才的良好环境。

（二）主要举措

加强科技人才扶持政策体系建设，形成一个层次分明、衔接有序的梯级人才培养体系。组织修订《海南省院士工作管理办法（试行）》《海南省创业英才培养计划实施办法》，制订出台《海南省南海英才培养计划实施办法（试行）》等政策措施。

聚焦“陆海空”，即南繁、深海、航空等海南省特色、有比较的领域，让项目、平台与人才三者有机结合。一是聚焦“陆海空”科技创新开展研发攻关，通过省级、国家级科技项目的支持，吸引大量科技人才开展科技创新活动。二是聚集海南全岛自由贸易试验区和中国特色自由贸易港建设，争取国家级创新机构在琼落户，支持高等院校、科研院所、企业在“海陆空”等相对优势领域创建国家级和省级研发创新平台。推动重点学科和实验室建设，把海南大学建设成为服务国家重大战略，服务海南省建设的国际化研究型大学。三是加大柔性引才引智力度，组织开展院士工作站、南海英才、科技副乡镇长派遣等科技人才专项，推动科技人才创新发展。

优化营商环境建设，积极营造良好的科技人才创新创业环境。一是下放高等院校、科研院所招人、用人自主权，支持科研机构加大人才引进力度。二是完善人才评价机制，促进教师、医生、科研人员等合理流动。三是全面修订《海南省促进知识产权发展的若干意见》（琼府〔2012〕8号），加强科技创新与成果保护。四是允许内地国企、事业单位的专业技术和管理人才按规定在海南省兼职兼薪、按劳取酬。五是完善国际人才管理服务，支持国际人才离岸创新创业，打造高层次人才来琼就业创业的良好环境。

重庆市科技人才发展报告

■重庆市科学技术局

2013—2017 年，重庆市科学技术局（原重庆市科学技术委员会）积极贯彻落实中央《关于深化人才发展体制机制改革的意见》和《关于分类推进人才评价机制改革的指导意见》，通过积极推进科技人才分类评价改革、创新科技人才政策、优化科技人才发展环境、激发科技人才活力，全市科技人才队伍总量、结构、水平均得到较大提高，科技人才在全市经济社会发展中的支撑作用凸显。

一、科技人才队伍建设情况

近 5 年来，重庆市大力实施科教兴市和人才强市战略，以深化科技人才发展体制机制改革为突破点，不断加强科技人才队伍建设，科技人才在队伍规模、结构及整体质量等方面得到较大发展，为推动全市经济社会发展贡献了科技智慧与力量。

（一）科技人才队伍规模不断扩大

近 5 年（2013—2017 年）重庆市研究与试验发展（R&D）人员由 8.3722 万人增加到 13.0227 万人；R&D 人员全时当量由 5.2612 万人年增加到 7.7923 万人年，其中，R&D 研究人员全时当量由 2.5085 万人年增加到 3.5754 万人年；每万名劳动力中 R&D 人员和 R&D 研究人员全时当量分别由 31.3 人年和 14.9 人年增加到 45.4 人年和 20.9 人年。

（二）科技人才结构和布局日益优化

从 R&D 的执行部门看，近 5 年企业 R&D 人员均占主导地位，且所占比例逐年增长；高等院校和研发机构 R&D 人员所占比例次之，且呈逐年小幅下降的趋势。2017 年企业 R&D 人员达到 9.2672 万人，占全市 R&D 人员比例为 71.2 %，比 2013 年提高 2.1 个百分点；高等院校 R&D 人员为 2.5494 万人，占全市 R&D 人员比例为 19.6%，比 2013 年降低 1.0 个百分点；研发机构 R&D 人员为 0.5954 万人，占全市 R&D 人员比例为 4.6%，比 2013 年降低 2.4 个百分点。

（三）科技人才人均 R&D 经费持续提高

近 5 年重庆市 R&D 内部经费总支出由 1 764 911 万元提高到 3 646 309 万元，人均 R&D 经费由 33.5 万元 / 人年提高到 46.8 万元 / 人年。

（四）高层次科技人才队伍更加壮大

近 5 年重庆市共引进和培养国家级高层次人才 300 余人，其中，两院院士 16 人、“新世纪百千万人才工程”国家级人选 110 人、国家有突出贡献中青年专家 85 人、国家中青年科技创新领军人才 29 人、国家科技创新创业领军人才 16 人；市级高层次人才 200 余人，其中，市级科技创新领军人才 59 人、市级科技创业领军人才 40 人、市级科技创投领军人才 10 人。此外，重庆市还拥有享受国务院政府特殊津贴人员 2588 人，博士后流动站 84 个、工作站 60 个，为科技创新发展提供了有力支撑。

（五）科技人才活动产出有效提高

近 5 年重庆市每万人口有效发明专利拥有量由 2.9 件提高到 7.25 件；先后获得国家级科技奖项 40 项，技术合同成交额累计达到 868.17 亿元。

数据详见表 1 至表 6。

表 1　2013–2017 年重庆市科技人才队伍建设情况

年份	R&D 人员（万人年）	R&D 研究人员（万人年）	每万名劳动力中 R&D 人员（人年 / 万人）	每万名劳动力中 R&D 研究人员（人年 / 万人）	R&D 人员人均 R&D 经费（万元）	R&D 研究人员人均 R&D 经费（万元）
2013 年	5.2612	2.5085	31.3	14.9	33.55	70.4
2014 年	5.8354	2.4867	34.4	14.7	34.59	81.2
2015 年	6.1520	2.7606	36.03	16.17	40.15	89.47
2016 年	6.8055	3.0935	39.6	18.0	44.40	97.68
2017 年	7.7923	3.5754	45.4	20.9	46.79	101.98

表 2　2013—2017 年重庆市 R&D 人员全时当量各部门分布情况　　单位：万人年

年份	合计	企业	研究与开发机构	高等院校	其他
2013 年	5.2612	3.9141	0.5139	0.6868	0.1464
2014 年	5.8354	4.6718	0.3321	0.6911	0.1403
2015 年	6.1520	4.7893	0.4283	0.7814	0.1529
2016 年	6.8055	5.1420	0.5059	0.8520	0.3056
2017 年	7.7923	5.9216	0.5032	0.9589	0.4086

表 3　2013—2017 年重庆市 R&D 研究人员全时当量各部门分布情况　单位：万人年

年份	合计	企业	研究与开发机构	高等院校	其他
2013 年	2.5085	1.4941	0.3310	0.5881	0.0952
2014 年	2.4868	1.6013	0.1945	0.6009	0.09
2015 年	2.7606	1.7474	0.2622	0.6517	0.0993
2016 年	3.0935	1.8493	0.3192	0.7397	0.1853
2017 年	3.5754	2.1905	0.3212	0.8138	0.2499

表 4　2013—2017 年重庆市每万名劳动力中 R&D 人员全时当量各部门分布情况　单位：人年

年份	合计	企业	研究与开发机构	高等院校	其他
2013 年	31.3	23.2	3.1	4.1	0.9
2014 年	34.4	27.5	2.0	4.1	0.8
2015 年	36.0	28.1	2.5	4.6	0.9
2016 年	39.6	29.9	2.9	5.0	1.7
2017 年	45.4	34.5	2.9	5.6	2.4

表 5　2013—2017 年重庆市 R&D 人员人均 R&D 经费各部门分布情况　单位：万元

年份	全市	企业	研究与开发机构	高等院校	其他
2013 年	33.5	36.9	24.9	25.5	11.2
2014 年	34.6	37.4	26	23.4	12.2
2015 年	40.1	43.4	41.9	24.3	13.7
2016 年	44.4	48.4	42.0	31.1	18.2
2017 年	46.8	50.7	37.4	35.5	25.6

表 6　2013—2017 年重庆市高层次人才情况

年份	2013 年	2014 年	2015 年	2016 年	2017 年
两院院士	14	14	13	13	16
国家有突出贡献中青年专家（人）	62	71	80	85	85
国家杰出青年科学基金获得者（人）	32	35	37	41	43
“新世纪百千万人才工程”国家级人选（人）	90	95	104	104	110

续表

年份	2013 年	2014 年	2015 年	2016 年	2017 年
国家中青年科技创新领军人才（人）	8	13	25	29	29
国家科技创新创业领军人才（人）	7	11	13	16	16
国家重点领域创新团队（个）	3	4	4	8	8
国家创新人才示范基地（个）	1	2	3	4	4
享受国务院政府特殊津贴人员（人）	2478	2478	2478	2588	2588
国家级博士后流动站 / 工作站（个）	62/54	85/53	85/53	84/59	84/60
重庆市科技创新领军人才（人）	—	19	39	59	59
重庆市科技创业领军人才（人）	—	10	20	40	40
重庆市科技创投领军人才（人）	—	—	—	10	10

二、科技人才计划、工程、基地、项目等实施进展和案例

（一）“科技创新创投创业人才支持计划”实施进展情况

“科技创新创投创业人才支持计划”是重庆市高层次人才特殊支持计划 5 个子计划之一。2013 年以来，瞄准科技前沿和战略新兴产业，每年遴选 20 名科技创新领军人才进行重点培养；立足推动企业成为技术创新主体，每年遴选 10 名科技创业领军人才进行重点培养；为强化资本对接，自 2016 年开始，每年增加培育 10 名科技创投领军人才。自支持计划实施以来，已累计培育科技创新创投创业领军人才 109 人，其中，科技创新领军人才 59 人、科技创业领军人才 40 人、科技创投领军人才 10 人。这批人才在主持承担重大科技任务、开发自主知识产权或核心技术等方面充分发挥了示范引领作用。经不完全统计，2013 年以来已获评的科技创新创业人才共获得发明专利 371 项，发表 SCI 论文 345 篇、EI 论文 89 篇，获得国家级奖励 58 项、省部级奖励 78 项；有 11 项成果达到了国际先进水平，8 项填补了国内空白，2 项属国内首创；获得国家 863 和 973 计划、国家自然科学基金、国家科技支撑计划等国家级项目 150 个，国拨经费近 2 亿元；申报省部级科研项目 174 个，获拨经费 1 亿 7000 余万元。科技创新创业领军人才所带团队共引进人才、培养博士、研究生等各类人才 1500 余人，新增国家级研发平台 16 个、市级研发平台 56 个。同时，朱明跃、周杰、母治平、张治中、裴勇、郭茂、刘宴兵 7 人入选“创新人才推进计划”，朱明跃、周杰、张治中 3 人入选国家“万人计划”。陈强入选中央组织部“国家青年拔尖人才支持计划”（国防领域），朱才朝、张治中入选“百千万人

才工程”国家级人选及有突出贡献中青年专家，刘庆宾荣获2013年“重庆市五一劳动奖章”，母治平被评为2013年“十大重庆经济年度人物”。重庆邮电大学刘晏兵在教委“雏鹰人才计划”培养中获得“先进实验基地”称号，牵头获得重庆市研究生教改重大项目1项。

（二）“百名工程技术高端人才培养计划”实施进展情况

2012年以来，由重庆市科技局牵头，在重庆市“6+1”支柱产业、“2+10”战略性新兴产业等领域，每年遴选不超过10名，力争10年内培养和造就100名工程技术带头人。面向全市企业、科研机构和高等院校，共遴选培养了40名工程技术高端人才，其中，企业18人、科研院所14人、高等院校8人，30人已通过结题验收。主要分布于先进制造、信息技术、生物医药和资源环境等领域，培养资助经费达825万元。这批工程技术高端人才近5年来培养博士研究生34名、硕士研究生124名，在国内外发表SCI/EI论文共227篇，团队主要成员中32人晋升为正高职称，103人晋升为副高职称。百名工程技术高端人才带领团队的研发成果获重庆市技术发明奖，科技进步奖，企业技术创新奖等省部级奖励共52项。获得国家863计划、国家自然科学基金、国家科技支撑计划等国家级项目51项，国拨经费33 750余万元；获得省部级项目58项，国拨经费6475余万元。获得发明专利179项，并取得了良好的经济社会效益。例如，重庆大学陶长元团队研发的电解金属锰节能减排关键技术在重庆武陵锰业有限公司、秀山县嘉源矿业有限责任公司、中信大锰矿业有限责任公司得到全面应用，近3年来因产能提高新增销售收入约40.16亿元，节约生产成本约3.76亿元。

（三）“重庆市创新创业示范团队支持计划”实施进展情况

从2016年开始，每年在企业、高等院校和科研院所的创新创业团队中，择优遴选培育引领产业发展的创新创业示范团队100个左右，以后补助方式与市委组织部共同资助，资助力度30万元/团队。截至2016年，共立项支持示范团队107个，资助经费3210万元。从示范团队背景看，属互联网、大数据、智能制造、新材料、生物医药等战略性新兴产业的有95个，占比达88.8%；从企业性质看，民营企业是主力，占比达61.7%。对专门从事科技成果转移转化的团队进行单列支持，体现了产学研相结合。例如，重庆交通大学单轨车辆装备创新创业团队自2008年以来，将跨座式单轨车辆新型转向架设计、车辆关键部件与系统集成控制等方面的科研成果，在重庆长客公司成功转化，推动跨座式单轨车辆实现产值20多亿元；重庆市中药研究院“小咖之翼”创新创业团队，致力于天然保健品、食品的研发，联合“朵朵润尔”推出的三清方饮料年销售额已达8000万元以上，2015年年初帮助重庆市民族品牌天府可乐复出，仅短短一年，销售额便达1个亿。

三、科技人才发展相关政策和服务举措

（一）深化科技人才分类评价机制改革

根据中央办公厅、国务院办公厅发布的《关于深化人才发展体制机制改革的意见》《关于深化职称制度改革的意见》《关于分类推进人才评价机制改革的指导意见》等一系列人才发展改革政策，研究制定《重庆市科技人才分类评价实施方案》《重庆市自然科学系列专业技术资格申报条件》等政策性文件，提出将科技人才分为基础研究、应用研究和技术开发、科技咨询和科技管理服务 3 个类别，建立起以岗位职责要求为基础、以品德和能力为导向、以社会贡献和创新业绩为重点、符合各类创新人才特点的细化分类申报条件。对基础研究类人才，把学科领域活跃度和学术影响力、研发成果原创性等作为重要评价指标，重点评价其解决重大科学问题的能力和成果的原创性、科学价值、学术水平和影响力等；对应用研究和技术开发类人才，把评价技术创新与集成能力、重大技术 / 工艺突破、成果转化效益、技术 / 工艺推广成效、对产业或行业发展的实际贡献等作为重要评价指标，重点评价其创新能力、创新成果、技术价值、成果转化效益等；对科技咨询和科技管理服务类人才，把科技决策咨询服务水平、科技成果转化效能、行业评价认可度、科技服务满意度等作为重要评价指标。

（二）创新科技人才激励政策

一是进一步扩大科技成果初始权益分配制度改革在高校院所中的试点范围，让科研人员在立项之时甚至立项之前就与所在单位明确股权或收益分配，为全市推广初始权益分配制度提供实践依据。二是修订《重庆市科学技术奖励办法》及实施细则，从法规制度层面贯彻落实科技奖励制度改革精神。三是着眼市场需求和科技发展趋势，把产业技术创新科研项目管理，实质性调整为实施产业技术创新政策，将产业技术创新的项目决定权、技术路线选择权、科技经费使用权与研发成果收益权全部赋予企业或产学研协同创新团队。扩大科研项目自主权和科研经费自主比例，20% 的产业技术创新项目直接调整为创新政策。四是配合研究制定《重庆市科教兴市和人才强市行动计划（2018—2020 年）》等政策性文件，营造良好的科技人才创新环境。

（三）服务科技人才创新创业

一是依托政府三大创投引导基金，进一步完善股权投资、债权融资和众筹募资三大创投体系布局，引导并撬动更多社会资本为科技人才服务。扩大知识价值信用贷款改革试点，进一步完善并推广科技型企业轻资产融资模式，为广大科研人员创新创业提供有效的资本支撑。二是以分享经济的理念和开源创新的模式，升级打造科技资源共享平台和协同创新平台，实现全市创新资源的开放共享，逐步实现全市 10 万名左右研发人才在线协同创新，并新建一批服务基地、集成中心和用户工作站等线下服

务载体，以“互联网 +”的方式实现科技资源共享和在线协同创新。

（四）打造平台优化创新环境

一是打造科技研发创新平台。启动全市研发机构培育引进计划，实施高端研发平台、高端研发项目、高端研发人才“三高合一”专项，启动重庆市与国内外知名院校开展技术创新合作专项行动，通过培育引进新型研发机构，加速培育引进高层次科技创新人才。中国科学院大学重庆学院正式签约，同济大学、吉林大学、哈尔滨工业大学合作项目加快落地，中国工程科技发展战略（重庆）研究院加快筹建，清华大学、华东师范大学、华南理工大学、厦门大学等高校项目合作进入实质性对接谈判。同时，加快推进儿童健康与疾病、骨科与运动康复 2 个国家临床医学研究中心的创建工作。二是打造科技成果转化平台。打通科研人员创新成果转移通道，基本建成科技要素交易中心、片区分中心和高校院所的技术转移机构，逐步建设全市较为完备的技术转移服务体系；优化布局科技企业孵化器、众创空间等新型孵化平台，加速科技成果转化应用。三是打造科技金融支撑平台。依托政府创投引导基金和科技风险担保基金，完成了股权投资、债权融资和众筹募资三大创投体系布局。依托“商业大数据应用 + 专利软件化评估”建立知识价值信用评价体系，并以此为基础在全国率先开展知识价值信用贷款试点，并在此基础上探索建立了基于知识价值信用评价体系的轻资产融资模式，实现了科技型企业融资轻资化、信用化、便利化。

四、新时代科技人才发展思路与举措

（一）主要思路

新时代，重庆市将深入贯彻党的十九大和市委五届三次全会精神，全面落实中央和市委有关深化人才发展体制机制改革的决策部署，坚持以深化改革激活人才，以创新政策引进人才，以搭建平台集聚人才，以重点项目培育人才，以精准服务留住人才，为全市加快实施创新驱动发展战略注入强劲的动力。

（二）发展目标

到 2020 年，重庆市 R&D 人员全时当量达到 10 万人年，R&D 人员人均 R&D 经费达到 51 万元 / 人年，每万人口有效发明专利拥有量超过 10 件，培养科技创新、科技创投、科技创业领军人才 300 名，培育创新创业团队 300 个，引进高级研发人才 500 名。

（三）主要举措

一是推进“创新创投创业科技领军人才支持计划”。重点围绕技术、资金、产业核心要素，实施“创新创投创业科技领军人才支持计划”。每年遴选科技创新领军人才、科技创业领军人才各 20 名及科技创投领军人才 10 名予以重点支持。

二是实施新型高端研发机构专项引才。根据高层次人才的需求，以用人单位为主体，培育和引进一批新型高端研发机构，经认定后每个给予 1000 万～ 5000 万元的研发专项支持，着力引进重点创新工程和产业发展需要的科技领军人才、高级研发人才和创新团队，在启动建设、运营管理、研发绩效方面给予“全链条”财政支持。到 2020 年，培育引进新型研发机构 100 个、新型高端研发机构 30 个。

三是实施技术创新合作专项引才。深入实施“重庆市与知名院校开展技术创新合作专项行动”，立足国内外科技工作实际，采取平台专项支持、融资对接服务等措施，与国内外知名企业、高等院校、科研院所等创新资源开展合作，引进培育一批国内外高层次科技人才和创新团队。

四是实施创新创业团队培育计划。按照培育创新创业团队与建设新型平台、实施主题专项相结合的思路，紧扣重庆市大数据智能化、先进制造与高端装备等重点行业及领域的产业布局和发展，支持以创新领军人才、创业领军人才、创投领军人才为主体的各类创新创业团队，围绕创新创业加强自身能力建设，开展技术服务，推进成果转化，创办或领办科技型企业。

五是实施青年人才培养计划。加大对青年科技人才事业发展支持力度，在市级各类研究资助计划和人才项目中，按照不低于 20% 的比例设立青年人才专项。对重庆市自然科学基金面上项目，原则上 40 岁以下青年人才的支持比例不低于 70%。适应形势所需，结合重庆市众多青年科研人员的意见建议，设立杰出青年科学基金项目等，强化对国家级青年人才的培育支持力度，为国家杰出青年做好人才储备。

六是培养基础研究人才队伍。突出自然科学基金项目人才培养功能，系统实施博士后科学基金项目、杰出青年科学基金项目、创新研究群体科学基金项目等，培养一批青年科技人才和创新团队。修订重庆市自然科学研究高级专业技术资格申报条件和评价标准，分类评价自然科学研究人才。

七是配合引进万名“高精尖缺”人才。积极参与科教兴市和人才强市战略行动计划，按照市委人才工作领导小组的统一安排部署，协助打造引才品牌，重点参与重庆市万名“高精尖缺”人才引进，力争引进一批紧缺急需高层次科技人才和科技创新团队。

附表　“十二五”期间重庆市出台的重大政策文件

序号	时间	文件
1	2012年10月18日	重庆市财政局、重庆市科学技术委员会《关于印发〈重庆市应用技术研究与开发资金管理办法（2012年修订）〉的通知》（渝财教〔2012〕264号）
2	2012年11月2日	重庆市人民政府《关于印发重庆市促进科技成果转化股权和分红激励若干规定的通知》（渝府发〔2012〕116号）
3	2012年12月31日	中共重庆市委组织部、重庆市科学技术委员会、重庆市人力资源和社会保障局《关于印发〈重庆市百名工程技术高端人才培养计划实施办法〉的通知》（渝科委发〔2012〕15号）
4	2013年3月18日	中共重庆市委组织部、中共重庆市委宣传部、重庆市财政局、重庆市教育委员会、重庆市科学技术委员会、重庆市人力资源和社会保障局《关于印发〈重庆市高层次人才特殊支持计划5个子计划实施办法〉的通知》（渝委组〔2013〕28号）
5	2014年3月14日	《重庆市科学技术奖励办法》（重庆市人民政府令第278号）
6	2014年8月29日	重庆市人民政府《关于印发〈重庆市促进科技成果转化股权和分红激励实施办法〉的通知》（渝府发〔2014〕50号）
7	2015年4月28日	中共重庆市委办公厅、重庆市人民政府办公厅《关于印发〈重庆市深化职称改革的意见〉的通知》（渝委办发〔2015〕10号）
8	2015年6月12日	中共重庆市委、重庆市人民政府《关于印发〈重庆市深化体制机制改革加快实施创新驱动发展战略行动计划（2015—2020年）〉的通知》（渝委发〔2015〕13号）
9	2016年5月20日	重庆市人民政府办公厅《关于印发〈重庆市高端研发资源引进培育实施方案〉的通知》（渝府办发〔2016〕86号）
10	2016年11月3日	重庆市人民政府办公厅《关于印发〈重庆市深入推进科技特派员制度实施方案〉的通知》（渝府办发〔2016〕232号）

四川省科技人才发展报告

■四川省科学技术厅

十八大以来，四川省深入实施创新驱动发展战略和人才强省战略，坚持创新驱动发展的实质是人才驱动，积极探索破除束缚科技人才发展的体制机制障碍，着力激发科技人员创新活力动力，坚持改革驱动、先行先试，积极推动人才、资本、技术、知识等要素优化重组，构建以增加知识价值为导向的分配机制，推进科技人才分类评价新模式，科技人才培养体系不断完善，创新综合实力不断加强，一批具有国际水平的战略科技人才、科技领军人才、青年科技人才和高水平创新团队不断涌现。

一、四川省科技人才队伍建设情况

（一）科技人才基本情况

2017 年，四川省拥有各类专业技术人员 329 万人，科技活动人员 38 万人，较 2012 年增长 22.58%，总量居西部第一。四川省拥有两院院士 59 人，国家“万人计划”专家 121 人，居西部第一。“长江学者奖励计划”专家 136 名，省学术和技术带头人 1909 人（图 1）。

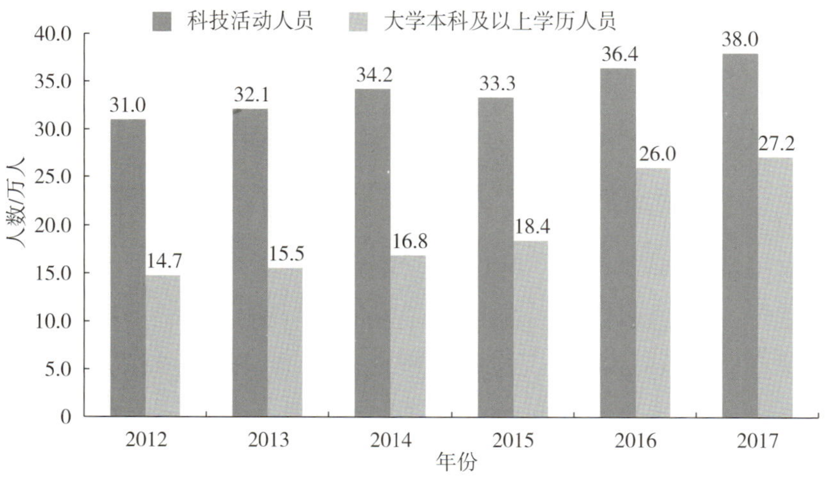

图 1　2012—2017 年四川省科技人员队伍规模

2017 年，每万名就业人员研究与试验发展（R&D）人力投入达 26.3 人年，较 2012 年增长 15.4%。全省 R&D 人员全时当量 13.1 万人年，较 2012 年增长 5.1%。企业 R&D 人员全时当量 7.2 万人年，占全省总量的 54.9%；科研院所 R&D 人员全时当量 3.5 万人年，占全省总量的 26.7%；高等院校 R&D 人员全时当量 1.9 万人年，占全省总量的 14.5%（表 1）。

表 1　2012—2017 年四川省 R&D 人员全时当量按执行部门分布

	2012 年		2013 年		2014 年		2015 年		2016 年		2017 年	
	数量（万人年）	占比	数量（万人年）	占比	数量（万人年）	占比	数量（万人年）	占比	数量（万人年）	占比	数量（万人年）	占比
合计	9.8	100%	10.9	100%	11.9	100%	11.6	100%	12.4	100%	13.1	100%
科研院所	2.4	24.0%	2.6	23.9%	3.0	25.3%	3.2	27.3%	3.3	26.9%	3.5	26.7%
高等院校	1.4	14.5%	1.5	13.8%	1.6	13.7%	1.5	15.1%	1.7	14.0%	1.9	14.5%
企业	5.6	56.7%	6.4	58.2%	6.8	56.9%	6.2	53.6%	6.9	55.3%	7.2	54.9%
其他	0.47	4.8%	0.45	4.1%	0.49	4.1%	0.47	4.0%	0.48	3.8%	0.50	3.8%

（二）科研投入情况

2017 年，全省 R&D 投入超过 650 亿元，较 2012 年增长 90%，R&D 投入强度接近 1.8%，较 2012 年提高 0.33 个百分点。2017 年，全省各级财政科技拨款达到 110 亿元，较 2012 年翻了一番，其中，省本级财政投入 24 亿元，占公共财政支出的 1.92%。省本级财政支持 100 万元以上项目 500 余项，经费 7.9 亿元。由企业牵头或单独承担的 100 万元以上重大科技项目 400 余项，经费占重大科技项目总经费的 70% 以上。

（三）科研机构及创新平台建设情况

全省现有各类科技开发机构 2000 余个，其中，科研院所 166 个、高等院校科技活动机构 520 个、企业科技活动机构 1350 个。全省建成国省级科技创新平台 1478 个，拥有国家重大科技基础设施 9 个、国家重点实验室 14 个（省级 113 个）、国家工程技术研究中心 16 个（省级 186 个）、国家临床医学研究中心 2 个（省级 12 个）、国家企业技术中心 66 个（省级 883 个）、国家级国际科技合作基地 22 个（省级 46 个）。建成各类众创空间、科技企业孵化器等孵化载体超过 700 家，孵化面积超过 2200 万平方米，帮助科技人才创办企业和创业团队超过 3 万家（个），为科技人才创新创业提供了有力的平台支撑。

二、科技人才计划实施进展情况

采取“人才 + 项目”形式，构建“苗子 + 青年 + 领军人才”的梯次科技人才队伍培养体系，按照“服务发展、人才优先、以用为本、创新机制、高端引领、整体开发”的人才发展指导方针，四川省科技厅深入实施“天府科技英才培养计划”，大力支持科技人才的创新和创造性活动。

（一）实施科技创新创业苗子培养计划

为贯彻落实四川省委省政府关于促进大学生创新创业的系列工作部署，四川省科技创新苗子工程强化分类支持，将项目细分为重大项目、重点项目和培育项目 3 类，加强对大学生创新创业工作的指导和引领，突出高等院校的主导作用，进一步激发大学生创新创业的热情。自 2015 年以来，苗子工程申报项目数量大幅增长、质量不断提高、覆盖面不断扩大，培育了一批富有创新精神和较强科技创新创业能力的青年科技后备人才。四川省科技创新苗子工程已累计投入资金 6700 万元，支持 33 个大学生创新创业俱乐部、科技创新创业苗子基地建设，资助科技项目 900 余项，培养青年科技人才 4300 余人。在有关单位和各级部门的大力支持配合下，苗子工程项目的实施取得了丰硕成果。

（二）实施科技创业领军人才培养计划

为贯彻落实《国家高层次人才特殊支持计划》（中组发〔2012〕12 号）和《创新人才推进计划实施方案》（国科发政〔2011〕538 号），围绕四川省五大高端成长型产业和五大新兴先导型服务业等重点产业领域，根据《四川省科技创业人才计划实施方案》和《四川省科技创业人才计划项目管理办法（试行）》要求，省科技厅开展了四川省科技创业人才计划的组织实施工作。自 2013 年启动该计划以来，共投入资金 3100 万元，遴选支持 113 名创业人才。

获支持项目共申报专利 60 多项，获得专利授权 26 项。部分项目取得显著进展。例如，“汽车与高铁制造业智能研发信息系统”已进入中试和市场化阶段，赢得了德国大众汽车集团、德国蒂森克虏伯集团、德国 WIS 工业产品设计公司、德国 GFT 福特车辆配件厂等客户的好评；“DNA 编码小分子化合物库合成与先导化合物筛选创新平台” 经过前期的技术研究，已经形成了具有完全自主知识产权的新技术——DNA 编码化合物库的合成及先导化合物筛选技术，合成了具有世界先进水平的 DNA 编码化合物库（目前库容量已达 3 亿级），并通过凝胶成像验证编码成功；“精密涂覆设备自主开发及国产高端无胶挠性覆铜板（FCCL）产业推进”开发的具有自主知识产权的精密涂覆设备，在国内率先突破了国外关键设备的技术封锁。

（三）实施杰出青年科技创新人才培养计划

作为首个省级高层次青年科技人才培养项目，四川省杰出青年科技人才计划主要围绕四川省经济社会发展重点，依托重点实验室等创新平台，培养造就一批学术和技术带头人。经过20多年的发展，四川省杰出青年科技人才计划已成为四川省实施重大科技人才工程的知名品牌，以“青年科技基金”为抓手，以项目研究为载体，以人才培养为核心，按照“择优选拔，目标考核，财政资助，动态管理”的原则，积极对接国家自然科学基金委员会设立的“杰出青年科学基金计划”等国家人才计划。已资助培养优秀青年科技人才20批，包括资助计划（50万元）、培育计划（10万元）等层次的青年科技人才一共1018人次。历届资助对象中，有3人当选中国科学院或中国工程院院士；8人成为国家973计划首席科学家；38人获得国家杰出青年科学基金，占全省总数的50%；14人获中国青年科技奖；21人受聘长江学者奖励计划特聘教授，占全省的38%；3人获四川省科技杰出贡献奖，6人获得四川省杰出创新人才奖，155人成为四川省学术和技术带头人。大批青年基金资助人选已成长为四川省乃至国家级的杰出科技领军人才，为增强四川省自主创新能力、支撑四川省经济社会发展发挥了重要作用。

（四）实施青年科技创新研究团队培养计划

2011年，四川省在省杰出青年科技人才计划基础上设立了省青年科技创新研究团队计划，重点支持以本省行政区内的高等院校、科研院所和创新型企业的优秀中青年科技人才为主体，在长期合作基础上自然形成的，具有相对集中的研究方向和明确创新目标的青年研究团队。在团队带头人方面，要求年龄不超过45周岁；在团队成员方面，突出对专业结构和年龄梯队的合理性要求；在支持重点方面，对以国家或省级重点实验室、工程技术研究中心等创新平台为依托，以企业为创新主体的青年团队给予优先支持。四川省青年科技创新研究团队计划按照持续管理、滚动支持的原则，结合四川省经济社会发展需要，进一步加强在区域、产业、学科及龙头企业的布局建设，充分发挥杰出科学家的领军作用，形成团队效应，凝聚并稳定优秀创新群体。团队计划已启动6届申报评审工作，共计支持了61家单位150个团队，资助强度为资助计划100万元/个，培育计划30万元/个，已累计安排经费近1亿元，有力促进了全省科技人才队伍建设，激发了从事基础研究工作的青年科技创新人才团队的活力。获得资助对象带领2个创新团队入选国家自然科学基金创新研究群体；11个创新团队入选教育部创新团队，占四川省入选总数的38%；20余位资助对象担任各级重点实验室主任，成为创新团队的领头人。

三、科技人才发展相关政策和服务举措

（一）突出政策引领，健全科技人才发展支撑体系

深入实施全面创新改革试验“一号工程”，构建以增加知识价值为导向的分配机制，加强政策配套、制度建设和统筹协调，营造了良好的创新创业氛围。制定了《关于激励科技人员创新创业十六条政策》《扩大高等学校科研院所医疗卫生机构人事自主权十条政策》《深化省级财政科技计划管理改革方案》《关于进一步完善省级财政科研项目资金管理等政策的实施意见》《关于全面推进大众创业万众创新的意见》和《“创业四川”行动实施方案（2016—2020 年）》等政策文件，从科研项目管理、经费管理、人事管理等方面细化措施办法，调动科技人员创新创造积极性，在科技、教育、高等院校、科研院所、商事制度等方面优化了政策和制度环境。积极搭建多层次科技金融平台，撬动更多社会资本投入，助力科技人员创新创业。

（二）开展科技成果处置权属改革，推动科技人才迈向经济主战场

推进科技成果处置权管理制度改革，提升促进科技成果转化的技术权益，修订《四川省促进科技成果转化条例》，制定了《四川省职务科技成果权属混合所有制改革试点实施方案》，健全科技成果转化机制，优化促进科技成果转化的保障措施。20 家职务科技成果权属混合所有制改革试点单位已完成 300 余项职务科技成果分割确权，作价入股创办企业近 60 家，带动社会投资近 30 亿元。

（三）深化科研院所分类改革，破除科技人才发展束缚

制定《科研院所“一院一策”改革试点实施方案》《分组推进科研院所“一院一策”改革试点工作方案》，按照“一院一策”原则推进科研院所改革。2017 年，11 家中央在川院所就地转化项目 35 项，产值达 40 亿元。中国电科三十所全面推动军工院所分类改革工作，加快改制转企，打造混合所有制现代企业。四川省机械设计研究院先后改制成立系列公司，按照国有控股、员工持股、战略投资者参股的多元产权结构推进院所整体混合所有制改革。

四、新时代科技人才发展思路与举措

深入贯彻党的十九大“要坚持党管人才原则，聚天下英才而用之，加快建设人才强国”，要牢固确立人才引领发展的战略地位，强调人才是创新的第一资源，不断改善人才发展环境，激发人才活力，进一步完善人才发展机制，培养造就结构合理、具有国际领先水平的科技人才队伍。注重引进国际高端人才和培养本土高水平人才相结合，培养和锻造一批高水平的战略科技人才、科技领军人才、青年

科技人才和高水平创新团队。优化科技人才专项组织实施机制，在重大科技任务攻关中培养高层次创新创业人才。突出“高精尖缺”导向，加强政策创新和国家重点引智平台体系建设，大力引进培养高端紧缺人才，基本形成一支推动四川省高质量发展的科技人才队伍，为治蜀兴川再上新台阶提供了有力的科技人才支撑。

（一）进一步加强科技人才引进

一是加大海外高端人才引进力度。完善外国人才出入境及居留服务指南，全面实施人才签证制度和外国人来华工作许可制度，畅通留学回国人员职称评定绿色通道。大力实施招才引智工程，积极引进带着项目、技术的创新人才和创新团队来川工作服务。注重吸引外国人才参与国家重大规划、科研项目、重大工程等咨询论证和国家标准制定等工作。制定出台加强海外人才离岸创新创业基地建设，支持自贸试验区及天府新区、成都高新区率先建设高层次人才创新创业园，大力引进汇聚国内外高层次科技人才。

二是加强科技人才开放合作交流。紧紧抓住全球创新资源加速流动历史机遇，高水平高端化推进对外开放合作。深度参与“一带一路”建设，重点开展科技人文交流、共建联合实验室、科技园区合作、技术转移等合作项目，促进四川省国际产能合作和转移。积极参与国际大科学计划和大科学工程，在物质科学、地球系统、健康、能源等优先方向、优势领域，主动融入全球创新网络。加强科技创新南向开放，针对南亚、东南亚等地区经济社会和科技发展特点，扎实推进农业技术合作和品种推广、技术和管理人才交流等合作。

三是健全人才引进机制。强化海外人才服务保障制度，确保海外人才留得住。坚持以人为本，解决好海外人才在工作签证、居留许可、社会保障、配偶就业、子女上学、住房等方面的后顾之忧。实施出入境及停留便利政策；畅通中国“绿卡”申报渠道；健全外国人才社会保障政策；鼓励引进人才家属来川居留学习。

（二）进一步激励科技人才创新创业

一是建立多元化人才培养投入机制。建立“财政资金＋社会资金＋单位资金”的多元化投入机制，切实发挥政府资金的导向作用，加大财政科技投入力度，特别是市（州）和县域科技投入力度应切实加强，为创新型省份建设提供保障。进一步引导社会资本投入科技人才培养和人才创新创业发展，运行好四川省双创基金、科技成果转化投资基金等投资引导基金，切实为科技人才创新创业提供支撑。

二是持续深化科技体制机制改革。创新科技人才评价机制，建立健全以创新能力、质量、贡献为导向的科技人才评价体系，制定科技人才分类评价实施细则，形成有利于科技人才潜心研究和创新的评价制度。落实“科研经费为科技人员服务”指导思想，扩大科研项目管理自主权，100 万元以上的省本级科研项目只对大宗开支进行预算评审；100 万元以下的只编制预算；50 万元以下的可委托承担单位自行验收；适当提高省级各类科技计划（包括军用技术再研发专项）项目间接经费比例；软件类、软科学科研项目试点实施课题承包制。科研人员横向科研项目所获收入、科技成果转化奖励、科研经费绩效奖励，由主管部门备案，计入当年单位绩效工资总额，不作为绩效工资总额基数。科技人员兼职或在岗、离岗创业收入，不受本单位绩效工资总量限制。高校院所可自主决定人才引进考核、考试等组织方式，报主管部门备案。引进高层次人才到单位工作，在编制员额内直接办理入编手续，可直接申报相应专业技术职务资格。开展高校院所去行政化改革试点。试点单位具有专业技术职称的领导干部可兼职取酬。

三是加强科技成果转化。持续深化职务科技成果权属混合所有制改革，加快修订有关法律法规。完善成果转化服务机制，大力培育技术评估、技术交易、知识产权、法律咨询、投资融资、科技信息等中介服务机构，聚焦是否符合市场需求、解决多少技术问题、有无转化和产业化效益等关键要素，加快建立以科研质量、市场价值、科技成果产业化为主要标准的科技成果评价体系，对科技成果进行客观、公正的评价，降低科技成果转化风险，提高科技成果转化率。完善产权保护机制，加强知识产权运用和保护，引导科技成果转化各类主体建立利益共享、风险共担的知识产权利益机制，让科技人才专心创新创造。

四是完善科技人才社会保障机制。完善社会养老、医疗保障体系，制定完善不同地区间科技人才流动中的社会保险关系转移接续办法。支持用人单位为有突出贡献的科技人才建立补充养老、医疗保险，逐步形成社会基本保险和补充保险相结合的科技人才保障体系。在政府保障性住房建设中，优先解决青年科技人才的住房问题。

（三）进一步优化科技人才队伍结构

一是形成“一干多支”的科技人才布局。通过省级科技计划项目和各区域中心城市人才计划统筹培养全省科技人才，注重区域人才发展布局均衡性，构建形成“一干多支”的科技人才队伍。支持成都市实施《人才优先发展战略行动计划》，开展“蓉漂·高峰荟”“创业天府·菁蓉汇”等人才活动，汇聚引进高层次科技人才，提升成都市科技人才队伍规模和质量，帮助成都市实现首位城市提质升级，做强核心增长极，打造具有国际影响力的创新中心。支持绵阳市实施《关于加快建设西部人才强市的意见》，加强军民融合、科技创业和高层次人才引进与培养，打造西部人才强市。支持内江市以“千名紧缺高层次人才进内江”计划和“甜城英才引进工程”为抓手，引进培养科技人才，为川南经济区经济转型发展注入活力。支持南充市以“嘉陵江英才工程”、达州市以“千名硕博进达州”为抓手，补齐科技人才短板，为川东北经济区扶贫开发和全面振兴发展提供智力支撑。支持攀西战略资源创新开发试验区打造人才特区。支持川西北生态经济区抢抓实施乡村振兴战略、脱贫攻坚和发展乡村文化旅游契机，吸引培养科技人才。

二是服务重点优势产业发展。产业是地方经济社会发展的根基，科技人才服务经济社会发展，必须满足产业发展需要，为重点特色优势产业排兵布阵。当前，四川省培育发展战略性新兴产业，既是产业结构调整升级的必由之路，又是培育新的经济增长点的现实选择。四川省正打造以电子信息、装备制造、食品饮料、新材料、能源化工等优势产业为基础的万亿级产业集群；重点发展一批新一代信息技术、高端装备、航空航天、节能环保、新材料、生物、新能源汽车、数字创意等千亿级新兴产业，在数字经济、生物医药、大健康、创意经济、共享经济、现代供应链等领域培育一批“独角兽”企业，加快培育精准医学、人工智能等未来产业。要围绕这些重点发展的产业领域，有计划、有针对性地培养引进科技人才，调整过去以传统制造业科技人才为主的队伍结构，加快培养高新技术和新兴产业领域科技人才，尤其是加大急需紧缺领域“高精尖”科技人才引进力度，切实增强科技人才服务现代产业发展能力。

三是打造梯次配备的科技人才队伍。以实施“天府科技英才培养计划”为统揽，在重大科技任务攻关中培养高层次创新创业人才，打造一支规模宏大、素质优良的科技人才队伍。对科技创新创业领军人才，着力培养其瞄准国际科技前沿基础研究和做大做强科技企业能力，优先推荐入选国家级和省级人才计划，培养成具有冲刺两院院士潜力的高层次战略科技人才。对杰出青年科技人才，以重点项目和创新平台为支撑，围绕全省关键性、共性科技问题开展研究，培养为技术水平先进、具有较强核心竞争力的科技人才队伍中坚力量。对年轻科技人才，采取“早发现、早培养、早起步”的培养方式，以科技创新创业苗子培养计划为抓手，围绕高新技术产业和战略性新兴产业发展需求，培养一批具有创新精神和创新创业能力的科技后备人才。

贵州省科技人才发展报告

■贵州省科学技术厅

党的十八大以来，贵州省大力实施人才强省战略、创新驱动战略，深入贯彻国家和省委省政府人才工作部署，积极落实《中共贵州省委贵州省人民政府关于加强人才培养引进加快科技创新的指导意见》《中共贵州省委贵州省人民政府关于以大数据为引领实施区域科技创新战略的决定》《中共贵州省委关于深化人才发展体制机制改革助推守底线走新路奔小康的实施意见》提出的工作任务，大力实施科技人才聚集优化工程，构建科学有效的科技人才培养计划体系，贵州省科技人才规模持续增长、素质稳步提升、结构逐步优化、效能不断加强，形成以科技人才优先发展引领科技创新和经济社会发展的新局面。

一、科技人才队伍建设情况

党的十八大以来，贵州省科技人才数量显著增加、结构进一步优化，科技创新的人才基础不断夯实。

高层次科技人才不断涌现、数量增幅明显加快，在国家高层次人才计划（工程）入选方面取得新的突破。截至 2017 年，贵州省先后有 13 名高层次科技创新创业人才、1 个创新团队和 2 个单位入选国家“创新人才推进计划”，其中，5 人为中青年科技创新领军人才、8 人为科技创新创业人才，贵州大学宋宝安教授领衔团队入选国家“创新人才推进计划”重点领域创新团队，贵阳市高新区、贵州大学入选国家“创新人才推进计划”创新人才培养示范基地；先后有 14 名高层次科技创新创业人才入选国家“万人计划”，其中，6 人为科技创新领军人才、7 人为科技创业领军人才、1 人为“百千万工程”领军人才，贵州大学宋宝安教授于 2015 年当选中国工程院院士。2012—2017 年贵州省科技活动人员情况详见表 1。

表 1　2012—2017 年贵州省科技活动人员情况

指标	2012 年	2013 年	2014 年	2015 年	2016 年	2017 年
贵州省科技活动人员数（人）	64 016	69 101	71 771	75 153	90 604	98 924
R&D 人员：						
R&D 人员数（人）	29 967	36 113	38 158	40 516	45 222	—
# 女性（人）	9629	11 588	11 727	8441	13 473	—
# 研究人员（人）	16 801	20 109	21 979	14 708	22 874	—
# 全时人员（人）	14 898	18 582	20 115	21 153	25 501	—
非全时人员（人）	15 069	17 531	18 043	19 363	19 721	—
# 博士毕业（人）	1733	2067	2472	2825	2810	—
硕士毕业（人）	4871	5936	7049	7671	7782	—
本科毕业（人）	11 107	12 014	12 433	13 460	19 784	—
其他学历（人）	12 256	16 096	16 204	16 560	14 846	—
R&D 人员全时当量（人年）	19 189	23 886	23 962	23 535	24 121	—
# 研究人员（人年）	9855	12 066	12 656	10 347	11 872	—
# 基础研究（人年）	2713	3080	3418	3454	3605	—
应用研究（人年）	2240	3070	3263	4179	2937	—
试验发展（人年）	14 236	17 736	17 281	15 902	17 579	—
年末常住人口（半年口径）（万人）	3484.00	3502.22	3508.04	3529.50	3555.00	3580.00
贵州省每万人口 R&D 人员数（人）	8.6	10.3	10.9	11.5	12.7	—

数据来源：《贵州科技统计年鉴（2017）》《贵州统计年鉴（2016）》《贵州统计年鉴（2017）》。

二、实施重大人才计划（工程），着力加快高层次科技创新人才队伍建设

围绕中央、省委有关加快人才队伍建设的意见和相关部署，立足贵州省发展实际和需求，加强部门协调和省市联动，构建科学有效、层次分明、相互衔接的人才培养引进计划体系，培养引进了一大批科技拔尖人才和领军人才。

（一）贵州省“高层次创新型人才培养计划”

从 2014 年起，启动实施“高层次创新型人才培养计划”，分“十”“百”“千”3 个层次人才进行重点培养，是贵州省层次最高、最有影响力的科技创新人才培养计划。截至 2017 年，在全省重

点领域遴选培养 1076 名高层次创新型人才（其中，“十”层次人才 14 名、“百”层次人才 115 名、“千”层次人才 947 名）。通过“高层次创新型人才培养计划”，为贵州省培养了一批青年拔尖人才和科技领军人才。例如，第 1 批“十”层次人才、贵州大学宋宝安教授，长期从事农药化学应用研究，2013 年入选国家第一批“万人计划”科技创新领军人才，2015 年当选中国工程院院士，2018 年作为项目负责人获得国家重点研发计划重点专项项目。

（二）贵州省“百千万人才引进计划”

从 2013 年起，启动实施“百千万人才引进计划”，按照人才与项目、人才与资本、人才引进与使用相结合的原则，在重点领域引进急需紧缺高层次人才。截至 2017 年，共引进 110 名高层次创新创业人才，在新材料、高端装备制造、生物医药、节能环保、电子信息、新能源等领域引进了一大批创新创业人才。

（三）贵州省“优秀青年科技人才培养计划”

从 1996 年起，启动实施“优秀青年科技人才培养计划”，在全省重点领域遴选年龄在 45 周岁以下创新业绩突出并具有发展潜能的优秀科技人才进行培养。经过 20 多年的努力，已成为贵州省最具影响力的青年科技人才培养计划。截至 2017 年，共遴选 11 批共 310 名优秀青年科技人才（其中，党的十八大以来共遴选 3 批共 128 名优秀青年科技人才）。通过在科研项目支持、创新平台建设等方面给予重点支持，入选的优秀青年科技人才逐渐成长为全省各个领域的科技领军人才，引领和带动了全省各类科技人才的发展，为贵州省高层次科技人才队伍建设和创新能力提升发挥了重要作用。例如，第 8 批优秀青年科技人才、遵义医学院附属医院肖建辉教授，长期从事特境真菌资源高值利用与干细胞生物学研究，2011 年入选教育部“高层次创造性人才计划”新世纪优秀人才，2014 年入选贵州省“高层次创新型人才培养计划”的“百”层次人才，并获得教育部自然科学奖一等奖，2015 年入选国家“创新人才推进计划”青年科技创新领军人才，2016 年获得贵州省科技进步奖一等奖，2018 年入选国家第 3 批“万人计划”科技创新领军人才。

（四）贵州省“科技创新人才团队建设计划”

从 2008 年起，启动实施“科技创新人才团队建设计划”，在全省重点领域，遴选支持建设一批长期从事科学研究、技术创新或产品研发，具有明确的创新目标和研发方向、合理的组成结构，在相关行业（领域）已取得一定创新成果，并在省内处于领先水平的科技人才群体。截至 2017 年，已支持建设 10 批共 178 个重点领域科技创新人才团队（其中，党的十八大以来共遴选 5 批共 115 个科技创新人才团队）。通过团队建设，在团队领衔人的带领下，培养集聚了一大批青年科技拔尖人才和骨干人才，人才聚集效应发挥明显。党的十八大以来，有3个科技创新人才团队入选教育部创新团队、1个科技创新人才团队入选国家“创新人才推进计划”重点领域创新团队。

（五）贵州省“院士工作站建设计划”

从2011年起，由省科技厅、省委组织部、省科协共同启动实施“院士工作站建设计划”，旨在推进产学研体系和科技人才队伍建设，更好地吸引院士及其团队服务全省科技创新和产业发展。截至2017年，已先后支持建设7批共73家院士工作站（其中，党的十八大以来支持建设44家院士工作站），柔性引进81名两院院士。例如，贵州省国家复合改性聚合物材料工程技术研究中心院士工作站、凯里学院院士工作站被中国科协评为示范院士专家工作站；贵阳黎阳航空发动机（集团）有限公司院士工作站，借助进站院士及其团队专家，解决了一批新型航空发动机研制的瓶颈问题，在高推重比航空发动机用多空复合层板高效冷却结构涡轮叶片制造技术研究中取得重大突破，相关技术达到国际先进水平，相关合作研究成果获中国航空工业集团科技进步奖6项、国防科技进步奖1项。

（六）贵州省“人才基地建设计划”

从2007年起，由省委组织部牵头启动实施“人才基地建设计划”，是贵州省唯一的省级人才培养基地。截至2017年，在贵州省经济社会发展的重点产业、重点学科的有关优势企事业单位已支持建设5批共88个人才基地（其中，党的十八大以来支持建设44个人才基地）。通过人才培养基地建设，在培养和集聚高层次人才、促进人才作用发挥方面取得了显著成效，为贵州省推进人才体制机制改革和人才创新创业政策“先行先试”发挥了积极作用。例如，贵州大学、贵州医科大学（贵州省中国科学院天然产物化学重点实验室）、贵州师范大学、中国科学院地球化学研究所、贵州瓮福（集团）公司等9家高等院校、科研院所和企业人才培养基地获批国家重点实验室（含省部共建国家重点实验室）、工程技术研究中心，贵阳高新区、贵州大学人才培养基地入选国家“创新人才推进计划”创新人才培养示范基地。

三、完善科技人才政策措施，激励科技人才创新创业

党的十八大以来，贵州省制定出台了一系列人才政策，人才发展战略目标越来越坚定、清晰。同时，各地区、各部门也相继出台了相关配套政策措施，已基本建立形成了较为完备的科技人才培养、引进、评价、激励和服务保障政策体系，为各类优秀人才脱颖而出和人尽其才营造了良好的政策环境，为人才发展提供了制度保障。

（一）推进人才管理体制和科技体制机制改革

在人才管理体制改革方面，主要有《中共贵州省委　贵州省人民政府关于加强人才培养引进加快科技创新的指导意见》《中共贵州省委　贵州省人民政府关于以大数据为引领实施区域科技创新战略的决定》《中共贵州省委关于深化人才发展体制机制改革助推守底线走新路奔小康的实施意见》等。在科技体制机制改革方面，主要有《贵州省深化省级财政科技计划管理改革方案》《贵州省省级财政科研项目和资金管理办法（试行）》《贵州省应用技术研究与开发资金后补助管理暂行规定》《关于进一步改进完善省级财政科研项目资金管理等政策的实施意见》《贵州省省级应用技术研究与开发资金创新支持方式试行办法》等。例如，推行重点领域“技术榜单”。围绕贵州省大扶贫、大数据、大健康、大生态等重点领域的重大技术需求，在全国首创以发布技术榜单方式，面向全球“招才引智”。2017 年发布了 4 批共 10 项技术榜单，吸引国家杰出青年科学基金获得者等科技领军人才及团队参与揭榜比拼，揭榜后以实施科技重大专项的方式进行协同攻关。“技术榜单”改变了传统的科技计划项目管理模式，是对科研项目招投标制度的创新和完善，打破了地域限制，达到了精准引才的良好效果。

（二）激励科技人才创新创业

主要有《贵州省人民政府办公厅关于大力推进大众创业万众创新的实施意见》《关于加强基层专业技术人才队伍建设的实施意见》《关于激励科技人才创新创业的若干意见》等。

（三）完善人才引进培养

主要有《贵州省“百千万人才引进计划”实施办法》《贵州省高层次创新型人才遴选培养实施办法（试行）》《贵州省“黔归人才计划”实施方案》《贵州省人才基地建设管理办法》《贵州省边远贫困地区、边疆民族地区和革命老区人才支持计划科技人员专项计划实施方案》《贵州省自然科学研究系列专业技术职务任职资格申报评审条件（试行）》《贵州省核心专家、省管专家评选管理办法》《贵州省“百千万人才”评审认定与跟踪考核实施细则（试行）》等。

（四）促进科技成果转化

主要有《支持贵州科学院、贵州省农科院深化科研体制改革试点推进科技创新和成果转化八条措施（试行）》《贵州省促进科技成果转移转化实施方案》《贵州省促进科技成果转化条例》等。

（五）完善人才服务保障

主要有《贵州省高层次人才引进绿色通道实施办法（试行）》《贵州省引进高层次人才住房保障实施办法（试行）》等。例如，实行对引进高层次人才按层次分别给予 15 万～ 100 万元住房补贴、每月800～2000元人才津贴等，并在职称评审、人事编制管理、购车、子女入学等方面提供便利。

四、新时代科技人才发展思路和举措

（一）主要发展目标

“十三五”期间，结合贵州省经济社会发展需要，进一步完善科技人才培养、引进、使用、评价、激励和服务保障等方面的政策体系，进一步激发科技人才的创新创业活力，培养和引进一大批科技创新领军人才，让人才“引得进、留得住、用得上”，在各个重点领域带动形成一批高水平科技创新团队，进一步扩大科技人才总量，提升科技人才质量，加快造就规模宏大、结构优化、布局合理、素质优良的科技人才队伍。

（二）主要任务和措施

一是继续贯彻落实深化科技体制机制改革和人才管理体制改革措施。全面贯彻落实党的十九大、习近平新时代中国特色社会主义思想、习近平总书记关于对科技创新和科技人才的重要论述、《关于深化人才发展体制机制改革的意见》和《中共贵州省委关于深化人才发展体制机制改革助推守底线走新路奔小康的实施意见》精神，理顺人才工作和科技发展的关系，确立科技人才队伍建设在科技创新中不可替代的核心地位，从战略高度确保科技人才优先发展，做到科技人才资源优先开发、科技人才结构优先调整、科技人才投资优先保证、科技人才制度优先创新。加快科技人才发展体制机制改革和政策创新，重点破除束缚创新驱动发展的人才观念和体制机制障碍，健全科技人才分类评价与激励机制，建立有利于科技创新的科技计划和人才培养计划管理体系，强化研发人员创新劳动同其利益收入对接，激发全社会科技人才创新创业活力。注重提高科技人才队伍质量，把“质量优先”贯穿到科技人才培养、引进、使用、评价等全过程，充分发挥科技人才的基础性、战略性作用。

二是深入实施重大人才计划（工程）。进一步优化科技人才计划（工程），更大力度实施“优秀青年科技人才培养计划”“科技创新人才团队建设计划”等科技人才计划（工程），落实好配套支持政策。加强相关科技人才计划（工程）的顶层设计和相互衔接，推动科技人才计划（工程）项目与各类科技计划和基地建设、省市（州）科技人才计划（工程）相衔接，合理确定各类科技人才支持数量和比例，积极发挥人才计划（工程）项目的牵引带动作用。在重大人才计划（工程）中建立中青年领军人才、35岁以下具有研究潜力的优秀青年科技人才优先支持机制。依法赋予项目单位、领军人才、项目负责人科研项目的人财物支配权、技术路线决定权。

三是完善科技人才分类评价机制。进一步完善科学的人才分类评价标准体系。对从事基础和前沿技术研究、应用研究、成果转化等不同活动的人员，完善分类评价标准和办法，突出能力和业绩导向。推行第三方评价，拓展社会化、专业化、国际化的评价机制，拓宽科技社团、企业和公众参与评价的渠道，逐步完善推荐提名制。

四是推动形成体现增加知识价值的收入分配与激励机制。加大重大科技创新成果奖励，建立健全后续科技成果转化收益反馈机制，推行科技成果处置收益和股权期权激励制度，使科技人员潜心研究。提高科技人才成果转化收益分享比例，让各类主体、不同岗位的创新人才都能在科技成果产业化过程中得到合理回报，全面激发高等院校、科研院所、企业的科技人才创新创业的积极性。

五是进一步加大投入力度。在科技人才培养、引进和团队建设方面加大财政投入力度，充分发挥财政资金对社会投入的引导作用，鼓励企业、用人单位增加科技人才资本投入，真正建立以用人单位为主，社会力量广泛支持的多层次、多渠道、多元化投入机制，建立科技人才培养支持长效机制，为科技创新人才队伍建设提供经费保障。

云南省科技人才发展报告

■云南省科学技术厅

近年来，在省委省政府正确领导下，在省人才工作领导小组指导下，云南省科技厅密切配合省人才工作领导小组办公室，深入实施“科教兴滇”“人才强省”和创新驱动发展战略，高度重视高层次科技人才培养引进及服务工作，把科技人才资源开发摆在全省科技事业优先发展的位置，立足云南省经济社会发展战略需要，以深化人才发展体制机制为动力，以激发人才创新创业活力为重点，坚持培养与引进相结合，着力建设一支创新能力强、素质优良、结构合理的高层次科技人才队伍。科技人才对全省经济社会发展的支撑引领作用日益显现，为加快实施创新驱动发展战略和创新型云南建设提供了强有力的人才保证和智力支持。

一、服务创新驱动发展战略，高层次科技人才队伍建设取得显著成效

（一）两院院士增选工作取得历史性突破

2017 年，昆明理工大学彭金辉教授、季维智研究员及中国科学院云南天文台韩占文研究员 3 人新当选两院院士。院士增选有效候选人数、进入第二轮评审候选人数、当年新当选两院院士人数 3 项工作均创历史新高。2017 年，云南省进入中国工程院、中国科学院院士增选有效候选人 11 人均为云南省高层次科技人才，其中，9 人为省科技领军人才，8 人为省创新团队带头人，7 人为省中青年学术和技术带头人。共有 6 人进入第二轮评审候选人，其中，中国工程院院士增选第二轮评审的候选人 3 人，分别为李文昌、彭金辉、朱兆云，中国科学院院士增选初步候选人 3 人，分别为韩占文、张克勤、季维智，这 6 人均为云南省高层次科技人才，其中，5 人为省科技领军人才，3 人为省创新团队带头人，4 人为省中青年学术和技术带头人。

（二）全省人才工作在全国排序大幅提升

根据《2017 年区域人才蓝皮书：中国区域国际人才竞争力报告》统计评价：在全国 31 个省（市、区）中，云南省科技人才上升到第 11 位，位列“第二梯队”，是云南省难得的在全国排序。“第一梯队”包括北京、上海、广东、江苏 4 个地区。

（三）高层次科技人才队伍建设取得显著成效

围绕支撑和服务云南省打造绿色能源、绿色食品、健康生活目的地“三张牌”等重点工作及重点产业发展，加快实施院士自由探索、省科技领军人才培养、省创新团队培育、省中青年学术和技术带头人及省技术创新人才选拔培养等科技人才计划，加大本土高层次科技人才和创新团队培养；聚焦云南省重点产业、高新技术产业和战略性新兴产业发展，支持企事业单位柔性引进院士（专家）建立工作站，全省高层次科技人才队伍建设取得明显成效。截至 2017 年年底，驻滇两院院士共 12 位，累计选拔省科技领军人才 26 位，引进高层次人才及创新团队 114 位（个），选拔培养省中青年学术和技术带头人后备人才及省技术创新人才培养对象 1791 位、省创新团队 206 个，建成院士（专家）工作站 348 个（表 1）。全省累计入选“创新人才推进计划”中青年科技创新领军人才 15 位、科技创新创业人才 26 位、创新团队 3 个、创新人才培养示范基地 1 个。

表 1　云南省高层次科技人才发展情况

人才名称	近 5 年培养情况					累计
	2013 年	2014 年	2015 年	2016 年	2017 年	
两院院士（位）	0	0	0	0	3	12
云南省万人计划“科技领军人才”（位）	4	5	6	5	6	26
云南省引进高层次人才（创新团队）（个）	13	9	6	5	13	114
省中青年学术和技术带头人（位）	58	52	52	52	50	697
省技术创新人才（位）	31	32	44	57	53	492
省创新团队（个）	0	16	15	31	28	206

（四）高层次科技人才创新取得丰硕成果

在滇工作两院院士和省科技领军人才为云南省重点产业、支柱产业发展和学科建设提供了重要的高端才智支撑，先后争取到国家级项目 530 项，项目经费累计 15.22 亿元，获国内外重大科技奖项 146 项。例如，戴永年院士首创复杂含锡合金真空蒸馏新技术及装备开发，先后建成 40 条生产线，累计销售收入 400 亿元以上；新当选的彭金辉院士建立了微波冶金学科新方向，微波冶金新技术应用于多种金属提取过程，拓展到化工、材料等领域，建成“世界第一套兆瓦级微波冶金装备”，向欧美等国内外单位转让高端装备和技术 102 项；韩占文院士提出并系统发展了大样本恒星演化理论，其研究成果在国际上产生了重要影响，被写入德国等国家 37 本教科书和专著中，在顶级天文学刊物上发表论文 129 篇，受到 SCI 他引 4507 篇次，5 次入选中国天文十大进展，他带领的团队被国际同行称为“Yunnan Group”（云南团队）；季维智院士围绕灵长类早期胚胎发育调控，干细胞多能性和人类疾病的猴模型及致病机理等科学问题形成系统研究体系，在国际上首次获得了猴多能性干细胞，开启了靶向基因编辑建立灵长类动物模型的研发和应用，使我国在非人灵长类靶向基因修饰的研究居于世界领先水平。

省“两类”人才、省创新团队带头人及核心成员成为带动各个重点产业、区域创新创业的领头羊。2017 年申报出站评价的 110 名“两类”人才，考核期内共承担各类科研项目 513 项，其中，国家级 132 项，省级 193 项；获省部级以上奖项 64 项；获授权发明专利 309 项；以第一作者或通讯作者发表论文 982 篇。其中，中文核心期刊收录 373 篇，SCI、EI 收录 305 篇；培养硕士及博士研究生 224 人；新技术、新产品、新品种等成果推广应用或转化产生的经济效益达 397.4 亿元。参加 2017 年度认定的 17 个省创新团队，培养期内共争取到国家级项目 91 项，争取经费 8447.45 万元；省部级项目 64 项，争取经费 1.18 亿元；获省部级以上科技奖励 34 项；获专利授权 124 件；发表高质量论文 1180 篇，其中，SCI、EI 收录 654 篇；培育博士后、博士及硕士 576 人。

二、坚持改革创新，着力优化科技人才发展环境

（一）大力改善科技人才发展环境

1. 完善政策，抓好落实

根据党中央、国务院及省委省政府实施创新驱动发展战略和深化人才发展体制机制改革的决策部署，结合云南省实际，先后制定出台了一系列高层次科技人才培引、创业孵化、成果转化等配套政策，基本形成了一套较为完善的科技人才创新创业政策体系。2017 年新制定实施了《中共云南省委办公厅　云南省人民政府办公厅印发〈关于实行以增加知识价值为导向分配政策的实施意见〉的通知》，出台了《云南省科技厅建立院士创新团队实施办法》《云南省科技厅科技人才专家库管理办法》等系列科技人才重要政策，不断激发科技人才创新创业的动力与活力，为云南省高层次科技人才成长营造了良好的政策环境。

2. 科学谋划，合理布局

把握人才工作基础性、长期性、战略性、关键性发展特征，通过制定《云南省科技人才中长期发展规划（2012—2020 年）》，确立科技人才工作的发展目标、任务和措施，强化区域、产业、重点和关键技术领域科技人才资源开发与布局。《云南省“十三五”科技创新规划》设立了“科技创新专业人才培引工程”，明确提出云南省“十三五”期间培育、引进的科技领军人才、高端科技人才、中青年学术和技术带头人、技术创新人才、创新团队等高层次科技人才发展要求。

3. 完善体系，夯实支撑

通过各类科技人才计划的组织实施，全省高层次科技人才形成了由省科技厅牵头，横联各省级相关部门、中央驻滇单位、省属高校院所、大型企业集团，纵贯省、州（市）、县，集聚政府部门、行业产业、企事业单位的全方位、多层次、宽领域的科技人才培养、引进、使用、管理和服务工作体系，以人才链支撑创新链、产业链的发展，全省“一盘棋”的科技人才工作格局基本形成。2014 年，在省科技厅直属事业单位成立了科技人才服务中心；经省委编办批准，省科技厅人事处加挂云南省科技人才办公室牌子，科技人才工作体系得到进一步强化。

4. 加大投入，搭建平台

通过“科技创新人才计划”“应用基础研究计划”“对外科技合作计划”等计划项目，对高层次科技人才实施“精准培养”。科技人才工作进入人才培养与科研活动同步推进、相互促进的良性循环。深入落实省高层次人才特殊生活补贴，在滇两院院士每人每年 20 万元、科技领军人才 5 万元、“两类”人才 1.2 万元，提高高层次人才生活待遇。同时，充分发挥国家及省重点实验室、工程技术研究中心、科技企业孵化器等平台对高层次科技人才聚集、培养的重要作用。

（二）实施高层次科技人才培养计划

1. 实施院士自由探索计划

以弘扬科学精神、充分发挥在滇两院院士学术引领和人才培养作用为目标设立，院士自行确定项目研发内容和目标，每位院士每年资助科研经费 100 万元。

2. 实施省科技领军人才培养计划

以培育和引领云南省优势特色学科、重点产业的科技领军人才，构建具有云南特色的院士后备人才培养体系为目标设立，培养期 5 年，最高 1000 万元专项培养经费支持。

3. 实施省高层次人才及创新创业团队引进计划

以引进紧缺急需人才（创新团队）解决云南省优势学科建设和重点产业发展重大科技需求为目标设立，充分发挥高层次人才（创新团队）智力资源和拥有自主知识产权和核心技术的优势，打造云南省产业技术和学科建设新高地。高层次人才领衔项目最高支持经费 500 万元；高层次创新创业团队项目最高支持经费 3000 万元。

4. 实施省中青年学术和技术带头人及省技术创新人才培养计划

以有效解决云南省本土高层次科技人才紧缺问题、提高云南省自主创新能力为目标设立，培养期 5 年，培养经费 6 万元。

5. 实施省创新团队培育计划

以选拔培养重点领域、重点学科优秀创新团队，加快提高云南省重点产业、重点领域自主创新能力和核心竞争力为目标设立，入选团队支持经费 100 万元。

6. 实施院士（专家）工作站建设计划

以引进国内一流院士（专家）团队、服务经济建设主战场、解决云南省重大科技需求为目标设立，工作站运行周期为 3 年，每年分别给予院士工作站 60 万元、专家工作站 30 万元的工作经费补助。

（三）加快推进科技人才专家库建设

按照“1+4”模式，制定了科技人才专家库系列管理制度，包括《云南省科技厅科技人才专家库管理办法》《云南省科技厅科技人才专家库专家遴选工作细则》《云南省科技厅科技人才专家评价实施细则》《云南省科技厅科技人才专家库专家抽取细则》《云南省科技厅科技人才专家库数据规范》等配套制度。科技人才专家信息管理系统于 2017 年上线运行，涵盖专家入库、专家抽取、专家评价、查询统计等重要功能。同时，面向省内高校、科研院所、企业等单位，广泛组织和征集各行业、各领域高层次专业人才及专家入库，积极探索省外专家入库的机制。2017 年新增 8000 名科技人才专家注册，5000 名科技人才专家通过审核入库。

（四）大力激发全社会创新创业活力

围绕推动大众创业万众创新，针对束缚创新创业的体制机制障碍，在众创空间建设、科研设施开放、创新创业大赛等方面，加强政策落地，制定了系列支持政策，基本形成了“政府引导、部门联动、媒体参与、全民共建”的大众创业万众创新发展格局。截至 2017 年，共认定省级众创空间 100 家，总面积达 167 万平方米，可提供 1.5 万个创业者工位；累计服务创业团队 4600 个，服务初创企业 4400 户；累计 371 个团队及企业获得投融资支持，获得投资总额超过 5.5 亿元。29 家众创空间获得科技部备案，云南省国家级众创空间总数排名全国第 16 位、西部第 5 位。成功举办了第三届云南省创新创业大赛暨第六届中国创新创业大赛云南地区赛，1376 家企业、189 个团队报名参加，企业组参赛项目居全国第 4 位、西部第 1 位。65 家企业入围第六届中国创新创业大赛行业总决赛，13 家企业获奖。

（五）扎实做好高层次科技人才服务及宣传

一是积极落实高层次人才特殊生活补贴，在滇两院院士每人每年 20 万元，科技领军人才 5 万元，“两类”人才 1.2 万元，切实提高高层次人才生活待遇。2017 年，共向 143 家单位 679 人高层次人才发放了 2016 年特殊生活补贴 1010.3 万元；二是认真落实高层次人才绿色通道服务办法，积极开展驻滇两院院士、科技领军人才等高层次人才随访工作，实现高层次科技人才动态服务、跟踪服务和全程服务；三是加大高层次科技人才工作宣传。深入开展了 2017 年两院院士增选、省科技厅主要领导接受新华网“新华访谈”人才发展专题、国家创新争先奖获奖科技人才等重大采访报道活动；通过云南卫视“走一线、看科技”专栏、《科技要情专报》，持续宣传报道云南省不断涌现的优秀人才及创新团队，及时通报各类人才及团队取得的重大创新成果，努力营造尊重知识、尊重人才、尊重创造的良好社会环境。

三、新时代科技人才发展思路及举措

认真贯彻落实党的十九大报告关于科技创新人才发展的战略部署及全省人才工作会议精神，以“四个全面”战略布局和“五大发展理念”为指导，以深化人才发展体制机制改革为动力，以激发人才创新创业活力为目标，坚持培养与引进相结合，不断构建科学规范、开放包容、运行高效的人才发展治理体系，形成具有较强竞争力的科技人才制度优势，提高人才创新创业的环境吸引力；以高层次科技专家人才建设为重点，着力造就一支规模宏大、结构合理、素质优良的科技人才队伍，为加快创新型云南建设提供了有力的人才保证和智力支持。

（一）深化高层次科技人才队伍建设

实施更加开放的创新人才政策，建立以创新能力为导向的人才培养模式，加大云南省经济社会发展重要领域、重点产业、重大项目急需的高层次科技人才培养力度，以高端人才为引领，注重培养一线创新人才和青年科技人才，努力造就一批科技领军人才，大力引进一批云南省紧缺急需的高层次科技人才来滇创新创业，培养一批本土高水平的科技领军人才、中青年学术和技术带头人、技术创新人才，打造一批高质量的创新团队，培育一批国家级科技人才和团队后备力量。

（二）加强科技人才引进培养载体建设

加强院士（专家）工作站、专家基层科研工作站建设，加大支持力度，引进省内外院士（专家）团队来滇创新创业，着力解决云南省重点产业发展重大科技需求，服务经济建设主战场。

（三）完善科技人才发展激励机制

进一步强化科技计划支持人才导向，建立完善以激发科技人员积极性和创造性为核心的科技经费管理和使用方式，突出省级科技计划项目对科技人才的直接激励和后续培养；深化科技人才专家库建设，提高专家库综合服务效能和水平；加快构建大众创业万众创新支撑平台，发展多种形式的创新创业模式，着力构建创新创业生态系统。

（四）深化高层次科技人才服务及宣传工作

进一步完善高层次科技人才随访制度，强化动态服务、跟踪服务和全程服务，不断激励高层次人才开展创新创业；充分发挥用人单位人才宣传的主体作用，完善科技人才工作动态信息通报制度，营造良好的高层次科技人才发展社会环境。

西藏自治区科技人才发展报告

■西藏自治区科学技术厅

近年来，在自治区党委、政府的坚强领导下，在科技部的大力支持下，通过全面实施创新驱动发展战略和人才兴藏战略，西藏科技人才队伍力量不断充实、素质不断提高、结构日趋合理，科技人才事业发展取得了长足进步和良好成绩。

一、科技人才队伍建设情况

截至 2017 年，西藏共有各类专业技术人员 87 436 人，其中工程技术人员 3839 人，农业技术人员 8762 人，科学研究人员 648 人，卫生技术人员 12 581 人，教育、会计、律师等其他人员 61 606 人。各类专业技术人员由 2010 年的 52 686 人增加到 2017 年的 87 436 人，年均增长率为 7.5%（图 1、图 2）。

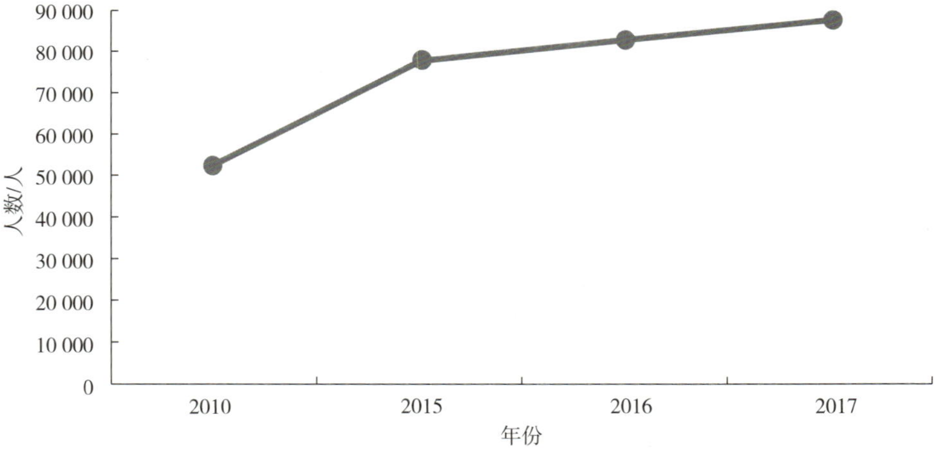

图 1　2010 — 2017 年西藏自治区各类专业技术人员增长

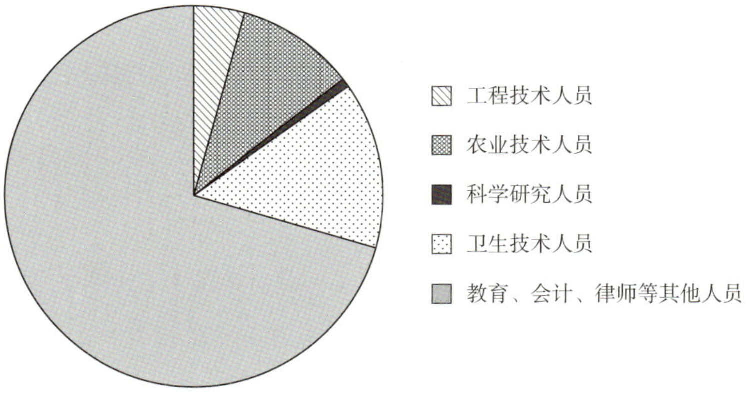

图 2　2017 年西藏自治区各类专业技术人员分布

二、科技人才计划、工程、基地、项目等实施进展和案例

近年来，自治区以“创新人才推进计划”、“三区”人才支持计划和科技特派员等为统领，积极培养重点领域创新团队、中青年科技领军人才和科技创新创业人才，探索人才、技术及资金等资源面向贫困地区流动，形成“三区”人才支持计划、科技特派员等科技人员服务精准扶贫脱贫的长效机制，科技人才队伍力量不断充实。

（一）“创新人才推进计划”

2012—2017 年，西藏共推荐“中青年科技创新领军人才”105 名、“科技创新创业人才”31 名、“重点领域创新团队”7 个、“创新人才培养示范基地”6 个，12 个对象入选国家“创新人才推进计划”（其中西藏大学、西藏自治区农牧科学院分别于 2013 年、2016 年入选创新人才培养示范基地），9 人通过“创新人才推进计划”平台入选国家“万人计划”，在西部地区位列前茅。

（二）“三区”人才计划科技专项

2014—2017 年，全区共选派“三区”科技人才 3605 人，培训创业扶贫带头人、农牧民科技明白人等 1291 名，落实经费 9091.2 万元。“三区”科技人才深入基层一线，实施科技开发项目 122 项，创办企业 37 家，组建专业技术协会或经济合作组织 219 家，创建创业基地 175 个，培训 65 类技术人员和农牧民万余人。2018 年，为进一步用好用足“三区”人才政策，根据科技部《关于在“三区三州”大力实施“三区”人才支持计划科技人员专项计划工作方案》精神，结合西藏实际，研究制定了《关于印发〈西藏自治区 2018 年度“三区”科技人才选派工作方案〉》（藏科发〔2018〕128 号），提出以县域或农牧业产业为基本单元，以各类科技计划项目、扶贫产业项目、边境小康示范村建设及农牧业产业化建设等为依托，优先考虑受援县（区）农牧业发展技术服务需求，兼顾就近就便的原则，采用“一县一团”“一产一团”的选派方式，覆盖全区74个县（区）和各类科技项目实施点，开展组团式选派和培训工作，为县域特别是深度贫困县农牧业产业化发展提供科技服务和创业带动打下了良好制度基础。

（三）高层次人才引进

2015年，根据中央西藏人才工作座谈会精神和《西藏自治区中长期人才发展规划纲要（2010—2020年）》，自治区出台《西藏自治区高层次人才引进办法（试行）》，不唯地域、不求所有，采用调入引进、创新创业引进、柔性引进等多种方式敞开大门汇聚八方英才。《西藏自治区高层次人才引进办法（试行）》实施以来，共引进高层次人才82人，其中，中国工程院院士1人，具有博士学位的61人，具有副高级及以上职称的64人，有效缓解了高层次人才不足的困局。

（四）科技特派员

2012—2017年，全区共选派科技特派员54 177人次，投入经费3.032 25亿元，实现行政村全覆盖。2017年，为进一步加强和规范科技特派员工作，加快培训新型农牧业经营和服务主体，健全农牧业社会化科技服务体系，根据科技部等八部门《关于深入开展科技特派员农村科技创业行动的意见》（国科发农〔2009〕242号）、国务院办公厅《关于深入推进科技特派员制度的若干意见》（国办发〔2016〕32号），自治区科技特派员领导小组重新修订并印发了《西藏自治区科技特派员工作管理办法》（藏科发〔2017〕168号），将科技特派员的选聘、考核、解聘权力下放给各地（市）科技特派员领导小组，鼓励各地根据当地发展实际选派专业对口、符合当地农牧业发展要求的科技特派员，进一步为各地科技特派员选派工作松绑。

（五）创新人才培养示范基地

通过“创新人才推进计划”，西藏大学和西藏自治区农牧科学院分别于2013年、2016年入选创新人才培养示范基地，在人才培养、科学研究、项目孵化方面均取得了较好的成绩。

（六）博士服务团项目、“西部之光”访问学者培养计划

研究制定《博士服务团服务管理办法》，激励广大博士扎根高原、积极奉献，鼓励服务期满博士留藏工作、建功立业，在中央组织部选派14批183名专业人才中先后有45名博士延长服务期，有9名博士服务期满后选择留藏工作。在中央财政每年资助20个“西部之光”访问学者名额的基础上，每年拿出90万元，用于资助增加的20个自筹名额，自2014年以来，累计选派4批135名本土行业骨干人才赴内地知名高校、科研院所、发达省市研修学习，为西藏培养了一批本土行业领军人才、

骨干人才和民生领域实用人才。修订完善《西藏自治区人才资源开发专项资金管理办法》，为人才资源开发专项资金安全、高效运行提供制度保障，仅 2016 年和 2017 年这两年就投入 5800 余万元，资助项目 125 个，培养培训各类人才 10 000 余人次。

案例 1：西藏大学藏文信息技术创新人才培养示范基地

自 2013 年入选创新人才培养示范基地以来，西藏大学藏文信息技术创新人才培养示范基地已形成了功能较为齐备、结构较为合理、专业特色较为突出的创新人才培养和科学研究平台，拥有 84 名包括教授、副教授、“长江学者”等在内的科技科研队伍，其中，教授 9 人，副教授 17 人，博士 4 人，硕士 44 人，教育部“长江学者”特聘教授 1 人，何梁何利科学与技术创新奖获得者 1 人，享受国务院特殊津贴专家 1 人，“万人计划”第一批领军人才 1 人，全国杰出专业技术人才 1 人，新世纪百千万人才工程国家级人选 1 人，全国优秀教师 1 人，全国师德标兵 1 人，自治区学术技术带头人 2 人。培养计算机科学与技术及教育技术学专业本科生 684 人，硕士研究生 23 人。积极实施“教师敬业、教材规范、教法科学、教管高效、教研跟进”的“五教创新”，形成实验室设备全开放和导师制全覆盖，建立导师制 + 实验室开放制度，指导学生成功申报 51 项大学生创新性实验计划项目，获奖 70 余项。针对不同层次水平编写的 15 类教材，被青海、甘肃和四川的高校、职业培训学校广泛采用。支持在校和毕业生创立拉萨尘劫科技有限公司、拉萨灵影文化传媒有限公司、塔之缘广告公司等一批企业，积极助力自治区大众创业万众创新。采取自主研发与对外合作相结合的方式，大力开展“藏族文化资源数字化传承保护和西藏大数据平台建设与应用研究”“藏语自然语言处理（藏语计算语言学）和信息安全”“藏文智能移动电话操作系统”方面的研究，取得了“藏文图书期刊数据库及资源管理与检索平台（中国西藏知网）”“藏汉双向机器翻译技术”“面向藏语的跨语言搜索引擎技术”“阳光藏文自动分词系统”“阳光藏文自动词性标注系统”“阳光藏文自动拼写检查系统”“阳光智能藏文输入法”等一系列科技成果，其中，应中国电信集团西藏分公司和华为技术有限公司需求，基于 Android 4.0 操作系统而研发的“藏汉双语智能移动电话”销售量达 10 余万部，产生上亿元收入。

案例 2：西藏（成都）科技企业孵化器

2007 年 9 月，西藏自治区党委、政府根据西藏实际，因地制宜，在四川省成都市建立了异地科技孵化器——西藏（成都）科技孵化器，人员编制 8 人，由西藏自治区科技创业服务中心管理。

2010 年 12 月，西藏自治区科技创业服务中心被认定为国家级科技企业孵化器。截至 2017 年，成都科技孵化器共孵化企业 71 家，其中，生物医药（藏医藏药）领域 49 家，农牧业（特色资源）9 家，电子信息行业 8 家，新能源及新技术 5 家；入孵企业累计实现销售收入近 135 亿元，净利润近 21 亿元，上缴税金近 19 亿元，发表论文 127 篇，申报专利 263 项，授权专利 184 项，带动就业 5800 人。

取得上述成绩的主要原因是西藏（成都）科技企业孵化器建立了完善的服务平台，除基本上能够满足企业研发、办公、交流、融资等方面的需求外，在软件服务方面也不断拓展，服务质量逐步提升。聘请国内知名创业导师和高新技术企业家，进行企业创新创业辅导和管理培训，解读国家和自治区关于科技型企业的扶持优惠政策，先后举办培训班 12 次，培训人员达 860 人次；设立孵化专项资金，自治区财政每年支持 1000 万元，为每个企业在孵期间安排至少 1 项科研项目，专门用于扶持孵化器内科技企业的科技创新及成果转化，同时协助企业申请国家、自治区的各类科技计划项目；提供信息服务，由专人负责网络平台管理，及时发布科技信息，帮助企业与国内外企业、科研单位、大学间进行技术交流与合作，帮助企业招聘技术人才、推介产品、开展电子商务；牵线搭桥，帮助企业进行项目洽谈投融资，协助企业申报专利和成果转让，成功孵化西藏药业、西藏易明药业、西藏月王生物技术有限公司、西藏易点通科技有限公司等一批具有代表性的高新技术企业，其中西藏药业、西藏易明药业已在主板发行 A 股上市。

目前，西藏（成都）科技企业孵化器在孵企业 23 家，其中，生物医药领域 11 家，特色农牧业领域 8 家，民族手工业领域 2 家，电子产品领域 1 家，新能源领域 1 家。截至 2017 年，23 家在孵企业累计实现销售收入近 18 亿元，上缴税金近 1.3 亿元，净利润近 1.8 亿元，累计申报专利 28 项，授权专利 21 项，从业人员 1487 人，发表论文 52 篇。

三、科技人才发展相关政策和服务举措

为贯彻落实党中央、国务院关于科技人才方面的决策部署和大政方针，自治区党委、政府结合自身实际，着力推进科技体制机制改革，研究制定了一系列落实“十三五”科技人才规划、推进人才发展体制机制改革等方面的政策措施。

根据中央西藏人才工作座谈会精神和《西藏自治区中长期人才发展规划纲要（2010—2020 年）》，研究制定了《西藏自治区高层次人才引进办法（试行）》，在经费补助、住房安置、家属安置、子女教育、职务待遇等方面均做了明确规定。例如，《西藏自治区高层次人才引进办法（试行）》第十一条规定“通过调入方式引进的第一、第二、第三、第四层次人才可以通过科研立项的形式分别申请 200 万元、

100万元、50万元、10万元科研补助经费”，第十四条规定“调入引进的高层次人才享受我区同级别职务待遇。调入引进的我区改革发展稳定重点领域急需紧缺的博士研究生，毕业前已有2年以上党政机关、企事业单位工作经历、试用期满，或毕业前未有2年以上相应工作经历、工作满2年（含试用期）经考核符合条件的，可以定为副处级”，在科研经费支持、职务待遇解决方面都给予了引进对象极大的优惠政策。

研究制定《中共西藏自治区委员会　西藏自治区人民政府关于贯彻〈中共中央　国务院关于深化体制机制改革加快实施创新驱动发展战略的若干意见〉的实施意见》，提出到2020年基本形成适应创新驱动发展要求的制度环境和政策法规体系，人才、资本、技术、知识自由流动，创新成果得到充分保护，创新价值得到最大体现，创新人才合理分享创新收益等主要目标，对科技成果转化运用过程中的科技成果、知识产权归属和利益分享，科研人员绩效激励，科研评价等方面给出了较为具体的指导意见。如该意见第十八条明确规定“对用于奖励科研负责人、骨干技术人员等重要贡献人员和团队的收益比例，可以提高到50%”“鼓励各类企业通过股权、期权、分红等激励方式，调动科研人员创新积极性。对高等学校和科研院所等事业单位以科技成果作价入股的企业，放宽股权奖励、股权出售对企业设立年限和盈利水平的限制”。

根据《中共中央关于进一步推进西藏经济社会发展和长治久安的意见》（中发〔2015〕23号）和《国务院关于大力推进大众创业万众创新若干政策措施的意见》（国发〔2015〕32号）精神，研究制定了《关于推进西藏科技长足发展促进大众创业万众创新的意见》，从加快推进科技平台建设、推进科技园区和示范基地建设、实施人才兴藏战略、深化科技援藏、促进科技交流合作、支持科技人员创业创新、推进科技体制机制创新、深化商事制度改革等18个方面对如何推进西藏科技长足发展促进大众创业万众创新给出了具体意见。

根据《中共中央　国务院关于印发〈国家创新驱动发展战略纲要〉的通知》（中发〔2016〕4号）和《中共中央　国务院关于深化体制机制改革加快实施创新驱动发展战略的若干意见》（中发〔2015〕8号）精神，研究制定了《中共西藏自治区委员会　西藏自治区人民政府关于加快实施创新驱动发展战略的若干意见》，提出坚持人才为先的基本原则，加强人才培育，建设创新人才队伍。要求围绕高原特色农牧业、藏医药业、绿色食（饮）品业、传统文化、高原生态环境、高原医学、高原交通、优势矿产业、清洁能源、旅游业等重要学科领域和创新方向造就一批全国一流水平的科学家、科技领军人才、工程师和高水平团队。有重点地引进西藏特色优势产业、重点行业、重点学科急需的专业技术人才援藏，支持高校、科研院所、企业面向全国乃至全球招聘人才。建设国家科技领军人才西藏创新驱动中心、院士专家工作站，柔性引进全国乃至全球高层次人才为西藏科技创新服务。倡导崇尚技能、精益求精的职业精神，在各行业大力培养高级技师、技术工人等高技能人才。优化人才成长环境，注重培养一线创新人才和青年创新人才，实施更加积极的创新创业人才激励和吸引政策。实行以增加知识价值为导向的分配政策，通过稳定提高基本工资。加大绩效工资分配激励力度、落实科技成果转化奖励、建立健全股权期权激励制度等措施，激发广大科技人员的积极性、主动性和创造性。推动教育创新，改革人才培养模式，把科学精神、创新思维、创造能力和社会责任感的培养贯彻教育全过程。完善高端创新人才和产业技能人才培养体系，加强普通教育与职业教育衔接。

根据中共中央《关于深化人才发展体制机制改革的意见》（中发〔2016〕9号），研究制定了《关于推进人才发展体制机制改革 进一步加强人才工作的意见》，提出力争到2020年，在人才发展体制机制的重要领域和关键环节上取得突破性进展，与西藏重要战略定位相适应的人才发展治理体系基本建立，人才资源总量达到42.5万人，人才资源占人力资源总量的比重提高到18%，主要劳动年龄人口受过高等教育的比例达到20%，每万劳动力中研发人员达到20人年的目标，从“优先发展教育事业培养人才”“注重培养重点领域紧缺人才”“积极打造行业领军人才队伍”等22个方面为西藏推进人才发展体制机制改革进一步加强人才工作提供了可遵循的依据。

根据党中央、国务院关于大众创业万众创新（以下简称“双创”）工作的决策部署，研究制定了《推进大众创业万众创新的三年行动计划》，提出到2020年，将西藏建成全域覆盖、功能完善、特色突出、示范带动作用强的创新创业示范区。全区新型创新创业载体数量达到50家以上，创新创业者达到1万人；服务机构达到20家，创业导师达到300人；科技型中小企业达到100家；高新技术企业达到50家，高新技术上市企业达到10家，高新技术产业年产值达到100亿元以上，形成“创新创业种子－苗圃－孵化器－加速器－产业园区”的创新创业体系的总体目标；在“双创”平台建设方面给予300万～800万元的一次性建设资金扶持，建成后每年最高给予200万元的运行管理费用补贴，推动每个市（地）至少建立1家以上科技企业孵化器或加速器等一系列鼓励措施。

为进一步加快推进拉萨市国家创新型城市建设，提升自主创新能力，研究制定了《西藏自治区人民政府关于加快推进拉萨市建设国家创新型城市的指导意见》，提出到2019年，拉萨市基本建成国家创新型城市，成为青藏高原和周边区域重要的创新中心和高技术成果转化基地。在重点产业技术创新、高新技术产业发展、创新人才培育、管理创新等方面实现突破，创新文化成为社会主流文化，创新企业活力明显提高，产学研用紧密结合的区域创新体系基本形成，创新资源集聚水平显著提高，创新环境明显优化；到2019年，每万名劳动力中研发人员达到18人年，创业投资引导基金总额占地区GDP比重达0.8%，研究与试验发展（R&D）经费支出占地区GDP比重达到2.0%左右，技术市场科技成果成交合同额占地区GDP比重达0.5%，科技进步贡献率提高到48%，科技进步对农牧业发展的贡献率提高到54%的发展目标，并由相关部门配合拉萨市具体实施。

根据《人力资源社会保障部关于支持和鼓励事业单位专业技术人员创新创业的指导意见》（人社

部规〔2017〕4号）精神，研究制定《西藏自治区关于支持和鼓励事业单位专业技术人员创新创业的实施意见》，明确事业单位专业技术人员创新创业的4种情形及具体政策措施，包括选派到企业挂职或者参与项目合作，其间与原单位在岗人员同等享有相关权利，并可以依协议取得成果转让、开发收益；兼职创新或者在职创办企业，取得的成绩可以作为专技人员职称评审、岗位竞聘、考核的重要依据；离岗创新创业，可在3年内保留人事关系，离岗创业期间保留基本待遇；事业单位设置创新型岗位，可以通过设置特设岗位、流动岗位，选拔、吸引创新人才，探索实行灵活、弹性的工作时间，鼓励绩效工资分配向在创新岗位做出突出成绩人员倾斜，为进一步促进科技人才在事业单位和企业间合理流动，营造更加有利于创新创业的激励政策和制度打下良好基础。

为深入贯彻自治区党委、政府关于科技人才发展的决策部署和政策措施，由自治区科技厅牵头相关部门研究制定了《西藏自治区科技特派员管理办法》《西藏自治区专利资助办法》《西藏自治区科技企业孵化器管理办法》《西藏自治区级众创空间管理暂行办法》《西藏自治区促进大型科学仪器设施共享管理办法》《西藏自治区院士专家工作站管理办法（试行）》等系列具体政策措施。

着力推动《西藏自治区实施〈中华人民共和国促进科技成果转化法〉办法》修订立法工作。根据新修订的《中华人民共和国促进科技成果转化法》、《国务院关于印发实施〈中华人民共和国促进科技成果转化法〉若干规定的通知》（国发〔2016〕16号）、《国务院办公厅关于印发促进科技成果转移转化行动方案的通知》（国办发〔2016〕28号）和《关于实行以增加知识价值为导向分配政策的若干意见》（厅字〔2016〕35号）精神，于2016年年初启动对《西藏自治区实施〈中华人民共和国促进科技成果转化法〉办法》的修订工作，经前期起草、反复征求意见、区内外论证调研、政府专题会议研究、政府常务会议审议，于2018年8月3日正式将《西藏自治区实施〈中华人民共和国促进科技成果转化法〉办法（修订草案）》提请人大常委会审议。目前，正根据自治区十一届人大常委会第六次会议第一次会议意见，配合自治区人大常委会法制工作委员会开展区外调研工作。草案提出，按照规定或者约定对完成、转化职务科技成果做出重要贡献的人员给予奖励和报酬；对实施成果转让的可提取不低于转让或者许可净收入的70%，或者不低于该项科技成果形成的股份或者出资比例的70%，或者转化成功投产后连续3～5年不低于实施该项科技成果的营业利润的70%。

为紧扣奋力推进西藏经济社会发展和长治久安工作要求，坚持用好现有人才，有计划、有重点地遴选培养一批全区重点行业领军人才，扎实推进人才兴藏战略，根据中共中央《关于深化人才发展体制机制改革的意见》，研究制定《西藏自治区“雪域英才”遴选培养办法（试行）》，目前已形成征求意见稿，意见稿提出将“雪域英才”分为10类，每3年遴选培养一届，每届100名，其中，教学名师15人，卫生名医15人，农牧名手15人，科技名人15人，技能名匠10人，文体名星10人，环保名士5人，政法名杰5人，社工名才5名，经济名家5人；规定“雪域英才”遴选培养经费从自治区人才资源开发专项资金列支，可优先评聘上一级专业技术职务，优先推荐“万人计划”“杰出专业技术人才”“百千万人才工程”“文化名家暨‘四个一批’人才工程”“长江学者”“杰出青年科学基金”等，优先支持承担国家和自治区各类重大、重点科研项目、课题和国际国内合作交流项目，在自治区“三甲医院”就医可享受优先挂号、缴费、检查、住院等待遇，组织定期开展疗养活动等优惠政策和待遇。

在服务措施方面，建立省级党员领导干部联系服务专家制度，构建联系服务专家工作网络，分行业分系统分层级建立人才联系点，组建区、地（市）、县（区）三级“专家智库”，经常听取专家对区党委和政府决策、重大发展战略、重点建设工程、重点行业发展等的意见和建议。推荐先进模范专家人才担任“两代表一委员”，邀请专家代表列席党的有关会议和人大、政府、政协有关会议，参加重大活动。建立自治区人才荣誉制度，先后出台自治区政府特殊津贴、科学技术奖励、优秀科技工作者评选等系列人才表彰激励意见。着力打破“大锅饭”格局，采取项目工资、年薪制度等方式，不断提高各类人才薪酬待遇，让人才有更多的获得感、幸福感，“智慧血液”不断凝聚，党对人才工作的政治引领作用不断增强。

结合科技工作实际，自治区科技厅研究制定并印发了《西藏自治区众创空间认定管理办法（暂行）》（藏科发〔2017〕301号）、《西藏自治区科技企业孵化器认定和管理办法（暂行）》（藏科发〔2017〕302号）、《西藏自治区促进大型科学仪器设施共享管理办法（暂行）》（藏科发〔2017〕303号）、《西藏自治区“星创天地”建设运行管理办法（暂行）》（藏科发〔2017〕326号）、《西藏自治区院士专家工作站管理办法（试行）》（藏科发〔2017〕366号）等创新平台管理办法，为广大科技工作者在各类平台中的发展提供了良好发展环境。同时，西藏正充分利用第二次青藏高原综合科学考察研究契机，积极呼吁在拉萨建立由中国科学院、相关高校、科研机构，西藏自治区相关部门、高校和研究机构抽调专业人员组成的科学考察研究中心，争取逐步建成引领青藏高原研究的科技创新中心。

通过上述政策措施的大力实施，西藏已建成国家科技领军人才创新驱动中心（西藏）、4个院士工作站、3个国家级农业科技园区、1个国家重点实验室、1个国家级可持续发展实验区、1个国家级科技企业孵化器、1个国家现代服务业文化科技旅游创意产业化示范基地、35家自治区级重点实验室和工程技术研究中心、2个自治区高新技术产业开发区和1个自治区可持续发展实验区。建成众创空间、科技企业孵化器、大学生创新创业基地等“双创”载体35家，其中包括2家国家级众创空间、5家国家级“星创天地”和1家国家科技企业孵化器，吸纳创业企业、创业团队443家，培育高新技术企业14家，科技型中小企业52家，上市、挂牌企业2家，解决就业7856人。

陕西省科技人才发展报告

■陕西省科学技术厅

为了贯彻《国家中长期人才发展规划纲要（2010—2020年）》和《陕西省中长期人才发展规划（2010—2020年）》精神，陕西省科技厅围绕陕西省实施人才强省战略和实现追赶超越目标，紧扣创新型省份建设，大力推进陕西省科技人才体制机制改革，实施了一系列的人才工程，有力地促进了科技人才培养、吸引和使用。

一、陕西省科技人才队伍建设情况

（一）科技活动人员情况

陕西省科技活动人员从2012年的22.03万人增加到了2016年年底的27.52万人，平均每年保持5%的增长速度。科技活动人员的来源结构表现为企业、高校和科研院所是主力军，其中2010—2014年数据显示企业科技活动人员在全省科技活动人员总数中的占比一直保持在50%以上（表1）。

表1　2010—2016年陕西省科技活动人员的来源　　单位：万人

年份	2010年	2011年	2012年	2013年	2014年	2015年	2016年
合计	20.69	20.46	22.03	22.93	24.91	24.17	27.52
科研院所	3.87	3.89	3.98	4.17	4.30	其中，中央11.56万人，地方12.61万人	其中，中央12.26万人，地方15.26万人
高等院校	4.96	5.09	5.30	5.45	5.89		
企业	11.13	10.71	11.98	12.56	13.98		
其他	0.73	0.77	0.77	0.75	0.74		

注：自2015年起，统计年鉴的编排内容发生了变化，只有按照中央和地方进行统计的合计人数，没有分项数据。
资料来源：《陕西统计年鉴》（2011—2016年）。

（二）R&D 人员和 R&D 人员全时当量

截至 2017 年年底，陕西省研发人员数量为 15.08 万人，2012—2017 年平均年增长率为 4.96%；研发人员全时当量 2017 年为 9.82 万人年，2012—2017 年平均增长率为 3.57%（表 2、表 3）。

表 2　2012—2017 年陕西省 R&D 人员数量　　单位：万人

年份	2012 年	2013 年	2014 年	2015 年	2016 年	2017 年
合计	11.83	13.26	14.04	13.25	14.31	15.08
科研院所	2.87	3.15	3.09	3.15	3.14	3.21
高等学校	2.17	2.32	2.33	2.36	2.67	2.81
企业	6.33	7.34	8.17	7.29	8.03	8.57
其他	0.46	0.45	0.45	0.45	0.47	0.49

数据来源：《陕西科技统计年鉴》（2012—2017 年）。

表 3　2012—2017 年陕西省 R&D 人员全时当量　　单位：万人年

年份	2012 年	2013 年	2014 年	2015 年	2016 年	2017 年
合计	8.25	9.34	9.72	9.26	9.48	9.82
科研院所	2.77	3.01	2.93	2.95	2.90	3.02
高等学校	1.05	1.13	1.09	1.06	1.12	1.21
企业	4.17	4.96	5.45	4.97	5.17	5.29
其他	0.26	0.24	0.25	0.28	0.29	0.30

数据来源：《陕西科技统计年鉴》（2012—2017 年）。

（三）R&D 经费内部支出

研发活动经费投入不断加大，2012 年全省 R&D 经费内部支出 287 亿元，2017 年研发经费内部支出 461 亿元，2012—2017 年平均年增长率达 9% 以上，其中 2013 年增幅最高，达到了 19.34%（表 4）。

表 4　2012—2017 年陕西省 R&D 经费内部支出

支出情况	R&D 经费内部支出（万元）	同比增长率
2012 年	2 872 036	15.18%
2013 年	3 427 454	19.34%

续表

支出情况	R&D 经费内部支出（万元）	同比增长率
2014 年	3 667 730	7.01%
2015 年	3 931 727	7.20%
2016 年	4 195 554	6.71%
2017 年	4 609 363	9.86%

数据来源：《陕西科技统计年鉴》（2012—2017 年）。

（四）高层次人才总体情况

在高层次人才方面，随着陕西省的一些重点人才项目的开展，高层次人才数量获得了很大的提升。截至 2017 年，全省共增选两院院士 14 名，院士数量达 67 人。陕西省入选“万人计划”147 人。2017 年启动实施了“陕西省杰出青年科学基金项目”，首批培养支持 30 人。实施了新世纪“三五人才”工程，选拔出 691 名省级学术技术带头人。共有 70 人入选“中青年科技创新领军人才”，17 人入选“科技创新创业人才”。实施引进外国智力项目，执行引智项目 1450 个，引进 7400 人次外籍专家来陕工作。

（五）科技成果情况

2017 年，陕西省专利申请 98 935 件，同比增长 42.1%，其中，发明专利申请 46 607 件，同比增长 106.6%，增幅位居全国首位；每万人发明专利拥有量为 8.9 件，同比增加 1.62 件，在全国排第 7 位，在中西部排第 1 位。2017 年陕西省技术合同交易额达 921.55 亿元，居全国第 4 位。2017 年获国家科技奖 36 项，主持完成的通用项目数量居全国第 4 位，占国家奖总数的 13.28%。2017 年科技成果登记数 3382 项。

二、陕西省科技人才计划、工程、基地、项目等实施情况

（一）陕西省“创新人才推进计划”

陕西省科技厅出台《陕西省创新人才推进计划实施方案》，通过创新体制机制、优化政策环境、强化保障措施，扶持和造就一批高水平优秀创业人才、科技领军人才和重点科技创新团队，打造一批创新人才培养示范基地，加强高层次创新型科技人才队伍建设，引领和带动各类科技人才的发展，为实现创新驱动发展、建设创新型陕西提供有力的人才支撑。力争到 2020 年，培养科技创新创业人才 200 名，中青年科技创新领军人才 300 名，重点科技创新团队 200 个，创新人才培养示范基地 20 个，

青年科技新星 400 名。截至 2017 年，陕西省已评选产生中青年科技创新领军人才 261 人，科技创新创业人才 114 人，重点科技创新团队 227 个，创新人才培养示范基地 13 家。

（二）青年科技新星培育专项计划

该计划主要为青年科技人员开展科学研究、技术开发、成果转化等活动提供项目资助，是培育学科和技术带头人，使其尽快进入国家和省级重大人才工程的专项计划。全省共有 821 人入选青年科技新星。在陕西省入选的国家“万人计划”第一、第二、第三批 34 名青年拔尖人才中，青年科技新星就占了 20 名。青年科技新星计划的实施以来，取得了四个方面的成效。一是取得了一批自主知识产权的关键核心技术。西安交通大学唐桂华副教授承担的“微尺度介质中非牛顿流体流动及调控机理研究”项目，获得国家技术发明奖二等奖、陕西省科学技术奖一等奖；北方特种能源集团有限公司的薛艳建立起微纳火攻技术实验室，填补了国内第四代智能火工品研究条件的空白，达到国际先进水平。二是转化了一批科技成果，取得了良好经济效益和社会效益。西安交通大学陈雪峰教授承担的“大型回转机械结构裂纹的动态定量诊断技术与应用”项目，获得国家技术发明奖二等奖，研制的机械裂纹定量诊断仪应用广泛，取得了显著的经济和社会效益。三是引进了一批创新人才，为建设创新型省份提供技术和人才储备。四是孵化了一批创业人才。西安铂力特激光成形技术有限公司总经理薛蕾，2013 年度陕西省青年科技新星，2014 年成为陕西省首批“创新人才推进计划”——科技创新创业人才入选者。短短 4 年，企业快速成长，拥有相关发明专利 35 项，成为目前国内规模最大、技术实力最雄厚的金属增材制造综合服务商。

（三）陕西省“重点科技创新团队建设计划”

该计划遵循“择优选拔、滚动发展、目标考核、动态管理”的原则，培育和打造在省内外有较大影响和发展潜力的科技创新团队。已遴选出 227 个团队予以扶持，财政投入经费 2 亿元，各相关单位配套资金超过 2 亿元。通过政策引导和支持，各团队按照“带头人 + 核心成员 + 一般成员”的团队架构，充分发挥带头人领军作用，形成了“头雁领、群雁飞”的人才培养机制，逐步形成了一批优秀的创新团队，团队聚集效应和示范带动效应日益显现。例如，西安电子科技大学智能感知与图像理解创新团队，带头人公茂果教授入选中央组织部首批“青年拔尖人才”计划；核心成员焦李成入选陕西省“重点领域顶尖人才”、张青富入选“长江学者”。西安光学精密机械研究所高维图像数据处理与挖掘若干问题创新团队承担了国家重点型号科技攻关工作，研究成果已在某型号任务光学载荷获取影像的处理方面得到应用验证，走在了国际领域的前沿。空军军医大学、西北有色院、中国重型机械研究院等单位的科技创新团队先后均入选科技部创新团队。

（四）科技特派员制度

2010—2017年，省科技厅每年投入专项经费1000万元支持科技特派员服务农村、服务企业，市、县科技部门每年专项经费超过3500万元。截至2017年年底，全省5602名科技特派员服务5928个贫困村，累计服务带动农户3万余户，服务企业或合作社等1533个，创办领办企业和合作社78个；引进新品种1085个，推广新技术945项，建立示范基地544个，培养农村技术骨干4626人，举办各类培训3138场次，培训农民65万人次，累计帮助受援单位增收约1.2亿元。

（五）实施反向科技特派员行动计划

2016年陕西省全面启动反向科技特派员行动计划。以推动科技成果转移转化、促进区域协同发展为目标，推进科技成果与地市产业发展相结合，构筑“各市特色需求—科特派小组—西安科技成果供给”的供需链深度合作模式，着力打通科技成果向产业发展转化通道，推动各市产业需求与全省科技成果无缝衔接，打破信息壁垒，共享科技成果，实现“出成果”和“用成果”的联动发展，使全省优势科技资源能够直接支持各市的产业创新发展。全省各地市均在省科技资源统筹中心设立了反向科技特派员工作室。

三、陕西省科技人才发展相关政策和服务举措

（一）加大各类计划支持力度

以重大专项、各类重大重点科技计划项目为带动，把人才培养和创新团队建设纳入其中。一是在陕西省科技计划体系中设立陕西省创新能力支撑计划，支持科技创新创业人才、青年科技新星和优秀团队开展科研工作。二是从科技项目、人才团队、科技成果、园区平台4个维度，系统梳理陕西省各领域科技资源，形成科技创新人才“链条式”培养模式。三是择优培育陕西省“创新人才推进计划”入选人才。加强对已入选的创新创业人才后续选拔、培养、流动和使用，使其尽快进入国家重大人才工程计划。四是制定吸引高层次人才来陕创新创业计划，引进陕西省急需的科技领军人才、紧缺人才和创新团队，并在科技立项、平台建设、创业投资等方面给予支持。支持省内高端人才和机构走出去，在海外设立研发中心和机构，加大科技成果转移转化。

（二）完善政策体系

近年来，陕西省在科技人才发展体制机制改革方面，出台了一系列的创新性政策。省级层面出台了《陕西省引进高层次人才暂行办法》《中共陕西省委　陕西省人民政府关于加强高层次创新创业人才队伍建设的意见》，2017年陕西省出台了引进、培养高层次人才及创新团队等一系列政策文件。

省科技厅层面，配合“创新人才推进计划”工作，制定了《陕西省创新人才推进计划实施方案》，同时制定完善了《陕西省青年科技新星管理办法》《陕西省重点科技创新团队建设计划管理办法》《陕西省杰出青年科学基金实施细则》《陕西省科技厅实施反向科技特派员工作指引》等一系列政策措施。这些政策措施的出台和实施，为陕西省科技人才的培养、引进、流动、激励等工作提供了指导性意见。

（三）搭建科技人才创新共享平台

截至2017年，全省建有国家级重点实验室25个，省级重点实验室155个；国家级工程技术研究中心7个，省级工程中心177个。运用新一代信息技术及大数据分析等手段，建设集需求征集、众包众筹、技术交易、“双创”大赛、资源共享、科技创新服务“六位一体”的“陕西科技云”平台，推动人才共享、平台共享、成果共享。“科技云”1.0版作为陕西秦云工程示范工程，目前拥有各类资源信息2.5亿条。科技文献共享服务系统服务量，连续5年排名全国前三。《情报杂志》国际影响力指数学科2016年排名全国第一。在设区市建立科技资源统筹分中心，与省科技资源统筹中心并网运行，开放共享大型仪器设备达9641台（套），总价值近50亿元。其中，军口大型仪器设备共享达1682台（套）。

（四）优化科技人才创业环境

截至2017年，全省建设国家双创示范基地4家，国家级众创空间73家、省级177家，国家专业化众创空间2家，国家级科技企业孵化器31家、省级68家。建立各级各类生产力促进中心117家，技术转移示范机构50家，其中，国家级技术转移机构18家，居全国第6位。设立了西北地区首家专业科技支行——长安银行西安高新科技支行；设立了国内第一支科技成果转化引导基金——西科天使基金。开通运行了西部首家“创业中国股权众筹平台”。据统计，陕西省挂牌科技支行达到12家，全国居首。

（五）完善科技人才创新创业激励机制

一是改革科技成果处置权和收益权。允许高等学校、科研院所自主决定对其持有的科技成果采取转让、许可、作价入股等方式开展转移转化活动，允许高等学校和科研院所科技成果（包括职务发明成果）转化、转让收益归属研发团队所得比例不低于80%，收益用于人员激励部分可直接发放给个人。省属高等学校、研发机构职务科技成果，由成果完成人实施转化的，将不低于90%的转化收益奖励给成果完成人和为成果转化做出贡献的人员。二是建立军民人才双向流动“人才池”。吸引军工单位技术人员入驻“人才池”，5年内保留回原单位的通道。支持科研院所与地方高等院校以“双导师制”联合培养研究生、联建专业孵化器方式建立“人才池”。已有5家高校和12家科研院所共17家试点单位，安排204个导师（其中，高校导师105位，院所导师99位）、374个研究生（包括硕士研究生和博士研究生）签订了14份合作协议，开展41个项目，部分项目已研制出第一代产品，有的已注册成立公司。

四、新时代科技人才发展思路与举措

围绕陕西省经济社会发展需求，深入贯彻落实国家和陕西省关于人才发展的文件精神，开展科技人才发展战略性研究，按照“人尽其才、才尽其用、用有所成”的思路，激发各类人才创新创业的内生活力，培育一支符合创新发展规律的人才队伍。主要设想包括以下几方面。

（一）完善科技人才激励机制

赋予创新领军人才更大的资源支配权、技术路线决策权；通过加大成果收益权、股权激励和科技奖励等手段，给予科技人员更多的利益回报和荣誉奖励，鼓励人才弘扬奉献精神。担任高校、科研院所领导的科技成果持有人可同等享受科技成果转移转化收益。

（二）实行科技人员分类评价

推进陕西省人才发展体制机制改革，建立健全各类人才培养、使用、吸引、激励机制。改进人才评价方式，建立科技人员分类评价制度，建立以创新质量、创新贡献、创新效率为导向的分类评价体系。

（三）培养引进各类创新人才

发挥政府投入引导作用，坚持引进和培养并举，完善创新人才培养模式。鼓励和支持科技领军人才通过承担各级各类重大科研项目和重大工程任务，培养、造就和集聚人才；在若干重点领域扶持和培育一批有基础、有潜力的重点科技创新团队；支持企业依托高校建立“四主体一联合”的新型校企研发平台，支持科研院所与高校通过“双导师制”联合培养研究生的方式、联建专业孵化器等方式建立“人才池”；建立科技智库，为项目评审、指南编制、成果评价、政策制定、政府决策等提供智力支持。统筹海内外科技人才的需求和供给，加强高端紧缺人才智力的引进和培养，大力引进高层次人才。

（四）完善科技人才流动机制

允许高等学校和科研院所设立一定比例流动岗位，吸引有创新实践经验的企业家和企业科技人才兼职。允许科研院所、高等学校科技人员在履行岗位职责、完成本职工作的前提下，经单位同意，可以到企业兼职从事科技成果转化活动或离岗创业。

甘肃省科技人才发展报告

■甘肃省科学技术厅

甘肃省科技人才发展全面贯彻落实党的十九大精神，以习近平新思想为指导，秉承“发展是第一要务，创新是第一动力，人才是第一资源”的理念，努力引导全省各级组织和党政领导牢固树立人才是创新的关键，人才投入是效益最好的投入观念，始终把创新人才的培育发展摆在经济社会发展的战略位置，强调要聚天下英才而用之，努力开创人才辈出、人尽其才的新局面。2017 年年底，甘肃省综合科技进步水平居全国第 18 位，成功跃升至全国第二梯队。4 项重大科技成果获国家科学技术奖，登记省级科技成果 1070 项，技术市场合同成交 5850 项、交易额达到 162.95 亿元。争取国家科技计划项目 696 项，资金 5.98 亿元；专利申请 24 448 件，同比增长 20.6%；授权专利 9672 件，同比增长 21.3%。有效发明专利 6045 件，同比增长 20.4%，每万人口发明专利拥有量 2.32 件。

一、甘肃省科技人才队伍建设情况

据统计调查结果显示，截至 2017 年年底，甘肃省拥有专业技术人员 58.07 万人，占全省总人口比重 2.21%；拥有研发人员 4.10 万人，万人研发人员由 2011 年的 12.41 人增长至 15.60 人（2017 年度全国万人研发人员达到 44.70 人）。从专业技术人才职务分层上看，2017 年度甘肃省专业技术人才中有高级职务 6.08 万人，占 0.80%（其中，正高级职务 4630 人，占高级职务的 7.61%，占专技人才总量的 0.73%）；中级职务 19.34 万人，占 33.31%；初级职务 29.78 万人，占 51.28%。从研发人员学历构成来看，2017 年度甘肃省研发人员中具有博士学历 0.44 万人，占 10.76%；硕士学历 0.88 万人，占 21.42%；本科学历 1.92 万人，占 46.83%。

总体上讲，近年来，甘肃省人才总体实力进一步增强。人才队伍结构进一步优化。甘肃省 R&D 人员主要集中在企业，2017 年，甘肃省企业 R&D 人员达到了 1.91 万人，占 R&D 人员总量的 46.58%；其次是高等院校 R&D 人员 1.04 万人，占 25.42%；第三是科研机构 R&D 人员 0.75 万人，占 18.36%。人才创新能力进一步增强。甘肃省在促进人才创新方面积极完善相关政策，加大表彰力度和奖励措施，取得了良好的效果，一大批创新型人才脱颖而出，在甘两院院士 19 人。全省专业技术人员达到 58.07 万人，研发人员 4.10 万人。

二、科技人才发展相关政策和服务举措

近年来，甘肃省委、省政府高度关注和重视科技人才队伍建设工作，先后制定下发《甘肃省领军人才队伍建设实施办法》《甘肃省中长期人才发展规划（2010—2020 年）》《甘肃省人才工作专项资金使用管理办法（试行）》《甘肃省高层次人才科技创新创业扶持专项资金管理办法（试行）》《甘肃省引进急需紧缺高层次人才认定办法》《甘肃省“十二五”人力资源发展规划》《兰白科技创新改革试验区人才发展支持办法（试行）》等一系列人才开发方面的配套政策和管理办法，人才政策体系逐步完善，初步形成了有利于引进人才、激励人才、留住人才、充分发挥人才作用和各类科技人才脱颖而出的人才管理体制和用人环境，为加快吸纳和集聚科技创新人才提供了政策保证。

三、科技人才计划、工程、基地、项目等实施进展情况

依托兰白科技创新改革试验区建设，聚集创新人才资源。近年来在省委、省政府大力推动下，以创建兰州白银国家自主创新示范区为目标，认真落实兰白试验区建设总体规划，扎实推进“三大计划”“五大工程”“十项创新改革举措”。突出抓好供给侧结构性改革，大力实施“六个一百”技术创新工程，2017 年开发新产品 109 个，完成重大科技成果 179 项，培育高新技术企业 126 家，搭建创新平台 113 家，培育和引进创新团队 342 个。通过先行先试，试验区已发展成为甘肃省创新资源最集中、创新体系最完备、创新活动最丰富、创新成果最显著的区域。2017 年，试验区内万人发明专利拥有量达到 27.58 件，技术合同成交额达到 27.3 亿元；科技型企业达到 4674 家，高新技术企业数量达到 359 家，占全省的 58.7%；战略性新兴产业骨干企业达到 43 家，占全省的 55.8%。全省新增国家众创空间 16 家、星创天地 20 家，总数分别达到 30 家和 53 家。共认定省级众创空间 103 家，数量居西部省份前列。目前，甘肃省纳入科技部统计的众创空间共计 211 家，服务创业团队 6697 个，服务企业 4088 家。新增第六批对外开放共享单位 20 家、大型仪器设备设施 71 台（套），进一步提高了甘肃省科技资源利用效率。

立足中青年科技人才的培养，侧重基础和前沿的自由探索，近两年共立项省自然科学基金（含青年科技基金）计划 647 项，实现了科研活动对基础学科、传统学科、薄弱学科的全覆盖。突出目标导向，坚持项目与人才结合，近两年共立项支持省杰出青年基金计划 15 项。重点培养具备重大突破潜力的优秀青年科技人才，培育领军人才成长，着力发现有潜质的中青年人才给予持续支持，加速甘肃省高层次人才队伍建设。以培养相对稳定和研究目标明确的科研团队为目标，近两年共资助省基础研究创

新群体计划 13 项，围绕甘肃省重大任务和重点领域解决具有广阔应用前景的科学问题和关键共性技术问题。联合实施“西部之光”计划，根据甘肃省科技厅与中国科学院兰州分院签订的《“西部之光”人才培养引进计划合作协议》中明确的合作机制，2017 年首次联合实施“西部之光”人才培养计划“西部青年学者”项目并扩大数量至 10 项，甘肃省以自然科学基金一般项目的方式给予配套支持，院地合作在形式和内容上取得实质性进展。

紧紧围绕全省脱贫攻坚“一号工程”，以科技创新为抓手，下足“绣花”功夫，出台《甘肃省贯彻落实科技扶贫“百千万”工程实施方案》和《甘肃省深入推行科技特派员制度的实施方案》。6220 个建档立卡的贫困村科技特派员全覆盖，建成农业科技示范村 150 个，培育科技示范户 12 440 个，通过技术示范、科技成果转化，促进致富产业提质增效，农民增收致富。科技特派员精准扶贫创新创业专项行动深入推进，“三区”人才支持计划科技人员专项计划有力实施。2017 年，科技部支持经费 2604 万元，为全省 60 个县（区）选派科技人员 1221 人，培训本土科技人才 138 人。

四、新时代科技人才发展思路和举措

（一）新时代科技人才发展思路

深入贯彻党的十九大精神，全面贯彻落实创新驱动发展战略，牢固树立创新、协调、绿色、开放、共享的发展理念，加快科技人才队伍建设，促进科技与经济合作，服务行业和地方创新驱动发展，深化人才发展体制机制改革，为全面建成高质量创新性社会提供强有力的科技人才保障。

（二）新时代科技人才发展的重点任务

鼓励科技人才及团队创新创业；加大引进和扶持高层次人才力度；完善人才使用、培养和管理机制及人才评价和激励制度，营造良好的创新人才科研活动和生活保障环境。

（三）深化人才发展体制机制改革的政策措施和有关建议

进一步服务好中央在甘科研机构高层次科技人才，为其干事创业提供更大的舞台。中央在甘科研院所、高校科技创新贡献重大，与高层次科技人才流失严重并存。近三年，甘肃省主持完成的 10 个项目获国家科学技术奖，其中，中央在甘科研院所、高校占 7 项。同时，2016—2017 年，中央在甘科研院所从省外引进高层次人才（副高级以上职称）31 人，但调离甘肃省的高层次人才达 51 人。为留住人才，甘肃省要为高层次科技人才搭建更大的事业舞台，通过事业、感情和适当的待遇留住人才。

进一步使用好省属科研机构现有人才，为其服务产业发展提供宽松的环境。省属科研院所、高校因工作稳定和待遇比较有保障，稳住了一批科技人才，但一些专业水平高、科研能力强、业绩成果突出的高层次科技人才、高技能人才选择调离甘肃省的现象也普遍存在。与省属科研机构相比，科技型企业因总体规模较小、薪酬偏低等因素，在高层次人才流失的同时，优秀年轻科技人才因薪酬待遇、职业上升空间预期等因素跳槽颇多。为了更好地引导省属科研院所、高校科技人才服务科技创新事业，甘肃省要进一步完善企事业单位间的人才流动机制，让现有人才人尽其才、才尽其用。

青海省科技人才发展报告

■青海省科学技术厅

科技人才是科技创新的第一要素，是促进经济社会发展的重要力量，是推进科学技术进步的主力军。十八大以来，青海省深入实施科教兴国与人才强省和创新驱动发展战略，在省委省政府的领导下，积极贯彻习总书记在视察青海时强调的“青海在科技、教育、人才方面要‘弱鸟先飞’，奋起直追，下决心把创新这个短板补起来”的要求，全面落实国家和省委人才工作的相关政策，加快实施各类人才计划，加大科技人才的引进培养力度，努力营造科技人才创新创业社会环境，取得了显著成效。

一、青海省科技人才队伍建设情况

（一）科技人才队伍总量及结构

2013—2016 年青海省科技活动人员总量稳步增长如图 1 所示。截至 2016 年，全省科技活动人员达 23 206 人，万人 R&D 活动人员数为 7.11 人。其中，本科及以上学历 15 317 人，占全省科技人才总量的 66%。从事科技活动的人员中，科研机构为 1602 人，占总量的 6.9%；企业为 11 169 人，占总量的 48.1%；高等学校为 6359 人，占总量的 27.4%；事业单位为 4076 人，占总量的 17.6%。科技活动人员结构分布如图 2 所示。

（二）R&D 人员数量

2013—2016 年青海省 R&D 人员总量稳步增长如图 3 所示。截至 2016 年，青海省 R&D 人员总量达 7378 人。其中，科研机构为 906 人，占总量的 12.3%；企业为 3797 人，占总量的 51.5%；高等学校为 1470 人，占总量的 19.9%；事业单位为 1205 人，占总量的 16.3%。青海省 R&D 人员结构分布如图 4 所示。

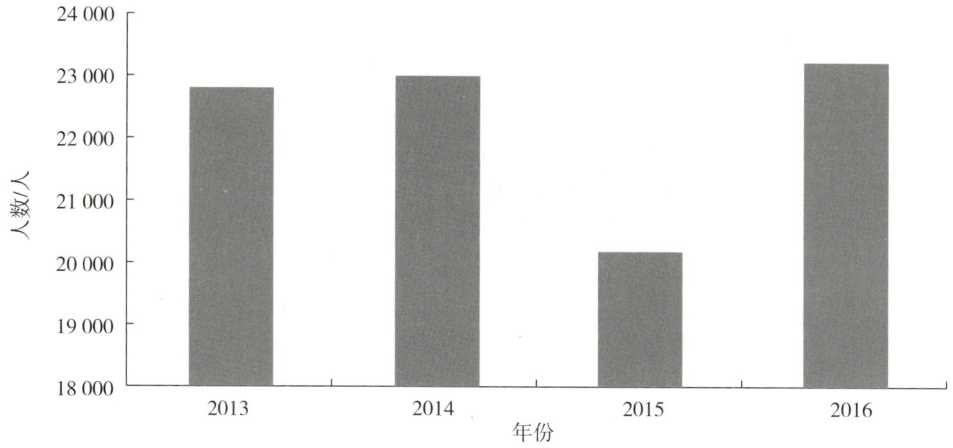

图 1　2013—2016 年青海省科技活动人员总量

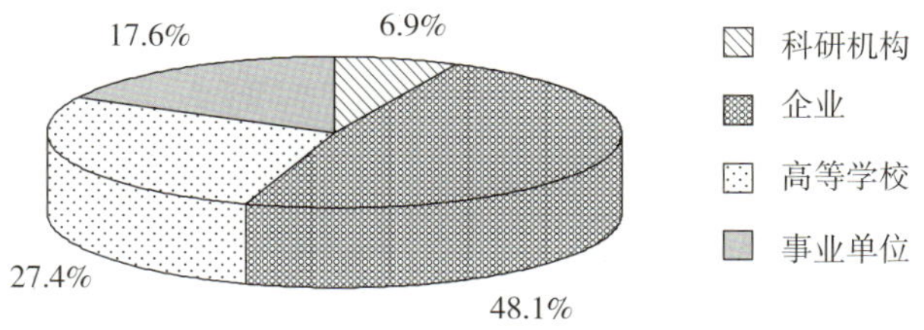

图 2　2016 年青海省科技活动人员分布

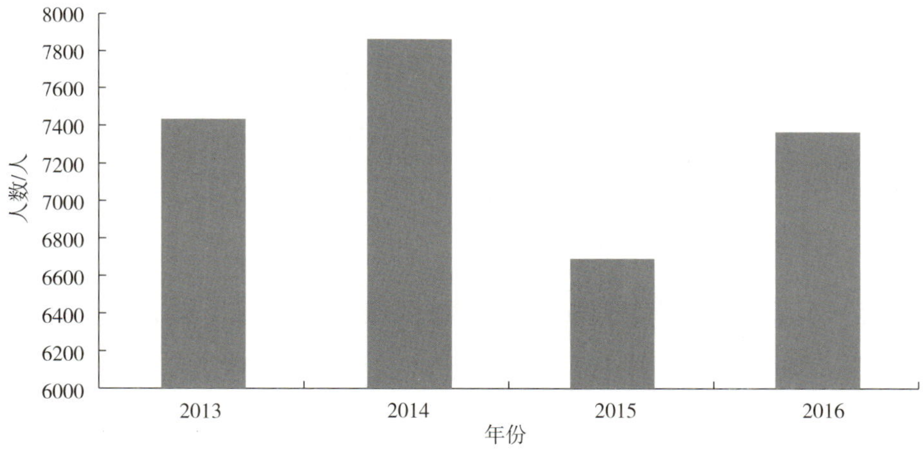

图 3　2013—2016 年青海省 R&D 人员总量

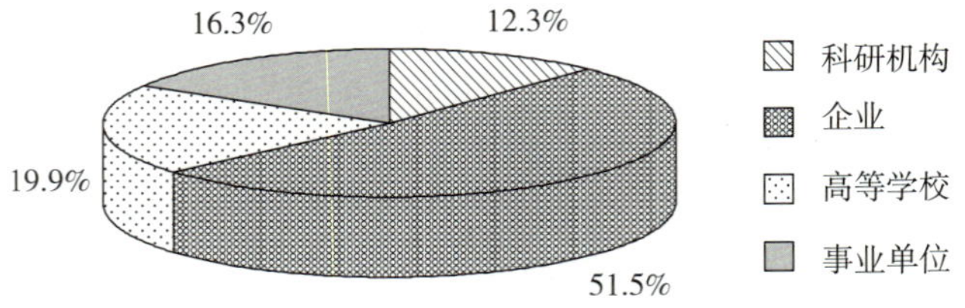

图 4　2016 年青海省 R&D 人员结构分布

（三）高层次人才总体情况

截至 2016 年，青海省现有工程院院士 3 人，有突出贡献的中青年专家 31 人，享受政府特殊津贴专家 634 人，国家"万人计划"5 人，"创新人才推进计划"9 人，省级优秀专家 285 人，省级优秀人才 528 人，省级自然科学与工程技术学科带头人 368 人（图 5）。

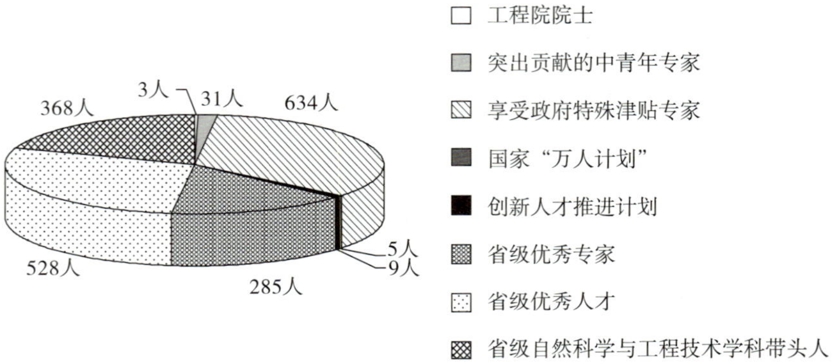

图 5　2016 年青海省高层次人才总体情况

（四）科技人才队伍建设基本评价

根据《中国区域科技创新评价报告 2016—2017》相关数据统计，青海省科技人才投入在科技活动经费稳步增长的同时逐步提升，科技人力资源、科技产出等逐步增加，但对比全国和其他省份，仍存在较大差距（图 6 至图 13）。

一是科技人力资源总量不足。R&D 研究人员数 2323 人年，居全国第 30 位；万人大专以上学历人数为 1045 人（全国平均 1332.84 人），居全国第 25 位。

二是科技人力投入不足。万人 R&D 研究人员数 4.45 人年（全国平均 12.07 人年），居全国第 26 位；企业 R&D 研究人员占比 22.87%（全国平均 62.67%），居全国第 29 位。

三是科技人才产出逐步提升，但总体水平仍偏低。万人科技论文数为 1.76 篇（全国平均为 3.65 篇），居全国第 24 位，与上年度持平；万人发明专利拥有量为 1.16 件，比上年增长 43%，排位比上年上升 1 位，居第 30 位。

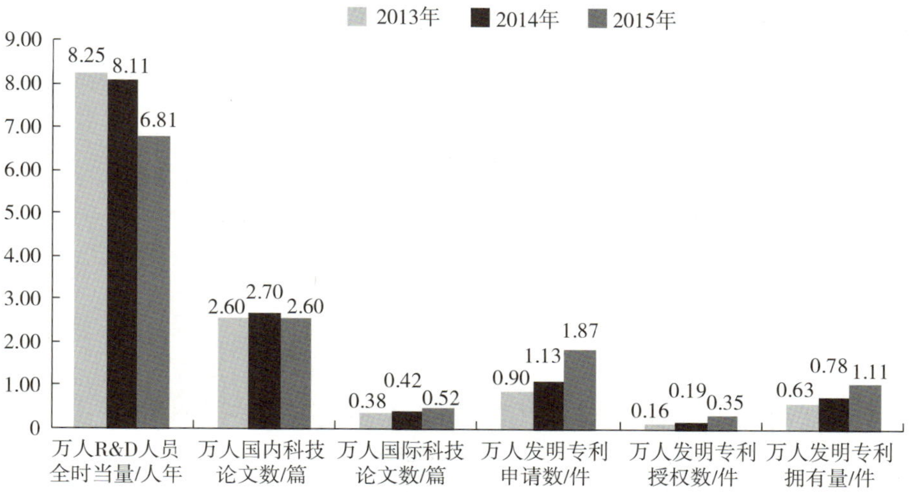

图 6　2013—2015 年青海省科技人才创新能力指标

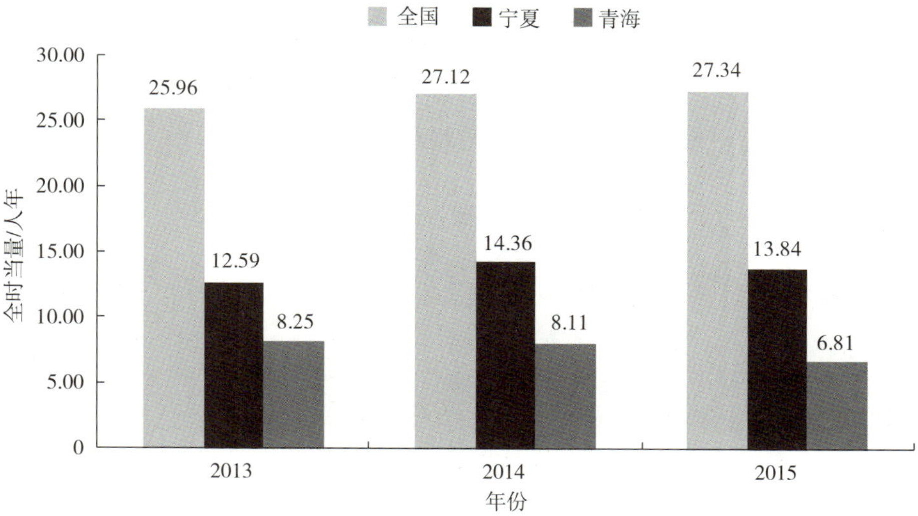

图 7　2013—2015 年万人 R&D 人员全时当量

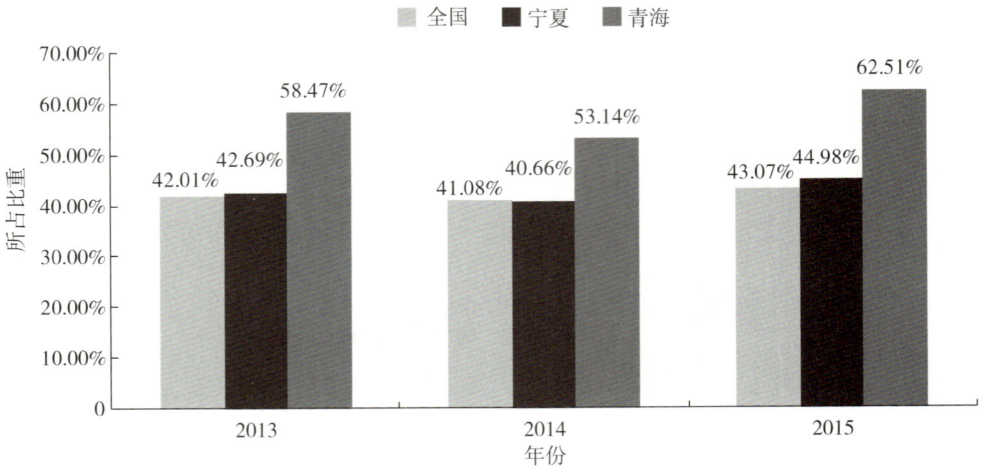

图 8　2013—2015 年 R&D 研究人员占 R&D 人员比重

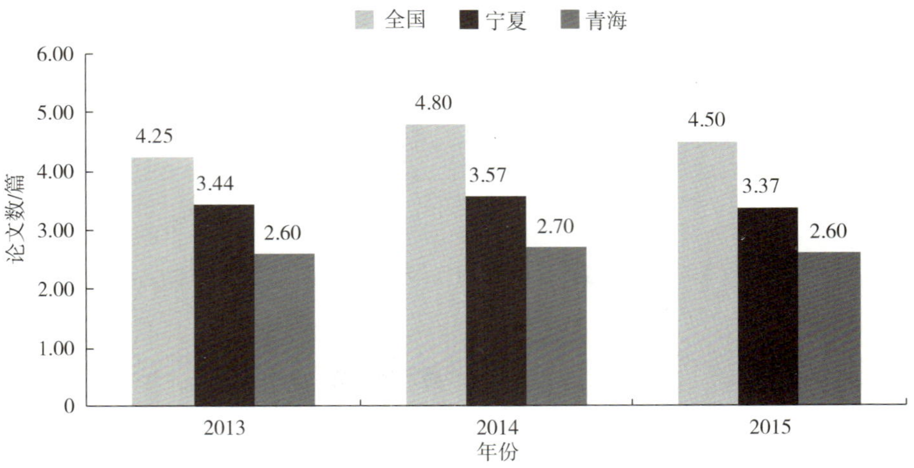

图 9　2013—2015 年万人国内科技论文数

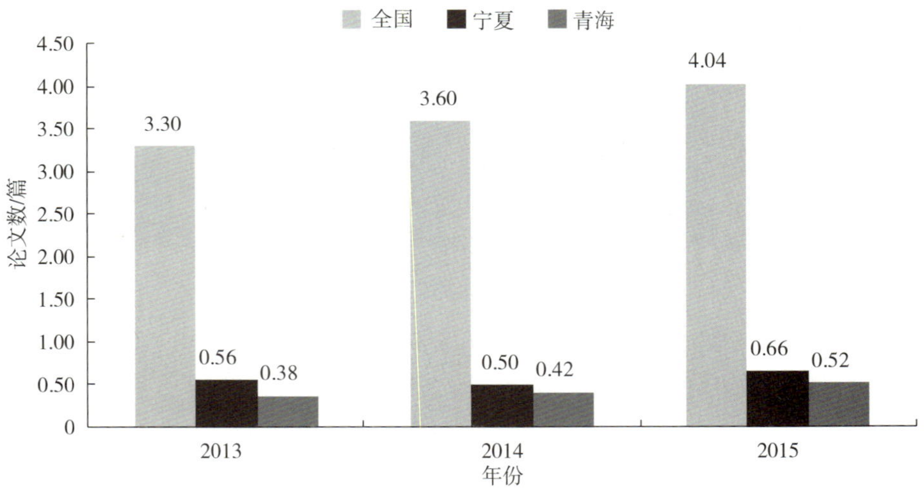

图 10　2013—2015 年万人国际科技论文数

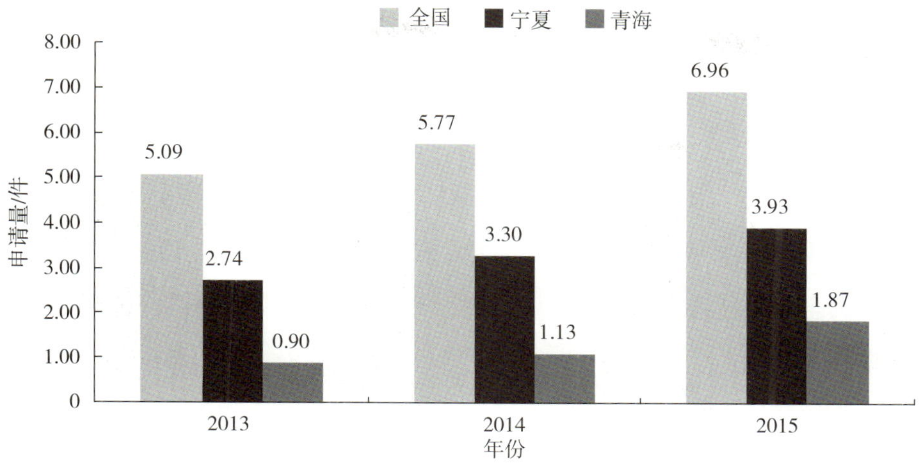

图 11　2013—2015 年万人发明专利申请量

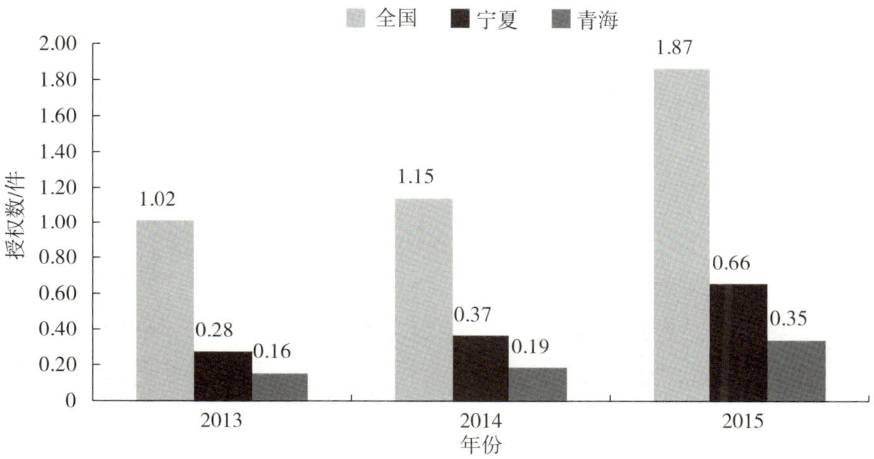

图 12　2013—2015 年万人发明专利授权数

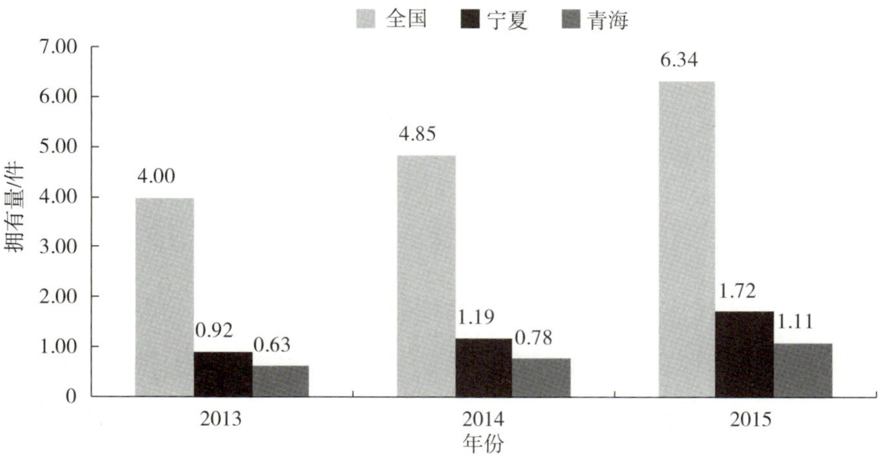

图 13　2013—2015 年万人发明专利拥有量

二、人才体制机制改革进展和政策落实情况

（一）加强顶层设计，建立健全适应科技创新发展的人才政策体系

加强科技人才长远规划，编制《青海省中长期科技人才发展规划（2010—2020年）》，提出2010—2020年全省科技人才发展制定思想、发展原则、战略目标、主要任务及推动科技人才发展的若干保障措施，为全省科技人才工作提供了政策指导，科技人才激励机制初步形成，科研机构科技人员数量在稳步增长。

完善科技创新人才支持政策，出台了《关于深化科技体制改革加快创新型青海建设的若干政策措施》、《青海省关于优化学术环境的实施意见》、《青海省促进科技成果转化行动方案》和《青海省贯彻〈国家创新驱动发展战略纲要〉实施方案》等一系列创新政策。把人才作为创新第一资源，尊重创新人才价值，完善激励机制，加大人才培养和引进力度，到2020年全省科技人员总量达到3万人；明确了扩大高校和科研院所在选人用人、成果处置、编制管理、职称评审、薪酬分配、设备采购、建设项目审批等方面的自主权，健全人才评价体系，进一步改革完善职称评审制度等重点任务；实施积极的创新创业人才政策，建立更加灵活的人才管理激励机制，不断优化人才创新创业环境，使培养和引进的人才充分享受优惠政策。

优化创新创业政策环境，制定了《青海省人民政府办公厅关于加快大众创业万众创新支撑平台建设服务实体经济转型升级的实施意见》《青海省高新技术企业和科技型企业“双倍增”及科技小巨人培育计划实施方案》等政策性文件。进一步加大研发投入加计扣除等普惠财政政策的落实力度，实施高新技术企业和科技企业“双倍增”和“科技小巨人培育”计划，打造一批具有核心竞争力的领军企业。健全国有企业技术创新经营业绩考核制度，加大技术创新在国有企业经营业绩中的权重。加强对中小企业技术创新支持，引导资金、技术、项目、人才等创新要素向企业集聚。不断提升科技服务创新创业的能力和水平，允许和鼓励高校、科研院所和机关事业单位科技人保留基本待遇到省内企业开展创新工作或离岗在青创办企业，着力构建符合科技创新和市场经济规律的科技成果转移转化体系和大众创业万众创新支撑平台，提升科技成果转化能力，推进“双创”工作服务实体经济转型升级。

（二）通过科技项目管理改革，构建更加完善的科技人才培养机制

推进科技计划管理科学化、规范化。落实《青海省基础研究计划管理办法》《青海省重大科技专项管理办法》《青海省重点研发与转化计划管理办法》《青海省创新平台建设专项管理办法》，建立科技计划管理平台，对科技计划实现“全程记录、痕迹管理”，提出了建立项目管理全过程的科研信用制度，基础研究计划引入第三方机构开展项目管理相关工作，并首次实行网络评审，完善了申报、

立项、检查、验收等项目管理内控制度体系。通过“项目 + 人才 + 平台”的培养模式，重点支持聚焦科学前沿、解决全省经济社会发展重大科学问题的基础和应用研究，组织实施基础研究、科技基础条件平台建设、重点实验室、“西部之光”等科技计划，加强培养优秀科研人才和团队，为全省实施创新驱动发展战略提供创新性人才和基础研究成果。

结合“放管服”深化科研经费管理改革。让科技经费管理真正为人的创造性活动服务，激发科技人员的创新活力。根据《青海省人民政府关于改革省级财政科技计划和资金管理的实施意见》，围绕省级科技计划和经费管理改革，针对青海省科技计划新体系，以省委省政府名义印发了《关于完善省级财政科研项目资金管理政策的实施意见》，省财政厅、省科技厅联合制定出台了《青海省省级财政专项资金管理办法》，给予项目承担单位更大的科研自主权，项目结余资金留归项目承担单位，基础研究计划实行概算管理，间接费用由直接费用扣除设备购置费的最高不超过 13% 的比例提高到 30%，取消绩效支出比例限制，绩效支出与项目实际贡献挂钩。同时规定了科研项目总预算不变，设备费、差旅费 / 会议费 / 国际合作与交流费，以及直接费用中材料费、测试化验加工费等费用预算如需调整，由项目承担单位审批，省科技厅在中期财务检查或财务验收时予以审核确认；项目验收时，自然科学基金、基础研究、软科学项目，由承担单位提交加盖单位公章和财务专用章的决算表备案，不再组织专家进行财务验收，精简程序、简化手续，为科研经费管理“松绑”，赋予科研人员更大自主权。

重视科技计划项目中人的重要作用，极大调动科技人员开展创新工作的积极性。一方面所有科技计划项目都将引进培养科技创新人才作为一项重要考核指标，提出了绩效支出安排与科研人员在项目工作中的实际贡献挂钩，增加对人在知识创造中的价值肯定，真正让有贡献的科技人员名利双收；另一方面在组织科技计划的过程中着力遵循“项目 + 人才 + 平台”的培养模式，使科技创新人才在创新平台构筑的创新环境和良好工作条件中开展科技创新工作，在省级重点实验室年度评估中，设立人才培养奖励单项，对人才培养表现突出的实验室给予奖励，2013 年以来，对培养人才突出的 56 个省级重点实验室给予 1120 万元的奖励支持。

（三）着力搭建科研平台，发挥科技人才创新引领作用

搭建科技创新平台。修订完善了《青海省重点实验室管理办法》《青海省重点实验室评估办法》《青海省工程技术研究中心管理办法》等政策，鼓励企业设立重点实验室等创新平台，面向全社会吸收聚集高水平科技人才，开展合作交流，搭建各类科技创新平台，增强科技创新能力。推进“三江源生态和高原农牧业省部共建国家重点实验室”和“藏药新药开发企业国家重点实验室”成为省部国家级重点实验室，实现青海省国家级重点实验室零的突破。全省已建成国家高新区、可持续发展实验区、农

业科技园区、重点实验室、大学科技园、盐湖化工循环经济特色产业集群等29个国家级科技创新服务平台；批准建设4家省级高新区，认定高新技术企业130家、科技型企业256家、创新型企业33家；国家级重点实验室2个；省级农业科技园区38家，重点实验室61个，工程技术研究中心64个，科普教育基地31个，院士工作站3家，科技活动机构144家；1110台（套）10万元以上仪器（设施）入网共享；成立了青海大学新农村发展研究院、三江源研究院、创新发展研究院、产业发展研究院和青海省光伏产业发展研究中心，西宁市被科技部列入国家创新型试点城市。此外，还通过研究生联合培养基地、博士后创新实践基地、院士工作站、省部会商、科技援青、省院合作等，聚集培养了一大批优秀科技人才，促进了合作交流和协同创新。

进一步优化创新平台评估体系，通过绩效评价，提升优秀重点实验室和工程技术中心综合创新能力和水平，为科研人员营造良好创新环境。2013年以来，通过对省级重点实验室和工程技术中心全面评估，对优秀省级重点实验室和省级工程技术中心给予奖励资助1.35亿元和3100万元。

通过已建成省级和国家级科技创新交流平台为载体，积极争取国家自然科学基金和科技计划项目，2013年以来，共培养项目负责人689人，获批资金21.15亿元；推动创新平台提升研发能力。在2017年设立的青海省大型科研仪器购置补助专项，共补助5280万元；设立的青海省科研基础条件和能力建设专项资金，共支持2740万元。搭建对外开放交流平台，组织实施科技合作项目，推动了合作共赢，2013年以来，支持国际合作项目68项，总经费5413.82万元，资助经费1857.75万元，培养青年科技人才1000余人。

（四）深化科技成果使用处置收益改革，激发科技人才创新活力

围绕科技成果转化难问题，制定《青海省科技成果转移转化行动方案》。进一步下放省内财政资金形成的科技成果使用、处置和收益权，扩大高校和科研机构的自主权，提高科研人员成果转化收益分享比例，用于奖励科研负责人、骨干技术人员和团队的收益比例由国家的不低于50%提升至不低于70%。并已将《青海省促进科技成果转化条例》列入省政府年度立法计划的酝酿论证项目中。该条例将在着力构建符合科技创新和市场经济规律的科技成果转移转化体系，提升青海省科技成果转化能力。将国家享受科技成果转化激励政策的覆盖面由国有科技型企业扩大至青海省所有国有企业。高校、科研院所担任领导职务的科技人员奖励，对高校、科研院所具有独立法人资格单位的正职领导，是科技成果的主要完成人或对科技成果转化做出重要贡献的，可以按照《中华人民共和国促进科技成果转化法》规定获得现金奖励，原则上不得获取股权激励；其他担任领导职务的科技人员，是科技成果的主要完成人或对科技成果转化做出重要贡献的，可以按照《中华人民共和国促进科技成果转化法》的规定获得现金、股份或者出资比例等奖励和报酬。将企业用于股权奖励的激励额不超过近3年该科

技成果转化税后利润累计形成的净资产增值额的 15% 提高至 20%。

强化科技奖励评价指标中转移转化指标的权重，将科技成果转化作为重要工作。建立了“青海省网上技术交易市场平台”，部署建设青海省科技成果信息汇交平台，从科研组织、科技项目实施到科技成果转化诸环节进行统筹考虑。2013 年以来，共登记各类科技成果 2162 项，其中，应用技术成果 1706 项，占比 78.91%。“三江源区草地生态恢复及可持续管理技术创新和应用”成果获 2016 年国家科学技术进步奖二等奖。中科院青海盐湖研究所一项核心专利实现 4000 万元的专利许可转让，充分凸显了核心专利技术对提升企业的创新能力和促进企业创新产生的效益。在科技计划体系中专门增设科技成果转化专项，2016 年以来，支持科技成果转化专项 114 项，资助经费 1.24 亿元。强化科技奖励评价指标中转移转化指标的权重，体现科技奖励对科技成果转化的激励机制和导向作用。

（五）围绕提升企业创新能力，推进大众创业万众创新

以企业创新为主体，推进大众创业万众创新。积极筹建青海省锂产业创新发展研究院和三江源国家公园研究院等新型研发机构。积极组织开展众创空间、星创天地和科技企业孵化器推荐和认定工作，着力构建一批低成本、便利化、全要素、开放式的创新创业服务平台，创新创业企业不论是在种子期、初创期，还是在成长期，都能得到良好的创业服务。目前，青海省拥有省级众创空间 26 家（11 家获得科技部备案），6 家星创天地获得科技部备案，国家级和省级科技企业孵化器 8 家，在孵企业 694 家。西宁市于 2016 年获得国家小微企业创业创新基地城市示范资金 2 亿元，总投资超过 106 亿元。青海（国家）高新技术产业开发区获批国家第二批双创示范基地。

组织各种类型的创新创业大赛推进青年人开展创新创业工作。通过举办 “交行杯”大学生创新创业大赛、“盐商杯” “创青春”中国青年创新创业大赛、青海省 “互联网 +”大学生创新创业大赛、“创客中国”创新创业大赛、中国创新创业赛“青海赛区” “中国银行杯”青海省创业大赛初赛等各类项目竞赛，着力支持大学生创新创业，加强新一代新型企业家的引进和培养。

专门设立了大学生创新创业投资引导资金，资金规模累计已达 1 亿元。根据中共中央、国务院关于大力推进大众创业、万众创新工作的要求，2015 年开始设立大学生创新创业投资引导资金，创新方式扶持青海省内在读大三以上的大学生和省内外在青海创新创业的大学生，培育发展相关的科技企业孵化器、众创空间等中介服务机构。为加强对全省大学生投资引导资金的管理，制定《青海省大学生创新创业投资引导资金管理暂行办法》，并组织成立了青海省大学生创新创业投资引导资金管理委员会。并通过连续三届的“交行杯”大学生创新创业大赛，参赛创业企业累计获得天使投资、风险投资、银行贷款和其他部门财政资金 7431 万元。其中，得到支持的 47 家企业不足两年时间，总资产由 6502.41 万元增长到 9168.46 万元，同比增长 41%；总营业收入由 3127.09 万元增长到 4190.31

万元，同比增长 34%；企业净利润由 626.75 万元增长到 1065.48 万元，同比增长 70%。一批富有创新活力的新一代新型年轻企业家正在茁壮成长。

（六）通过知识产权、科技奖励、职称评审等机制改革，激发科技人才创新活力

完善知识产权政策环境。出台了《青海省贯彻落实国家知识产权战略行动计划（2014—2020 年）实施意见》《青海省人民政府关于加强知识产权工作的实施意见》，提出到 2020 年，实现专利申请量、专利授权量、万人有效发明专利拥有量，比 2014 年增长一倍。商标注册量、著作权作品登记量逐年增长，基本形成权界清晰、分工合理、责权一致、运转高效、法治保障的知识产权体制机制。全省知识产权综合实力整体提升，知识产权创造、运用、保护、管理和服务能力显著增强。专利申请数从 2013 年的 780 件增长到 2017 年的 3581 件，增长率为 359%；专利授权数从 2013 年的 442 件增长到 2017 年的 1580 件，增长率为 257%；授权发明专利从 2013 年的 80 件增长到 2017 年的 240 件，增长率为 200%。

完善专利奖励和补助制度。出台了《青海省专利奖评奖办法》专门用于奖励在实践中得到运用、转化并取得显著经济效益和社会效益的专利；完善了专利补助办法，出台了《青海省专利补助资金管理办法》，改革专利申请资助和授权奖励方式，由以前专利申请环节的资助改变为授权后补助，注重提高专利授权质量。

深化改革创新。制定《青海省专利质押贷款风险补偿资金管理办法》，充分调动科技人才积极性，加快知识产权、科技成果的转化，激发科技人才创新活力。2013 年以来，专利质押融资金额达到 6.8 亿元。完善职称评审制度，加快科技人才培养，在青海省自然科学研究职称评定中，对在科研岗位上工作满 1 年，经用人单位考核合格，取得博士学位或硕士学位的人才，可以分别予以认定副研究员或助理研究员。对符合条件的引进人才，经单位考核合格，不受学历、资历、外语、计算机、继续教育等申报条件的限制，根据其工作能力和业绩水平，对照自然科学研究系列职称评审条件，可跨级别申报评审相应专业技术资格。向青海大学下放自然科学研究系列高级职称评审权限。

三、科技人才计划实施进展

党的十八大以来，青海省构建全省上下衔接左右联动的人才政策体系。汇总梳理原有人才政策，整合集成优势资源，强化人才制度供给，构建“1+2+3+x”升级版青海人才政策框架体系，即以《青海省关于深化人才发展体制机制改革的实施意见》统领人才制度建设，以重大人才计划承载人才队伍建设，以《青海省柔性引才引智实施办法》《青海省人才工作目标责任制考核办法（试行）》《青海省人才工作“伯乐奖”评选奖励办法》保障人才发展环境。提出“开辟人才管理改革试验区”，在青

海大学建立“人才特区”，率先推行人才政策改革。

（一）高层次科技创新创业人才项目

制定出台《青海省引进高层次科技创新创业人才暂行办法》，提出每年引进 10 名左右急需紧缺的高层次科技创新创业人才，规定“30+20”即引进人才 30 万元、两院院士另加 20 万元的一次性补助，此外还有每年 5 万元青海高原生活补贴、10 万元一次性购房补贴，同时用人单位应根据实际情况给予补贴。引进高层次科技创新创业人才第一年可以享有 55 万～ 75 万元补助待遇。

（二）“昆仑英才”工程

《青海省“昆仑英才”计划实施办法》又称为“青海省人才工作四十条”，是集引才引智和聚才育才为一体的省级重大人才创新工程。同时，为规范“昆仑英才”计划工作的组织实施程序，制定出台《青海省“昆仑英才计划”科技创新创业领军人才项目实施细则》《青海省“昆仑英才”计划专业技术领军人才项目实施细则》《青海省“昆仑英才”计划哲学社会科学领军人才项目实施细则》。“昆仑英才”计划分为引才、引智、培养项目 3 类，其中，引才项目是引进海内外高层次人才到青海全职服务的项目，引智项目是以引进海内外高层次优秀人才到青海短期智力服务为主要内容的项目。引才项目由省级财政给予 30 万元的一次性生活补助，两院院士还可享受 20 万元的一次性院士补助；引智项目省级财政给予 10 万元的一次性生活补助，两院院士还可享受 10 万元的一次性院士补助；经考核合格，引才、引智项目人才科分别享受每年 5 万元和 3 万元的青海高原生活补贴。

（三）持续开展青海省自然科学与工程技术学科带头人选拔工作

青海省高度重视学科带头人的培养和选拔，省科技厅会同省人才办研究制定了《青海省自然科学与工程技术学科带头人选拔管理暂行办法》，自 2005 年起，先后组织完成了十二批自然科学与工程技术学科带头人的选拔认定工作。目前已达到 368 名，初步形成了学科齐全、技术层次高、学术能力强的高层次人才队伍。广泛布局在青海省农学、畜牧兽医科学、能源科学技术等 37 个一级学科领域；其中，博士 126 人，硕士 96 人，均为高级以上专业技术职称。针对学科带头人加大培养支持力度。2013 年以来，从各类计划项目中支持学科带头人 367 项，资助经费达 5.14 亿元。在 61 家省级重点实验室建设中，43 家重点实验室主任均为学科带头人。部分学科带头人已跻身于国家人才队伍，特别是能源材料、动力与电气、冶金等青海省急需紧缺学科带头人的培养，对发展高新技术产业、战略性产业发挥了重要支撑作用，为青海省生态保护、后续产业发展做出了卓越贡献。

（四）实施青海省自然科学基金项目

2011年青海省设立了青海省自然科学基金，由“面上项目”“青年项目”“创新团队”3部分组成，其中省自然科学基金青年项目申请者为尚未主持过省级各类科技计划项目，年龄不超过35周岁（女性37周岁）且具有博士学位的青年科技人员。2013年以来，资助青海省自然科学基金面上项目77项，资助经费达2030.1万元；青年项目164项，资助经费达2128万元；创新团队项目8项，资助经费达235万元；该计划的实施，为青海省高层次人才、青年人才队伍建设和团队建设，促进青海省科研人员自主创新能力建设，凝聚和培养科技人才发挥了重要作用。

（五）实施柴达木盐湖化工科学研究联合基金

围绕盐湖化工产业发展的关键科学问题，青海省与国家自然科学基金委员会各出资5000万元，建立了共计1亿元设立柴达木盐湖化工科学研究联合基金，2014年以来，通过国家平台，资助项目102项，其中，重点项目10项，培育项目89项，集成项目3项，资助总经费9040万元。资助项目涉及盐湖资源高效分离新技术新方法、盐湖资源高值化利用及新材料研究和盐湖相平衡及基础数据等领域。联合基金的实施，吸引、培养和集聚了一批省内外高层次科技人才，弥补了青海省盐湖化工高层次科研人才的不足，也充分贯彻落实了“不求所有，但求所用”柔性引才政策，对青海省人才引进培养工作发挥了重要示范作用。

（六）推进科技特派员和“三区”人才专项工作

鼓励科技人员服务基层，向基层流动。青海省科技厅开展科技特派员基层创业行动和农业科技入户工程，出台了《关于深入推进科技特派员制度的实施意见》，通过与“三区”科技人员专项相结合，引导科技人员深入基层开展科技服务，助力精准扶贫。2013年以来，共选派科技特派员9596名，其中，“三区”科技人才8354名，资助经费9248.2万元。形成城乡人才资源相互交流的良好局面，基层科技创新能力不断增强。为充分发挥和调动科技人员服务基层的积极性，围绕国家农村信息化示范省及科技信息服务体系建设、农业科技园区建设等大力开展“两员双创”工作，累计选派科技特派员9596人，深入全省各贫困县开展科技服务，共同创（领）办企业及专业合作组织261个，实施科技开发项目47项，引进、推广新技术160项，引进新品种227个，累计培训农牧民3.7万人次，为推进农业科技创新和科技成果转化发挥了积极的科技支撑作用。

四、下一步科技人才发展改革有关思路和举措

党的十九大报告指出，“培养和造就一大批具有国际水平的战略科技人才、科技领军人才，青年

科技人才和高水平创新团队”。坚持人才发展为先，加强人才建设工作。实施更加积极的人才引进政策，创新人才引进机制，完善激励人才创新的分配制度和人才评价制度，着力培养本地人才，积极吸引外来高层次人才来青海省开展科技研发和项目合作，让有贡献的科技工作者得到社会认可和尊重，解决重点领域人才短缺问题。

（一）充分认识科技人才的创新地位和作用，牢固树立“人才是第一资源”“科学技术是第一生产力”的理念

引导各级领导干部充分认识到加强科技创新和人才队伍建设对于保护自主知识产权、建立自主品牌、提升企业核心竞争力的重要意义；引导企事业单位认识到只有走依靠人才和科技创新创业发展之路，才能加快各项事业建设。各级政府要牢固树立科学的人才观，把人才作为实现经济社会又好又快发展的新动力，充分发挥舆论导向作用，大力宣传党和国家、省委、省政府关于科技创新和人才工作的方针政策，树立科技创新典型，营造尊重创造、尊重知识、尊重人才的良好氛围。

（二）继续深化科技体制改革，造就一批高层次科技创新人才队伍

改革创新人才集聚机制，重点培养集聚一批发展急需的创造型、复合型、外向型高素质科技人才，紧紧围绕青海省新能源开发盐湖化工、新材料研发及生物医药等方面，培养专业型、技术生产型的复合科技人才，努力提升专业科技人才资源密度。完善科技人才引进办法，科学合理地引进与青海省“三区”建设和“四个转变”新思路相适应的高科技人才，努力建设适应特色产业发展的人才集聚地。

（三）完善科技人才评价制度和人才工作管理与服务体系建设

一是建立以实绩为导向的科学评价体系。将专利创造、标准制定及成果转化等科研实际贡献能力作为自然科研系列职称评审的重要依据，应用研究和技术开发人才突出市场评价，基础研究人才以同行学术评价为主，不断加强创新创业实践的考核评价。合理设置论文、科研条件，对基础研究领域和科技创新人才，更加注重科技创新、科技成果转化的权重和科技成果转化的实际质量与效果。对应用型人才，淡化论文要求，突出实践技能要求和实际工作能力。对基层专业技术人才，提高履行岗位职责的实践能力、工作业绩工作年限等权重。不做计算机应用能力和职称外语考试的统一要求。二是进一步畅通职称评审渠道。来青工作或挂职的专业技术人员，均可申报评审专业技术资格。行政机关交流到企事业单位人员可以跨级别申报职称。鼓励部队转业专业技术人员申报职称或参加各类、各级专业技术资格（职称）、职业资格、技能等级考试。对专业技术人员在外省（市、区）、中央单位、部队取得的专业技术资格、技术等级、职业资格予以认可。三是在科研项目立项省级重点实验室、工程技术研究中心等创新平台的建设与评估中将培养、引进优秀科研人员作为一项重要评价指标。同时，

建立评价责任和信誉制度，加强科技项目评审专家数据库建设。

（四）督促落实科技成果转移转化和科技经费管理改革相关政策，充分释放科技人才激励机制的政策红利

支持高等院校、科研院所等事业单位专业技术人员，经所在单位及其主管部门同意，到科技企业兼职，获取兼职报酬，实现高新技术成果转化、技术攻关有偿服务；支持专业技术人才携带其科研项目和成果离岗创业，在创业期内保留原人事关系；支持高等院校、科研院所等事业单位为吸引有创新实践经验的企业家和企业科研人才到本单位兼职，根据工作需要设置一定比例的流动岗位。

（五）探索开展创新创业人才先行先试工作

根据《青海省贯彻〈国家创新驱动发展战略纲要〉实施方案相关配套政策的通知》和《青海省贯彻〈国家创新驱动发展战略纲要〉实施方案相关配套政策制定分工目录》要求和分工，待青海省国家高新技术产业开发区管委会组建完成后，制定出台《青海省创新创业人才发展试验区建设管理办法》，对各类园区、企业、高校和科研院所激励创新创业人才发展提出突破性改革措施，并针对青海省国家高新技术产业开发区进行先行试点，为创新创业人才发展改革提供政策保障。

宁夏回族自治区科技人才发展报告

■宁夏回族自治区科学技术厅

2012 年以来，宁夏自治区党委和政府不断加大科技人才工作力度，先后出台数十项政策措施推进人才队伍建设，人才发展的软硬件条件都得到显著改善，人才总量呈快速增长趋势。

一、宁夏科技人才队伍及平台建设情况

（一）宁夏科技人才情况

截至 2016 年年底，全区从事科技活动的人员 2.74 万人，按分布部门分，科研机构 845 人，占 3.08%；高等学校 7150 人，占比 26.08%；企业 17 494 人，占 63.85%；其他 1945 人，占 7.09%。全区 2016 年从事研发（R&D）人员 9000 多人，按科研活动类型分，1511 人从事基础研究，占 16.78%；1353 人从事应用研究，占 15.03%；6140 人从事试验发展研究，占 68.19%。2012—2016 年全区科研机构和企业科技活动人员变化情况分别如图 1 和图 2 所示。

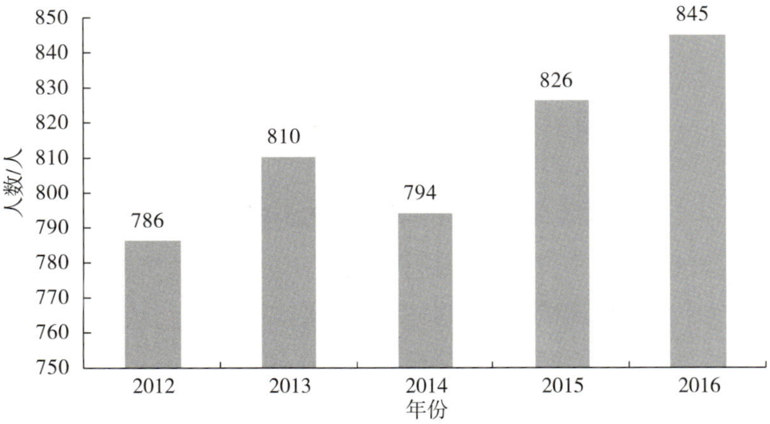

图 1　2012—2016 年全区科研机构科技活动人员

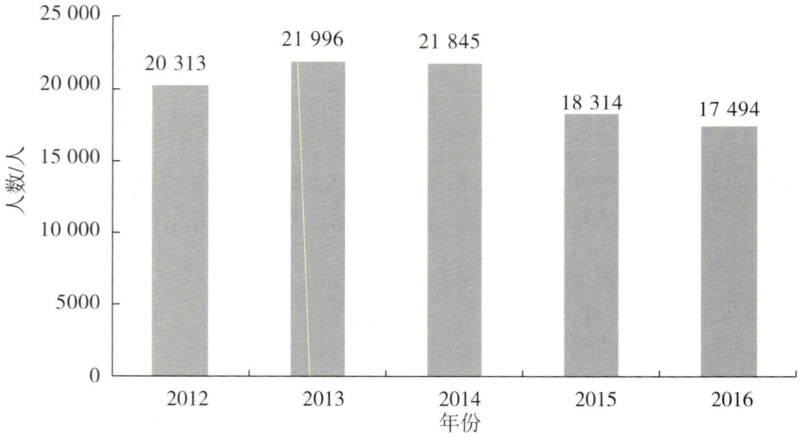

图 2　2012—2016 年全区企业科技活动人员

2012—2016 年宁夏科技活动人员按照科技活动人员部门分布分析，企业科技活动人员数在 2014—2016 年下降比较明显，而同期科研机构的科技活动人员数呈明显的持续上升趋势，由 794 人增加到 845 人，增长绝对数为 51 人；高校的科技活动人员由 6637 人增加到 7150 人，增长绝对数为 513 人；其他部门的科技活动人员由 1876 人增加到 1945 人，增长绝对数为 69 人。

（二）宁夏科技创新平台情况

截至 2016 年年底，共有各类科技创新平台 260 家，其中重点实验室 31 家（国家级 3 家）、工程技术研究中心 46 家（国家级 3 家）、技术创新中心 173 家。

宁夏科技创新平台建设情况如图 3 所示。

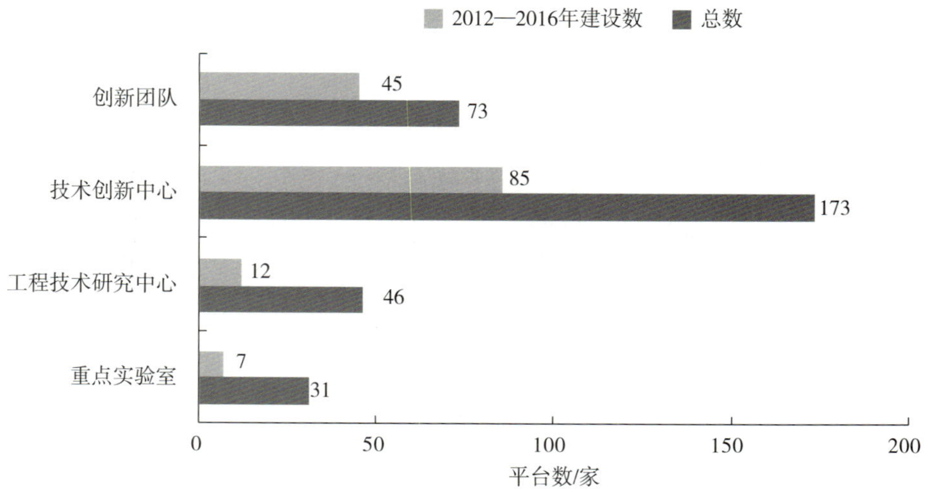

图 3　宁夏科技创新平台建设情况

（三）宁夏 R&D 投入情况

2012—2016 年宁夏的 R&D 投入从 182 304 万元持续加至 299 269 万元，年均增加绝对值为 29 241.25 万元，年均增长率为 13.19%。具体如图 4 所示。

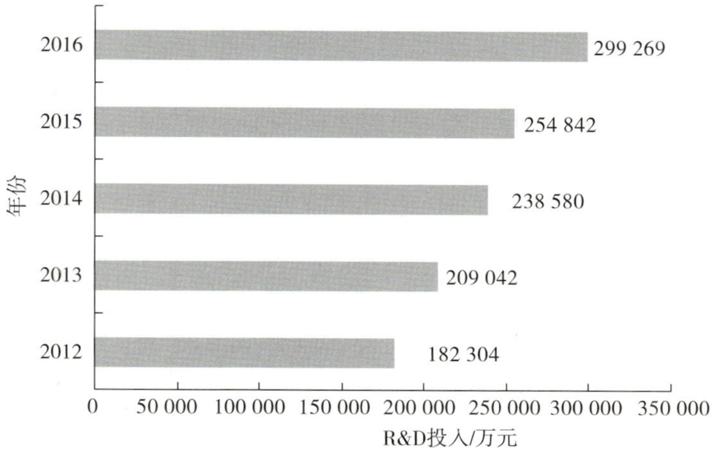

图 4　2012—2016 年宁夏 R&D 投入

2012—2016 年 R&D 投入构成变化如图 5 所示。

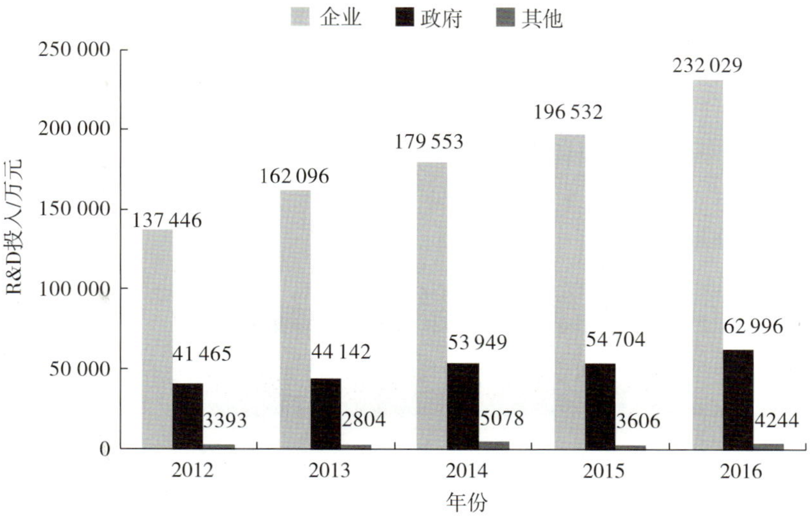

图 5　2012—2016 年宁夏 R&D 投入构成变化

2012—2016 年宁夏 R&D 投入中，企业投入年均增长绝对数为 23 645.75 万元，年均增长率为 13.99%，政府投入年均增长绝对数为 5382.75 万元，年均增长率为 11.02%。

2012—2016 年宁夏 5 市 R&D 投入如图 6 所示。

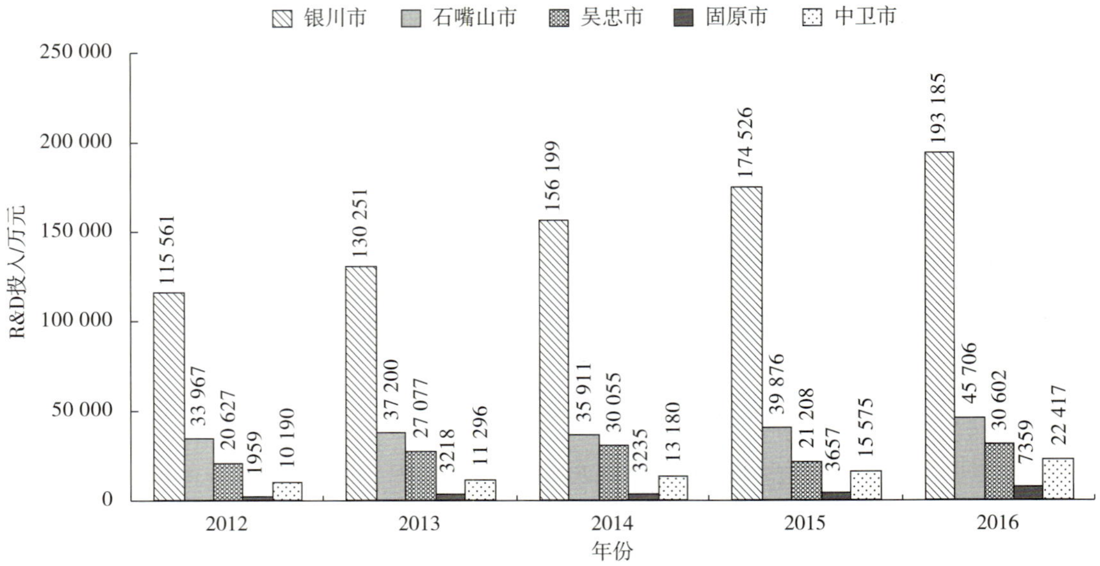

图 6　2012—2016 年宁夏 5 市 R&D 投入

2012—2016 年宁夏 5 市 R&D 投入中，作为宁夏的首府银川市的 R&D 投入自 2012 年至今一直稳定在 1.0 以上（图 7）。

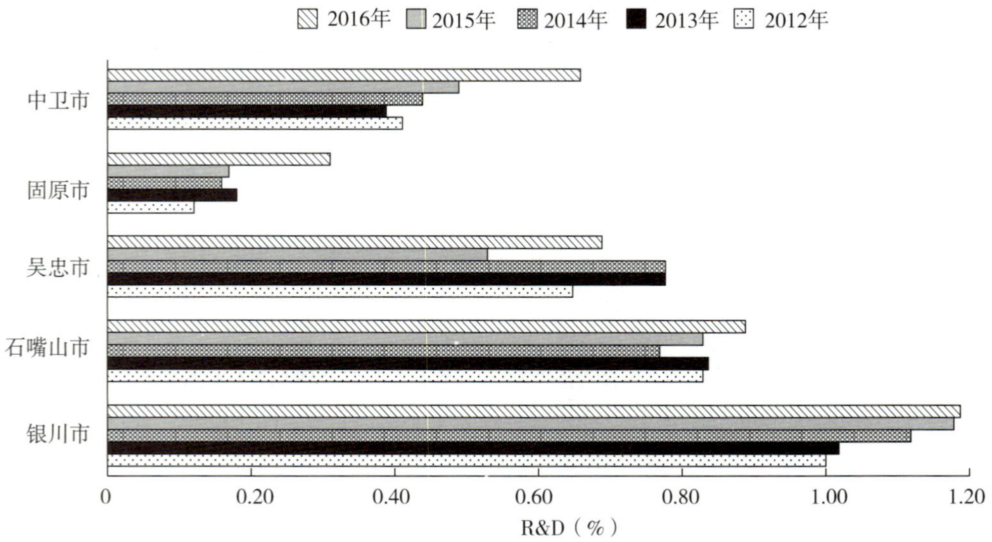

图 7　2012—2016 年宁夏 5 市 R&D 投入强度

二、宁夏科技人才工程实施进展情况及成效

（一）加快建设科技创新团队，提高团队创新能力

自治区科技创新团队建设工程是2006年《自治区党委 人民政府关于加强自主创新 建设创新型宁夏的决定》提出的三大创新工程之一。经过10年的建设，已分5批建立了77个科技创新团队，涵盖了能源化工、新材料、先进装备制造、现代农业、医药卫生、生态治理与环境保护等全区大部分重点产业和优势学科，凝聚了包括带头人、外聘专家和骨干技术人员在内的1100多名高层次创新性科技人才队伍。按照《宁夏回族自治区科技创新团队评价管理办法（试行）》，2012年、2013年和2015年分别对第一、第二、第三批创新团队进行了评价，对“优秀”和“良好”的团队自治区财政分别给予30万元和20万元的后补助，已累计兑现奖励补助资金总额为2530万元。2015年启动创新团队重奖的组织申报工作，在前期被评价为优秀的团队中进行征集，先后对“特种钢丝绳研发”“钽铌新材料研发”“宁夏电网智能化研究”等6个优秀创新团队给予重奖，兑现奖励资金670万元。

2017年年底，动态调整后保留的73个科技创新团队累计承担各类科技项目1690项，其中，国家级项目553项，省部级项目1137项，共争取项目研究经费16.07亿元。共引进博士165人、硕士186人；累计培养技术骨干2470人，其中，有176人获得博士学位，有1468人获得硕士学位。研制开发各类新产品、新工艺、新技术、新材料1462件（项）；累计申请专利2013项，获得授权专利1013项；主持或参与制定国家标准、行业标准和地方标准374部；出版专著127部，在国内外期刊上发表科技论文4263篇，其中，SCI/EI/ISTP三大检索系统收录634篇。培养和引进了一批科研骨干和创新型人才。自治区科技创新团队在推进宁夏科技进步、提高自主创新能力、支撑经济社会发展、转变经济发展方式等方面发挥了重要作用，做出了积极贡献。

（二）深入实施各类人才计划，培养科技领军人才

2012—2016年宁夏按照“创新人才推进计划”总体部署安排，积极开展组织申报工作，累计有12人次入选国家人才推进计划，其中，青年创新领军人才6人，创新创业人才6人。宁夏科技创新领军人才培养对象遴选工作是2015年按照《自治区党委 人民政府关于创新体制机制促进人才与经济社会协调发展的若干意见》（宁党发〔2014〕53号）文件精神启动实施，截至2017年年底已分3批遴选了51名科技创新领军人才。按照《宁夏回族自治区科技创新领军人才遴选培养暂行办法》中“科技创新领军人才第一年度支持20万元/人，第二年度支持15万元/人，第三年度支持15万元/人”的规定，已支持科技领军人才培养经费1835万元。这些人才计划的实施，培养和带动了宁夏科技人才提升创新能力，有力地助推宁夏创新驱动战略的实施。

（三）大力实施科技特派员创业行动，发挥科特派作用

深化科技特派员创业行动，加强科技特派员创业基地建设，提升科技特派员创业能力，引导大学生加入科技特派员农村创业行动，丰富创业人才，发挥科技特派员创业示范、引领、带动作用，以创业促提升，以创业促发展，培育职业农民。全区科技特派员总数达到 4500 人（家），科技特派员推广新品种 900 余个，引进新技术 600 余项，围绕特色优势产业，创业带动农户 20 多万户 80 多万人。科技特派员创业有效推动了科技与农业、科技人员与农民的有机结合，发挥了培养农村实用人才、提高农民素质的带动作用。

三、扎实推进科技创新改革

一是改革政府 R&D 投入管理机制。建立了以相关区直部门和 5 市科技局、统计局为成员的联席会议制度，加强 R&D 统计工作，督促市县财政加大 R&D 投入；建立 R&D 督导机制，围绕辖区内规模以上企业，逐户上门排查摸底，帮助企业建立规范的 R&D 统计口径，明确企业法人年度目标责任和考核机制，确保应统尽统、该报必报。制定出台了《关于深化自治区财政科技计划管理改革的方案》，加强科技经费资源的宏观统筹。自治区科技厅将 36% 的科技计划资金首次下拨到 5 市和宁东基地，通过区市联动，调动市县科技管理部门及基层科技创新的积极性。

二是支持企业科技创新持续加强。科技厅通过科技经费管理改革、财税政策配套、科技型企业培育等综合措施，不断提高企业的自主创新能力。2015 年以来，宁夏共投入政府资金 2.45 亿元，补助科研项目 575 个，调动企业投入研发经费 17.4 亿元。积极开展科技金融专项补贴，有效缓解了科技型中小企业融资贵问题。设立科技金融专项，对科技型中小微企业知识产权质押评估费、贷款利息和担保费给予一定比例的补贴，有效降低了科技型中小微企业融资成本。自治区科技厅金融专项累计投入 1.07 亿元，资助企业 700 多家。

三是推进科技与金融深度融合。开展科技金融专项补贴，设立科技金融专项，对科技型中小微企业知识产权质押评估费、贷款利息和担保费给予一定比例的补贴。设立了宁夏科技型中小微企业风险补偿专项资金，与银行合作放大 10 倍支持科技型中小微企业发展。开展知识产权质押融资，搭建了知识产权质押融资平台，拓宽了科技型中小微企业融资渠道。建立了宁夏科技型中小微企业融资需求库，与金融、评估机构签定科技金融战略合作银行，搭建了科技金融合作服务平台。启动科技保险试点，制定《宁夏回族自治区科技保险试点工作方案》和实施细则，先行选择 5 个险种作为试点险种，对投保企业和承保机构按照保费支出、承保额度分别给予补助。

四是加强科技管理“放管服”改革。建立全区统一的科技管理信息系统和科技报告系统，通过统

一的信息系统，对科技计划（专项、基金等）的需求征集、指南发布、项目申报、立项和预算安排、监督检查、结题验收等全过程通过统一的科技管理平台进行管理。建立企业科技创新“黑名单”制度，使失信企业在各领域“一处失信，处处受限”。简化科技项目和经费管理流程，推进科技项目“网上办、集中批、联合审、不见面”，科技厅行政服务事项全部进入自治区政务大厅。

四、新时代宁夏科技人才发展的思路与举措

（一）实行更开放、更有效的政策，构建更具竞争力的人才引进机制

一是改进和完善引才政策；二是启动实施“青年人才延揽计划”；三是完善柔性引才引智政策；四是健全引才工作网络和机制。

（二）坚持经济社会发展需求导向，构建灵活的人才培养机制

一是促进人才发展与经济社会发展深度融合；二是创新人才培育模式；三是加快建设一支高素质企业家队伍；四是加强社会工作人才队伍建设。

（三）坚持尊重和实现人才价值导向，构建更近有效地人才创新创业激励机制

一是启动实施高层次人才创新创业计划；二是创新完善人才激励机制；三是赋予科研单位和人才更大自主权。

（四）注重能力、实绩、贡献导向，改革人才评价机制

一是改进现有人才评价体系和方式；二是深化专业技术职称制度改革；三是完善高层次人才奖励和津贴制度。

新疆维吾尔自治区科技人才发展报告

■新疆维吾尔自治区科学技术厅

2012 年以来，根据《国家中长期科技人才发展规划（2010—2020 年）》总体部署要求，以及《新疆维吾尔自治区中长期人才发展规划纲要（2010—2020 年）》的相关内容，自治区先后启动了“天山英才工程”“青年科技创新人才培养工程”（现更名为“天山青年计划”）、“高层次紧缺人才引进工程”“天山创新团队计划”等一系列人才引进与培养计划和工程，将“突出培养造就创新型科技人才”列为人才队伍建设的首要任务，以科技创新领军人才、科技创新创业人才、科技创新团队和学科（术）带头人为重点，制定颁布了多项政策举措，鼓励和支持科技人才开展创新创业活动，促进科技成果向现实生产力转移转化，为新疆科技人才培养和使用营造良好环境。

一、科技人才队伍建设情况

截至 2017 年，新疆科研开发人员总数 28 835 人。其中，企业 13 344 人，占 46.3%；研发机构 6137 人，占 21.3%；高校 9354 人，占 32.4%（以上数据均来自《新疆统计年鉴 2013》至《新疆统计年鉴 2018》）。

2012—2017 年，科研开发人员总数除 2017 年略有下降以外，整体呈逐年增长趋势（表 1、图 1），年均增长率 3.6%。其中，企业年均增长率较为明显，达 8.8%，尤其是 2017 年，增长率达到了 18.5%；研发机构年均增长率为 −0.7%，2014 年、2016 年、2017 年均出现负增长；高等院校年均增长率 1.4%，2012—2016 年呈逐年增长趋势，但 2017 年出现明显负增长，较 2016 年科研人员流失率达 21.8%。

表 1　2012—2017 年新疆科研开发人员统计　　单位：人

序号	机构类型		2012 年	2013 年	2014 年	2015 年	2016 年	2017 年	年均增长
1	企业	人数	8838	9188	9633	11 075	11 258	13 344	—
		占比	36.3%	36.1%	37.3%	38.2%	37.8%	46.3%	—
		增长率	—	4.0%	4.8%	15.0%	1.7%	18.5%	8.8%

续表

序号	机构类型		2012 年	2013 年	2014 年	2015 年	2016 年	2017 年	年均增长
2	研发机构	人数	6436	6912	6269	6623	6537	6137	—
		占比	26.4%	27.1%	24.2%	22.9%	22.0%	21.3%	—
		增长率	—	7.4%	−9.3%	5.6%	−1.3%	−6.1%	−0.7%
3	高等院校	人数	9067	9360	9954	11 273	11 961	9354	—
		占比	37.3%	36.8%	38.5%	38.9%	40.2%	32.4%	—
		增长率	—	3.2%	6.3%	13.3%	6.1%	−21.8%	1.4%
合计		人数	24 341	25 460	25 856	28 971	29 756	28 835	—
		增长率	—	4.6%	1.6%	12.0%	2.7%	−3.1%	3.6%

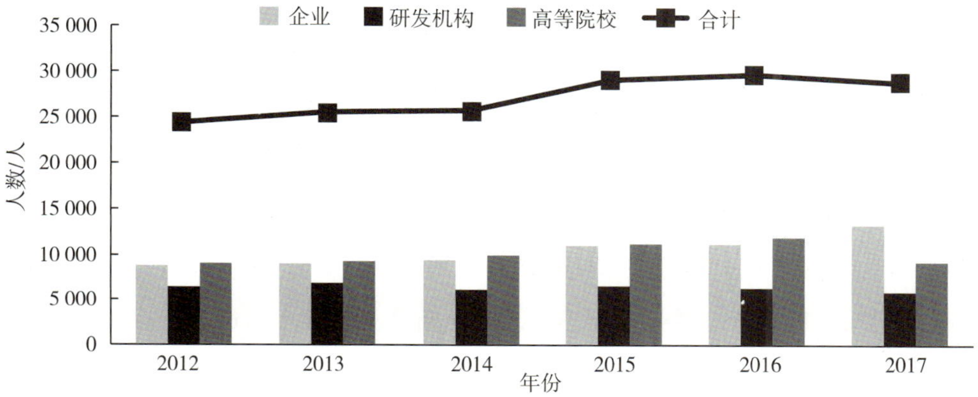

图 1　2012—2017 年新疆科研开发人员分布情况

二、科技人才计划、工程、基地、项目等实施进展和案例

（一）实施科技人才培养工程，在创新实践中培养创新人才

1. 自治区重点人才计划（工程）组织实施情况

（1）国家“万人计划” 后备人选培养

依据国家“万人计划”后备人选培养工作要求，共选拔支持科技创新领军人才后备人选 42 人、科技创业人才后备人选 15 人、青年拔尖人才后备人选 16 人，拨付资金 1300 万元。截至 2017 年，入选创新人才推进计划的中青年科技创新领军人才 8 人、科技创新创业人才 11 人、重点领域创新团队 2 家、创新人才培养示范基地 2 家，其中，入选国家“万人计划”科技创新领军人才 8 人、科技创业领军人才 8 人。

（2）自治区青年科技创新人才培养工程

自治区青年科技创新人才培养工程自 2013 年 5 月启动实施以来，共计投入资金 6660 万元，遴选培养各类科技人才 878 人次，纳入国家“万人计划”后备人选培养 73 人。2013 年、2014 年入选的 361 个项目中有 334 个已通过验收评估，验收率达 92.52%。

（3）“百名青年博士引进计划”

2016 年 10 月，自治区党委人才办牵头实施“百名青年博士引进计划”，自治区科技厅负责相关科研机构在自然科学和工程技术领域人选的组织推荐。截至 2017 年，每年入选 10 人（2 人同时入选“高层次紧缺人才引进工程”，纳入自治区人社厅管理），共计 20 人，收到人才发展专项资金拨款每年 80 万元，共计 160 万元，均已拨付到位。

（4）自治区专家服务基层工作

2015 年，为发挥专家人才作用，引导优质人才资源向基层流动，支持基层经济社会和产业企业发展，按照自治区党委人才办《关于开展自治区专家服务基层工作的意见》要求，自治区科技厅分别在乌鲁木齐市、昌吉州、喀什地区 3 个地州确定了 3 家专家服务基地。2016—2017 年，各专家服务基地共组织专家提供服务 250 余人次，开展需求调查活动 192 次、企业培训 43 场次、企业技术咨询 211 次，服务各类企业 367 家，很多技术问题得到现场解决。引导签订各类合作协议 85 项，新技术开发 7 项，研发新产品 13 项（其中，3 项通过新技术新产品鉴定），进一步提升了基层企业科技应用能力和水平。

通过重点人才计划（工程）组织实施，培养对象在科技创新能力、业绩和贡献等方面得到大幅提升。根据已验收的人才专项实施情况统计，受培人员获批国家级科技项目 230 余项，发表论文 780 余篇（其中，SCI 收录 453 篇），成功申报国家级、自治区级科技进步奖 82 项，发明专利 160 余件，出台国家级、自治区级行业标准 66 个，新产品推广 40 余项，科技创新和成果转化效能得到明显提升。

中科院新疆理化技术研究所副所长潘世烈研究员，带领和培养博士生 44 名。其组建的团队由 2012 年的 2 人发展到目前的 12 人，并获得科技进步奖团队奖 3 项。通过培养，潘世烈已获得国家杰出青年项目支持，有效引领和带动团队整体快速发展，提高了团队科研水平与综合实力。

2. 实施各类基层科技人才专项，支持基层科技人才培养

（1）实施新疆“三区”科技人员专项，解决“三区”人才难题

根据科技部等五部委《关于印发〈边远贫困地区、边疆民族地区和革命老区人才支持计划科技人员专项计划实施方案〉的通知》（国科农发〔2014〕105 号）的要求，结合新疆农业、林果业、畜牧业等产业实际，按照坚持服务基层、服务民生、服务科技的原则，2014—2017 年自治区科技厅落实“三区”人才选派 2252 名，培养科技人员 341 名，获得国家经费支持 4713 万元。科技人员分布

农业、畜牧业、林果业、水产、管理、电子信息技术等领域，服务全疆35个边远贫困县市。

在专项实施中，积极征集涉及农牧产业发展、农村经济发展、农牧增收方面的科技服务需求，坚持按需求服务基层农牧民。同时，通过举办培训班等方式，积极开展受援地人才培养工作，并利用互联网等现代化信息手段及时、因地制宜地开展技术指导，切实解答受援人员的困惑。

（2）实施科技特派员专项，推动科技特派员创新创业

自治区科技厅于2002年推行科技特派员制度，设立专项资金，支持科技特派员创业发展。2012年至今，每年拨款2000万元，用于支持科技特派员开展创业。科技特派员制度从试点、扩大试点到全面推广，管理体系不断健全，运行机制不断优化，政策框架不断完善，工作基础不断强化，队伍不断壮大，形成了“以人为本、分类指导、探索理论、注重实效”的新疆模式。截至2017年年底，全区13个地（州、市）的88个县（市、区）开展了科技特派员工作，90%以上的乡镇开展科技特派员农村科技创业。目前，有个人科技特派员7332名、法人科技特派员1168名。科技特派员创业和服务领域覆盖全区所有乡镇，涉及农业产业的方方面面。

科技特派员制度取得了明显的成效，通过推广新技术，引进新品种，领办、创办农业企业组建经济合作组织或专业协会，培训农牧民等方式，为农民增收、农业发展、农村繁荣做出了积极贡献。

（3）启动实施科技明白人素质工程，提高基层科技人员素养

2017年，针对全疆35个贫困县市，实施科技明白人素质工程，其中包括科技明白人素质工程培训项目和科技明白人素质工程主题培训班。该工程共计安排培训经费200万元，培训实用技术推广人员600名，培训农民科技明白人3000人次。在实施科技明白人素质工程中，结合职业技术培训的工作实际，向南疆四地州职业培训倾斜。

科技明白人素质工程培训项目支持8～10个地（州、市）科技部门实施科技明白人素质工程培训项目。培训项目紧紧围绕实用技术推广和农村劳动力职业技术培训相结合，提高农村劳动者文化和技术素质。支持各地（州、市）建立合作社、农业技术院校、科研或农技推广单位紧密结合开展培训，重点支持以各类职业技术院校作为培训主体，开展专业型人才和普及型技术人员培训相结合，针对不同层次的技能人员，采取“政府＋企业＋学校”的订单式培训形式，保证受培训人员顺利就业；以社区为主体，充分发挥社会资源优势，针对城镇未就业人员开展就业能力、创业能力和适应市场变化能力的公益性培训。

科技明白人素质工程主题培训班支持8～10个科技明白人素质工程主题培训班，各地（州、市）与自治区科技兴新办共商确定培训主题、设计培训方案。培训主题紧紧围绕本地区产业发展需要，以提高农牧民增收致富和转移就业本领为目标，以大力推广实用科技成果为重点，注重专题讲座和现场教学的有机结合。

3. 实施“新疆少数民族科技人才特殊培养计划”，加大少数民族科技骨干培养力度

自2000年起，自治区设立“新疆少数民族科技人才特殊培养计划科研专项资金”，支持经特殊培养、学成归来的少数民族科技骨干开展自治区科技项目，提升少数民族科技人员创新能力。2013年，特培专项资金增加到每年150万元。截至2017年，先后资助项目469个，投入经费1950万元，涉及农业、林果业、畜牧业、生物技术、医药卫生、地震灾害预防、环境保护、电子信息技术、文化事业等领域。

通过项目实施，培养了一批优秀的少数民族科技人才，形成了一支学术技术带头人队伍，取得了一批创新型科研成果，加速了科技成果在基层的转化应用，产生了良好的社会经济效益。

（二）通过科技创新平台建设，推进科技人才队伍建设

1. 工程技术中心建设，有效促进科技人才集聚与培养

自2002年自治区启动实施了自治区工程技术研究中心（以下简称“工程中心”）建设计划以来，自治区工程技术研究中心建设项目成为自治区科技创新载体的重要组成部分，同时也成为科技人才培养的重要平台。工程中心依托各类科研院所、高等院校、行业龙头企业的各类资源优势进行组建，目前挂牌运行的工程中心有78家（其中，国家级工程技术研究中心5家）。根据运行期工程中心的数据统计：运行评估期内，74家工程中心共有工作人员12 976人，吸收、吸纳国家级人才59人、自治区级人才259人，培养和聚集了一批高水平的专业技术人才和复合型管理人才。

各工程中心在运行过程中注重人才队伍的培养和组建，通过建立“产学研”合作机制，开展行业技术研究合作，搭建以解决市场实际需求为主的成果研究和转化实践平台等，开展多种形式的人才锻炼、培养和实践模式，逐步为各工程中心组建和培养了一支具有较高技术研究水平、较强实践能力、较合理年龄梯次的专业研究团队，同时为行业发展培训了一批技能人才。

2. 开展“天山众创行动”，为科技人才创新创业营造良好环境

2016年1月，《自治区“天山众创行动”实施方案（2016—2020年）》发布，“天山众创行动”正式启动。经过一年多的工作推进，全区“双创”服务体系已具雏形。目前，共完成备案认定的自治区级众创空间、科技企业孵化器、星创天地48家，覆盖全疆10多个地（州、市）。近1000名创业导师中，30多位入选科技部火炬中心创业导师库。

“双创”服务机构充分利用已有条件，在交通便利、便于创业者聚集的区域，整合资本、技术、人才、市场等要素，通过线上与线下相结合的方式，为创业者提供创业场地、设施设备、宽带网络、商务服务等低成本、便利化、全要素、开放式的众创服务。“双创”载体成为各类科技人才培养和施展才能的平台，为科技人才创新创业营造了良好的外部环境。

（三）加大科技培训工作力度，提升专业技术人员能力

科技培训是科技人才培养的重要途径。近年来，自治区科技厅高度重视科技人才的培训工作，立足行业发展特点和形势，不断探索继续教育培训的新模式、新方法、新思路，加强对自治区专业技术人员的培养培训，以提高自治区专业技术人员队伍的整体素质，提升人才整体能力。

一是加强继续教育工作。根据《新疆维吾尔自治区专业技术人员继续教育条例》及上级主管部门的要求，合理筹划专业技术人员继续教育课程内容，在设置课程方面，重点体现科学发展和社会需求两方面，注重创新性和实用性，每年组织专业技术人员继续教育达 200 多人次。

继续教育内容涵盖了科技前沿、科技政策、科技动态、科研管理、实验技术等方面。师资方面，特聘请了自治区相关行业厅局、科研院所、高等院校的知名专家、教授及行业部门主要负责人前来授课。继续教育紧密结合新疆社会发展的总体要求，适应当前专业技术人员的岗位特点，着力培养其创新意识、责任意识，提高其专业管理及创新能力。

二是引入创新方法培训。自 2008 年以来，在科技部创新方法工作专项的支持下，面向全疆企业、科研院所、高等院校的专业技术人员开展了一系列创新方法培训推广与应用工作，建立了一个较完善的创新方法培训服务体系。基于该体系，共举办了 21 期技术创新方法骨干培训、4 期创新方法师资培训、1 期精益研发工程师培训、1 期企业管理运营沙盘模拟培训，共培养 544 名本土创新工程师、123 名创新方法师、28 名精益研发工程师，共有 23 人获得国家创新方法研究会认证的三级证书，242 人获得国家创新方法研究会认证的创新工程师二级证书，16 人获得国家创新方法研究会认证的一级证书，387 人获得 TRIZ 二级证书，54 人获得 TRIZ 师资一级证书，2 人获得国际 MATRIZ 二级证书，14 人获得六西格玛黑带，2 人获得六西格玛绿带。

创新方法的培训推广和应用工作，为新疆企业、科研院所、高等院校输送了一批掌握技术创新方法、管理创新方法的创新型人才；指导和帮助全区 167 家企业应用创新方法解决技术难题、关键技术问题、关键共性技术问题 350 个，形成创新方案 5413 个，取得专利技术 117 项，形成产品 31 项，为企业带来经济效益 6000 万元；为建设创新型新疆提供创新智力与人才保障。

（四）利用科技援疆机制，培养科技创新人才

自 2012 年以来，自治区科技厅充分利用科技援疆平台，组织实施“自治区对口援疆青年科技英才培养计划”，协调相关科研机构加强与内地高等院校与科研机构沟通对接，结合科技工作实际，积极争取支持，严格按照要求组织选派和管理，使得培养工作取得较好的成效。2012—2015 年，累计选派 98 名优秀青年科技人员赴内地相应机构进行 3 个月至 1 年的进修学习。

派出的青年科技人员通过在培养单位的学习，与培养单位相关人员共同参与科研工作，拓宽了自

己的知识领域，接触了学术前沿，使自身科研能力水平得到了提升。

（五）多措并举推进知识产权人才培养

近年来，自治区知识产权局通过多项举措培养知识产权人才。一是通过制定实施自治区“知识产权人才培养规划”“知识产权万人培训计划”“知识产权战略和专利事业发展战略实施推进计划”，提出知识产权人才培训培养的指标任务。二是通过专利项目实施、知识产权试点示范、知识产权“贯标”、干部挂职交流、跟班实习锻炼等活动，将知识产权人才培训培养融入专利执法、项目实施和软课题研究等工作管理的各个环节之中。三是通过充分发挥各级党校、干部培训中心、知识产权培训基地的功能和“局区会商”、知识产权对口援疆机制，融合各方培训资源，加强自治区知识产权人才培养工作。四是通过组织参加由国家知识产权局举办的国内外知识产权高层次人才培训班，加强自治区高层次知识产权人才队伍建设，持续为创新型新疆建设提供人才储备。五是积极申报国家知识产权培训基地，强化已有知识产权培训基地建设，引导培训基地健康发展，集成优质教学资源，不断拓展丰富培训手段，开展系统化、规范化的知识产权培训教育。六是大力促进专利信息人才作用发挥，加强对专利信息领军人才、师资人才和实务人才的工作支持和引导。自治区知识产权局积极推荐专利信息领军人才、师资人才积极参与知识产权评议项目、软课题研究和专利信息利用帮扶项目。

三、科技人才发展相关政策和服务举措

（一）激发科技人才创新活力相关政策及落实情况

党的十八大以来，自治区始终将“突出培养造就创新型科技人才”作为人才队伍建设的首要任务。围绕强化实施“科技兴新”战略要求，以加强科技人才创新能力，促进科技成果向现实生产力转移为目标，以科技领军人才、创新团队和学科（术）带头人为重点，制定颁布了多项政策举措，鼓励和支持科技人才开展创新创业活动，营造科技创新良好氛围。

1. 推进科技成果的使用、处置和收益管理改革

2016 年 9 月，自治区党委组织部联合自治区有关部门出台《关于激发科研机构和科研人员创新活力促进科技成果转化的若干政策》（新党组〔2016〕45 号），首次从科技成果处置权下放、收益分配权改革、科技成果股权交易等 9 个方面，提出自治区具体改革举措，其中，科技人员成果转化收益分配比例不低于 70%。

2. 出台以增加知识价值为导向的分配政策

2017 年 12 月，自治区人民政府办公厅下发《关于实行以增加知识价值为导向分配政策的实施

意见》（新办发〔2017〕209 号）。该意见引导科研机构、高等院校实行体现自身特点的分配办法、明确财政科研项目经费管理相关制度，进一步确立了实施科技成果转化的收益分配、税收优惠等政策，充分激发了科研人员创新创业的积极性，在全区营造出尊重劳动、尊重知识、尊重人才、尊重创造的氛围。

3. 出台促进科技成果转移转化行动方案

2018 年 5 月，自治区人民政府办公厅印发《新疆维吾尔自治区促进科技成果转移转化行动方案》（新政办发〔2018〕48 号）。该行动方案的推出，将进一步激发广大科技人员创新创业活力，推进科技成果转化，加快创新型新疆建设。

4. 支持大众创业万众创新，营造创新创业氛围

为深入贯彻相关文件精神，自治区科技厅启动实施“天山众创行动”，通过整合自治区、地（州、市）、县（市、区）科技资源，共同推进众创空间、星创天地和科技企业孵化器建设，激发各类创新创业人才活力，着力营造全区创新创业良好生态环境。通过“天山众创行动”，全区各类创服机构达 72 个，扶持创新创业人员几万人次。通过构建以创业导师为核心、创业辅导员为骨干、企业联络员为桥梁的创业辅导体系及各方协作互动的工作机制，为创业团队、创客提供高效精准的服务。

5. 设立各类科技人才专项，支持科技人才创新发展

新疆维吾尔自治区以“引进人才”“培养人才”“留住人才”为目标，在科技计划中设立“自治区创新环境（人才、基地）建设专项”与“自治区青年科技创新人才培养工程”，专项支持科技人才创新发展。2017 年，“自治区创新环境（人才、基地）建设专项”在原有自然科学计划、少数民族特培、软科学计划的基础上，新增“天山创新团队计划”。该计划鼓励和支持以科技领军人才为核心，以团队协作为基础，依托一定平台和项目进行持续创新的科技人才集合体建设。与此同时，通过实施“青年科技创新人才培养工程”，培养一批优秀青年科技领军人才，开发一批优秀青年创新创业人才，形成一批创新团队，建设一批重点领域科技创新人才培养示范基地。

（二）借助试验区建设契机，加大创新人才支持力度情况

党的十八大以来，以习近平同志为核心的党中央作出了实施“一带一路”和创新驱动发展的重大决策，为紧抓这个机遇，新疆维吾尔自治区党委融合两大决策，联合科技部、深圳市和中科院共同建设丝绸之路经济带创新驱动发展试验区（以下简称“新疆创新试验区”）。建设新疆创新试验区，旨在特定空间范围内设立以科技创新为核心的全面创新改革“试验田”，探索适合新疆自然、社会、经济、历史文化特点的创新道路、创新模式和创新机制。新疆创新试验区建设采取“一区多园”的空间布局模式，2016—2020 年优先建设 5 个片区，即乌鲁木齐新市区（高新区）和头屯河区（经开区）、昌吉高新区和农高区，以及石河子高新区。

2017 年 12 月，自治区人民政府正式发布《关于推进丝绸之路经济带创新驱动发展试验区建设若干政策意见》（简称“新疆十八条”），为自治区全面推进丝绸之路经济带创新驱动发展试验区（以下简称“试验区”）建设吹响冲锋号。在新疆试验区的十八项工作任务中，为吸引高端人才，鼓励科技人员创新创业，制定了“加大创新人才支持力度”“完善科技人员职称评审政策”等措施。

一是参照国家人才计划支持方式，统筹自治区人才专项资金，制定了符合本地情况的人才支持计划，用以补助国内外到自治区内创新创业的高端人才，奖励本地创新创业的优秀人才。

二是健全职称制度政策体系，完善职称评价标准体系，创新职称评价机制体系，改进职称管理服务体系，厘清非公领域专业技术人才职称评审通道。通过设置实验、经济、会计、审计、统计等正高级职称，注重评价业绩水平和实际贡献，对实绩突出，但学历、资历达不到政策评审条件的可直接认定高级职称。推动符合条件的高等院校、医院、科研机构、大型企业等人才智力密集的企事业单位自主开展职称评审等具体途径，提升了科技人员创新能力发展空间。

（三）推进科技人才创新发展体制改革工作进展情况

2017 年 6 月，自治区党委办公厅、人民政府办公厅联合颁布《新疆维吾尔自治区深化科技体制改革实施方案》（以下简称“《方案》”）。《方案》在制定深化人才发展体制机制改革的整体性意见的同时，深化关键环节的改革，在创新人才的培养和使用两个关键位点，就改革人才培养、评价和激励机制做出了全面部署，主要涉及人才培养、人才评价、科技成果转化、股权激励等 17 条政策措施。此外，为优化项目结构，有效扶持培养科技人才，切实推广科技成果转化效果，自治区科技厅颁布实施了《自治区科技计划体系改革方案》，将原有的 18 类科技计划按“重大专项、重点研发、成果转化专项、创新环境专项、区域协同专项及创新基金”即“5+1”模式，优化为 10 类计划，并已全面实施。

四、新时代科技人才发展思路与举措

（一）建立健全科技人才分类评价体系

紧紧围绕新疆总目标，服从服务于总目标，以加快实施创新驱动发展战略、全面推进创新型新疆建设为根本，结合科技体制改革和新疆政治经济发展对科技人才的实际需要，进一步建立健全以科研诚信为基础，以创新能力、质量、贡献、绩效为导向的科技人才分类评价体系。

一是充分调研和了解科技人才发展实际。重点从科技人才较为集中的科研院所、高等院校、科技型企业入手，分别对相关单位的人才管理部门负责人、基层一线科技人员进行走访和调研，掌握科技人才发展状况和实际需求，为研究制定自治区科技人才评价制度奠定基础。

二是进一步明确符合自治区科技人才分类的形式。重点对从事基础研究、应用研究和技术开发、社会公益研究、科技管理服务、实验技术等几类人才进行科学、合理分类，并对分类进行清晰准确的定义，便于对科技人才所属类别进行划分。

三是做好科技人才分类评价制度建设，形成完整且具有可操作性的分类评价体系。实行代表性成果评价，突出评价研究成果质量、原创价值和对经济社会发展实际贡献。注重个人评价与团队评价相结合，适应科技协同创新和跨学科、跨领域发展等特点，对创新团队负责人以把握研究发展方向、学术造诣水平、组织协调和团队建设等为评价重点。

四是探索和试点开展人才评价的第三方评估工作。采取评价机构、应用方、政府评估相结合的形式，开展评估。

（二）全面推进各类科技人才计划的实施

统筹、优化、设计各类科技人才计划，制定具体实施细则，从科技人才培养、引进、使用 3 个方面做好以下工作。

1. 人才培养“天山计划”

（1）“天山青年计划”。着眼于科技人才基础性培养和战略性开发，提升未来人才竞争力，每年支持培养 80 名左右获得较高学术技术成就、具有较大发展潜力的杰出青年科技人才和优秀青年科技人才，开发培养 80 名左右崭露头角、具有较强创新活力的博士青年科技人才和基层青年科技人才。“十三五”期间，支持培养各类青年科技创新人才不少于 800 名。

（2）“天山院士计划”。着眼于提高新疆自主创新能力，加强顶尖人才与创新团队建设，每两年遴选 5 名具有冲击院士潜力的领军人才，每人给予一次性 200 万元专项经费支持，实行全方位跟踪培养。“十三五”期间，力争不少于 2 名领军人才成功当选院士。

（3）“天山雪松计划”。着眼于培养国家“万人计划”项目后备人选统筹自治区“天山英才计划”等重点人才培养工程，每年从中遴选 50 名左右从事自然科学、工程技术、哲学社会科学研究和一线教学工作，代表自治区一流水平、具有领军才能和团队组织能力的高层次人才，以及有重大创新前景、发展潜力的青年拔尖人才，给予重点支持。对达到国家“万人计划”项目条件的，积极推荐申报。“十三五”期间，支持培养不少于 250 名创新型领军人才。

2. 人才引进“天池计划”

（1）“天池丝路计划”。围绕自治区特色优势产业发展需要，面向丝绸之路沿线国家，每年支持自治区高等院校、科研机构和园区企业全职引进一批创新型高层次和急需紧缺人才。根据引进人才类别，每人给予一定经费支持。到 2020 年，力争引进不少于 100 名各类人才。

（2）“天池博士计划”。着眼于战略性人才储备和开发，进一步提升自治区未来人才竞争力，每年支持自治区高等院校、科研机构、医疗机构、企业等全职引进青年博士 100 名左右。通过给予重点支持、跟踪培养，逐步成长为学科技术带头人乃至领军人才。

3. 科技创新团队建设

根据自治区科技厅发布的《自治区“天山创新团队计划”实施办法（试行）》相关要求，进一步推进以科技领军人才为核心，以团队协作为基础，依托一定平台和项目进行持续创新的科技人才团队建设。

4. 专家服务基层工作

按照自治区党委人才工作领导小组《关于开展自治区专家服务基层工作的意见》（新人才办字〔2015〕2 号），结合自治区科技工作特点，以实施科技人才工程为抓手，充分发挥基层科技服务机构的积极性，采取专家结对帮扶的形式，深入开展专家服务基层工作，基地建设逐步完善，服务能力得到提升，为引领、支撑和服务基层经济和社会建设做出应有贡献。

附 录

CHINA

SCIENCE AND TECHNOLOGY
TALENT DEVELOPMENT REPORT

(2018)

附录 1　2017—2018 年科技人才大事记

2017 年科技人才大事记

◆ 1 月 8 日，中共中央办公厅、国务院办公厅印发《关于深化职称制度改革的意见》，提出力争通过 3 年时间，基本完成工程、卫生、农业、会计、高校教师、科学研究等职称系列改革任务；通过 5 年努力，基本形成设置合理、评价科学、管理规范、运转协调、服务全面的职称制度。

◆ 1 月 9 日，中共中央、国务院召开 2016 年度国家科学技术奖励大会，党和国家领导人习近平、李克强、刘云山、张高丽出席大会并向获奖者颁奖。此次大会共授奖 279 个项目、7 名科技专家和 1 个国际组织，其中，授予赵忠贤院士、屠呦呦研究员国家最高科学技术奖。

◆ 1 月 13 日，中央组织部、科技部联合印发《科研事业单位领导人员管理暂行办法》，共 9 章 50 条。明确了科研事业单位领导人员管理的总体要求、任职资格和条件、选拔任用方式和程序、任期管理和考核评价要求、激励保障和监督约束措施及退休退出等规定，主要适用于中央部门所属和省属科研事业单位。

◆ 1 月 17 日，国务院印发《关于扩大对外开放积极利用外资若干措施的通知》，明确了当前和今后一段时期我国利用外资工作的政策导向，提出了进一步扩大对外开放、进一步创造公平竞争环境、进一步加强吸引外资工作 3 个方面 20 条具体措施。

◆ 1 月 19 日，国务院印发《国家教育事业发展“十三五”规划》，确定了“十三五”时期教育改革发展的指导思想、主要目标、战略任务和保障措施。在强化高校创新体系建设方面提出要全面提升高校科技创新能力，深化高校科研体制改革，深化全方位协同创新，完善高校哲学社会科学体系，促进高校科技成果转化。

◆ 2 月 6 日，中央全面深化改革领导小组第三十二次会议审议通过《国家科技决策咨询制度建设方案》和《外国人永久居留证件便利化改革方案》，从全球科技创新视角为国家经济社会发展、保障和改善民生、国防建设等方面重大科技决策提供咨询建议。实施外国人永久居留证件便利化改革，着力解决外国人永久居留证可识验和便利化问题，推动永久居留外国人在华资格待遇落实。

◆ 2 月 27 日，中共中央、国务院印发《关于加强和改进新形势下高校思想政治工作的意见》，强化思想理论教育和价值引领，把理想信念教育放在首位。完善高校党的领导体制，坚持和完善普通高校党委领导下的校长负责制，高校党委对本校工作实行全面领导，履行管党治党、办学治校的主体责任，切实发挥领导核心作用。

◆ 3 月 3 日，财政部、科技部、教育部、发展改革委发布《关于进一步做好中央财政科研项目资金管理等政策贯彻落实工作的通知》，提出加快制度建设，大力推进信息公开，细化、完善劳务费和间接费用管理，加强结余资金统筹管理，做好在研项目政策衔接，规范会计师事务所开展的财务审计。

◆ 3 月 10 日，人力资源社会保障部印发《关于支持和鼓励事业单位专业技术人员创新创业的指导意见》，明确支持和鼓励事业单位选派专业技术人员到企业挂职或参与项目合作，支持和鼓励事业单位专业技术人员兼职创新或在职创办企业，支持和鼓励事业单位专业技术人员离岗创新创业，支持和鼓励事业单位设置创新型岗位 4 项支持政策。

◆ 3 月 27 日，中央全面深化改革领导小组第三十三次会议审议通过《关于深化科技奖励制度改革的方案》，强调科技奖励制度是鼓励自主创新、激发人才活力、营造创新环境的一项重要举措，要围绕服务国家发展、激励自主创新、突出价值导向、公开公平公正，改革完善国家科技奖励制度，坚持公开提名、科学评议、公正透明、诚实守信、质量优先、宁缺毋滥。

◆ 4 月 13 日，中共中央、国务院印发《中长期青年发展规划（2016 — 2025 年）》，首次专门面向青年群体制定和出台规划，提出要培育青年人才队伍，实施“青年英才开发计划”，在重点学科领域培养扶持一批青年拔尖人才，在高水平研究型大学和科研院所优势基础学科建设一批国家青年英才培养基地，在国家重大人才工程项目中设立青年专项，着力培养一批青年科技创新领军人才。

◆ 4 月 13 日，科技部印发《“十三五”国家科技人才发展规划》，明确提出，“十三五”期间我国科技人才工作要深入实施创新驱动发展战略，优化调整人才内部结构及区域布局，整体提升创新人才资源的供给水平，逐步形成有利于创新型科技人才成长和发挥作用的良好环境，推动科技人才队伍向量的增长和质的提升并重转变。

◆ 4 月 14 日，科技部办公厅印发《国家科技专家库管理办法（试行）》，共 25 条，按照共建共享的目标，积极鼓励引导专家为地方和社会各方发展提供服务。专家库集成科技、产业和经济高层次人才服务于国家科技管理，是国家科技管理信息系统的重要组成部分。

◆ 5 月 4 日，科技部印发《“十三五”国际科技创新合作专项规划》，提出加快培育满足新形势需求的科技创新合作人才队伍，全面提升人才国际化水平。加快培养一批既掌握国内外科技发展态势和政策，又熟悉国际科技创新合作规则的、具备国际视野的青年科研与科研管理人员队伍。

◆ 5 月 14 日，“一带一路”国际合作高峰论坛开幕，国家主席习近平在讲话中提出，中国愿同各国加强创新合作，启动“一带一路”科技创新行动计划，开展科技人文交流、共建联合实验室、科技园区合作、技术转移 4 项行动。

◆ 5 月 23 日，中共中央办公厅印发了《关于进一步加强党委联系服务专家工作的意见》，坚持党管人才，加强对专家的政治引领和政治吸纳，做到政治上充分信任、思想上主动引导、工作上创造条件、生活上关心照顾，推进党委联系服务专家工作制度化、科学化、常态化。支持专家干事创业，对重点专家重点联系，精准施策、特殊支持。

◆ 5 月 31 日，科技部、教育部、中科院、自然科学基金委印发《“十三五”国家基础研究专项规划》，提出加强基础研究人才队伍建设，培养高水平领军人才，选择有较大发展潜力的科学家设立杰出科学家工作室，加快培养一批在国际前沿领域具有较高影响力的领军人才。加强中青年和后备人才培养；稳定高水平实验技术人才，形成合理的科研队伍组成结构；培育和支持优秀科技创新团队。

◆ 6 月 9 日，国务院办公厅印发《关于深化科技奖励制度改革方案》，提出将重点改革完善国家科技奖励制度，引导省部级科学技术奖高质量发展，同时鼓励社会力量和民间资本支持科技奖励。重点任务包括实行提名制、建立定标定额的评审制度、调整奖励对象要求、明晰专家评审委员会和政府部门的职责、增强奖励活动的公开透明度、健全科技奖励诚信制度、强化奖励的荣誉性等。

◆ 6 月 22 日，科技部、财政部印发《国家重点研发计划管理暂行办法》，明确了组织管理与各相关部门职责、重点专项与项目申报指南、项目立项及实施办法、项目验收与成果管理办法等，保障国家重点研发计划顺利实施。

◆ 7 月 7 日，科技部印发《关于进一步鼓励和规范社会力量设立科学技术奖的指导意见》，明确社会力量设立的科学技术奖奖励名称应当确切、简洁，不得冠以“中国”“中华”“全国”“国家”“国际”“世界”等字样。社会科学技术奖励应坚持公益性、非营利性原则，坚持以促进学科发展或行业科技进步为目的，严禁商业炒作行为，不得使用国家财政性经费，不得以任何形式收取或变相收取评选对象的任何费用。

◆ 7 月 19 日，中央全面深化改革领导小组第三十七次会议审议通过《国家技术转移体系建设方案》，强调建立和完善国家技术转移体系，要聚焦影响长远发展的战略必争领域，遵循技术转移规律，发挥市场机制作用，加强技术供需对接，打通科技转化通道，强化联动协同，加快推动重大科技成果转化应用，更好发挥技术转移对提升科技创新能力、促进经济社会发展的重要作用。

◆ 7 月 27 日，国务院发布《关于强化实施创新驱动发展战略进一步推进大众创业万众创新深入发展的意见》，以人才支撑为第一要素，改革人才引进、激励、发展和评价机制，激发人才创造潜能，鼓励科技人员、中高等院校毕业生、留学回国人才、农民工、退役士兵等有梦想、有意愿、有能力的群体更多投身创新创业。

◆ 8 月 18 日，科技部、财政部、发展改革委印发《国家科技创新基地优化整合方案》，提出以国家实验室为引领统筹布局国家科技创新基地建设，按照科学与工程研究、技术创新与成果转化、基础支撑与条件保障 3 类布局，完善评估评价机制，建立人才培养和团队建设评价机制，强化目标考核和动态调整，实现能进能出。

◆ 8 月 22 日，教育部公布《关于加快直属高校高层次人才发展的指导意见》，提出要强化高校与人才的契约关系和法治意识，落实聘用合同管理；鼓励高层次人才向中西部和东北地区高校流动，不鼓励东部地区高校从中西部、东北地区高校引进人才；发挥高校人才工作联盟作用，逐步建立行业自律机制和人才流动协商沟通机制。

◆ 9 月 8 日，中共中央、国务院印发《关于营造企业家健康成长环境弘扬优秀企业家精神更好发挥企业家作用的意见》，首次提出弘扬企业家精神。要强化企业家公平竞争权益保障，落实公平竞争审查制度，全面实施市场准入负面清单制度，反对垄断和不正当竞争，依法清理废除妨碍统一市场和公平竞争的各种规定和做法。

◆ 9 月 14 日，国务院办公厅印发《关于推广支持创新相关改革举措的通知》，推广“鼓励引导优秀外国留学生在华就业创业，符合条件的外国留学生可直接申请工作许可和居留许可”“积极引进外籍高层次人才，简化来华工作手续办理流程，新增工作居留向永久居留转换的申请渠道”两项改革举措。

◆ 9 月 18 日，科技部、中央编办、人力资源社会保障部印发《中央级科研事业单位章程制定工作指导意见》，指导和规范中央级科研事业单位章程的制定，建立职责明确、评价科学、开放有序、管理规范的现代科研院所制度，保障中央级科研事业单位管理运行有章可循；推动中央级科研事业单位创新管理机制，完善法人治理结构，提升科技创新能力。

◆ 9 月 24 日，中共中央办公厅、国务院办公厅印发《关于深化教育体制机制改革的意见》，加大基础研究支持力度，建设相对稳定的高等学校基本科研队伍；加大哲学社会科学研究支持力度，加强高等院校智库建设，推进高等学校开展前瞻性、政策性研究，积极参与决策咨询。

◆ 9 月 26 日，国务院印发《国家技术转移体系建设方案》，首次描绘了我国技术转移体系建设的蓝图，从 3 个方面对国家技术转移体系进行系统布局，即优化国家技术转移体系基础架构，拓宽技术转移通道，完善政策环境和支撑保障。

◆ 9 月 29 日，中共中央办公厅、国务院办公厅印发《聘任制公务员管理规定（试行）》，主要面向专业性较强的职位。聘任合同的签订按照平等自愿、协商一致的原则，合同期限 1 ～ 5 年，涉及国家秘密的职位不实行聘任制。

◆ 10 月 18—24 日，中国共产党第十九次全国代表大会在北京召开，习近平代表第十八届中央委员会向大会做了题为《决胜全面建成小康社会　夺取新时代中国特色社会主义伟大胜利》的报告。

◆ 10 月 20 日，教育部、人力资源社会保障部印发《高校教师职称评审监管暂行办法》，规定高校教师职称评审权直接下放至高校，尚不具备独立评审能力的可以采取联合评审、委托评审的方式，主体责任由高校承担；高校副教授、教授评审权不应下放至院（系）一级，高校教师职称评审工作要“切实把师德评价放在首位”。

◆ 10 月 26 日，科技部、财政部、人力资源社会保障部印发《中央级科研事业单位绩效评价暂行办法》，将中央级科研事业单位分为基础前沿研究、公益性研究、应用技术研发 3 类进行评价，同时指出，对 3 类科研事业单位的绩效评价，在绩效目标设定、评价指标选择、评价方法运用等方面均体现各自类别特点，开展科研事业单位绩效评价，应重能力、重绩效、守规范、讲贡献，评价过程中不以论文作为唯一标准。

◆ 11 月 1 日，人力资源社会保障部办公厅印发《关于在部分系列设置正高级职称有关问题的通知》，明确目前未设置正高级的 11 个职称系列均设置到正高级，要建立以同行专家评审为基础的业内评价机制，遴选高水平的专家组成正高级职称评审委员会。正高级职称评审实行国家标准、地区标准和单位标准相结合，以品德、能力和业绩为导向。

◆ 11 月 2 日，中央组织部、人力资源社会保障部、教育部、财政部、共青团中央印发《高校毕业生基层成长计划》，实施能力素质培育计划、岗位锻炼成才计划、职业发展支持计划、成长环境营造计划、服务体系建设计划和后备人才选拔计划，将基层高校毕业生纳入当地人才政策扶持范围，符合条件的提供住房、医疗、子女就读、落户、职称申报等方面配套支持。

◆ 11 月 17 日，科技部印发《国家技术创新中心建设工作指引》，“十三五”期间，我国将布局建设 20 家左右国家技术创新中心，高起点、高标准建设结构合理的创新人才团队，在全球范围吸纳集聚一批能够发挥“塔尖效应”的科研人员，集聚一批具有全球战略眼光、管理创新能力突出的优秀企业家，培养一批高层次创新创业人才。

◆ 12 月 4 日，国务院办公厅印发《关于推动国防科技工业军民融合深度发展的意见》，提出组织实施国防科技工业人才发展规划，大力开展国防特色高校共建和国防特色学科建设，支持高等学校与军工单位加强产学研用合作和人才培养。

◆ 12 月 19 日，国务院办公厅印发《关于深化产教融合的若干意见》，将教育先行、人才优先融入各项政策，着眼促进人力资本积累，提出制定实施经济社会发展等各类规划时要明确产教融合要求，同步规划产教融合发展政策措施、支持方式、实现途径和重大项目，将人才作为支撑发展的第一资源。

2018 年科技人才大事记

◆ 1 月 8 日，中共中央、国务院在北京隆重召开 2017 年度国家科学技术奖励大会，党和国家领导人习近平、李克强、张高丽、王沪宁出席大会并为获奖代表颁奖。习近平为国家最高科学技术奖获得者王泽山院士和侯云德院士颁发奖励证书，李克强代表党中央、国务院在大会上讲话，张高丽主持大会。此次大会共授奖 271 个项目和 9 名科技专家。

◆ 1 月 9 日，国务院副总理刘延东召开科技工作座谈会，强调要深入学习习近平新时代中国特色社会主义思想，奋力谱写建设创新型国家和科技强国新篇章，对做好新时代科技工作提出新要求。全国政协副主席、科技部部长万钢和有关部门、地方的负责同志参加会议。

◆ 1 月 17 日，教育部印发《关于全面落实研究生导师立德树人职责的意见》，明确研究生导师要求政治素质过硬、师德师风高尚和业务素质精湛三大基本素质和立德树人职责。健全研究生导师评价激励机制，把立德树人纳入教学评估和学科评估指标体系，加强对研究生导师立德树人职责落实情况的评价。

◆ 1 月 23 日，国家税务总局印发《研发费用加计扣除政策执行指引（1.0 版）》，规定在 2017 年 1 月 1 日至 2019 年 12 月 31 日期间，科技型中小企业研发新技术、新产品、新工艺实际发生的研发费用，未形成无形资产计入当期损益的，在按规定据实际扣除的基础上，加计扣除比例由 50% 提高至 75%；形成无形资产的，在上述期间按照无形资产成本的 175% 在税前摊销。

◆ 2 月 26 日，中共中央办公厅、国务院办公厅印发《关于分类推进人才评价机制改革的指导意见》，就分类健全人才评价标准，改进和创新人才评价方式，加快推进重点领域人才评价改革，健全完善人才评价管理服务制度等方面的工作提出了具体意见。

◆ 3 月 14 日，国务院印发《积极牵头组织国际大科学计划和大科学工程方案》，明确我国牵头组织国际大科学计划和大科学工程的“三步走”发展目标，到 21 世纪中叶形成一批具有国际影响力的标志性科研成果。

◆ 3 月 28 日，中央全面深化改革委员会第一次会议审议通过《关于深化项目评审、人才评价、机构评估改革的若干意见》《关于进一步加强科研诚信建设的若干意见》，会议提出，深化项目评审、人才评价、机构评估改革是推进科技评价制度改革的重要举措。要遵循科技人才发展和科研规律，科学设立评价目标、指标、方法，发挥好评价指挥棒和风向标作用，营造潜心研究、追求卓越、风清气正的科研环境。

◆ 4 月 18 日，国务院总理李克强主持召开国务院常务会议，决定对职务科技成果转化获得的现金奖励实行个人所得税优惠，具体是对依法批准设立的非营利性科研机构、高校等单位的科技人员，通过科研与技术开发所创造的专利技术、计算机软件著作权、生物医药新品种等职务创新成果，采取转让、许可方式进行成果转化的，在相关单位取得转化收入后 3 年内发放的现金奖励，减半计入科技人员当月个人工资薪金所得计征个人所得税，减轻税收负担，促进科技成果转化提速。

◆ 5 月 16 日，科技部、全国工商联印发《关于推动民营企业创新发展的指导意见》，坚持人才项目基地多要素协同一体化推进。依托各地科技领军人才创新驱动中心，组织高水平科技领军人才和创新团队为民营企业转型升级提供技术咨询等智力支持；结合实施创新人才推进计划，加大对民营企业中青年科技创新领军人才、重点领域创新团队的培育和支持；建设全国科技创新创业人才联盟，促进民营企业创新创业人才跨界交流、合作、互助。

◆ 5 月 28 日，中国科学院第十九次院士大会、中国工程院第十四次院士大会在人民大会堂开幕，中共中央总书记、国家主席、中央军委主席习近平出席会议并发表重要讲话。习近平强调，要牢固确立人才引领发展的战略地位，全面聚集人才，着力夯实创新发展人才基础。要创新人才评价机制，完善科技奖励制度。通过改革，改变以静态评价结果给人才贴上“永久牌”标签的做法；改变片面将论文、专利、资金数量作为人才评价标准的做法。

◆ 5 月 29 日，中共中央政治局常委、国务院总理李克强在中国科学院第十九次院士大会和中国工程院第十四次院士大会上做了经济社会发展形势报告，要求深入学习贯彻习近平总书记在两院院士大会上的重要讲话精神，强调人力人才资源是中国发展的最大优势，要通过加大政府投入带动企业投入，让科研人员真正沉下心来攻克原创性成果，要深化科研领域“放管服”改革，培育创新生态。

◆ 6 月 15 日，国务院印发《关于积极有效利用外资推动经济高质量发展若干措施的通知》，提升外国人才来华工作便利度，出台措施保障。在华工作外国人才享有基本公共服务，为部分急需外国人才提供更加便利的来华工作许可管理服务；推进外国高端人才服务“一卡通”试点，进一步简化工作许可办理程序；提升外国人才出入境便利度。

◆ 6 月 22 日，科技部、财政部印发《关于加强国家重点实验室建设发展的若干意见》，提出以提高科技创新活力为核心，推动国家重点实验室建立开放、流动、竞争、协同的用人机制，吸引顶尖人才、培养青年人才、用好现有人才，促进人员合理的双向流动，助推重大成果产出和国际影响力提升。

◆ 7 月 3 日，中共中央办公厅、国务院办公厅印发《关于深化项目评审、人才评价、机构评估改革的意见》，共计 4 个方面 18 项具体政策措施，分别对项目评审、人才评价、机构评估工作提出了有针对性的改革举措，并对普遍适用于“三评”工作的监督评估和科研诚信建设措施做出了安排。

◆ 7 月 13 日，中共中央总书记、国家主席、中央军委主席、中央财经委员会主任习近平主持召开中央财经委员会第二次会议并发表重要讲话。他强调，要充分发挥人才创新创造活力，选好用好领军人物、拔尖人才，加大高技术领域专业人才培养；突破关键核心技术，关键在于有效发挥人的积极性；要发扬光大“两弹一星”精神，形成良好精神面貌；教育引导广大科技工作者强化责任意识，努力做出更多有价值的原创性成果。

◆ 7月17日，国务院发布《人力资源市场暂行条例》，对人力资源市场培育、服务机构、活动规范、市场监督管理及法律责任等做了全面规定。提出政府要引导和促进人力资源合理流动，任何地方和单位不得违反国家规定设置限制流动的条件。鼓励开展平等、互利的人力资源国际合作与交流，开发利用国际国内人力资源。

◆ 7月24日，国务院印发《关于优化科研管理提升科研绩效若干措施的通知》，提出建立完善以信任为前提的科研管理机制，扩大科研人员的人财物自主支配权，为科研工作“减负松绑”，调动科研人员的积极性，激励科研人员敬业报国、潜心研究、攻坚克难，大力提升原始创新能力和关键领域核心技术攻关能力，为实现经济高质量发展、建设世界科技强国做出更大贡献。

◆ 7月31日，中央组织部、中央宣传部发布《关于在广大知识分子中深入开展“弘扬爱国奋斗精神、建功立业新时代”活动的通知》，强调各地区各部门各单位要全面加强宣传解读，组织深入学习研讨，抓好专题研修培训，发挥典型引导作用，开展岗位践行活动，在广大知识分子中迅速兴起学习弘扬爱国奋斗精神的热潮，最大限度地激发广大知识分子的奋斗激情，引导广大知识分子扎根人民、奉献国家。

◆ 8月7日，科技部印发《关于创新驱动乡村振兴发展的意见》，提出要加强科技特派员等农业农村科技人才队伍建设。深入推行科技特派员制度，鼓励各地创新开展专家服务团等选派方式；积极探索农业农村创新创业的新空间新业态新模式，加快星创天地等创业平台载体建设；加强农业科技领军人才、创新创业人才和创新团队培养，建立科技人员定期服务乡村机制。

◆ 8月19日，中共中央、国务院颁布《中共中央　国务院关于打赢脱贫攻坚战三年行动的指导意见》，提出实施人才和科技扶贫计划。深入实施“三区”人才支持计划，扩大急需紧缺专业技术人才选派培养规模；动员全社会科技力量投入脱贫攻坚主战场，开展科技精准帮扶行动，以县为单位建立产业扶贫技术专家组，各类涉农院校和科研院所组建产业扶贫技术团队。

◆ 9月21日，科技部与香港特区政府签署《内地与香港关于加强创新科技合作的安排》及《科学技术部与香港特别行政区政府创新及科技局关于开展联合资助研发项目的协议》，作为未来数年内地与香港共同推动各项创新科技合作的行动指南和纲领，主要在科研、平台与基地建设、人才培养、成果转化、融入国家发展等6个方面加强合作，形成合力。

◆ 9月21日，教育部印发《“长江学者奖励计划”管理办法》，坚持向改革倾斜、向一流倾斜、向西部和东北地区倾斜、向青年倾斜、向哲学社会科学倾斜。提出每年聘任青年学者300名左右，青年学者数量大幅增长，并建立“长江学者奖励计划”退出机制。

◆ 9月26日，中共中央、国务院发布《乡村振兴战略规划（2018—2022年）》，提出要推动乡村人才振兴，让各类人才在乡村大施所能、大展才华、大显身手。加强涉农院校和学科专业建设，大力培育农业科技、科普人才，深入实施农业科研杰出人才计划和杰出青年农业科学家项目，深化农业系列职称制度改革，继续实施“三区”人才支持计划。

◆ 9 月 26 日，国务院发布《关于推动创新创业高质量发展打造“双创”升级版的意见》，通过 8 个方面的政策措施打造“双创”升级版。提出要提升归国和外籍人才创新创业便利化水平；深入实施留学人员回国创新创业启动支持计划；健全留学回国人才和外籍高层次人才服务机制。

◆ 10 月 12 日，人力资源社会保障部、财政部印发《关于全面推行企业新型学徒制的意见》，全面推行以“招工即招生、入企即入校、企校双师联合培养”为主要内容的企业新型学徒制，进一步发挥企业主体作用。人力资源社会保障部门会同财政部门对开展学徒培训的企业按规定给予职业培训补贴，补贴资金从就业补助资金列支。

◆ 10 月 15 日，科技部、教育部、人力资源社会保障部、中科院、工程院联合印发《关于开展清理“唯论文、唯职称、唯学历、唯奖项”专项行动的通知》，对“四唯”的清理范围做出了规定。要求对部门和单位政策文件中涉及“四唯”的规定进行修改，对各类考核评价条件和指标中涉及“四唯”的内容进行调整，对有关管理信息系统和工作表格中涉及“四唯”的内容进行修改。

◆ 10 月 16 日，人力资源社会保障部印发《技能人才队伍建设实施方案（2018—2020 年）》，提出要在未来 3 年全面加强技能人才培养、评价、选拔、使用、激励等工作，从 6 个方面提出重点举措，涵盖加强技能人才激励保障、大规模开展职业技能培训、大力发展技工教育、深化技能人才评价制度改革、推动职业技能竞赛发展和加大技能扶贫工作力度。

◆ 10 月 18 日，教育部发布《教育部关于加快建设高水平本科教育　全面提高人才培养能力的意见》（简称“新时代高教 40 条”），共 10 个方面合计 40 条具体举措，决定实施“六卓越一拔尖”计划 2.0。明确到 2035 年，要形成中国特色、世界一流的高水平本科教育，为建设高等教育强国、加快实现教育现代化提供有力支撑。

◆ 10 月 19 日，财政部、科技部、国资委发布《关于扩大国有科技型企业股权和分红激励暂行办法实施范围等有关事项的通知》，将国有科技型中小企业、国有控股上市公司所出资的各级未上市科技子企业、转制院所企业投资的科技企业纳入激励实施范围。对于国家认定的高新技术企业不再设定研发费用和研发人员指标条件。

◆ 11 月 1 日，中共中央印发《2018—2022 年全国干部教育培训规划》，从总体要求、全面深入开展习近平新时代中国特色社会主义思想教育培训、完善培训内容体系等 7 个方面对干部教育培训进行具体部署，明确干部教育培训的重要指标，优化分类分级培训体系，对党政领导班子成员、机关公务员、企业领导人员等各级各类人员提出具体培训措施。

◆ 11 月 6 日，国务院总理李克强签署国务院令，公布修订后的《专利代理条例》（以下简称“《条例》”）。修订后的《条例》从专利代理执业准入、执业规范和服务监管等方面修改、完善了相关制度，自2019年3月1日起施行。

◆ 11月9日，发展改革委、人民银行、科技部等多个部门联合对外发布《关于对科研领域相关失信责任主体实施联合惩戒的合作备忘录》。联合惩戒措施包括限制或取消一定期限申报或承担国家科技计划（专项、基金等）的资格，暂停或取消国家科学技术奖提名人资格，一定期限内或终身取消中国科学院、中国工程院院士提名（推荐）资格、院士被提名（推荐）资格，依法限制招录（聘）为公务员或事业单位工作人员等。

◆ 11月28日，中共中央办公厅印发了《干部人事档案工作条例》，共7章46条，在4个方面做了调整和完善：提出干部人事档案是党的重要执政资源；精简整合《干部档案工作条例》中日常管理具体内容；坚持干部人事档案“凡提必审”“凡进必审”“凡转必审”，全面规范档案的“建、管、用”；丰富完善档案内容，重点收集体现干部忠诚干净担当等方面的材料，为评价干部提供翔实的档案信息。

◆ 12月5日，国务院总理李克强主持召开国务院常务会议，通过《中华人民共和国专利法修正案（草案）》。草案着眼加大对侵犯知识产权的打击力度，借鉴国际做法，大幅提高故意侵犯、假冒专利的赔偿和罚款额，显著增加侵权成本，震慑违法行为；明确了侵权人配合提供相关资料的举证责任，提出网络服务提供者未及时阻止侵权行为须承担连带责任。草案还明确了发明人或设计人合理分享职务发明创造收益的激励机制，并完善了专利授权制度。

◆ 12月5日，国务院总理李克强主持召开国务院常务会议，决定再推广一批促进创新的改革举措，更大激发创新创造活力。会议决定，将新一批23项改革举措向更大范围复制推广，更大力度激活创新资源、激励创新活动，培育壮大发展新动能。

◆ 12月18日，中央组织部、人力资源社会保障部印发《事业单位工作人员奖励规定》，对事业单位工作人员奖励工作的基本原则、条件种类、权限程序、实施要求等做出规定。

◆ 12月18日，中共中央、国务院发布《关于表彰改革开放杰出贡献人员的决定》。在隆重庆祝改革开放40周年之际，为表彰先进、鼓舞斗志，弘扬敢闯敢试、敢为人先的改革精神，激励全党全国各族人民坚定不移听党话、跟党走，将改革开放进行到底，党中央、国务院决定，授予于敏等100名同志改革先锋称号，颁授改革先锋奖章，其中包含多名科技领域优秀人才。

◆ 12月20日，科技部、发展改革委、财政部印发《进一步深化管理改革 激发创新活力确保完成国家科技重大专项既定目标的十项措施》，从完善管理制度，提高科学管理水平；优化科研项目和经费管理，赋予科研人员和科研单位更大自主权；以及弘扬科学精神，充分激发科研人员创新活力3个方面提出10项具体举措，保障专项总体目标圆满完成。

附录2 2017—2018年主要科技人才政策法规文件名录

附表 2–1 2017 年主要科技人才政策法规文件名录

序号	文件名	文号 / 时间
	中共中央 国务院文件	
1	中共中央 国务院关于营造企业家健康成长环境弘扬优秀企业家精神更好发挥企业家作用的意见	2017 年 9 月
2	国务院关于印发“十三五”促进就业规划的通知	国发〔2017〕10 号
3	国务院关于强化实施创新驱动发展战略进一步推进大众创业万众创新深入发展的意见	国发〔2017〕37 号
4	中共中央办公厅 国务院办公厅印发《关于深化职称制度改革的意见》	2017 年 1 月
5	中共中央办公厅 国务院办公厅印发《关于深化教育体制机制改革的意见》	2017 年 9 月
6	中共中央办公厅 国务院办公厅印发《聘任制公务员管理规定（试行）》	2017 年 9 月
7	中共中央办公厅印发《关于进一步加强党委联系服务专家工作的意见》	2017 年 5 月
8	国务院办公厅印发关于深化科技奖励制度改革方案的通知	国办函〔2017〕55 号
9	国务院办公厅关于深化产教融合的若干意见	国办发〔2017〕95 号
	部门文件	
1	中央组织部 科技部印发《科研事业单位领导人员管理暂行办法》	2017 年 1 月
2	中央组织部 人力资源社会保障部等五部门关于印发高校毕业生基层成长计划的通知	人社部发〔2017〕85 号
3	教育部 国务院学位委员会关于印发《学位与研究生教育发展“十三五”规划》的通知	教研〔2017〕1 号
4	教育部 人力资源社会保障部关于印发《高校教师职称评审监管暂行办法》的通知	教师〔2017〕12 号
5	中共教育部党组关于加快直属高校高层次人才发展的指导意见	教党〔2017〕40 号
6	科技部 财政部关于发布国家科技资源共享服务平台绩效考核与评估结果的通知	国科发基〔2017〕24 号
7	科技部 财政部 国家税务总局关于印发《科技型中小企业评价办法》的通知	国科发政〔2017〕115 号

续表

序号	文件名	文号 / 时间
8	科技部　中央宣传部关于印发《“十三五”国家科普与创新文化建设规划》的通知	国科发政〔2017〕136 号
9	科技部　教育部　中国科学院　国家自然科学基金委员会关于印发“十三五”国家基础研究专项规划的通知	国科发基〔2017〕162 号
10	科技部　财政部关于印发《国家重点研发计划管理暂行办法》的通知	国科发资〔2017〕152 号
11	科技部　财政部　国家税务总局关于进一步做好企业研发费用加计扣除政策落实工作的通知	国科发政〔2017〕211 号
12	科技部　财政部　国家发展改革委关于印发《国家科技创新基地优化整合方案》的通知	国科发基〔2017〕250 号
13	科技部　中央编办　人力资源社会保障部关于印发中央级科研事业单位章程制定工作指导意见的通知	国科发创〔2017〕224 号
14	科技部　财政部　人力资源社会保障部关于印发《中央级科研事业单位绩效评价暂行办法》的通知	国科发创〔2017〕330 号
15	科技部　国家发展改革委　财政部关于印发《“十三五”国家科技创新基地与条件保障能力建设专项规划》的通知	国科发基〔2017〕322 号
16	科技部关于印发《“十三五”国家科技人才发展规划》的通知	国科发政〔2017〕86 号
17	科技部关于印发《“十三五”国际科技创新合作专项规划》的通知	国科发外〔2017〕118 号
18	科技部关于进一步鼓励和规范社会力量设立科学技术奖的指导意见	国科发奖〔2017〕196 号
19	科技部关于印发国家科技成果转移转化示范区建设指引的通知	国科发创〔2017〕304 号
20	科技部关于印发国家技术创新中心建设工作指引的通知	国科发创〔2017〕353 号
21	科技部办公厅关于印发《国家科技专家库管理办法（试行）》的通知	国科发创〔2017〕25 号
22	科技部办公厅关于印发《落实〈中长期青年发展规划（2016—2025 年）〉实施方案》的通知	国科办党委〔2017〕53 号
23	财政部　科技部　教育部　国家发展改革委关于进一步做好中央财政科研项目资金管理等政策贯彻落实工作的通知	财科教〔2017〕6 号
24	人力资源社会保障部关于支持和鼓励事业单位专业技术人员创新创业的指导意见	人社部规〔2017〕4 号
25	人力资源社会保障部关于印发人力资源服务业发展行动计划的通知	人社部发〔2017〕74 号
26	人力资源社会保障部办公厅关于在部分职称系列设置正高级职称有关问题的通知	人社厅发〔2017〕139 号
27	国家外国专家局　公安部关于为境外非政府组织外籍工作人员办理工作许可等有关问题的通知	外专发〔2017〕124 号
28	国家外国专家局　外交部　公安部关于印发《外国人才签证制度实施办法》的通知	外专发〔2017〕218 号
29	国家外国专家局关于推进落实外国人才引进改革创新重要举措的通知	外专发〔2017〕167 号

附表 2-2　2018 年主要科技人才政策法规文件名录

序号	文件名	文号 / 时间
中共中央　国务院文件		
1	中共中央　国务院关于全面深化新时代教师队伍建设改革的意见	2018 年 1 月
2	中共中央印发《2018—2022 年全国干部教育培训规划》	2018 年 11 月
3	国务院关于印发积极牵头组织国际大科学计划和大科学工程方案的通知	国发〔2018〕5 号
4	中华人民共和国国务院令第 700 号《人力资源市场暂行条例》	国令第 700 号
5	国务院关于优化科研管理提升科研绩效若干措施的通知	国发〔2018〕25 号
6	国务院关于推动创新创业高质量发展打造“双创”升级版的意见	国发〔2018〕32 号
7	中共中央办公厅　国务院办公厅印发《关于分类推进人才评价机制改革的指导意见》	2018 年 2 月
8	中共中央办公厅　国务院办公厅印发《关于提高技术工人待遇的意见》	2018 年 3 月
9	中共中央办公厅　国务院办公厅印发《关于进一步加强科研诚信建设的若干意见》	2018 年 5 月
10	中共中央办公厅　国务院办公厅印发《关于深化项目评审、人才评价、机构评估改革的意见》	2018 年 7 月
11	中共中央办公厅印发《关于进一步激励广大干部新时代新担当新作为的意见》	2018 年 5 月
12	中共中央办公厅印发《干部人事档案工作条例》	2018 年 11 月
13	国务院办公厅关于改革完善全科医生培养与使用激励机制的意见	国办发〔2018〕3 号
14	国务院办公厅关于印发《知识产权对外转让有关工作办法（试行）》的通知	国办发〔2018〕19 号
15	国务院办公厅关于推广第二批支持创新相关改革举措的通知	国办发〔2018〕126 号
16	国务院办公厅关于抓好赋予科研机构和人员更大自主权有关文件贯彻落实工作的通知	国办发〔2018〕127 号
部门文件		
1	中央组织部　人力资源社会保障部关于印发《事业单位工作人员奖励规定》的通知	人社部规〔2018〕4 号
2	国家发展改革委　人民银行　科技部　中央组织部等 41 个部门印发《关于对科研领域相关失信责任主体实施联合惩戒的合作备忘录》的通知	发改财金〔2018〕1600 号
3	教育部关于全面落实研究生导师立德树人职责的意见	教研〔2018〕1 号
4	教育部关于加快建设高水平本科教育全面提高人才培养能力的意见	教高〔2018〕2 号
5	中共教育部党组关于印发《“长江学者奖励计划”管理办法》的通知	教党〔2018〕51 号
6	科技部　教育部　人力资源社会保障部　中科院　工程院关于开展清理“唯论文、唯职称、唯学历、唯奖项”专项行动的通知	国科发政〔2018〕210 号

续表

序号	文件名	文号 / 时间
7	科技部关于印发《关于技术市场发展的若干意见》的通知	国科发创〔2018〕48 号
8	工业和信息化部　国防科工局联合印发《国防科学技术奖励制度改革方案》	2018 年 1 月
9	财政部　税务总局　科技部关于科技人员取得职务科技成果转化现金奖励有关个人所得税政策的通知	财税〔2018〕58 号
10	财政部　科技部　国资委印发《关于扩大国有科技型企业股权和分红激励暂行办法实施范围等有关事项的通知》	财资〔2018〕54 号
11	财政部印发《关于进一步完善中央财政科技和教育资金预算执行管理有关事宜的通知》	财库〔2018〕96 号
12	人力资源社会保障部关于印发《支持海南人力资源和社会保障事业全面深化改革开放的实施意见》的通知	人社部发〔2018〕72 号
13	人力资源社会保障部关于在工程技术领域实现高技能人才与工程技术人才职业发展贯通的意见（试行）	人社部发〔2018〕74 号
其他相关文件摘要		
1	国务院关于全面加强基础科学研究的若干意见	国发〔2018〕4 号
2	国家发展改革委办公厅　教育部办公厅　科技部办公厅　财政部办公厅　国资委办公厅　中科院办公厅　国防科工局综合司印发《关于支持中央单位深入参与所在区域全面创新改革试验的通知》	发改办高技〔2018〕29 号
3	科技部　财政部印发《关于鼓励香港特别行政区、澳门特别行政区高等院校和科研机构参与中央财政科技计划（专项、基金等）组织实施的若干规定（试行）》的通知	国科发资〔2018〕43 号
4	科技部　国资委印发《关于进一步推进中央企业创新发展的意见》的通知	国科发资〔2018〕19 号
5	科技部　全国工商联印发《关于推动民营企业创新发展的指导意见》的通知	国科发资〔2018〕45 号
6	科技部　财政部关于加强国家重点实验室建设发展的若干意见	国科发基〔2018〕64 号
7	科技部　发展改革委　财政部关于印发《进一步深化管理改革　激发创新活力确保完成国家科技重大专项既定目标的十项措施》的通知	国科发重〔2018〕315 号

附录 3　科技人才主要数据

附表 3–1　我国 R&D 人员情况

年份	R&D 人员全时当量（万人年）	R&D 研究人员全时当量（万人年）	每万人就业人员中 R&D 人员（人年）	按执行部门分 R&D 人员结构			
				企业	研究与开发机构	高等学校	其他
2013 年	353.28	148.40	45.89	77.58%	10.29%	9.20%	2.93%
2014 年	371.06	152.43	48.03	78.06%	10.07%	9.02%	2.85%
2015 年	375.88	161.90	48.53	77.44%	10.21%	9.44%	2.92%
2016 年	387.81	169.22	49.97	77.67%	10.06%	9.28%	2.99%
2017 年	403.36	174.04	51.96	77.35%	10.06%	9.48%	3.12%

注：按执行部门分 R&D 人员结构百分数按全时当量计算。

数据来源：根据《中国统计年鉴》《中国科技统计年鉴》整理。

附表 3-2　部分国家 R&D 人员总量情况

国家	2015 年				2016 年			
	R&D 人员（万人年）	R&D 研究人员（万人年）	每万人就业人员中 R&D 人员（人年）	每万人就业人员中 R&D 研究人员（人年）	R&D 人员（万人年）	R&D 研究人员（万人年）	每万人就业人员中 R&D 人员（人年）	每万人就业人员中 R&D 研究人员（人年）
中国	375.9	161.9	48.5	20.9	387.8	169.2	50.0	21.8
奥地利	7.1	4.4	166.6	101.7	7.4	4.5	169.8	103.6
比利时	7.8	5.3	168.5	115.6	8.0	5.4	171.2	115.4
智利	1.5	0.8	19.1	10.2	1.7	0.9	20.5	11.1
捷克	6.6	3.8	128.2	73.5	6.6	3.7	125.3	71.1
丹麦	6.0	4.2	210.5	150.0	6.0	4.3	209.6	149.2
法国	42.9	27.8	156.2	101.2	—	—	—	—
德国	64.1	38.8	148.7	90.1	65.7	40.1	150.5	91.9
意大利	25.9	12.6	105.8	51.4	25.9	12.7	104.2	51.1
日本	87.5	66.2	132.1	100.0	87.2	66.6	130.5	99.6
韩国	44.2	35.6	170.4	137.4	44.7	36.1	170.5	137.7
瑞典	8.4	6.7	173.7	138.8	9.1	7.0	185.8	143.9
瑞士	8.1	4.4	164.0	89.4	—	—	—	—
土耳其	12.2	9.5	46.4	36.1	—	—	—	37.2
英国	41.4	28.4	132.3	90.9	42.0	29.1	132.3	91.9
美国	—	138.0	—	91.4	—	—	—	—
俄罗斯	83.4	44.9	115.3	62.1	80.2	42.9	110.8	59.2

数据来源：Main science and technology indicators，OECD。

致 谢

对各位联络员的辛勤工作表示感谢！

部门联络员（按姓氏笔画排序）

王欢喜　刘海波　刘桂生　邵　昕　李　园
陈　钟　张　成　张田雨　张拥军　宫　飞
赵　千　唐燕红

地方联络员（按姓氏笔画排序）

王　婷　王　潜　邓逸民　付　波　丛万志
刘　佳　刘晓熹　刘　涛　刘佐菁　朱晓宇
过浩敏　杨大鹏　杨清强　张　薇　张继红
张延宏　陈　积　吴玉祥　李家丰　苏积德
欧　芬　郑志峰　孟晓光　周界云　赵　敏
郭新富　徐发农　海　红　聂晓璞　董　怡
楼新明　瞿文蓉

对科学技术文献出版社编辑在图书出版工作中的认真工作表示感谢！